다산 정약용의 음식생활

목민식서
(牧民食書)

국령애

도서출판 다산문화원

목민식서

지은이 국령애
발행인 국령애
편집인 송경자
표지디자인 유행관 교수

펴낸곳 도서출판 다산문화원

초판발행일 2025년 1월 1일 1판 인쇄

주 소 전라남도 강진군 도암면 다산초당길 68
전 화 061-434-0066
전자우편 9292dasan@naver.com
등록번호 제492-2015-000002

값 25,000원
ISBN 979-11-955469-2-3 03480

이 도서는 2024년 문화체육관광부의 '중소출판사 성장부문 제작 지원' 사업의 지원을 받아 제작되었습니다.

차 례

저자의 말

1부
다산 정약용 음식철학의 근간 / 9

1. 다산의 향기 11
1-1. 다산의 생애 12
1-2. 다산의 청렴의식과 선비정신 20
1-3. 다산의 자연관 36
2. 다산의 의학적 조예 52
3. 다산의 음식에 대한 마음가짐 79

2부
다산 정약용의 음식생활 / 97

1. 다산의 관직시절 음식생활 99
2. 다산의 유배시절 음식생활 110
2-1. 장기(포항지역) 유배시절의 음식생활 110
2-2. 강진 유배시절의 음식생활 127
3. 다산의 해배 후 음식생활 156

3부

다산 정약용의 저술에 나타난 음식 / 185

1. 밥과 죽 187
2. 국수와 만두 237
3. 탕과 장류 252
4. 김치와 나물 291
5. 낚시생활과 해양음식 302
6. 원포경영 308
7. 차생활과 술 320

(미주) 1부. 2부. 3부. 4부 353

참고문헌 395

저자의 말

"금산댁 계시오! 하고 불러서 아무도 없으면 그냥 부엌으로 가서 밥바구리를 열고 밥 한그릇 덜어서 뚝딱 허기를 채우고 생선 팔러 다녔지." 공사를 하러 온 강진의 남포마을 사는 분이 어려서 자기 할머니에게 들은 이야기라며 시어머니의 어려운 사람 챙기는 후덕함을 회고했다. 심지어는 마을을 돌아다니다 생선을 못 팔고 가지고 가면 시어머니는 언제나 묻지도 따지지도 않고 모두 사 주셨다고 한다. 해변산중 오지마을 다산초당을 찾는 수많은 답사인들에게 평생을 무료로 숙식을 제공하는 일도 다반사였다.

금산댁은 시어머니의 택호(宅號)이다. 지위고하를 막론하고 어려운 사람들을 챙기던 시어머니의 자애로움을 많은 사람들이 회고했다. 시어머님에 대한 이런 회고를 들으면서 나눔의 실천에 대한 사명감을 갖게 되었다.

담양의 친정집에서도 어려운 이웃들을 챙기는 생활을 익히며 살았다. 할머니는 엄격한 호랑이 할머니였지만, 어려운 이웃을 보살피는데는 한없이 자애로우셨다. 끼니가 어려웠던 이웃들이 출산을 하면 어김없이 쌀과 미역을 전해 주었다. 언젠가 고향에 가니 그 어려웠던 시절 할머니가 주신 미역국과 쌀밥을 먹고 젖이 돌아와서 자지러지던 아이에게 젖을 먹이게 되었다고 회고하는 분도 있었다.

다산은 강진 유배지에서 아들들에게 보내는 편지에 '너희는 어려운 이웃들과 쌀 되라도 나누어 먹고 있는지 모르겠구나' 라는 구절이 나온다. 이런 다산 정약용 선생의 애민정신은 시어머니와 친정 할머니의 이웃 사랑 정신과 궤를 같이 하는 것이라 생각 되었다.

밥을 먹어도 다산, 잠을 자도 다산을 생각하며 털끝만큼이라도 다산을 닮고자 노력하는 자칭 '다산지킴이' 남편(윤동환)을 보면서 필자도 점차 다산정신을 실천하기 위해 노력하게 되었다.

필자는 조손가정의 손녀를 위해 병원에 입원했던 할머니가 환자들이 남긴 반찬을 모아 가는 것을 보고 식품을 제조하는 사회적 기업을 창업하게 되었다. 결식 우려 아동이나 노인들에게 무료로 영양 간식을 보내는 사업을 하기 위해 창업한 다산명가(주)가 사회공헌 사업을 한지도 올해로 20여년이 되어간다.

지인들은 말한다. 재능도 능력도 있으면서 왜 손에 물 묻히며 고생하느냐고. 그러나 나는 이 생활에 만족한다. 곧 시어머님의 자애로우셨던 명성을 지키고, 풍족하지는 않았지만 나눔을 실천하신 할머니의 손녀답게 사는 것이며, 다산 정약용 선생의 애민정신과 당부말씀을 지키는 생활이기 때문이다.

다산명가(주)농업회사법인을 운영하면서 모든 컨텐츠는 다산 정약용 선생의 가르침과 맞닿아 있다. 다산의 당부처럼 건강의 기본은 식품에 있다. '네가 먹는 음식이 곧 너다'는 경구는 어떻게 먹느냐가 인생을 결정한다는 의미이다. 따라서 식품은 인간의 신체적 건강은 물론 정신건강까지도 결정한다는 점에서 그 중요성을 간과해서는 안 된다.

목민심서가 조선 후기 사회경제의 실상을 파악할 수 있는 중요한 자료라면, 이 책 목민식서는 다산의 일상에 대한 정신과 자세에 있어 그리고 이웃과 함께 하는데 있어 음식의 가치와 역할을 유추해 볼 수 있는 소중한 자료이다. 또한 이 책에서 다루는 전통음식에 대한 꼼꼼한 재해석과 복원은 K-Food의 글로벌 확산에 밑거름이 되기를 기대한다.

이 책을 출간하기까지 나의 개인적 노력 뿐만이 아니라 장시간 지도해 주신 목포대학교 정일 교수님과 가족들의 격려에 힘입었다. 다산의 외가 후손이자 제자의 후손 며느리로 살면서 자긍심을 갖도록 해 주신 다산 정약용 선생과 평생을 어려운 이웃에게 후덕하셨던 시어머님 영전에 이 책을 바친다.

다산초당 산하 다산명가에서

국령애 씀

1부

다산 정약용 음식철학의 근간

다산 정약용 음식철학의 근간

1. 다산의 향기

꽃이 지나간 자리에는 향기가 남듯이, 사람이 지나간 자리에는 그 사람의 발자취가 남는다. 무릇 아름다운 사람의 발자취에서는 그에 걸맞는 좋은 향기가 나기 마련이다. 다산은 세기의 천재이면서도 자만하지도 관습에 타협하지도 않고, 백성들의 어려운 일상에 마음 아파하며 평생을 검소하게 살았던 순수하고 고아한 인물이었다.

1부 1장에서는 다산의 생애, 청렴의식과 선비정신, 자연관을 통해 다산이 어떤 인물이었는지, 어떤 생각을 가지고 평생을 살았는지를 독자들에게 생생하게 전해주고자 하였다. 독자들도 이 부분을 통해 내가 그랬듯 정약용의 호와 같은 다산(茶山)의 그윽한 향을 느낄 수 있기를 바란다.

1-1. 다산의 생애

다산 정약용(丁若鏞:1762-1836)은 1762년 8월 5일 경기도 광주군 초부면 마재리, 지금의 남양주시 조안면 능내리에서 출생하였다. 다산은 사도세자의 변고로 시파에 가담하였다가 벼슬을 잃은 부친 기백(器伯) 정재원(丁載遠:1712-1756)이 귀향할 때 출생하였기 때문에 어렸을 때의 이름이 귀농(歸農)이었다. 자는 미용(美庸)과 송보(頌甫), 호는 다산(茶山), 삼미(三眉), 사암(俟庵), 탁옹(籜翁), 자하도인(紫霞道人), 문암일인(門巖逸人), 태수(苔叟), 철마산초(鐵馬山樵) 등으로 알려져 있다. 당호는 여유당(與猶堂), 시호는 문도(文度), 천주교 세례명은 사도 요한이다.

그의 부친 기백(器伯) 정재원은 나주 정씨로 일찍이 광주의 세과(歲課)에 부방한 후 연천현감, 화순현감, 예천군수, 울산부사, 진주목사의 관직을 지냈다. 첫째 부인은 의령 남씨로 아들 약현을 두고 사별하였으며, 둘째 부인 해남 윤씨 윤소온(尹小溫)과의 사이에 약전, 약종, 약용과 딸 하나를 두었다. 부친의 가문인 나주 정씨의 본관은 원래 압해(押海)로, 이곳은 백제 때 아차산(阿次山)이라는 지명으로 불렸다. 통일신라 때 산세가 바다를 압도한다는 뜻으로 압해군으로 이름을 바꾸었고 현재는 전라남도 신안군에 속해 있는 면 단위의 도서이다. 압해에 살던 나주 정씨 조상은 고려(高麗) 때 정성(丁姓)으로 토성분정(土姓分定)을 받았다. 그 후 조선 태종(太宗) 9년에 감사 윤향(尹向)이 도내 주읍(主邑)에 소속되어 있던 속현(屬縣) 향(鄕)·소(所)·부곡(部曲)을 모두 폐지하여 소속 주읍으로 통폐합시켰는데 이 때 비로소 나주 정씨라는 본관을 갖게 되었다.[1] 나주 정씨는 홍문관, 혹은 홍문관에 속하는 벼슬에 임하는 사람을 지칭하는 옥당(玉堂)에 대를 건너뛰지 않고 9대에 이르는 선비를 배출한 9대 옥당의 명문가이다. 대표적인 인물에는 성균관박사를 거쳐 승문원교리 등을 역임한 정수곤(丁壽崑), 대사성·

대사헌을 거쳐 병조참판 등을 역임한 정수강(丁壽崗), 명종조 보익공신 3등에 책록되고 금천군에 봉해진 정옥형(丁玉亨) 등이 있다.

정약용의 모친인 윤소온(尹小溫:1728-1770)은 고산 윤선도의 5대 증손녀이며, 공재 윤두서의 손녀이다. 모친의 가문인 해남 윤씨는 당대에도 명문가로 널리 알려져 있었으며, 중국을 자주 왕래하며 선진문물을 받아들여 종택 녹우당(綠雨堂)에 수많은 중국 서적을 소장하게 되었다. 고산 윤선도의 14대 종손 윤형식은 "고산가에 이어온 박학다식의 가풍과 더불어 다양한 실용 서적들로 가득 찬 학문적 취향으로 인해 녹우당에는 실학파들의 발길이 늘 끊이지 않았고, 이는 외증손인 다산 정약용의 실학사상으로 이어졌다."라고 말했다.[2] 훗날 이러한 녹우당과 다산초당의 장서들은 정약용의 강진 유배 시절 그의 학문 활동에 많은 영향을 주었다. 생전에 정약용은 "자신은 외가의 정수(精髓)를 많이 받았다."라고 회고할 정도로 해남 윤씨 외가의 정신을 흠모하였다.[3]

정약용이 출생하기 한 달 전인 1762년 7월[4] 조정에서는 영조와 사도세자의 갈등 끝에 영조의 노여움을 산 사도세자가 뒤주 속에 갇혀 죽는 임오화변(壬午禍變)이 발생하였다. 이 사건을 본 부친 정재원은 벼슬을 내려놓고 낙향하였고, 이윽고 한 달 뒤 태어난 정약용의 아호를 귀농이라 지었다. 아호를 귀농이라 한데는 두가지 설이 있다. 첫째는 본인이 관직에서 물러나 낙향하여 귀농(歸農)하였을 때 정약용이 태어났기 때문에 아호를 귀농으로 삼았다는 설이다. 둘째는 당시 혼란하던 정국에 비추어 정약용이 당쟁이나 세파에 휩쓸리지 않고 농촌에 귀의(歸農)하여 시골에서 농사를 짓고 학문을 연마하여 편안하게 살기 바라는 마음에서 아호를 귀농으로 삼았다는 설이다.

어려서 정약용은 특별한 스승 없이 부친에게 글을 배웠으며 부친의 임지를 따라다니며 학문을 닦았다. 4세에 천자문을 익히고 7세에 오언시를 지을 정도의 영민함을 보였다. 9세에 어머니가 돌아가셔서 맏형수 경주 정씨와 계모 김씨의 사랑을 받으면서 자랐다. 10세에는 경서와 사서를 모방해서 작문한 글이 자신의 키만큼 쌓일 정도로 학문에 매진하였다.

정약용의 어릴 적 성격은 매우 차분하고 화를 잘 내지 않았다고 하는데 이와 관련된 재미있는 일화가 있다. 정약용이 어릴 적 천연두에 걸려 얼굴에 종기가 큼직하게 났다. 그 위치가 눈가였기 때문에 당시 정약용의 또래들이 종기가 마치 눈썹과 같이 생겼다고 하여 그를 삼미(三眉), 말 그대로 눈썹이 3개라고 놀리듯이 불렀다. 그런데 정약용은 보통 그 나이대 아이들의 인내심에 걸맞지 않게 또래들에게 화를 내지도 않고, 아예 스스로를 삼미(三眉)라고 불렀다. 오히려 10세 이전에 삼미집(三眉集)이라는 글을 써 버리는 바람에 놀리던 아이들이 전부 아무 말도 하지 못했다고 한다.

정약용의 인생에 중요한 영향을 끼친 시기 중 하나인 16세에는 처음으로 성호 이익의 학문을 접하였다. 때마침 이때 정약용은 부친의 벼슬살이 덕택에 서울에서 살게 되어 문학으로 세상에 이름을 떨치던 이가환(李家煥:1742-1801)과 학문의 정도가 상당하던 매부 이승훈(李承薰:1756-1801)[5]이 모두 이익의 학문을 계승한 것을 알게 되었다. 그리하여 자신도 그 이익의 유서를 공부하게 되었다. 정약용이 어린 시절부터 근기학파(近畿學派)의 개혁이론에 접했다고 하는 것은 청장년기에 그의 사상이 성숙되어 나가는 데 적지 않은 의미를 던져주는 사건이었다. 그리고 정약용 자신이 훗날 근기학파의 실학적 이론을 완성한 인물로 평가받게 된 단초가 바로 이 시기에 마련되었다고 할 수 있다.

18세(1779년, 정조3년)에는 승보시에 합격하였고 정조 7년(1783년)인 22세에 소과에 합격하여 경의(經義), 진사(進士)가 되어 성균관에 들어갔다. 1784년(정조8년) 23세에 광암(曠菴) 이벽(李檗:1754-1785)을 통해 서학을 접하게 되는데, 이 때 당대 조선 사회에서 지배적인 이념으로 자리 잡고 있던 유학과는 매우 상이한 마테오리치의 사유를 경험하였다. 이러한 경험들을 계기로 성호학파 중 천주교를 신봉하는 신서파에 속하게 되었다. 성균관에 들어간 이후 ≪대학(大學)≫과 ≪중용(中庸)≫등의 경전을 집중적으로 연구하여 1789년(정조13년) 28세에 마침내 식년문과(式年文科) 갑과(甲科)에 급제하며 희릉직장(禧陵直長)을 시작으로 관직에 진출하였다. 규장각의 초계문신(抄啟文臣)으로 발탁된 후 과학기술 등 새로운 문물에 관심을 가진 북학파와 지적 연계가 이루어짐으로써 학문 영역이 넓어지고 과학적 소양과 지식을 쌓게 되었다. 이러한 지식들을 바탕으로 1789년 한강에 배다리를 준공시켰다. 또한 1791년(정조15년, 30세) 수원 화성 축조에 서양식 축성법을 기초로 한 기중가설(起重架說)을 제안하여 거중기[6]를 만들어 사용함으로써 공사 기간 단축, 비용 절감, 어려운 백성들의 고통 분담이라는 다중 효과를 거두었다. 1794년(정조18년, 33세)에는 성균관에서 강의를 하였으며, 같은 해 10월에 경기지방의 암행어사로 발탁되었다. 암행어사로서 경기도 관찰사 서용보와 연천현감 김양직의 비리를 고발하여 파직시키는 등의 업적을 남겼다. 그 과정에서 당시 지방관리들의 부패한 실상과 어려운 백성들의 생활상을 직접 목격하게 되었다. 이 시절의 경험이 후일 농촌경제의 개혁안을 구상하고 관리들의 지침서인 ≪목민심서(牧民心書, 1818)≫를 저술하는 계기가 되었을 것으로 생각된다.

그렇게 다양한 활약을 하며 공직생활을 이어가고 있던 정약용이었지만 1801년(순조원년, 40세) 그와 중앙 정계가 결별하게 되는 천주교 박해 사건(신유박해)이 벌어진다. 사실 정약용을 둘러싼 인적·물적 환경은 정약용이 천주교의 영향을 받을 수밖에 없었다. 물적 환경을 살펴보면 당시 해남 윤씨 종택 녹우당의 서적들은 상당수가 중국을 왕래하며 소장하게 된 서적이었다. 그러한 선진문물 중에는 서학도 포함되어 있었기 때문에 그중 정약용이 천주교를 자연스레 접하게 되는 계기가 있었을 것으로 추측된다.

인적 환경을 살펴보면 윤지충(1759-1791, 세례명 : 바오로)은 정약용의 외사촌으로 우리나라 최초의 천주교 순교자이며, 2014년 교황 프란치스코에 의하여 시복(諡福)되었다. 윤지충은 천주교의 제사 금지령에 따라 어머니의 제사를 반대하고 신주를 불태운 진산사건으로 1791년 처형되었다. 당시 그가 참수되어 순교자들의 머리가 성벽에 매달렸을 때 피가 스며든 돌은 후에 한국 최초의 천주교 첫 순교터인 전동성당을 건립할 때 주춧돌로 사용되었다. 또한 그가 16살 때 교류하게 된 이승훈은 다산의 매형으로 우리나라 최초의 천주교 세례자이면서 신유박해 때 순교하였다. 의붓형 약현의 사위 황사영(黃嗣永:1775년-1801년)은 백서사건의 중심인물로 정약용에게 서학을 직접적으로 접하게 해 준 정약용의 친구인 이벽의 조카였다. 형님인 정약전과 그의 스승 권철신(權哲身:1736-1801)과 권일신(權日身:?-1791) 형제는 초기 교회 창립의 핵심 주역이었다. 또한 약종 형은 평신도 대표로 있으면서 '주교요지'라는 천주교 교리서까지 썼다. 이런 상황에서 자연스럽게 정약용 또한 천주교를 믿게 되었다. 정약용은 조선 천주교회의 창립과 확산, 그리고 그 참혹한 박해과정의 한 중심에 있을 수밖에 없었다.

〈그림 1〉 천진암 성지에 묻힌 천주교 창립 주역 5인(정약종, 이승훈, 이벽, 권철신, 권일신)의 묘소

1801년 이전에도 천주교와 관련한 불운한 기운은 있었다. 앞서 서술한 1791년 진산사건 당시 정조는 천주교가 국가의 근본을 뒤흔들고 유교사상에 정면으로 반한다고 생각하게 되었다. 따라서 그 전까지 천주교에 온건하였던 정조는 자신의 입장을 뒤바꾸어 천주교를 사교로 규정하고 탄압하는 조치를 취했다. 그 과정에서 입지가 위태하던 정약용이었지만 정조가 정약용을 비호하기도 했다. 정약용 또한 1791년 당시 천주교에 배교하는 입장을 보인 뒤 ≪자명소(自明疏)≫(1797년), ≪척사방략(斥邪方略)≫(1799년)과 같은 글을 지어 자신의 입장을 분명하게 밝혔기 때문에 그 동안 화를 비껴갈 수 있었다. 그러나 정조가 1800년 승하하고 정순왕후가 어린 순조의 섭정을 맡게 됨에 따라 이제 정약용 또한 시대의 풍운에 자신의 몸을 맡길 수밖에 없었던 것이다.

1801년 음력 1월 10일, 정순왕후가 천주교 금지령을 내리게 되면서 남인에 대한 숙청작업을 시작하여 정약용의 집안은 정치적 배척과 탄압을 받았다.[7] 당시 정순왕후는 과거에 사도세자 제거에 앞장섰던 전력이 있어 정조가 즉위하는 것을 반대했었다. 때문에 정조 즉위 후 집안은 몰락했고 오라비 김귀주가 귀양지에서 사망하며 정조와는 원수지간이 되었다. 이런 정순왕후의 목표는 정조 때 성장한 남인을 몰아내고 재기하지 못하도록 박멸하는 것이었다. 마침 남인들이 서학에 관심을 갖고 천주교에 입교한 자가 많았으니 이는 박멸의 좋은 명분이 되었다.

당시 노론 벽파의 칼날이 최우선으로 향한 곳은 정조의 총애를 받던 남인인 이가환, 권철신, 정약용 3인이었다. 이가환과 권철신은 남인의 영수였고 정약용은 남인을 이끌 차세대 영수로 평가받던 출중한 재목이었기 때문이다. 따라서 노론과 정순왕후는 정약용과 그의 형제들을 제거하려 했으나, 셋째인 정약종 아우구스티노만 순교를 택하고 정약전과 정약용은 배교하여 사형에서 유배로 감형되었다. 이후 정약용의 큰형 정약현(丁若鉉:

1751년-1821년)의 사위인 황사영이 일으킨 백서 사건이 빌미가 되어 1801년 11월 전라도 강진으로 이배(移配)되었다.

정약용은 1818년 해배될 때까지 긴 기간을 강진 다산초당에서 보냈다. 정약용이 18년이라는 긴 기간 동안 귀양 생활을 하게 된 것은 당시 영의정이던 노론 벽파의 거두 서용보 때문이었다. 서용보는 정약용의 암행어사 시절 정약용에게 탄핵 당했던 것에 원한을 품고 해배를 극렬하게 반대했다. 또한 정약용의 정치적 기반이 되는 남인이 모조리 중앙 정계에서 방출 당했다. 그리고 정약용 본인이 당대 관리들 간에 인정(뇌물)을 주고받는 풍습을 비판하고 그런 풍습과는 담을 쌓고 살았기 때문에 관료 사회에 밉보인 부분이 있었다. 그래서 정약용을 위해 위험을 무릅쓰고 나서줄 만한 현직 관료가 당시 조정에는 존재하지 않았다.

다행히 강진은 그의 외가가 있는 지역이었고, 외가 녹우당의 장서량이 상당하였기 때문에 정약용은 유배에서 풀려날 때까지 18년간 학문에 몰두하여 수많은 저작을 내놓을 수 있었다. 다산의 강진 유배기는 관료로서는 확실히 암흑기였으나 학자로서는 매우 알찬 수확기였다. 그의 명성을 듣고 찾아온 많은 문도를 거느리고 강학과 연구, 저술에만 전념할 수 있었기 때문이다. 정약용은 유배 기간에 ≪목민심서≫, ≪경세유표≫ 등을 저술하였으며, 그의 둘째 형 정약전 또한 물고기의 생태를 기록한 ≪자산어보≫라는 명저를 남겼다. 유배라는 화(禍)를 입어 당시에는 고생이 많았겠으나, 그것이 계기가 되어 수많은 저서들이 후대에 남겨졌다. 또한 정약용의 이름을 떨쳐 울리는 계기가 되었으니, 이를 보고 있노라면 새삼 새옹지마라는 고사가 떠오른다.

정약용은 18년 강진 유배 생활을 마치고 1818년 57세 되던 해 5월 이태순의 상소로 해배되어 승지(承旨)에 올랐으나 음력 8월 고향으로 돌아갔다. 고향에 돌아간 후에도 저술 작품의 마무리와 경학 연구에 몰두하여

≪목민심서≫를 완성하였고[8], ≪흠흠신서≫, ≪아언각비≫, ≪매씨서평≫ 등을 저술하였다. 이 시기에 자신의 삶을 회고하는 자서전이라 할 수 있는 ≪자찬묘지명(自撰墓誌銘)≫을 저술하였다. 1822년 회갑을 맞이해 파란만장했던 60평생을 되돌아보면서 자신의 행적을 기록하고 생애를 정리하였던 것이다. 정약용은 ≪자찬묘지명≫(집중본)에서 자신의 평생 학문을 한마디로 집약하여 "육경사서(六經四書)로 자신을 닦고, 일표이서(一表二書)로 천하와 국가를 다스리니, 뿌리와 가지를 갖춘 것이다."라고 규정하여 경학과 경세론이 자신의 학문을 이루는 두 축임을 밝히고 있다. 또한 정약용은 집중본에서 그때까지 마무리된 자신의 저술로 경집 232권을 비롯하여 경세론과 지리, 의약을 합친 문집이 267권으로, 전체가 499권에 이른다고 밝혔다. 자찬묘지명에 정약용은 자신의 삶을 다음과 같이 회고하였다.

> 『용(鏞)은 어려서 매우 총명하였고 학문을 좋아하였다. (중략) 15세인 1776년에 풍산 홍씨 홍혜완에게 장가드니 동부승지 홍화보(洪和輔)의 딸이다. 혼인 후에 한양에 노닐 때 성호 이익의 학생이 순수하고 독실함을 듣고 이가완, 이승훈 등을 따라 노닐면서 서교의 교리를 듣고 서교의 서적을 보았다. (중략) 용이 유배지에 있은 지 18년 동안 경전에 전심 시(詩), 서(書), 예(禮), 악(樂,) 역(易), 춘추(春秋) 및 사서(四書)의 제설(諸說)에 대해 저술한 것이 모두 230권이니, 정밀히 연구하고 오묘하게 깨쳐서 성인의 본지(本旨)를 많이 얻었으며, 시문을 엮은 것이 모두 70권이니 (중략) 모두 성인의 경(經)에 근본 하였다. (중략) 육경(六經)과 사서(四書)로 자기 몸을 닦고 일표(一表)와 이서(二西)로 천하와 국가를 다스리니 본말을 갖춘 것이다. 그러나 알아주는 이는 적고 나무라는 이는 많으니, 만약 천명이 인정해 주지 않는다면 비록 횃불로 태워 버려도 좋다.(중략) 홍씨는 6남 3녀를 낳았는데, 3분의 2가 병사하였다. 오직 2남 1녀만 성장하였다. 아들은 학연과 학유이고, 딸은 윤창모에게 출가하였다. 학연의 아들은 대림이다. 한 갑자(甲子) 60년은 모두 죄와 뉘우침으로 지낸 세월이었다. 지난날을 거두어 정리하고 일생을 다시 시작하니, 금년부터 정밀히 닦고 실천하며 하늘의 밝은 명을 돌아보면서 여생을 마치리라.』

1836년 75세의 나이로 다산은 자신의 60주년 회혼일 진시에 생을 마쳤다. 1910년 다산 사후 75년이 지나 순종은 "故 승지 정약용은 문장과 경제로 한 세상에 탁월했던 사람이다." 라고 하며 "문도(文度)"라는 시호를 내리고 '정헌대부 규장각 제학'이라는 벼슬을 추서하였다.

다산 정약용은 퇴계 이황(1510-1570) 및 율곡 이이(1536-1584) 등과 더불어 조선을 대표하는 유학자이다. 다산은 개방적이고 수용적인 사유를 통해 사상을 정립하고 경험적 토대를 기반으로 한 실용적 과학적 학문체계를 확립하였다. 앞서 다산 정약용의 생애를 살펴보았듯 그의 생애는 결코 순탄한 것이 아니었다. 그러나 그는 혼란과 모순의 시대에 살면서도 적극적이고 긍정적인 실천행위와 의지로 굴곡의 역사를 헤쳐 나가고자 했으며, 실학으로 현실 문제 해결의 대안을 찾고자 노력했다. 그는 학문 연구와 당시 사회에 대한 성찰을 통해 실학사상을 집대성했던 조선 후기 사회의 대표적인 지성이었다.

정약용은 한국인으로서는 최초로 유네스코가 선정한 세계 문화 인물이기도 하다. 2012년 다산 정약용 탄생 250주년 되는 해를 기념하여 유네스코는 헤르만 헤세, 드뷔시, 루소와 함께 다산 정약용을 세계 문화 인물로 선정하였다. 이는 세계가 조선 후기 평등사상에 중점을 둔 실학을 집대성한 다산의 정신을 높이 평가하고 인정한 것이라 할 수 있겠다.

1-2. 다산의 청렴의식과 선비정신

조선조가 500여 년 동안 사직을 지키고 문화를 꽃피움에 있어서 가장 크게 기여한 것은 그 시대를 살았던 선비들의 강직한 정신력이라고 보는 사람들이 많다. 대내·외적으로 나라가 어려움에 처했을 때 난국을 극복하는데 앞장서서 버팀목 역할을 한 것 역시 선비계층이었다고 칭송받기도 한다. 선비란 말은 한자가 아니고 고려시대부터 내려온 순수한 우리말이다. 어원적으로는 '어질고 지식 있는 사람'을 뜻하는 말에서 왔다고 한다. 따라서 선비정신은 뜻을 세워 경건한 마음으로 학문과 덕을 쌓아 올바른 길로 지조를 지켜 살아가려는 정신이라고 할 수 있다.

선비들의 초상화를 통해 피부병 연구를 하였던 이성낙(1938~)교수는 선비정신을 한마디로 '정직함'이라고 정의하면서 초상화에서 읽어낸 선비정신을 열심히 알렸다.[9] 선비들이 유약하다고 부정적으로 보는 사람도 있지만, 기본적으로는 공부를 한 사람들이며 생활수준은 괜찮은 사람들이었다. 이만열 경희대 교수는 '일본은 사무라이 정신을 갖고 세계에 자랑하는데, 그 보다 지적 가치가 훨씬 높은 선비정신을 우리는 너무 모르고 있다'고 지적하고 있다. 이성낙 교수는 이는 일제강점기 식민사관에 오염된 것이 계속 이어져 내려와서 그렇다고 주장했다.

선비정신은 고려 말기에 원나라에서 도입된 성리학에서 출발하였으며, 이조 개국공신인 정도전(鄭道傳:1342-1398)과 권근(權近:1352-1409) 등에 의하여 유교적인 도덕규범의 실천으로 강조되기까지 하였다. 이러한 선비정신은 어느 시기, 어느 장소에 처해도 참된 선비로서 세상을 등지지 않고, 세상 사람과 세상을 바로잡고 밝히려는 뜻을 잊지 않는 것을 이르는 말이다. 세상을 등지지 않는 삶의 태도는 공자의 삶의 자세와 유가적 전통의 선비정신의 일면을 보여주는 것이다. 무도한 세상일수록 현실을 떠나지 않겠다는 공자의 적극적인 삶의 자세는 역대 참된 선비들의 삶의 자세에 많은 영향을 끼쳤다.

중농주의 실학자로서 다산은 수학기 때부터 꾸준히 스스로 농사를 지으며 생계가 유지되는 전원의 일상을 통한 은일을 꿈꾸어 왔다. 여기에서 다산이 선비를 어떻게 인식하고 있는지를 알 수 있다. 다산은 선비란 '벼슬을 하며 임금을 섬기고 백성에게 은혜로운 덕을 베풀며 천하와 국가를 다스리는 것이 업인 사람'이라고 보았다. 이런 인식에 바탕 하여 다산은 인륜의 변을 당하지 않았는데도 은사(隱士)를 자칭하며 아무 일도 하지 않는 선비들을 비판하였다.[10] 이처럼 다산은 은자가 과도하게 이상화되는 것을 경계했다. 이런 생각은 "벼슬을 하지 않는 선비라면 손발을 놀리지 말고 직업을 바꾸어 농사일을 하여 세상에 보탬이 되어야 한다."[11]는 입신할 수 없는 선비의 차선에 대한 인식으로 이어진다.

생산 활동에 참여하지 않으면 생산 분배에도 참여할 수 없다는 원시 유학과 닮아 있는 실리적인 생각은 선비가 외면하지 말아야 할 현실에 방점을 둔다. 이는 생계라는 현실에 맞닿은 전원적인 일상이 전제된 은일의 공간으로 원림을 바라보는 것과 연결된다. 아들들이나 제자들에게 보낸 글 속에서 지속적으로 가난한 선비가 생계를 유지하면서도 선비다운 품격을 유지하기 위해서 해야 할 방편으로 농사가 가능한 과수원이나 채소밭이 포함된 원포경영을 권유한 것에서도 드러난다.

연못을 만들어 물고기를 길러 본다거나 생계를 위한 과수원이나 채소밭 주변에 아름다운 화목을 심고 정자를 세우는 것과 같은 전통적인 원림 요소를 가미하는 방식으로 보통의 농사일과 차별을 두어 선비의 지모(智謀)를 지킬 것을 주문한다. 농사일에도 선비의 품격을 지킬 것을 당부했던 다산은 일상을 상세히 기록하며 글로 승화시켜 볼 것을 제안한다. 닭을 기른다는 둘째 아들 학유에게 보낸 편지 〈기유아(寄游兒)〉에서 다산은 양계를 하면서 선비의 품격과 이름을 지키는 방식을 가르친다. 그것은 바로 다양한 양계법을 공부하고 실험해 보는 한편, 시를 지어 닭의 경관을 읊도록 했다. 사물로써 사물을 풀어내는 것이 독서하는 사람의 양계법이며, 세속의 일에서 맑은 운치를 간직할 수 있는 방법이라고 하였다.[12]

따라서 조선조 선비들이 생활의 신조로 삼았고, 선비다운 선비들 대부분이 실천에 옮겼던 삶의 원칙을 대략 다음과 같이 간추릴 수 있다. 첫째,

인간에게는 인간으로서 지켜야 할 도리가 있다. 그 도리에 어긋남이 없도록 정성을 다한다. 둘째, 사사로운 이익보다도 국가와 민족을 먼저 생각한다. 셋째, 지나친 물욕과 권세욕을 자제하고 깨끗하게 살기를 도모한다. 넷째, 불의와 타협하지 않고 용감하게 맞서서 싸운다. 다섯째, 자연 또는 예술을 즐기는 풍류로써 마음의 여유를 갖도록 노력한다.[13)]

선비다운 선비의 삶의 원칙은 다산 정약용의 청렴의식과 맞닿아 있다. 또한 다산의 소박한 음식생활도 결국은 다산의 청렴의식과 밀접하게 연관되어 있다. 과연 청렴(淸廉:integrity)이란 무엇인가? "취할 수도 있고 취하지 않을 수도 있을 때 취하면 청렴이 상한다"[14)]는 말은 청렴함을 지키려면 분별과 신중함이 필요하다는 점이다. 이점에서 ≪목민심서·율기 6조≫는 다산의 공직자로서의 자세와 청렴의식을 엿볼 수 있는 핵심적인 내용을 포함하고 있다. 이를 중심으로 다산의 청렴의식을 살펴보자. 이 율기(律己)는 '자신에게 제한을 가하기', '자신을 바로잡아 엄격하고 바르게 하기', '자신을 단속하기'등으로 번역될 수 있겠다. 이 ≪율기(律己)≫편은 6개 조로 구성되어 있다. 즉, ① 자기단속(飭躬) ② 청렴(淸心) ③ 집안 단속(齊家) ④ 청탁거절(屛客) ⑤ 근검, 절약(節用) ⑥ 베품(樂施)이다. 이는 다산 정약용의 청렴의식을 분석하는데 매우 귀중한 자료이다. 그 가운데에 청렴과 관련이 있는 주요 내용을 정리하면 다음과 같다.

첫째 청렴은 목민관(목자:牧者)의 의무이다. 모든 선의 원천이요, 모든 덕의 근본이다. 청렴하지 않고 목민관 노릇을 할 수 있는 자는 없다.[15)]

둘째 청렴은 천하의 큰 장사이다. 이런 까닭에 크게 욕심내는 자는 반드시 청렴하려고 한다. 사람이 청렴하지 않게 되는 것은 그 지혜가 짧기 때문이다.[16)]

셋째 청렴한 자는 청렴함을 편안하게 여기고, 지자는 청렴함을 이롭게

여긴다.[17]

넷째 무릇 내어놓은 것은 말도 하지 말고, 자랑하는 표정도 짓지 말며, 다른 사람에게 이야기도 하지 말 것이다.[18]

다섯째 청렴한 자는 은혜를 베푸는 일이 적으니, 사람들이 이것을 병으로 여긴다. 책임은 자기 스스로 두텁게 지고 다른 사람에게 적게 지우는 것이 좋다. 청탁이 행해지지 않으면 청렴하다고 말할 수 있다.[19]

여섯째 청렴하기가 어려운 것이 아니라 그 청렴함을 드러내지 않기가 어려운 것이며, 청렴함을 믿고 다른 사람을 억누르고 무시하지 않기가 더 어려운 것이다.[20]

일곱째 은정(恩情)이 이미 맺어지면 사사로움도 움직이게 되는 것이다.[21]

여덟째 청렴한 관리를 귀하게 여기는 이유는, 그가 지나가는 곳이라면 산림과 샘이나 돌까지도 모두 맑은 빛을 입게 되기 때문이다.[22]

아홉째 청렴한 소리가 사방에 퍼져서 명성이 날로 빛나게 되면, 이 또한 인생의 지극한 영광인 것이다.[23]

열째 목자(목민관)가 청렴하지 않으면 백성들은 그를 도둑으로 지목하여 마을을 지날 때는 추하다고 욕하는 소리가 드높을 것이니, 또한 수치스러운 일이다.[24]

위의 주요 내용은 목민관의 청렴의식에 대한 것이다. 그러나 다산의 청렴의식을 간략하게 말하기는 매우 어려운 일이다. 다만 그의 유학정신, 선비정신과도 깊은 관련이 있으므로, 다산의 청렴의식과 청백리정신을 고찰하기 위해서는 보다 광범위한 다각도의 고찰이 필요할 것이다. 다산의 ≪목민심서·율기(律己) 6조≫에서 '근검, 절약(節用)'을 말한 바 있는데, 이 절약정신에 대해 다음과 같이 자연의 이치로 설명한 바가 있다.

『못 위에 물이 고여 있는 것은 장차 흘러내려서 만물을 적셔주기 위함이다. 이런 까닭에 절약할 수 있는 사람은 능히 베풀 수 있고, 절약하지 못하는 사람은 능히 베풀지 못하는 것이다. ~근검·절약은 즐거이 베푸는 근본이 된다.』[25]

즉 근검·절약을 근간으로 폭넓은 베풂을 실천해야만 청렴이 진정으로 완성된다는 것을 다산은 강조하는 것이다. 베풂을 위한 근검·절약을 결코 축재(蓄財)로 이해해서는 안 된다. 그러므로 '만물을 적시기 위한 고임'이란 베풂을 행하는 행위자의 마음이 도덕적인 동기로 꽉 채워지는 과정을 말하는 것이다. 선한 동기를 통한 자발적인 베풂이 청렴을 실천하는 근본임을 설파한 것이다. 이런 맥락에서 다산 정약용의 청렴의식이 보다 광범위하게 조명되고 세밀하게 분석되어 다양한 공무원 교육에 활용되었으면 좋겠다. 특히 고위직 관료들의 청렴의식을 발양하고 확산하는 데 널리 쓰여지게 되기를 희망한다.

문학의 내용에서도 참된 선비들은 세상이 무도하다고 단정하여 세상을 등지거나 바로잡는 일을 결코 쉽게 포기하지 않았다. 오히려 무도한 세상을 풍자하거나 밝혀 보려는 의지를 담은 시들이 많았다. 청렴을 강조한 참된 선비였던 다산 정약용의 한시에도 그와 같은 삶의 자세를 밝힌 시들이 적지 않다.

다산은 어린 시절부터 출사보다는 산림은거에 마음이 더 있었다. 하지만 과거공부에 매진하라는 아버지의 명으로 아버지의 부임지인 화순에서 약 15개월 동안 머물면서 공부를 하다가 고향집으로 돌아왔다. 돌아오는 길에 용계산 비탈길을 넘으며 〈유용계판(踰龍谿阪: 용계산 언덕을 넘으면서)〉이라는 시[26]를 지었는데 다음과 같이 쓰고 있다.

『봄바람에 곳곳마다 푸른 연기 피어나니,
외진 곳에 노동 생활 순박한 풍속 지녔네.

무턱대고 이 속에서 가족들과 숨고자 하니,
혼탁한 길에 벼슬을 구하는 것보다 낫다네.』[27]

이 시가 뜻하는 바와 같이 다산은 과거 시험에 급제하여 벼슬길에 나가는 것에 대하여 여전히 회의를 품었다. 다산은 과거 시험이 변려문[28]을 익혀서 치르는 형식적인 것이기 때문에 그 시험 자체가 백해무익이라고 생각하였다. 특히 노론벽파와 남인시파[29]의 갈등이라는 시대적 문제 때문에 벼슬살이에 대한 회의를 품게 되었던 것이다. 이러한 갈등은 다산의 장인 홍화보(洪和輔:1726-1791)가 경상우도 병사로 나가게 되어 아내를 데리고 잠시 소내에 왔다가 지은 시 〈하일환소천(夏日還苕川:여름날에 소내로 돌아오다)〉에도 잘 나타나 있다.

『긴 여름 도성에서 시름하다가 조각배로 물이 가득한 고향으로 돌아왔다네
드문 촌가 먼 경치 바라다보니 우거진 숲 서늘함이 여유로워라
의관은 게을러서 단정하지 못하고 시서는 전일의 것 읽어 본다네
진퇴를 아무래도 정하지 못해 삶의 이치를 어부에게 물어 보리라』[30]

전통적으로 청렴한 선비들이 지향하는 원림이나 자연, 또는 전원을 대상으로 한 시에서 나무꾼[樵]이나 어부[漁]는 벼슬을 버린 선비, 즉 은자를 뜻한다. 다음 시에 쓰인 '樵'나 '漁'도 전통적으로 은자의 이미지를 가진다. 그러나 여기서는 단순히 전형적이고 관념적 이미지로 소비되지 않고, 불안정한 현실을 구제할 방법(康濟術) 중 하나로 배워야 하는 일 즉, 생계를 꾸려나갈 생업의 의미에 가깝게 쓰였다. 이 시에서 보는 것처럼 안부 물어줄 사람 하나 없는 적막한 원림에서 사는 것은 가을이 되어도 변화 없이 그대로 별 볼일이 없고, 친구를 사귀는 일도 게을러져 소원해 진다는 자조로 심화된다. 그러나 자조는 절망이나 포기로 귀결되지 않고 살아가

야 할 방법[康濟術]을 찾아내는데, 그것이 바로 나무를 하고 고기를 잡는 전원적 일상이다. 이렇게 다산의 시는 은일의 고아함을 가지면서도 현실의 삶을 회피하지 않고 벼슬 대신 선비가 생계를 꾸릴 수 있는 대안을 제시하고 있다.

> 『사는 일 가을 되도 별 볼일 없고 친구 사귐 게을러 점점 소원하네
> 구제할 방법 알고 싶다면 나무하고 고기 잡는 것 배우는 길뿐』[31]

다산이 나무하고 고기잡이로 생계를 꾸리며 살고 싶어 했던 마음이 유배 중에 쓴 시문에도 잘 나타나 있다.

> 『물 북쪽엔 고기 잡고 나무하러 수시로 가고,
> 세간의 빈객과 벗은 부를 것도 없어라.』[32]

다산은 봄에 과거 공부를 위해 한양에 갔다가 여름에 잠시 고향에 들렀다. 벼슬살이에 대한 진퇴를 아직 정하지 못한 자신의 모습을 뒤돌아보면서, 일상의 도리를 어부에게 물어보고 싶다고 적고 있다. 또한 〈권유(倦游: 지루한 객지의 생활)〉(≪다산시문선≫, 제1권)라는 시도 같은 맥락인데, 성균관 시험에 세 번 낙방하고 20세에 서울 회현방에 머물면서 지은 것이다.

> 『고향에서 처자와 살 만도 한데 서울에서 또다시 지루한 생활
> 문장은 세속 안목과 맞지 않고 꽃과 버들은 나그네의 시름을 자아내네
> 먼지 막는 부채를 여러 번 들고 계곡을 오르는 배를 늘 그리워한다네
> 사마상여 그 또한 천박한 사람 제주한 일[33] 무엇을 구하렸던고』[34]

권유라는 말 자체에 '노는 데 지침' 혹은 '벼슬살이에 싫증이 남'이라는 풀이가 있는 것처럼, 이 시는 벼슬길에 나아가는 것의 괴로운 심정을 표현

하였다. 이때 부친은 암행어사의 탄핵을 받아 파면 당하고, 장인은 숙천으로 귀양을 갔다. 이런 상황, 곧 진흙탕 속에서 벼슬을 굳이 해야 하는가를 고민하였던 것이다. 다산이 이처럼 벼슬길에 나가는 것에 갈등하면서도 과거 시험을 포기하지 않았던 이유는 지위가 없이 세상의 도를 밝히고 세상을 바로 잡는다는 것이 쉽지 않았기 때문이다. 다산은 과거제도의 폐단을 지적하면서도 현실적으로 과거 시험을 통하지 않고서는 세상의 이치를 펼칠 수 없음을 1820년(순조 20년)에 이인영(李仁榮)에게 주는 말 〈위이인영증언(爲李仁榮贈言)〉(≪여유당전서·文集·贈言)≫[卷十七])[35]에서 다음과 같이 밝혔다.

『우리나라의 과거 제도는 쌍기(雙冀)[36]에서 시작되어, 춘정(春亭) 변계량(1369년-1430년)[37]에게서 완비되었다네. 과거 공부를 하는 사람이라면 누구나 정신을 다 쏟고 세월을 모두 투자하기 때문에 사람을 황폐하게 만들고 지리멸렬한 채 한평생을 마치게 만들어 버리지. 그러니 정말 이단(異端) 가운데에서도 제일 피해가 심한 것이면서, 세상 살아가는 방법에 있어서도 큰 근심거리라네. 그럼에도 나라의 법이 변하지 않으니 거기에 순응하는 수밖에 없지. 이 길이 아니면 임금과 신하의 도리를 찾아갈 길이 없거든. 그래서 정암(靜菴) 조광조나 퇴계(退溪) 이황 같은 선생들도 모두 과거 공부를 해서 벼슬길을 펼친 것이라네. 지금 자네는 어떤 사람이기에 과거를 짚신 벗어던지듯이 하고서 돌아보지도 않겠다는 말인가? 사람의 본성과 천명을 연구하는 성리학(性理學)은 아직도 끊어지지 않았는데, 어째서 이런 음란하고 간교한 소설 같은 지류(支流)와 구슬프고 쓰라린 짧은 시구 찌꺼기를 공부하기 위해 자신의 신세를 가볍게 버리려 한단 말인가? 위로는 부모를 섬기지도 못하고 아래로는 처자를 부양하지도 못하며, 가까이로는 가문을 알리고 일가들에게 도움을 줄 수도 없으며, 멀리는 조정을 높이고 백성들에게 혜택을 줄 수도 없네.』

청렴한 선비는 사적인 일보다 공적인 일을 먼저 생각한다. 1801년 2월 신유사옥을 겪어 셋째 형 약종이 옥사하고, 둘째 형 약전은 신지도(薪智島)로, 다산은 강진으로 유배되어 집안이 풍비박산이 되었다. 그러나 참된 선비였던 다산은 이러한 개인적인 불행에 초연하여 오히려 나라의 장래를 걱정하였다. 〈견흥(遣興)〉(≪다산시문집·시(詩)≫[제4권])이라는 시에 다산의 선비정신이 잘 나타나 있다.

> 『아옹다옹 싸움질 제각기 자기 고집 객창에서 생각하니 눈물이 절로 나네.
> 산하는 옹색하여 삼천리인데, 서로 얼려 싸우기 이백 년이라.
> 영웅들 그 얼마나 슬프게 꺾였는고 형제들 어느 때나 재산 싸움 그칠는지.
> 저 넓은 은하수로 말끔히 씻어내어 밝은 햇빛 온 천하에 비추이게 하고 지고』[38]

청렴한 선비로서 다산은 가계와 가족의 일에 대해서도 결코 소홀하지 않았다. 1801년 다산이 강진으로 유배 떠날 당시 집안이 넉넉하지 않았지만 그렇다고 매우 궁핍한 형편은 아니었다. 하지만 세월이 지나면서 가세가 점차 기울어져 형편이 어려워졌다.[39] 따라서 다산은 실용적인 경제활동으로 양잠과 채소밭 가꾸는 방법 등을 구체적으로 제시하였다. 즉, 양잠은 선비로서 명성을 잃지 않으면서도 가난을 벗어날 수 있다는 것이다. 김상홍에 의하면 마현은 전답이 귀하고 수리시설이나 땔감이 부족해 살기가 불편한 지역이었다. 다산은 벼농사보다는 특수작물 재배와 양잠이 여건상 그리고 노동력의 활용 면에서 적당하다고 판단한 듯하다.[40] 또한 계절에 맞는 채소를 가꿀 것을 제시하면서도 영농에 대한 연구와 학문적 자세에 대해 당부를 잊지 않았다. 실제로 둘째 아들 학유는 달마다 해야 할 농사일과 세시 풍속 등을 담고 있는 ≪농가월령가≫를 저술하기도 하였다.

실용적인 경제활동을 제시하면서도 정약용은 이잣돈 놀이나 약장사 등 상업행위를 절대 하지 말 것을 강조하였다. 특히 1810년 장남 학연이 의원 노릇을 한다는 소식을 듣고는 매우 강한 어조로 질책하기도 하였다. 다산은 학연이 의술을 빙자하여 재상들과 만나 자신의 유배를 중지해 줄 것을 청탁하는 모습이 끝내 못마땅했던 것이다. 다산이 제시하는 구체적인 경제활동 방법은 하피첩[41] '병'에 쓰여졌을 것으로 보인다.[42] 하피첩은 1810년 정약용이 몇 해 전 아내가 보내 온 낡은 치마[43]를 정성껏 재단하여 두 아들에게 적어 보냈던 훈계하는 글을 치마 위에 다시 썼다. 글을 쓴 치마의 조각 천을 다시 한지에 배접하여 총 4권의 서책을 만든 다음, 그 서책의 표지에 하피첩이라고 적었다. 하피첩은 모두 4첩으로 만들어졌으나 3첩만 전해지고 있으며, 현재에는 국립민속박물관에 소장되어 있다. 표지에 갑(甲), 을(乙), 병(丙), 정(丁)을 새겨 그 순서를 표기했던 것으로 보이며, 이 가운데 병은 누락되어 그 행방을 알 수 없다. 갑은 1810년 7월에, 을과 정은 1810년 9월 다산초당 동암에서 썼다. 하피첩의 주요 내용은 학문하는 방법과 이유, 생계를 꾸려가는 방식, 그리고 친척과 주변 사람들과 어떻게 관계를 맺어야 하는지 등 폐족이 되었지만, 양반가의 자손으로 살아가는 방법을 소상히 적고 있다. 그 가운데에는 정약용이 두 아들에게 간절히 바라는 속마음을 솔직히 드러낸 부분도 있어 그의 인간적인 면모를 엿볼 수 있다.

1첩(24.8㎝×15.6㎝, 17매)은 집안의 화목과 결속을 당부하고 있다. 정약용은 부모에 대한 효도와 형제간의 우애를 넘어서 사촌형제 사이의 화목을 강조하고 있다. 즉, 다른 사람이 오랫동안 머물더라도 누가 누구의 부모형제인지 알 수 없을 정도로 사촌 사이에도 효제(孝悌)를 행해야 한다고 하였다. 1801년 신유사옥으로 셋째형 정약종이 처형되고, 둘째형 정약전과 본인의 유배생활로 인해 고향 마현에는 가장을 잃은 세 가족이 남겨져 있었다. 특히 정약용은 유일한 지기지우였던 둘째형 정약전의 아들 정학초(丁學樵:1771-1807)에 대한 애정이 남달랐던 것으로 보인다. 따라서 두 아들에게 학초를 잘 돌봐주고 같은 어머니에게서 태어난 형제와 같이 우애있게 지내기를 편지로 당부하기도 하였다. 또한 지금은 폐족으로 벼슬길에 오를 수 없으나 결코 문화적 안목을 잃지 않기를 당부하고 있다.

그래야 훗날 후손들이 재기를 도모할 수 있다는 것이다.

2첩(24.9㎝×15.6㎝, 14매)은 몸과 마음을 바르게 하고 근검하게 살 것을 당부하고 있다. 다산은 집안이 비록 폐족이 되었으나 8대 옥당 명문가로서 명성을 지켜가기 위한 방법을 제시하고 있다. 즉, 부끄러운 행동이나 말, 그리고 한쪽으로 치우치지 않는 처신 등을 강조하는 한편 부지런하고 검소한 삶을 당부하였다. 정약용은 삶의 실천 방향으로 '경직의방(敬直義方)'이라는 경구를 제시하고 있다. 이는 ≪주역≫의 〈곤괘〉 문헌에 나와 있는 "공경함으로 마음을 바르게 하고 의로움으로 행동을 반듯하게 해야 한다"를 줄인 것으로, 조선시대 선비들의 수양론 가운데 하나이다. 즉 자녀들이 비록 벼슬길에 나아갈 수는 없지만, 경직의방으로 몸과 마음을 닦으며 처사로서의 삶을 살기 바라는 마음을 전하고 있다. 또한 근(勤), 검(儉) 두 글자를 유산으로 남겼다.

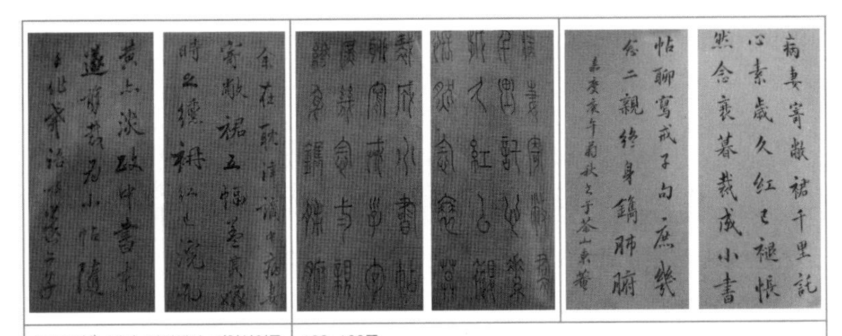

127쪽.[44] 내가 탐진에서 귀양살이를 할 적에 병든 아내가 낡은 치마 다섯폭을 보내 왔는데, 시집 올 적에 입었던 예복이다. 붉은 색은 이미 바래고 황색 또한 옅어져서 서첩으로 사용하기에 꼭 맞았다. 그래서 치마를 잘라서 자그마한 서첩을 만들어, 손길 가는대로 경계하는 글을 지어 두 아들에게 전해 준다.

128, 129쪽
병든 아내가 낡은 치마를 보내 천리 먼길 애틋한 마음을 부쳤네. 오랜 세월에 붉은 빛 이미 바래니 서글프게 늙음을 떠오르게 하네. 잘라서 작은 서첩을 만들어 잠시 자식들 일깨우는 몇 자 글을 써보니, 부디 어버이 마음을 잘 헤아려서 평생 가슴 깊이 새겨 두기를 바라노라.[45]

『나는 너희들에게 재산을 남겨 줄 정도로 관직생활을 하지 못했다. 다만 내게 두 글자가 새겨진 신기한 부적이 있어 삶을 넉넉히 하고 가난을 구제할 수 있을 것이다. 한 글자는 부지런할 근이오, 또 한 글자는 검소할 검이다. 이 두 글자는 비옥한 전답보다도 나아서 평생토록 써도 다 쓰지 못할 것이다. 무엇을 '근'이라 할 수 있는가? 오늘 할 수 있는 일을 내일로 미루지 않으면, 아침에 할 수 있는 일을 저녁으로 미루지 않고, 맑은 날 할 일을 비오는 날까지 시간을 보내지 말고, 비 오는 날 할 일을 날이 갤 때까지 미루어서는 안 된다. 늙은이가 앉아서 감독해야 할 것이 있고 어린이가 돌아다니며 도울 것이 있으며, 젊은이는 힘쓸 일을 하고 아픈 자는 지키는 일을 맡으며, 아낙네는 밤 사경(四更) 전에는 잠들지 말아야 한다. 이처럼 집안의 상하남녀 가운데 한사람도 놀고먹는 사람이 없고 한 순간도 한가로이 시간을 보내는 일이 없도록 하는 것, 이것을 '勤'이라고 한다.

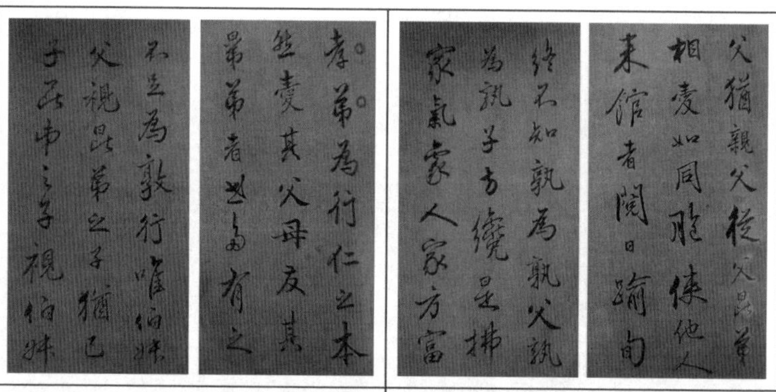

20쪽. 효제는 인을 실천하는 근본이다. 하지만 부모를 사랑하고 형제간에 우애가 두터운 사람들은 세상에 많이 있으니, 그것만으로 효제가 도타운 행실이라 할 수 없다. 백부, 숙부가 형제의 자식들을 자기 자식처럼 여기고, 형제의 자식들은 백부, 숙부를 친부모와 같이 모시며.[46]

23쪽. 사촌형제끼리는 친형제처럼 사랑해야 한다. 그래서 만약 낯선 사람이 와서 머물적에 하루를 보내거나 열흘을 지내더라도 누구 누구의 아버지이며, 누가 누구의 자식인지 끝내 알지 못할 정도가 되어야 한다. 그랬을 때 겨우 가문을 유지해나갈 만한 기상이 있다고 할 수 있다. [47]

무엇을 '儉'이라 하는가? 의복은 몸을 가리기 위한 것이니, 고운 베로 만든 옷은 헤지고 나면 세상없이 볼품이 없어진다. 하지만 거친 배로 만든 옷은 해지더라도 별 상관이 없다. 한 벌의 옷을 만들 때마다 이후에도 계속해서 그 옷만을 입을 수 있는지 그 여부를 따져 생각해야 한다. 만약 그럴 수 없다면 고운 베로 만든 옷은 결국 시간이 지나 해진 채로 입게 될 것이다. 생각이 이에 이르게 되면 고운 베를 버리고 거친 베로 만들지 않을 사람이 없을 것이다. 음식은 생명을 부지하기 위해 먹으면 된다. 어떤 산해진미도 입으로 들어가면 즉시 더러운 것이 되어버리므로 목구멍으로 넘어가기도 전에 사람들은 더럽다고 침을 뱉는 것이다. 사람이 세상을 살면서 성실함을 귀하게 여겨야 하니 조금이라도 속임이 있어서는 안 된다. 하늘을 속이는 것이 가장 나쁘고, 임금을 속이고 어버이를 속이며 농부가 농부를 속이고 상인이 상인을 속이는 데 이르기까지 이는 모두 죄악에 빠지는 것이다. 하지만 오직 속여도 되는 것이 하나 있으니, 그것이 바로 자기 입이다. 보잘 것 없는 음식이라도 속여서 잠시 그 때를 지날 수만 있다면 이는 괜찮은 방법이다.』[48]

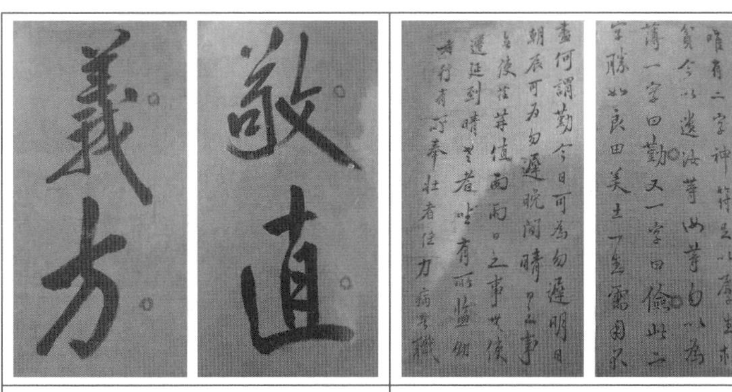

55쪽. 공경함으로 마음을 바르게 하고
의로움으로 행동을 반듯하게 해야 한다.

73쪽. 내가 너희들에게 재산을 남겨 줄 정도로 관직생활을 하지는 못했다. 다만 내게 두 글자가 새겨진 신기한 부적이 있어 삶을 넉넉히 하고 가난을 구제할 수 있을 것이다. 이제 저희에게 이것을 주려고 하니 결코 소홀히 여겨서는 안 된다. 한 글자는 부지런할 근(勤)이요, 또 한 글자는 검소할 검(儉)이다. 이 두 글자는 비옥한 전답보다도 나아서 평생토록 써도 다 쓰지 못할 것이다.[49]

이와 같은 다산의 근검의 실제 내용에 대해 박미해는 다음과 같이 말한다.

『근검의 내용은 부지런히 일하여 수입을 확보하는 것이다. 근(勤)이란 일을 미루지 말고 집안의 모두가 노동에 참여하는 것이다. 검(儉)은 음식과 의복을 사치하지 않고 뽕나무와 삼을 심고, 채소와 과일과 꽃을 가꾸고, 부녀자는 길쌈하여 수입을 확보하는 것이다. 비록 소규모의 생계를 위한 경제이지만 가족원의 조직과 관리를 위하여 다산은 아들과 며느리에게 치가를 위한 이윤을 챙기되 대금업, 상업, 그리고 약장사 등을 금한다. (중략) 먹고 살기 위해 아들들에게 농사를 권면 하지만 떨어져 있는 다산의 마음은 착잡하다. 아들들이 의서를 보고 술을 빚어 보내고, 어린 아들이 농사를 배운다는 소식을 듣고 정작 아들과 딸이 농사짓고 누에를 키우는 것에 마음 아파하는 아버지의 속마음도 드러내고 있다.』[50]

≪다산시문집·시(詩)·새해에 집에서 온 서신을 받고(新年得家書)≫(제4권)는 임술년(1802년) 봄에 강진에서 쓴 시인데, 유배생활 속에 자식생각, 아내생각이 절절하고 강제적으로 근검하고, 어쩔 수 없는 유배객의 슬픔이 가득하다.

『해가 가고 봄이 와도 까맣게 몰랐다가 새소리가 날로 변해 웬일인가 하였다네. 비가 오면 집 생각이 다래덩굴같이 뻗고, 겨울을 난 야윈 몰골 대나무 가지 같아. 세상 꼴 보기 싫어 방문은 늦게 열고, 찾는 객 없을 줄 알아 이불도 늦게 개지. 무료함을 메우는 법 자식들이 알았는지, 의서에 맞춰 빚은 술 한 단지 부쳐 왔군. 천릿길을 어린 종이 가지고 온 편지 받고 초가 주점 등잔 아래 홀로 앉아 한숨짓네. 농사 배운 어린 자식 아비 징계해서이고, 옷을 꿰매 보낸 아내 그래도 날 사랑하나봐. 추억하며 이 먼 데를 찰밥 싸서 보내오고 굶주림 면하려고 철투호를 팔았다네. 답을 금방 쓰려 하니 달리 할 말이 없어, 뽕나무나 수백 그루 심으라고 부탁했지』[51]

3첩(24.2㎝×14.4㎝, 15매)은 자신의 학문을 계승해 줄 것을 염원하고 있다. 정약용은 유배기간 동안 500여권이 넘는 방대한 저서를 남겼다. 그런 그가 가장 두려워하는 것은 자신의 저서가 빛을 보지 못하고 사라지는 것이었다. 따라서 두 아들이 학문을 포기하지 않고 더욱 전념하여 자신의 저서를 읽고 연구해 주길 기대하였다. 정약용은 학문에 전념하는 것이 곧 아버지의 "목숨을 살리는 것"이라며 눈물겹게 호소하였다. 심지어 그는 두 아들에게 편지를 보내 자신이 죽은 이후 아무리 풍성한 제사라도 "내 책 한편 읽어주고 내 책 한 장을 베껴주는 일"보다 못할 것이라며, 학문전승에 대한 바람을 간곡히 당부했다.[52] 또한 혹시라도 주변에 자신의 학문을 알아주는 이가 있으면 아버지나 형제처럼 깍듯이 대해 줄 것을 부탁하기도 했다.

『만약 나의 글을 알아주는 사람이 있는데, 그 사람의 나이가 많으면 아버지처럼 섬기고 너희와 엇비슷하다면 형제의 의를 맺는 것도 좋을 것이다.』[53]

89쪽. 내가 너희에게 바라는 것은 마음을 차분히 가라앉혀 나의 글을 읽고 그 심오한 이치를 깨달아 준다면 다행이겠다. 그렇게만 된다면 내 비록 궁색하게 살더라도 근심이 없을 것이다.[54]

다산이 비록 유배자의 몸이었지만 한시도 어두운 세상을 잊지 않았으며, 세상을 바로 잡고 밝히기를 포기하지 않았다. 또한 유배자로서 폐족이 되었는데도 가족들을 사랑하는 마음을 잃지 않았다. 정성껏 마름질된 부인의 치마에 써서 서책으로 만든 하피첩은 실학자 정약용이 부인을 애틋하게 그리워하는 남편으로서의 부정(夫情)과 자녀들의 교육과 장래를 걱정하는 아버지로서의 부정(父情)을 담고 있어 정약용의 따뜻한 인간애를 엿볼 수 있다. 어디에 있던 어떤 상황에 처하든 세상을 잊지 않고 세상을 바로 잡고자 하였던 다산의 실천지성이 바로 참된 선비의 모습이면서 청렴한 선비정신의 일면이라 하겠다.

1-3. 다산의 자연관

자연이란 인공적인 조작에 의하지 않는 자연스런 것을 말한다. 특히 유가(儒家)에서 말하는 자연은 일반적으로 일컫는 자연과는 다소 다른 점이 있다. 그동안 국문학 연구에서 언급되는 '자연'은 우리의 삶과 무관한 자연을 일컫는 말로 오해되어 왔다. 하지만 유가의 자연관은 우리의 삶과 밀접한 관련이 있는 것으로 이해되어야 한다. 자연의 풍경을 바라보면서 아름다움을 느끼는 것도 자연관이며, 현실에서 자신의 삶이 만족스럽지 못해 한탄하는 것도 자연관이기 때문이다. 이처럼 유가의 자연관은 일체의 사물이나 사람 사는 세상을 선비정신의 관점에서 보고자 한 것이다. 따라서 우주의 질서 내에 있는 것은 모두 자연이며, 그 중 삶의 현실만큼 절실하게 다가오는 자연은 없는 것이다.[55)]

선비의 자연관은 인생관과 무관하지 않다. 자연이 곧 인간의 삶이며, 인간의 삶이 자연이기 때문이다. 선비들은 흔히 자연물을 통해 인간사를 노래하기도 하고, 자연을 통해 인간사를 풍자하기도 하였다. 따라서 선비의 자연관에서는 개인의 인간사와 더불어 사회적 관심사도 자연일 수 있다. 즉, 선비의 자연관에는 세상살이에서 인륜에 어긋나지 않으면서 현실을 잊지 않는 마음까지 포함되었던 것이다.

정약용은 유년기부터 아름다운 경관을 향유하면서 자연스레 경관의 미적 체험과 더불어 자연에 대한 시각을 축적하였다. 그가 출생한 경기도 광주 마현은 남한강이 한눈에 내려다 보이는 풍광이 수려한 곳이었다. 또한 생가 근처의 운길산 수종사(水鍾寺)는 현재 남양주시 조안면 송촌리 운길산

(雲吉山) 중턱에 있는 사찰이다. 이곳은 천혜의 절경이 관망되는 곳으로 정약용이 뒷동산처럼 애용하면서 자연의 아름다움을 즐겨 감상하는 장소였다. 자연을 향유하는 최우선 방법이 감상과 체험임을 감안 할 때 다산은 유년시절부터 여러 차례 수종사에서 노닐며 아름다운 경관을 즐겨 감상하고 노래한 여러 시가 있다. 14세 때 지은 유수종사(遊水鐘寺)〈수종사에서 놀다〉에서는 그곳의 자연풍경을 사실적으로 묘사하였다.

『드리운 댕댕이 넝쿨이 비탈에 끼어 조계로 가는 길을 구별하지 못하겠네.
그늘 진 언덕에 옛 구름 머물고 맑게 갠 섬에는 아침 안개 흩어진다.
땅에서 솟는 물은 골짜기로 흐르고 종소리는 깊은 나무숲에서 울려온다.
산을 주유함이 여기서 시작되니 그윽한 만날 약속 어찌 다시 그릇 되리.』

20세인 1781년에 지은 〈하일소천잡시(夏日苕川雜詩)〉에서는 고향 소내의 비가 개인 시골 여름의 여유롭고 한가로운 모습을 표현하였다. 또 22세인 1783년 봄에 지은 〈춘일유수종사(春日游水鍾寺)〉에서도 배에서 내려 수종사로 가는 도중에 본 경관을 원근을 교차하여 한 폭의 수묵화처럼 미끈하게 그려내 서정적인 감흥을 주고 있다. 25세에 쓴 〈소천사시사(苕川四時詞)〉 시에서는 소내의 사계절 주요 경관요소들의 아름다움을 노래하였다. 현재 수종사는 삼정헌(三鼎軒)이라는 다실을 지어 차 문화를 계승하고 있어 이를 상징하는 사찰로 이름이 높다. 또한 겸재 정선(1676-1759)의 경교명승첩(京郊名勝帖)[56]중 독백탄(獨栢灘)은 현재의 남한강과 북한강이 만나는 '양수리'의 경관을 보여주는 고서화이다. 그 시대의 명승지 경관과 현재의 경관을 비교 감상할 수 있어 회화 가치가 높다. 북한강과 남한강이 물머리를 맞대는 가운데 강줄기를 갈라놓는 긴 섬이 족자도이고 강으로 이어지는 산자락이 조안면 능내리이다. 이 족자섬 사이를 흐르는 여울목이 "족자여울" 즉 독백탄(獨栢灘)이다.

〈그림 2〉 독백탄(獨栢灘) 〔간송미술관〕

소천(苕川)과 수종사 일대는 다산이 유년시절부터 자연을 체험하고 흥취를 느꼈던 곳으로 정약용에게는 정신적 안식처와 같은 곳이다. 따라서 일생동안 마음속의 낙원으로 작용하며 정약용이 추구하는 전원적 이상향에도 적잖이 영향을 주었다. 고향 산천의 자연경관은 정약용에게는 성리학에서의 이(理)에 근거한 원리적 대상물이 아닌 경관 미적 감흥의 대상체로 인식되었다. 때로 부친의 임지를 따라 지방을 돌기도 했으나 정약용은 15세 혼인 이후부터 한양에서 거주하였다. 1801년 유배 전까지 거의 한양에서 지냈기 때문에 한양의 문화 등에 적잖이 영향을 받았다. 벼슬생활 초기에 거주했던 서울 명례방의 좁은 뜰에도 정원을 조성하고 대나무 울타리를 둘렀다. 이를 죽란이라 하여 '죽란시사(竹欄詩社)[57]'라는 시화모임을 조직하여 활동했다.

한양 명례방(明禮坊)생활 때인 36세(1797)에 지은 〈죽란화목기(竹欄花木記)〉에서 보면 조성한 정원의 모습과 도입한 식물의 종류를 알 수 있다. "수레

바퀴와 말발굽이 날마다 한길을 서로 달린다... 우리집의 뜨락을 반 정도 할애하여..."라고 기술하여 가옥의 규모는 매우 작고 길과 맞닿아 어수선한 분위기의 입지였다. 그럼에도 불구하고 마당 한 켠에 정원을 꾸미고 화초를 가꾸는 모습은 정약용이 원예와 원림조영에 애정과 관심이 깊었음을 알 수 있다. 명례방 시절 경화사족(京華士族)들 사이에 원예가 유행하여 수선화, 파초와 같은 수입원예종을 도입하기도 했다. 다산은 작지만 자기만의 원림을 만들었던 이곳을 정치, 사회적 긴장을 해소할 수 있는 치유의 공간으로 삼았다. 기문에서 보면 당대의 사람들은 복숭아나무, 살구나무 등의 고목으로 만든 기이한 경관요소인 목부작을 선호하였지만 정약용은 이보다는 자연생리에 충실한 수목 자체의 사실적 미에 더 관심이 많았다.[58]

특히 다산은 석류를 품종별로 구분하여 그 특징을 언급했을 뿐만 아니라 난대식물로 서울에서 월동이 힘든 석류, 매화, 치자, 산다화[동백], 수선화, 파초를 심었다. 이러한 사실은 다산이 식물에 대한 해박한 지식을 겸비하였고 대나무 울타리를 둘러 월동이 힘든 추위를 막고 식물관리에 정성을 쏟았음을 알 수 있다.[59] 중부지방에 적합하지 않은 남부수종을 가꾸기 위해서는 대나무 울타리 뿐 아니라 적지 않은 노력과 정성이 요구되기 때문에 원예 및 원림조영에 대한 애정이 매우 컸음을 짐작할 수 있다.

그리고 정약용이 승정원 좌부승지로 근무하던 1797년 여름, 보고도 없이 근무지를 이탈하여 형제들 및 친척들과 어울려 소천 천진암에서 놀았다. 그곳에서 고기를 잡아 탕을 끓여 먹고 고향의 자연을 즐기면서 지은 시 〈유천진암기(遊天眞菴記)〉 20수가 있다. 근무지를 이탈하면서까지 예정에도 없던 돌발적 나들이를 했던 것이다. 이는 정약용이 당시 업무의 부담과 긴장상태 등으로 마음속 위안처였던 고향의 산천에서 마음을 치유하고 싶었음을 의미한다. 이처럼 자연은 정약용에게 정신적, 신체적 치유효과를 주었다고 할 수 있다.

인륜을 중시한 다산의 자연관이 〈억여행(憶汝行)〉이라는 시에 잘 나타나 있다. 선비가 바라보는 현실은 절실한 자연일 수 밖에 없고, 그 암담한 현실을 바로잡고자 하는 마음을 포기하지 않는 것 또한 진정한 유가의 자연관이라 할 수 있다. 따라서 선비의 자연관에는 세상살이에서 인륜에 어긋나지 않으면서 현실을 잊지 않는 마음까지 포함되었던 것이다.[60]

> 『마마로 죽는 것은 어쩔 수 없더라도 종기로 죽다니 억울하지 않으리오.
> 웅황을 썼더라면 악성 종기 다스려 나쁜 균이 남몰래 자랄 수 있었으랴.
> 이제 막 녹용 먹일 판인데 냉약(冷藥)이 어찌 그리 망할 약인가.
> 지난 번 모진 고통 네가 겪고 있을 때 나는 한창 진탕하게 놀고 있었지.
> 푸른 물결 한가운데 장구 치며 놀았고 홍루에서 마음껏 기생 끼고 노닐었다.
> 내 마음 빗나가 벌 받아 마땅하리. 이러고서 어떻게 징벌을 면할 것인가.
> 내 너를 소내 마을 떠나 보내어 서산 언덕 양지쪽에 묻어 주리라.
> 나도 장차 이곳에서 늙을 것이니 이 애비 의지하고 고이 잠들라.』

위 시는 어린 아들 구장(懼牂)의 죽음(1791년 4월)을 슬퍼하며 지은 작품으로 다산이 진주에 부친을 뵈러 간 사이 구장이 천연두를 앓다가 죽었다. 아들을 잃은 후 다산은 비통한 심정을 "지금 날짜를 따져 보니 구장이 막 신음하며 고통에 시달리고 있을 때, 나는 관현악쟁이들을 불러 놓고서 노래하고 춤추며 촉석루 아래 남강에서 물결을 따라 오르내렸던 것이다."[61] 라고 하여 아버지로서 아들의 죽음을 보살피지 못한 안타까움을 자조하였다. 이와 같이 부자간의 정을 표현하는 것도 유가의 자연관에서 비롯된 것이다.

1801년 신유사옥으로 다산이 장기현으로 유배되어 길을 떠날 때에 숭례문 남쪽 석우촌(石隅村:돌모루)에서 친척들과 작별하면서 "숙부님들 머리엔 백발이 성성하고, 큰 형님은 눈물이 턱에 고인다. 젊은이들이야 다시 만날 수도 있겠으나, 노인들 일이야 누가 알 것인가?"라고 하여 혈육의 두터운 인정을 보였다. 부인과 자녀들은 이별이 아쉬워 한강을 건너 사평에서 작별하였다. 다산은 처자와의 이별의 슬픔을 자연의 이치로 서술하였다.

『하늘을 우러러 나는 새를 바라보니 오르락 내리락 쌍쌍이 날아가네.
어미소도 울면서 송아지도 돌아보고, 닭들도 구구구 병아리 부르는구나』[62]

이러한 시적 표현은 자연을 노래한 동시에 인생을 노래한 것이다. 다산은 가족에 대한 정만 중시한 것은 아니다. 강진 유배시절 흉년 때 본 비참한 모습을 시로써 표현하였다. 남편은 아내를 버리고, 어머니는 어린 오누이를 버린 사건을 "슬프다 이 백성들, 본성마저 잃었구나. 부부간 서로도 사랑하지 못하고 어미도 제 자식 돌 볼 수 없네"라는 말로 탄식하였다. 이처럼 눈앞에 보이는 현실의 묘사가 곧 자연의 묘사였다.

다산이 23세 소과에 급제한 후 성균관에서 공부할 때, 양식이 떨어져 식구들이 근근이 호박죽으로 연명하였다. 그러다가 그 호박마저 떨어지자 계집종이 옆집의 호박을 훔쳐 온 사건이 있었다. 아내가 계집종을 심하게 야단치자 다산은 "아서라, 죄없는 아이 꾸짖지 말라. 이 호박 나 먹을테니 다시는 두 말 말라. 옆집 가서 떳떳하게 사실대로 말하라. 오릉중자(五陵仲子)[63] 작은 청렴 달갑지 않다"라고 하여 공부하던 시절의 어려움을 사실적으로 표현하였다. 오릉중자를 빗대어 자신은 세상 사람과 어울려 사는 사람임을 드러냈다. 이러한 다산의 삶의 자세도 유가의 자연관으로 이해될 수 있다.

다산이 암행어사 시절 목민관의 관점에서 바라본 적성촌 농민들의 비참한 생활상과 아전들의 횡포를 직접 목격하고 이를 사실적으로 그린 〈봉지렴찰도적성촌사작(奉旨廉察到積誠村舍作: 염찰사의 직책을 받들어서 적성촌의 집에 가서 지음)〉, 굶주린 백성의 모습을 시화한 〈기민시(饑民詩)〉, 강진 유배 이후 군정의 문란함을 듣고 지은 〈애절양(哀絶陽)〉 등 민생의 참상을 한탄한 사회시도 현실관과 자연관을 나타낸 것이다. 이처럼 다산의 글은 대부분 병든 사회를 한탄했고, 자연과 인간의 파괴로 이어지는 악순환을 어떻게든 극복해 보려고 노력했다. 그래서 선생의 모든 작품은 병든 사회 속 백성들의 실상을 안타까이 여기는 백성사랑의 정신이 절절이 묻어난다.

〈다북쑥〉이란 시가 있다. 유배 시절 지방의 경제 상황을 대변하고 흉년의 슬픔을 고스란히 투영한 노래다. 가을이 되기도 전에 기근이 들어 들에 푸른 싹이라곤 없었으므로 가을에 추수할 가망이 없어 봄부터 쑥을 캐 죽으로 연명하는 백성들의 삶이 잘 나타나 있다. ≪다산시문집·시(詩)·채호민황야(采蒿閔荒也)≫(제5권)〈'채호'로 약칭함〉는 가뭄에 쑥을 뜯어 죽 쑤어 먹고 사는 농민들을 걱정하여 쓴 시다.

『다북쑥을 캐네, 다북쑥을 캐네. 다북쑥이 아니라 물쑥을 캐네.
이곳저곳 양떼처럼 떼를 지어 몰려가네. 저기 산등성에도
퍼런 치마폭 펄럭이며 붉어진 머리털 흩날리네.
다북쑥 캐어 무얼 하려나 대답은 없이 눈물만 쏟아지네.
쌀독엔 조 한 톨 없고 들엔 벼싹 다 말랐네.
오로지 다북쑥 캐어다가 뭉쳐서 지져먹고 살아 간다네.
여기저기 다북쑥 무더기 말리고 또 말려서 데치고 소금 절여
밥 대신 죽 쑤어 먹을 밖엔 달리 또 무얼 하리
다북쑥을 캐네, 다북쑥을 캐네. 다북쑥이 아니라 향쑥이네.
명아주 비름나물 다 시들었고 소귀나물 떡잎은 돋다가 말라버렸네.
풀, 나무 다 타고 샘물까지 말랐네.
논가엔 우렁이마저 없어지고 바다에도 조개, 소라 사라져 버렸네.
높은 분네 실제로 살피진 않고 흉년이다, 기근이다 말만 앞세워
이번 가을 넘기기 어려운 판에 내년 봄 가서야 구휼한다네.
유랑걸식 떠난 남편 그 누가 묻어주리
오호라 하늘이여 어찌 이리 무정한고』

다산의 6촌 아우 정건(丁鍵:1565-1618)에 대한 애틋한 정을 나타낸 시

〈제육제건산거(第六弟鍵山居)〉[≪다산시문집·시(詩)·경의 뜻을 읊은 시(經義詩)≫](제7권)에는 인륜의 도를 강조한 내용이 있다. 아우 건은 몹시 가난하여 아내가 아파도 약 한 첩 쓸 수 없을 뿐만 아니라 아이는 생계 때문에 공부도 못하는 처지였다.

『너는 늙어 생활할 계책이 없고 나는 돌아와 서인이 되었는데(중략) 아내는 아파도 약 한 첩 못 먹이고, 아이는 일하느라 책상엔 먼지뿐일세.』[64]

다산 자신도 오랜 유배생활에서 돌아와 서민과 다를 바가 없으므로 실질적인 도움을 주지 못해 안타깝다는 것이다. 이런 아우의 삶을 사실적으로 그리면서 인륜의 정을 통해 천륜에 어긋나지 않는 형제간의 우애를 보여 주었다. 이와 같은 현실에 대한 묘사는 바로 사회적 고발이자, 사회적 애정인 것이다. 자신이 직접 보아 온 6촌 아우 건의 생활상을 눈에 보이는 대로 묘사함으로써 두터운 인정을 드러낸 것이기 때문이다.

결과적으로 유가의 자연관은 산수만을 자연으로 생각하는 것이 아니라 세상살이에서 인도나 천도 또는 인륜이나 천륜에 어긋나지 않아야 한다는 것이 유가의 자연관이다. 한시를 통해 본 다산의 자연관은 유가의 자연관과 일맥상통한다. 다산의 시들은 한결 같이 사물이나 현상을 그대로 그리면서 두터운 인정을 보여주는 것들이었다. 이러한 다산의 시를 짓는 태도는 백성들의 생활상에 관심을 기울이고 현실과 자연의 모습을 사실적이면서도 진실 되게 표현함으로써 두터운 인정을 나타내고자 했다. 이는 선비로서 지닌 자연관의 한 일면이었던 것이다.

다산이 살았던 조선 후기는 농사를 근간으로 한 사회체계가 급격한 상업화로 인해 서울을 중심으로 한 도시화가 시작되던 시기였다. 동시에 두 번의 변란으로 인해 조선시대 사민체계가 실질적으로 무너지면서 몰락한

양반들이 생겨나고 환국(換局)[65]과 당쟁 등으로 붕당정치가 사라지면서 문화와 권력이 독점되는 사회현상이 나타났다. 이에 따라 향촌에 사는 사족들은 점차 정권에 입성하기 어려워지기 시작했다. 이런 변화는 사대부들에게 서울을 벗어나면 정치, 경제적 어려움을 유발한다는 인식을 심어주게 되었고 이런 인식은 전통적인 원림(園林)[66]문화의 변화를 야기했다.[67]

조선시대 정원은 정원을 꾸미는 사람이나, 꾸미는 방법 및 위치에 따라 다양한 기능을 하면서 조선시대 선비문화가 실현되는 중요한 장소 중 하나였다. 기본적으로 양반가의 정원은 세속에서 벗어난 자연을 배경으로 꾸며진다. 이 때 자연은 선비의 은거가 완성되는 관념적인 이상향이라고 할 수 있다. 대체로 자연, 전원, 산수, 산수전원 등과 같은 다양한 용어로 불려 지면서 일정한 의미망을 형성한다. 이런 정원은 이상적인 삶을 추구하는 선비들에 의해 구성되고 만들어진 공간이었다. 즉, 관념적인 선비의 이상향이 실현되는 공간이었다. 물론 정원의 전통적인 형태가 존재하지만, 개별적인 정원 공간, 혹은 정원에 관련한 시문을 통해서 정원은 만든 주체나 작자가 인식하는 선비의 이상향을 엿볼 수 있다.

그러나 조선 후기에 일어난 사회변화로 인하여 사대부들은 서울을 벗어나려 하지 않았고, 사대부의 이상인 전원에서의 호젓한 삶은 현실성을 잃고 도회지인 한양과 타협하기 시작했다. 이러한 경향으로 조선 후기 서울에서 정원을 꾸미는 일이 유행하였다. 심상규(沈象奎:1766-1838)의 대저택, 김조순(金祖淳:1765-1832)의 옥호산방(玉壺山房)[68] 남공철(南公轍:1760-1840)의 별서 등과 같은 규모가 크고 화려한 정원을 꾸미거나 당대 문인들의 문집이 주인의 성씨나 위치, 화목의 이름을 딴 다양한 정원의 명칭이 기록된 것[69]으로 증명된다. 정원을 실제로 꾸밀 형편이 되지 못하는 선비들은 상상 속으로 구체적인 전원의 모형을 그려낸 의원기(意園記)나 의원도(意園圖) 등의 형태로 실현되었다. 이런 현상들은 도심 속에 정원을 꾸미는 유행에 따른

〈그림 3〉 옥호정도(玉壺亭圖) 〔국립중앙박물관〕

조선 후기만의 독특한 정원 향유 문화라 볼 수 있다. 이처럼 조선 후기의 정원은 주거지 안에 정원을 구현하거나 혹은 구현하지 못하더라도 구체적인 형태를 상상하며 글과 그림으로 향유하고자 하였다.

〈그림 3〉은 「옥호정도」로 옥호정 일대를 그린 그림이다. 옥호정은 순조의 장인이자 세도정치를 한 안동김씨의 중심인물 김조순의 별서이다. 별서 이름 옥호정은 옥호산방 안에 있었던 정자로 보인다. 김조순이 옥호정을 하나의 낙원처럼 여기며 자주 들렀음을 그의 문집인 ≪풍고집(楓皐集)≫을 통하여 알 수 있다.

이 그림에서 대문·안채·별채 등 3동은 이엉을 이은 초가이고, 2동은 기와집으로 그렸다. 이 가운데 옥호산방(玉壺山房)이라 쓴 현액이 걸린 건물은 바깥 사랑채로 보인다. 기타 숲 사이에 죽정(竹亭), 산반루(山半樓), 첩운정(疊雲亭)등이 있다. 그림에서 별서 뒤쪽 산기슭과 석벽에 〈혜생천(惠生泉)〉·〈옥호동천(玉壺洞天)〉·〈을해벽(乙亥壁)〉·〈산광여수고, 석기가장년(山光如邃古 石氣可長年)〉 각자(刻字)가 있고, 산 정상에는 〈일관석(日觀石)〉 각자가 있다. 그중 〈옥호동천(玉壺洞天)〉은 전설상으로 전하는 호리병 속에 있다는 별천지를 뜻하며, 〈을해(乙亥)〉는 순조 15(1815)년으로 옥호정을 조성한 연대로 볼 수 있다.

다산 또한 정원을 꾸미는 일에 지대한 관심을 가지고 있었다. 다산의 정원과 정원시는 생애 고비마다 빠지지 않고 등장하였다. 그의 사상과 이를 바탕으로 입신을 위해 공부했던 수학기에는 전통적인 정원상을 지향하였고, 부침이 심한 관직생활을 하던 시기에는 전통적 정원상에서 차츰 현실 대안적인 정원상을 구상했다. 18년간의 유배를 당했던 유배기에는 보다 적극적인 유배 현실을 극복하기 위한 공간으로 정원을 구현하고자 했다. 해배기에는 노년의 관조가 짙게 담겨 현실과 이상이 공존하는 공간으로 정원이 실현되는 모습을 볼 수 있다.

다산의 정원에 대한 기록은 시와 간찰 등 여러 곳에 나타나 있다. 즉, 자신이 거주하는 곳의 여건에 맞추어 곳곳에 정원을 꾸미는 한편, 제자 황상에게 어지러운 세상을 피해 조용한 곳에 숨어 사는 사람이 가져야 할 이상적인 거처에 대해 자세히 기록하여 주기도 했다(題黃裳幽人帖). 이외에도 방문하거나 자신이 꾸몄던 정원들을 대상으로 수많은 시를 지었고, 정원을 꾸미는 것에 대한 자신의 견해를 편지, 가계 등과 같은 다양한 형태로 글을 남겼다. 이를 통해 우리는 정원에 대한 다산의 관심을 확인할 수 있으며, 선비의 이상향인 정원에 대한 다산의 인식과 그 실현에 대해 파악할 수 있다. 다산의 정원에 대한 이러한 인식은 조선 후기 독특한 정원문화의 한 단면을 보여 주면서 동시에 자연관을 엿볼 수 있다.

〈그림 4〉 초의선사의 백운도

체험적이면서도 소규모 도시형 정원이 유행하였던 시기를 살아 온 다산의 정원에 대한 인식은 그의 한시를 통해 이

해할 수 있다. 다산의 생애는 통상 4기로 나누어 고찰하는 연구가 많은데, 정원에 대한 인식도 생애주기로 나누어 다름을 알 수 있다. 수학기(1762-1788)에는 전통적인 정원상을 지향하였다. 수학기 때 정원의 유형은 매우 다양하였는데, 그 이유는 수학을 목적으로 한 이동이 많았기 때문이다. 수학하던 시기에 다산의 정원에 대한 시적 구성은 대체로 정원이 가지고 있는 경관을 중심으로 풍경 묘사 위주였다. 다산은 풍경을 통해 정원의 흥취와 분위기를 표현했던 것이다. 그 중에서도 지인들과 함께 정원을 즐기는 모습이 많은데, 이 시기에 다산은 정원을 친교의 장 즉, 친우들과 함께 유람과 유흥을 즐기는 공간으로 인식하였다.

다산이 벼슬을 하던 득의시절(1789-1800)의 정원에 관한 시는 관직의 거취에 따른 이동이 잦아 이에 영향 받은 바 크다. 수학기만큼 다양한 유형의 정원을 대상으로 한 정원시들이 있었다. 다산의 벼슬생활은 정치적으로 공격을 받으며 사직과 정직, 그리고 지방으로 좌천이 반복되는 부침이 많았다. 이런 불안정한 관직생활은 다산의 심정에 큰 영향을 미쳤고, 이 시기에 쓴 정원시에도 그대로 드러난다. 이 시기 다산의 정원시의 특징은 정원이 만족을 주기보다는 심정을 고취시키거나 토로의 장이 되었다. 즉, 전통적인 정원에 대한 의식에서 더 나아가 불안한 현실을 대체할 수 있는 대안으로 정원공간을 인식했던 것이다.

다산의 유배기는 1801년 신유사옥으로 장기로 유배되고 다시 강진으로 이배되었던 때부터 1818년 해배되기까지이다. 이 시기에 쓴 정원시는 유배라는 특수하고 제한적인 상황을 배경으로 하기 때문에 시의 대상이 되는 정원의 유형과 그 수 또한 다른 시기에 비해 한정적이고 적다. 이런 한정성은 자연스럽게 본인이 거주했던 곳의 정원, 특히 보은산방과 다산초당에 집중했고 이 시기에 쓴 정원에 관한 시의 대다수를 차지한다. 다산에게 유배지는 은거의 장소였고, 은거는 벼슬을 할 수 없는 선비의 차선이

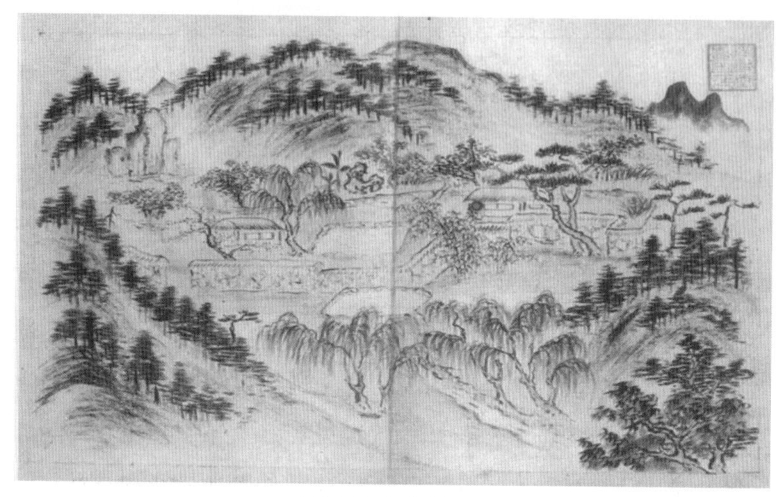

〈그림 5〉 초의선사의 다산초당도

었다. 아울러 정원은 혼탁한 세상을 피해 깨끗한 은거를 꿈꾸는 선비의 고아함이 지켜지는 장소였다. 이런 정원을 통해 강진유배는 세상에 내쳐짐을 당한 불행이 아니라 선비답게 세상을 피해 살 수 있는 은거지가 된 것이다.

다산초당에서의 정원 생활은 정약용에게 심적으로 정신적으로 그리고 육체적으로도 묵묵히 그를 돌보아 주었다. 책을 쓰고 제자들에게 강학을 하는 사이사이 정원에서 보내는 휴식과 얻어지는 안식은 수많은 서적 편찬과 저술 활동의 든든한 배경으로 기능하였다. 이러한 편찬과 저술 작업의 성과들을 통해 정약용은 집안을 다시 일으켜 두 아들의 앞날을 밝게 만들어 주기를 원하였으며, 무엇보다도 후세에 유배자라는 낙인이 찍힌 죄인으로서가 아니라 학자로서 관료로서 한 가정의 가장으로서 한 인간으로서 올바로 평가되기를 바랐다. 후세인의 올바른 평가에 대한 그의 염원은 회갑을 맞아 저술한 묘지명에서 자신의 호를 '사암(俟菴)'[70]이라고 기술한 것에서 유추해 볼 수 있다. 이러한 편찬과 저술 작업은 지난했지만 학문의 성과물들은 그의 자존감을 다시 세워주었다.

또한 정약용은 1812년 초의선사와 함께 유람한 백운동(白雲洞)정원[71]의 12가지 경치에 대해 시를 지었다. 시에서 묘사한 승경은 월출산 봉우리의 상쾌한 기운[玉版峯], 동백나무 오솔길[山茶徑], 집 둘레의 백여그루의 홍매[百梅塢], 본채 아래 화계의 초가집[翠微禪房], 모란 화단[牧丹砌], 집 앞을 막고 선 푸른 절벽[蒼霞壁], 소나무를 열식한 뫼등[貞蕤岡], 양쪽에 단풍나무를 심어놓은 시냇가[楓壇], 정유강 옆의 정자[仙臺], 폭포[紅玉瀑], 마당의 유상곡수[流觴曲水], 집 오른쪽의 대나무밭[篔簹園]까지 외원의 모습까지 포함하여 실경 형식으로 묘사하였다. 이 역시 심신의 안정과 즐거움을 위해 인간이 누리는 자연이라는 대상에 대한 입장을 드러내고 있다.

시 이외에도 전해지는 수는 적지만 정약용의 호가 낙관된 산수화와 화조화 작품들을 통해 다산의 자연관을 엿볼 수 있다. 상단에 다산이라는 낙관이 찍혀 있는 다음 그림은 빼어나게 기이하고 거대한 암석이 집 입구를 막아서고 있다. 「곡산북방산수기」라는 이 그림은 배를 타고 가며 마주치는 거대한 암석의 기이함과 빼어남을 수차례 감탄하는 광경을 느낄 수 있다.

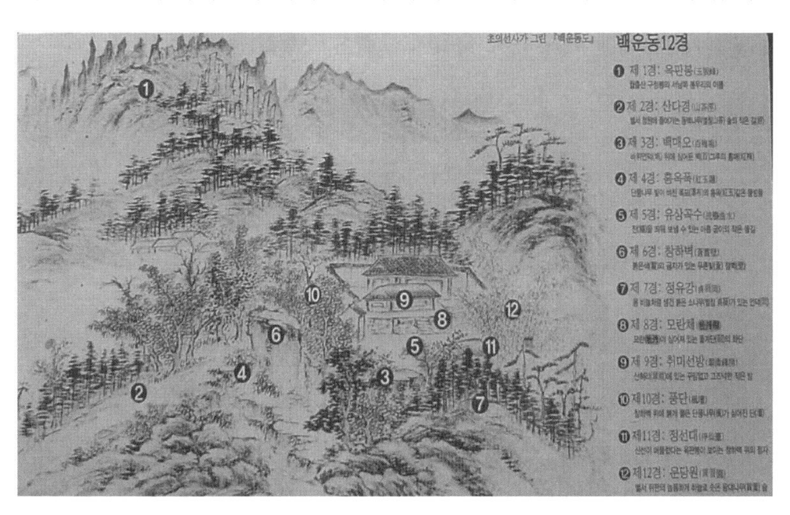

〈그림 6〉 초의선사의 〈백운도〉에 백운동12경을 표시한 안내판

〈그림 7〉 다산 정약용의 산수도(19세기 초), 〔서강대 정수진 논문(100쪽)〕

다산이 그린 산수화에는 매번 넓은 강물이 등장한다. 그가 유년기를 보냈던 고향 마현 앞 열수(지금의 한강)가 아닐까 추측한다. '열초(洌樵)'라는 낙관을 통해 해배 후 여유당 시기에 그려진 것으로 볼 수 있다.

〈그림 8〉 열상산수도, 〔개인〕 〈그림 9〉 산수도, 〔동아대학교 박물관〕 〈그림 10〉 산수도, 〔서강대학교 박물관〕

해배기(1818-1836)의 다산은 자신의 정치생명은 끝났으며 고향의 전원에서 마지막 남은 생애를 보내야 함을 지적했다. 유배가 풀린 후 다산은 연고가 있는 곳을 중심으로 경기도나 춘천 일대 가까운 거리의 유람을 다니는 과정에서 돌아 본 정원과 본격적인 전원생활을 통해 살펴보았던 정원을 대상으로 한 글들이 많았다. 이 때는 수학기 때부터 꿈꾸어 왔던 고향에서의 전원생활이 실제로 이루어졌던 시기였던 만큼 이런 다산의 상황이 반영된 특징이라고 할 수 있다. 사실 다산은 관직시절부터 고향에서의 전원생활을 꿈꾸었다. 특히 천주교 문제로 잦은 정치적 압박을 당하면서 고향에서의 은거를 생각했고, 1800년 정조가 돌아가시기 바로 전에 고향인 소내로 돌아가 어떻게 생활할지 그 방편을 모색하기도 했었다. 이런 다산의 소망은 18년 동안의 유배기를 통해 더 절실해지고 구체적으로 표현되었다. 그런 바람 속에 맞이한 해배기는 그의 소망이 실질적으로 이루어진 시기였다. 그렇기 때문에 해배기 다산의 정원시는 현실을 인정하고 받아들이는 한편, 이를 바탕으로 선비의 품격을 되찾고 세상과의 차별을 갖는 현실과 이상이 공존하는 모습을 보인다. 이처럼 다산이 꿈꾸던 전원적인 은거생활의 완성은 유배가 풀려 고향에서 노년기를 보내면서 쓴 시에서 확인된다.

한 개인의 자연관을 파악함에 있어 정원에는 정원을 조성한 사람의 인문학적 지성과 예술적 감성이 배어 있다. 또한 그가 처한 정치적·경제적·사회적 제반 상황에 맞추어 반영됨으로써 한 개인의 면모가 총체적으로 반영되기도 한다. 꽃 가꾸기를 좋아하고 채소 키우기를 좋아했던 정약용은 그의 생애 동안 그가 거주한 주거지에서 정원을 새로 꾸미거나 기존의 정원을 가꾸며 정원 생활을 이어온 인물이다. 정원에서의 생활을 일상적으로 향유해 왔던 정약용의 정원에는 그의 어린 시절부터 관직에 몸 담았던 시기와 강진에서의 18년의 유배 시기와 해배 후 시기 등 시간의 흐름에 따른 자연관의 변모를 반영하고 있다.

2. 다산의 의학적 조예

다산 정약용 하면 우선 실학을 떠올린다. 다산이 영·정조시대 실학운동의 대표적 인물이었기 때문이다. 다산은 경세가로, 대학자로 두뇌가 탁월했다. 지식이 얼마나 넓고 깊은지 정치, 경제, 사회, 문화, 시, 서, 화, 건축, 천문, 지리, 역상, 악경, 법률, 종교, 농학, 박물관학 등 미치지 않는 데가 없었다. 그러나 다산에 대한 연구는 주로 실학에 집중되었고, 의학자의 면모를 드러내는 연구가 많지 않았다. 다산은 일찍부터 의술에 관심이 많았다. 유배지에서 몸이 아플 때는 고향 집에서 보내 온 의서와 약초들을 가지고 자가 치료를 했다. 다산은 의술을 전공하거나 직업으로 하지는 않았지만, 자가 치료 경험과 책으로 터득한 의학적 지식을 바탕으로 백성들의 질병 치료를 위한 의술을 펼쳤다. 조지훈 시인의 아버지이자 우리나라 동의학의 기틀을 마련한 조헌영(趙憲泳:1900-1988)은 1935년 쓴 글에서 다산을 '조선 최고의 한의학자'라고 평가했다. 그 이유는 ≪동의보감≫을 쓴 허준 등 명의들은 많았지만, 이 사람들은 '임상의가', 즉 의사였을 뿐 새로운 학설을 제시하고 이론적 접근을 한 것은 아니기 때문이다.[72]

이 외에도 다산의 의학과 의술은 여러 학자들의 관심을 끌었다. 1935년 한국 의학사 연구의 개척자인 미키사카에(三木榮)는 ≪조선종두사≫라는 책을 썼다. 이 글에서 그는 조선 내 종두법 도입의 역사를 다루면서 인두법과 우두법을 최초로 도입할 때 영향을 미친 정약용의 활약을 특기했다. 그는 인두법의 경우 박제가와 함께 최초로 도입하였지만, 우두법의 경우는 온전히 단독으로 정약용이 최초로 도입했음을 밝혔다.[73]

또한 1980년 홍문화(洪文和:1916-2007)[74]박사는 정약용의 의학만을 다룬 최초의 논문을 펴냈다. 『의·약학자로서 다산의 사상 및 업적』이라는 논문이다. 이 논문에서 홍문화는 정약용의 의학과 의술의 과학사적 의의에 대하여 이전의 그 어떤 저작보다 더욱 대담한 평가를 내렸다. 정약용의 의학 특징을 "관념적 음양오행설이나 운기의론(運氣醫論)을 탈피한 실증의학"으로 본 것은 이전 학자와 같지만, 다산의 ≪마과회통(麻科會通)≫은 다음과 같은 독창적 특징을 갖고 있다고 주장했다. 첫째, 중국의 한의학을 추종하는데 그치지 않았다. 둘째, 독자적 체계에 따른 집대성이다. 셋째, ≪의령(醫零)≫에 ≪예기≫와 ≪내경≫마저 통박하는 혁신적 의학적 논의가 실려 있다. 넷째, ≪의령≫에 실린 약물학적 지견과 치료 경험 등은 미신과 불합리를 타파하고 역학적, 예방의학적, 사회의학적, 실증의학적 임상의술의 특징을 보인다. 이런 관점에서 다산 정약용을 현대의 과학적 의학의 개조자로 높이 평가했다. 즉 정약용이 이전의 의학과 다른 완전히 새로운 의학, 즉 과학적 의학의 개조가 될 정도의 성취를 이루어냈던 것이다.[75]

이처럼 지극히 과학적인 관점에서 비과학적인 이론과 주장을 철저히 배격하였던 다산은 스스로 의약을 배워 자신의 병을 관리하고 여러 방법을 통해 자신의 건강을 지켜내려 했다. 따라서 다산이 일생 동안 앓은 병의 흔적을 더듬어 보면 어떤 치료적 경험을 갖고 있고, 어느 분야의 질병에 관심을 갖고 연구에 매진하였는가를 추정해 볼 수 있다. 다음은 다산의 생애를 유배를 중심으로 3기로 나누어서 앓게 된 병과 의약생활을 정리하였다.

〈표 1〉에서 보듯이 병과 의약생활로 본 정약용의 일생은 어렸을 때 천연두와 홍역의 끔찍한 역병을 무사히 치렀다. 두 살 때 백세창이라 불리는 천연두를 앓았다. 7세 때 다산은 자신의 호를 삼미자(三眉子)로 삼았는데, 천연두를 순조롭게 앓아서 오직 오른쪽 눈썹 위에 흔적이 남아 눈썹이 셋으로 나뉘어졌기 때문이다.[76]

〈표 1〉 다산의 병과 의약생활[77]

생애	앓게 된 병	기타
유배이전 (1세~40세)	· 02세(1763) 백세창(천연두) · 14세(1775) 홍진(홍역) · 15세(1776) 피를 토하는 중병을 앓음 · 30세(1791) 감기, 두통 · 36세(1797) 독감(여질) · 39세(1800) 눈병	몽수 이헌길의 치료 장덕해의 처방, 혼인 〈두통가〉 · 아내 학질 · 여섯자식 천연두로 사망
유배시절 (40세~57세)	· 40세(1801) 중풍(어깨 마비), 시력저하 · 46세(1807) 옴(부스럼), 서증(더위 먹어 폐에 가래) · 47세(1808) 치통 · 50세(1811) 중풍악화, 왼쪽 다리 마비, 침흘림 · 52세(1813) 더위에 문 열고 자다 중풍악화 · 53세(1814) 몸의 마비로 붓을 못 잡음 · 56세(1817) 요에만 누워 지냄 · 57세(1818) 풍병의 호전	· 창출술 · 신이고, 생달유 · 귤피차 · 황련
유배이후 (57세~75세)	· 59세(1820) 홍림으로 인한 마음병 · 60세(1821) 심신 쇠약 · 62세(1823) 풍병 악화로 통증 심화 · 64세(1825) 연각병(다리마비), 누워만 지냄 · 69세(1830) 출입불가, 체증, 발등의 종차(부스럼) · 73세(1834) 설사 · 75세(1836) 곽란, 사망	· 침과 뜸 〈노인일쾌사〉

그러나 이 시대에 그린 다산의 초상화에는 그 어디에도 천연두 자국이 남아 있지 않다. 조선시대 초상화였다면 절대로 그렇게 하지 않았을 것이다.

옛 선현들은 초상화를 그릴 때 '털 한 올도 다르면 그 사람이 아니다'라고 생각했기 때문에 철저하게 사실적으로 그렸다. 그래서 신체적 결함조차 그대로 그렸던 것이다. 이렇듯 전통 초상화에는 피부색은 물론 마마자국 같은 질병의 흔적마저 표현되어 있어 건강상태까지 짐작할 수 있게 했다. 몇 년 전 한 피부과 의사[78]가 정년퇴직을 하고 미술사학과에 입학해서 '초상화에 나타난 피부병 연구'로 박사학위를 받았을 정도이다. 이처럼 우리의 초상화는 인물의 성격이나 지병까지 알 수 있을 정도로 세밀하게 묘사되었기 때문에 그림의 차원을 넘어 중요한 의미가 있다.

〈그림 11〉 공재 윤두서의 자화상
다산은 스스로 외조부 공재를 닮았다고 자찬묘지명에 기록

〈그림 12〉 월전 장우성이 그린 정약용 초상화
(1974년 표준 영정으로 지정)

〈그림 13〉 강진군이 2009년 기록과 직계후손의 얼굴 등을 참고해 제작한 영정

다산의 생애 중 목숨이 왔다 갔다 하는 위기는 14세 때 앓은 홍역 때문이다. 이는 홍진(紅疹) 혹은 마진(痲疹)이라고도 하는데, 이 해의 마진은 당대 사람들에게 끔찍한 기억을 남긴 대역병이었다. 다산은 자신이 이 병을 앓아 죽을 뻔 했지만, 명의 몽수(蒙叟) 이헌길(李獻吉:1738-1784) 덕택에 살아남았음을 밝힌 바 있다.[79]

15세 때는 병명을 밝히지는 않았지만 한 달 동안 앓았다. 이 해에 다산은 서울에서 과거 공부를 하다가 고향에 갔는데, 몇 되의 피를 토하는 중병을 앓았다. 다산은 "꿱꿱 소리를 내며 칠십일을 계속해서 토했다"고 기록하고 있다. 그는 배를 타고 서울에 가서 여러 의원을 찾아 다녔으나 별 효과가 없었다. 결국에는 장덕해(張德海)의 처방에 따라 약 1첩을 먹고 바로 병세가 호전되어 그 뒤에는 고향집에 머물면서 12월 내내 스무 첩을 먹은 후 병을 완치했다. 다산은 병이 낫자 잉어 노래를 지어 그에게 바쳤으며, 장덕해가 부마를 따라 중국 연경에 갔을 때 비술을 배워온 게 아니냐며 그의 처방을 선방(仙方)이라 추켜세웠다.[80]

30세 때 한달 동안 감기 두통으로 심하게 고생을 했는데, 〈두통가〉라는 시를 지어 자신의 병고를 표현하기도 했다. 두통가에는 다산이 감기에 걸려 11월에서부터 12월까지 한 달이 지나서야 나았던 상황을 그리고 있다.

> 『쿡쿡 계속 찌르다가 다시 빙빙 돌고 돌아 송곳 끝이 찌르듯 굴대가 돌아가듯 금방 갔다 다시 와서 빙빙 돌다 또 찌르니 구름 연기 끼인 듯 머리통이 멍하네. 육신이 이고 있는 하늘 본뜬 두개골을 네 와서 쿡쿡 찌르니 하늘 장차 뚫어질 판. 의사가 하는 말은 혈해가 허해 풍사가 머리통을 점거했다나. 아니야 아니야 정녕 귀신의 장난이거니 묵은 뿌리 썩은 잎 달이는 걸 그만두고 약쑥 심지 주먹만큼 크게 비벼 뭉치어 귀신 소굴 지져 부셔 도망가게 해 주소. 화기 세차 귀신 가면 마음속이 시원하리.』[81]

두통과 관련하여 다산은 유배 중에 말라리아를 앓으면서 제자 황상에게 약방문을 써서 약을 지어오도록 했는데, 그 증세를 이렇게 쓰고 있다.

> 『내 병은 바로 축일학(逐日瘧)[82]인데, 해가 진 뒤부터는 추워 움츠러 들다가 밤중이 되면 비로소 열이 난다. 이제 닷새가 되었는데, 처음 며칠은 춥고 더운 게 모두 경미하더니, 셋째 날부터는 한기는 줄어들고 열은 많으며 두통

이 이어져 밤새도록 아팠다. 어제 정시음(正柴飮) 두 첩을 먹었더니 갑자기 떨어진 것 같았는데, 밤이 깊어진 뒤에 다시 전과 같았다.』[83)]

36세 때 늦겨울 다산은 심한 독감(疹疾)을 앓았다. 다산이 황해도 곡산 부사로 재임하던 때의 일이다. 이 유행병은 사신이 왕래하는 서로(西路)를 타고 곡산에 들어 왔는데, 다산도 이 병에 걸렸던 것이다. 병중이면서도 다산은 주민들에게 치료를 권하고 미곡으로 그 위급함을 구휼하며 또 주인 없는 시체를 장사지내 주었다. 다산이 여질(疹疾)이라 말하는 병은 오늘날 '독감' 또는 '인플루엔자'로 추정되는 병이다.

그 후 1821년 괴질이 유행하였어도 별 탈 없이 보냈다. 그러나 1801년 장기에 도착해 유배가 시작되면서 사지가 뒤틀리는 중풍을 앓았다. 다산은 북녘 태생인 자신의 병이 남쪽 외지의 음식에 잘 적응하지 못해서 생긴 습병, 특히 바닷가에서 잘 생기는 병이 심해져 중풍으로 발전한 것이라 여겼다. 비방인 창출술을 먹기를 바랐지만, 헛된 소망이었다. 귀양지 장기에서 머물던 집은 빈대 때문에 잠을 잘 수가 없고, 벽에는 지네가 다녀 사람을 놀라게 하고, 작은 벌레들이 돌아다니며 깨무는 그런 곳이었다. 이렇게 앓기 시작한 풍증으로 인한 몸의 마비 증상은 죽을 때까지 안고 살았다. 특히 자신의 몸을 혹사해 가면서 저술에 몰두한 탓에 더욱 악화되었다.

『나는 가경(嘉慶) 임술년(1802년) 봄부터 곧 저서하는 것을 업으로 삼아 붓과 벼루만을 곁에 두고 아침부터 저녁까지 쉬지 않았다. 그 결과로 왼쪽 어깨에 마비증세가 나타나 마침내 폐인의 지경에 이르고, 안력(眼力)이 어두워져 오직 안경에만 의존하게 되었는데, 이렇게 한 것은 무엇 때문이었겠느냐?』[84)]

형 정약전이 이 소식을 접하고 그에게 할 일을 줄이고 도인(導引)같은 수양법에 신경을 쓰라고 권하자, 학문에 몰두하지 않으면 잡념이 생겨 오히려

생을 추스르기 힘들다고 답했다. 학문은 몸의 고질을 일으켰고, 그 고질이 붓을 놀리는 것을 비롯한 일상 활동에 커다란 장애가 되었다. 하지만 하루하루 달라지는 학문적 성취는 그의 생명을 지탱하는 활력이 되었다. 의약은 몸이 더 망가지지 않도록 하여 그 불꽃을 유지시키는 구실을 했다. 이처럼 다산에게 고질, 의약, 학문, 수명은 미묘한 함수관계를 갖고 있다.[85]

다산은 46세 봄에는 옴으로 고생을 했다. 부스럼 때문에 제자의 부친 장례에도 참석하지 못할 지경이었다. 그는 자신이 앓고 있는 옴이 잘 낫지 않고 고질이 되자 몸을 차 볶듯이 찌고 쬐기도 하고, 더운 물에 소금을 타 고름을 씻어 내기도 하고, 썩은 풀의 묵은 뿌리로 뜸을 뜨는 등 온갖 방법을 다 써봤다. 그래도 낳지 않자 의서를 뒤적여 손수 신이고(神異膏)[86]를 만들어 피부에 발라서 병을 고쳤다. 같은 병을 앓던 약전 형에게도 이 신이고를 부쳤다. 1817년 지인에게 보낸 편지글에는 생달유(生達油)[87]를 옴 치료제로 썼던 것으로 나온다. 생달유는 생달나무 열매에서 짠 기름을 말한다.

> 『지난 번 보내 준 생달유는 집에서 옴이 번지는 바람에 손 가는 대로 다 써버렸는데, 우리 집 아이가 편지를 보내 간절히 구하고 있습니다. 한 사발만 더 보내주기를 간절히 부탁합니다. (중략) 신력 한 근과 소합환[88] 아홉 개를 보냅니다.』[89]

47세에는 치통이 생겼다. 쇠한 몸에 치아까지 병이 나서 혼자 울다가 신음하다가 딸꾹질에 구역질에 대낮에도 이불을 끼고 방구석에 엎드려 있었다. 그럴 즈음 제자 일행이 술과 회를 떠서 들고 와 술판이 벌어져 몸이 괴로운 가운데 삶의 위로가 있었다. 다산은 단 것을 먹을 때 시린 치통은 벌레 때문에 생긴 것, 바람 맞아 심해진 치통은 풍 때문에 생긴 것이라 생각했다. 그는 의서가 제시한 대로 먼저 파두(巴豆)와 천초(川椒)를 물어 봤지만, 열 때문에 치통이 더 심해졌다. 파와 마늘을 익혀 머금어 보았지만 역시 열 때문에 이가 더욱 아팠다. 그러다 찾아낸 것이 황련(黃連)[90] 처방이었다. 이를 쓰자 하루 밤 지나 일단 통증이 사라졌다. 이 해 여름에는 더위를 먹어 폐에 가래가 있었고 그 증상은 이후에도 지속되었다. 다산은 귤껍질을 조각내어 삼켰더니 폐에 기운이 소통함을 느꼈고, 1냥을 계속해서 씹었더니 더위 먹은 증상이 없어지면서 폐의 가래가 없어졌다. 이 처방은 ≪본초(本草)≫에도 적혀 있지 않던 것으로 우연히 읽은 ≪설부(說郛)≫라는 책에서 얻은 것이다.[91]

다산은 병치레하는 자신과 그에 익숙해져서 귤피차로 병든 허파를 다스리는 다소 달관한 삶의 모습을 시로 읊기도 했다.[92]

『때때로 귤피차 달여 병든 허파에 기를 돋우고
새로 빚은 송엽주로 마른 창자를 축여 준다네.
산에 살면 조용하고 쇠락함을 모르니
배고프거나 병들어도 산에 그대로 산다네.』[93]

벗 윤영희(尹永僖, 1761~?)에게 보낸 시에서도 표현했듯이 만년의 정약용은 고질을 천명이라 생각하여 순순히 받아들이는 게 군자의 도리라고 생각했다. 몸은 고통스럽고 마음은 괴롭지만 천명이라 생각하기에 그는 담담하게 노쇠한 삶을 받아 들였다. 이에 머물지 않고 늙은이라 유쾌한 일이 여섯가지나 된다는 자랑을 반어적으로 노래했다. 1832년(71세)에 노인이기 때문에 누릴 수 있는 즐거움 여섯 가지를 표현한 〈노인일쾌사(老人一快事)〉여섯 수가 그것이다.

『첫째, 대머리가 되어 감고 빗질하는 수고로움이 없어 좋고, 백발의 부끄러움 또한 면해서 좋다. 둘째, 이빨이 없으니 치통이 없어 밤새도록 편히 잘 수 있어 좋다. 이빨은 절반만 있느니 아예 다 빠지는 게 낫고, 또한 굳어진

잇몸으로 대강의 고기를 씹을 수 있다. '다만 턱이 아래, 위로 크게 움직여 씹는 모양이 약간 부끄러울 뿐. 셋째, 눈이 어두워져 글이 안 보이니 공부할 필요가 없어 좋고, 넷째, 귀가 먹었으니 시비를 다투는 세상의 온갖 소리 들리지 않아 좋다. 다섯째, 붓 가는대로 마구 쓰는 재미에 퇴고할 필요 없어 좋다. 여섯째, 가장 하수를 골라 바둑을 두니 여유로워서 좋다. 즉 정진해야 할 이유가 없는 나이거늘 "뭐 하러 고통스럽게 강적을 마주하여 스스로 곤액을 당한단 말인가"』[94)]

다산이 74세(1835년)에 집안 형의 풍병에 대하여 약치와 침구를 처방으로 내놓았는데, 이 간찰로부터 다산이 유배 이후 얻은 풍병은 칠혈에 뜸을 놓는 방법으로 다스려왔음을 알 수 있다.

『풍비(風痹)로 마비가 오는 증세는 침 맞고 뜸뜨는 것만 한 게 없습니다. 약치(藥治)와 식치(食治)는 인삼과 녹용을 넣은 대보탕과 소고기와 낙지가 들어간 음식만 한 게 없습니다. 형께서 능히 이것들을 마련할 수 있겠습니까? 용(龍)의 고기를 말하는 것은 쓸데없는 일입니다. 풍을 다스리는 것은 칠혈(七穴)에 뜸을 뜨는 게 제일 좋습니다. 내가 다산에 있을 때 하던 것을 어찌 보지 못했단 말입니까』[95)]

정약용의 의학과 의술에 관한 자료는 대부분 그가 정리한 것들이다. 그는 자신이 쓴 의학서적 3종을 언급했다. ≪마과회통≫(1798), ≪촌병혹치(村病或治)≫(1801), ≪의령≫(1802-1818 무렵) 등이 그것이다. 당시 조선에서 정약용이 구할 수 있는 모든 중국과 조선의 의학서적에서 마진과 관련된 내용, 또 그것과 비교 검토하기 위한 두창 의학에 관한 내용 등을 총망라한 방대한 것이다. 1798년에 편찬 완료된 것이지만, 이후 세상을 뜰 때까지 약간의 증보가 있었다. ≪의령≫은 정약용이 경상도 장기에 유배 가자마자 지역 백성들의 요구에 따라 저술한 간편한 처방서인데, 다음에서 자세히 다룬다. 다만, 오늘날 전하지는 않는다. ≪의령≫은 그가 강진 유배지에 있을 때 지은 것으로 총 43항의 짧은 글 모음으로 이루어져 있다. 여기에는 한의학의 이론에 대한 비판, 약물학 경험 등 다산의 의학관이 잘 담겨 있다. 이상 3종이 다산이 직접 지었다고 하는 의학서적의 전부이며, 현재 그의 이름이 들어가 있는 의서 3~4종이 존재한다. 이는 그의 이름을 가탁(假託)한 것으로 볼 수 있다.

의학서적 이외의 정약용의 의학에 관한 내용은 ≪여유당전서≫ 시문집 안에 연대미상의 4개의 글이 실려 있다. ≪의설≫과 ≪맥론≫(1·2·3)이 그것이다. 비록 기사 수는 몇 개 안 되지만, 이것들을 시문집에 따로 추려 실었을 정도로 정약용의 의약관의 핵심을 차지한다. 그 자신이 긍정적으로 생각하는 의학의 '참 모습'에 대해 논했고, 한의학의 진단법 중 자신이 받아들이는 부분과 그렇지 않은 부분을 논변한 것이다.

이 밖에 정약용의 여러 저작 안에 의학과 의술 관련 내용이 적지 않게 포함되어 있다. ≪경세유표≫(1817)에서는 고대 제도의 모범이라 할 수 있는 ≪주례≫제도를 염두에 두고 국가 보건의료기구인 내의원·전의감·혜민서 제도에 대해 짧게 논했다. ≪아언각비≫(1819)는 문자학에 관한 책이지만 본초와 관련된 내용이 20여 종의 문자적 진위를 가렸다. 당연히 그 식물이 무엇인지 속성을 자세히 논했다. ≪목민심서≫에서는 지방 수령으로서 관심을 두어야 할 사항 가운데 하나로 의약대책을 다뤘는데, 주로 애민6조에 그런 내용이 많이 실려 있다. 이 중 역병 대책에 관한 2개의 기록이 주목된다. 그가 귀양지에 있을 때의 전염병 대책, 1821년 콜레라 유행에 관한 대책 등이 그것이다.[96]

다산은 한의학의 관념성을 비판하면서 의학자들의 잘못된 인식이나 일반 백성들의 의료관을 비판했다. 의학에 대한 논평이라 할 수 있는 의령[97]에서 자세히 풀었다. 가장 독창적인 의학 논문이라 할 수 있는 제1권은 여유당전서에 포함되어 있는 20쪽 밖에 안 되는 글이다. 하지만 두고두고 검토해야 할 정도로 독창적이다. 아기에게 약을 먹일 때, 유모가 약을 먹고 젖으로 아기에게 전한다. 그때 유모의 유방 아랫부분을 꽉 묶어서 약성분이 유모의 유방 아래로 퍼지지 않도록 하라는 대목은 매우 흥미롭다. 다산이 구체적 임상 사례까지 직접 몰랐다면 이런 생각을 하기 어려웠을 것이다.

≪의령≫을 살피면 이처럼 혁신적인 다산의 의학 논지를 알 수 있다. 다산은 단지 서지학적 약방문이나 제시했던 의학자가 아니다. 미신과 불합리를 타파하고 예방의학적, 사회의학적, 실증의학적 임상의술을 실천한 과학에 근거한 의학의 시조라는 것을 알 수 있다. 다산의학의 자료는 다른 학문 분야의 자료보다 양이 적으나 질적인 고증과 평가는 중요한 연구과제가 된다.

다산은 의학에 밝은 유의(儒醫)로서 특징은 관념적 음양오행설이나 운기의론을 탈피한 실증의학에 중점을 두었다. 눈의 원·근시(遠·近視)와 맥법(脈法) 그리고 두과(痘科: 피부과)에 관해서는 임상의를 능가하는 탁견과 실용적 지식을 가지고 있었다. 즉, 그는 원시와 근시에 대해 사람이 늙어서 가까운 것을 잘못 보게 되는 원시는 양(陽)이 부족한 탓이고, 그 반대인 근시는 음(陰)이 부족한 때문이라거나, 원시에는 물(水)이 없고, 근시에는 불(火)이 없다고 하는 음양오행설(陰陽五行說)적인 동양의학의 비과학성을 지적했다. 그러한 현상은 눈동자의 렌즈가 평평한가 볼록한가와 초점의 원근에 따라 달라지는 것이라 하였으며, 젊었을 때는 눈동자가 볼록하여 가까운 것이 잘 보이나, 노인은 혈기(血氣)가 쇠약 하여 눈동자가 평평해짐으로 먼 것이 잘 보이는 것이지 음양오행과는 관계없는 것이라 하였다.

또한 다산은 손목의 맥을 짚어 보고 오장육부의 징후를 알아낸다고 하는 것은 믿을 수 없다고 논박하는 등 동양의학의 비과학적인 면을 비판했다. 정조 24년(1800) 박제가와 함께 인두종법(人痘種法)을 시험하기도 하고,

헌종 원년(1835)에는 우두종법(牛痘種法)을 실시하기도 했다.

다산은 환자의 진료에만 그친 것이 아니라 예방의학적, 사회의학적 또는 역학적으로 나라 전체의 보건을 염원한 의학자였다. 성산자(聖散子)라는 약방문을 방역약(防疫藥)으로 효험[98]이 있었다고 기록했다. 처방 중에 부자(附子)가 나오는데, 말린 부자는 효과가 없고 생부자라야 한다고 썼다. 다산은 이처럼 지식의 정확한 활용을 강조했으며, 다산의 실증정신이 여기에서도 잘 나타나고 있다.

다산이 58세(1819)에 쓴 ≪흠흠신서(欽欽新書)≫는 형법 책 정도로 알고 있다. 하지만 의학책으로 볼 만한 부분도 많다. 내용의 많은 부분이 검시(檢屍) 기록이라 가히 법의학이나 재판의학적 판례집이라 할 만 하다.

다산의 또 하나의 의학에 대한 업적은 1798년(정조 22) 겨울에 완성한 마마 전문 의약서인 ≪마과회통≫이다. 다산이 1797년 곡산부사로 임명받았을 때 조선 전역에 돌림병이 돌아 12만 8천여 명이 죽게 되었다.

조선 시대는 돌림병의 원인인 세균이나 바이러스에 대해서 알지 못한 시대였다. 사람들은 원인 불명의 돌림병이 돌면 으레 역귀(疫鬼: 질병을 일으키는 귀신)의 소행으로 받아들였다. 민간에서는 무당에게 굿을 청하여 역귀를 쫓아내고 병이 낫기를 바랐다. 병의 원인을 몰랐기 때문에 병을 증상으로 분류하였다. 피부에 돌기가 발생하여 커지면 두(痘, 천연두)라 하였고, 조그마한 돌기들이 발생하면 진(疹, 홍역) 그리고 모기가 문 것같이 작게 돋은 것을 마(痲)라고 지칭했다. 조선왕조실록을 조사한 자료에 따르면 1392년부터 1917년까지 525년 동안에 전염병이 1,455건이나 기록되었다. 조선 시대에 돌림병이 돌았던 해는 무려 320년이나 되니, 조선 시대는 가히 '돌림병의 시대'라고 표현해도 지나치지 않을 것이다.

다산도 역병으로 자녀들을 잃었기에, 전염병의 징조를 가벼이 여기지 않고 철저하게 대응해 많은 사람의 생명을 지켰다. 백성들에게 복면을 만

〈그림 14〉 마과회통 [국립중앙도서관]

들어 쓰도록 하여 전염을 막았고, 의료시설을 구축해 환자들을 격리해서 돌보는 등 체계적인 치료와 방역으로 전염병을 막아냈다.[99]

《목민심서》의 '애민' 편 '관질' 조에는 "돌림병은 콧구멍으로 그 병의 기운을 들이마셨기 때문에 생긴다. 전염병을 피하려면 마땅히 그 병의 기운을 들이마시지 않도록 환자와 일정한 거리를 지켜야 한다. 환자를 문병할 때는 바람을 등지고 서야 한다."라고 기록하여 일종의 사회적 거리두기를 권고한 것으로 해석할 수 있다.

구휼미를 풀고 세금을 걷지 않도록 조치해 힘없는 백성들을 먼저 헤아렸다. 220년 전 다산이 전염병을 막기 위해 취한 조치를 지금 우리는 코로나19를 막기 위해 그대로 시행하고 있는 것이다. 복면은 지금의 마스크이고, 구축한 의료시설은 격리병동이며, 구휼미는 재난지원금에 해당한다 할 것이다.

홍역의 대유행이라는 당대의 의료 현안에 대처하기 위해 저술된 ≪마과회통≫은 진단과 치료, 유사질환과의 감별법 등 조선의 홍역 이론이 집대성 되었다. 마진(痲疹)이라는 이름으로 기록된 홍역은 다른 발열성, 발진성 전염병과 함께 창진(瘡疹)이라는 병명으로도 불렸다. 홍역의 초기 증상은 열이 나고 붉은 반점이 돋는데, 병이 진행되면서 모기 물린 자국처럼 삼씨(麻子) 만한 작은 돌기가 발긋발긋 솟아올라서 마진 또는 홍진(紅疹)이라는 명칭을 얻었다. 발진의 모양과 크기, 전신으로 퍼지는 점이 천연두로 알려진 두창(痘瘡)[100]과는 다르다. 두창은 열이 난 뒤 콩같은 돌기가 솟아 붙여진 이름이다.

조선에서도 이러한 병이 유행하였고, 특히 정조 10년(1786)에는 이것(麻疸)이 대유행하였기 때문에 왕명으로 이를 치료하기 위한 의서가 몇 가지 편찬되었다. ≪마과회통≫은 이헌길의 ≪마진방(麻疹方)≫을 중심으로 국내·외 의서 63종을 참고로 편찬한 것이다. 당시 동양의 마진서(麻疹書: 두과 전문 의학서적)로는 가장 우수하고 과학적인 것으로 평가받는다.

다산은 두 살 때 완두콩 모양의 종기인 '완두창'을 앓았는데, 몽수(夢叟) 이헌길(李獻吉)[101]의 치료로 나았다. 다산은 이 경험을 토대로 홍역과 천연두의 증상과 다양한 처방을 담아 마과회통을 썼다. 조헌영은 다산과 마과회통에 대해 "조선에 유명한 의사는 많았지만 의학자는 없었다. 다산은 우리나라 최초의 의학자였다"고 평했다. 또한 이 책의 번역에 동참한 안상우 한국한의학연구원 문헌연구센터장은 "임상의학자로서 다산의 견해가 가장 돋보이는 부분은 마과회통에 포함된 '나의 소견'이다. 다산은 역대 의사들을 준엄하게 평가하고 있다"고 말했다. 다산은 백성들이 마진을 더 겁내지 않도록 하기 위해 썼던 마과회통의 서문에서 집필의 뜻을 이렇게 쓰고 있다.

> 『범문정(范文正: 1597-1666)[102]이 말했다. "내가 글을 읽고 도(道)를 배우는 것은 천하의 인명을 살리기 위함이다. 그렇지 않고 황제(黃帝)의 의서(醫書)를 읽어서 의약(醫藥)의 오묘한 이치를 깊이 연구하는 것도 사람을 살리는 방법이다." 옛 사람의 인자하고도 넓은 마음이 이러 했다. 근세(近世)에 이몽수란 사람이 있었다. 그 사람은 뜻이 뛰어났으나 공명을 이루지 못해 사람을 살리려 했지만 할 수 없었다. 그래서 마진에 관한 책을 홀로 탐구하여 수많은 어린아이를 살렸다. 나도 그런 사람이다. 내가 이미 이몽수의 도움으로 살았기 때문에 마음속으로 그 은혜를 갚고자 했으나 할 만한 일이 없었다. 이리하여 몽수의 책을 가져다가 그 근원을 찾고 그 근본을 탐구한 다음,

> 중국의 마진에 관한 책 수십 종을 얻어서 이리저리 찾아내어 조례(條例)를 자세히 갖추었다. 다만 그 책의 내용이 모두 산만하게 뒤섞여 나와서 조사하고 찾기에 불편했다. 그리고 마진은 그 병의 속도가 매우 빠르고 열이 대단하므로 순식간에 목숨이 왔다 갔다 한다. 세월을 두고 치료할 수 있는 다른 병과는 다르다. (중략) 아, 몽수가 아직 살아 있었다면 아마 빙긋이 웃으며 흡족해 할 것이다. 슬프다. 병든 사람에게 의원이 없어진 지 오래되었다. 모든 병이 다 그렇지만, 마진은 더욱 심한 이유가 무엇일까? 의원이 의원을 업으로 삼는 것은 이익을 위해서이다. 마진은 대개 수십 년 만에 한번 생기기 때문에, 이 마진병 치료를 업으로 해서 이익이 되는 것이 없다. 업으로 삼으면 기대할 만한 이익이 없다고 해서 하지 않는다. 환자를 치료하지 못하는 것도 부끄러운 일인데, 더구나 억측으로 약을 써서 사람을 죽게 하는 것은 잔인한 일이다. (중략) 가령 우리 사람이 내년에 전란(戰亂)이 있을 것을 안다면, 가정에서는 무기를 수선하고, 읍에서는 성을 완벽하게 쌓을 것이니, 전란이 어찌 사람을 다 죽일 수 있겠는가? 사람을 더 무섭게 살상하는 어떤 마진이라 해도 사람들이 태연히 여기고 두려워하지 않는다면, 내가 이 책을 만든 것이 몽수를 저버리지 않을 뿐만 아니라, 참으로 범문정에게도 부끄럽지 아니할 것이다. 단, 내가 본디 의약에 어두워서 잘 가리지 못해, 소오줌이나 말똥과 같은 가치 없는 것도 모두 수록했다. 궁벽한 시골 사람이 진실로 병의 증상을 살피지 않고 이 책을 함부로 믿고서 그대로 강하고 독한 약재를 투입한다면 실패할 수도 있으니. 이것도 내가 두려워하는 것이다.』

이 책이 나오기까지 재미있는 일화가 있다. 1799년 선배인 복암(茯菴) 이기양(李基讓:1745-1802)이 의주부윤으로 있다가 임기가 만료되어 한양으로 왔다. 그의 맏아들 이창명(李滄溟)이 연경을 다녀온 사람을 통해 두어 장 분량의 종두방(種痘方)을 구해 왔다. 그 내용인즉, 천연두를 앓는 자의 딱지 7,8개를 종지에 넣고 맑은 물 한 방울을 떨어뜨려 으깨어 비벼 즙액을 만든다. 그러고는 대추씨만하게 솜을 뭉쳐 이 즙액을 적셔 콧구멍에 반나절쯤 넣어 두면 차차 얼마간의 발진이 일어나면서 면역력이 생긴다. 말하자면 일종의 '천연두 예방 백신 접종법' 이었던 것이다.

초정(楚亭) 박제가(朴齊家:1750-1805)가 다산의 집에 들렀을 때, 다산의 책상 위에 놓인 종두방을 보고는 기뻐서 말했다. "우리 집에도 이 처방이 있소. 내각의 책 속에 관련 내용이 있어서 베껴 두었는데, 내용이 너무 간략해 시행해 볼 수가 없었소. 이 기록을 합쳐서 살펴보면 방법이 나오겠구려." 집으로 돌아간 박제가는 즉시 자신이 소장했던 종두방을 다산에게 보내 왔다. 다산이 두 책을 교합해서 한 편의 책으로 만들었다. 내용이 어려운 것은 친절한 풀이를 달았다. 시술하는 날의 간지에 따라서 고치솜을 잡아매는 실의 색깔을 달리해야 한다는 것과 같은 미신적 내용은 모두 빼버렸다.[103] 특히 박제가는 1799년 9월 영평현령으로 부임하여 다산의 종두방에 기록된 일종의 천연두 예방 백신 접종법을 실제 임상을 해 보고 1800년 봄 다산의 집을 다시 찾아와 그 효과를 전함으로써≪마과회통≫의 완성도를 높였다.

이처럼 다산 정약용은 중국과 조선의 마진에 대한 이론을 종합하고 실제 마진 치료에 효과적으로 쓰일 수 있는 임상경험을 정리하여 과학적인 홍역치료 방법을 제시하고 있다. 반면에 1613년 광해군의 명으로 허준(許浚:1539-1615)이 편찬한 ≪신찬벽온방(新纂辟溫方)≫에서는 장티푸스성 감염병인 온역(溫疫)의 원인으로 외부 기후적 요인과 함께 전쟁과 각종 재난 등으로 죽어 위로받지 못한 영혼[여귀(厲鬼)], 청결하지 못한 환경, 청렴하지 않은 정치 등을 꼽았다. 뿐만 아니라 온역의 예방법으로 새벽닭이 울 때마다 마음을 청결히 하고 사해신(四海神)의 이름을 3번씩 외우면 백귀와 온역을 물리칠 수 있다는 주문, 부적과 같은 조선의 오래된 속방(俗方)도 함께 수록하였다.[104]

흥미로운 것은 여귀의 정체를 다산은 미신적 요인으로 배제하였으나, 허준은 역병을 일으키는 주요 원인으로 지목하고 있다. 허준은 땅에 시신이 많이 묻혀 사기(死氣)가 뭉쳤다가 발산되면 온역의 원인이 된다고 보았다.

즉, 억울하게 죽은 사람들이 많고 그 죽은 자들을 충분히 위로하지 않았을 때 생기는 병이라고 보았다. 이러한 여귀를 달래는 방법으로 서울과 각 지방 고을에서 정기적으로 여단(厲壇)에서 제사를 지냈다. 전라도에는 무장현에 여단이 있었고, 도성에는 북쪽 북한산에 여단이 설치되어 있었다.[105)]

〈그림 16〉사산금표도 안의 네모칸은 서울 안팎 묘소 조성과 벌채를 금하는 영역을 표시한 것이다.

〈그림 15〉 전라도 무장현 지도 〔국립중앙박물관〕

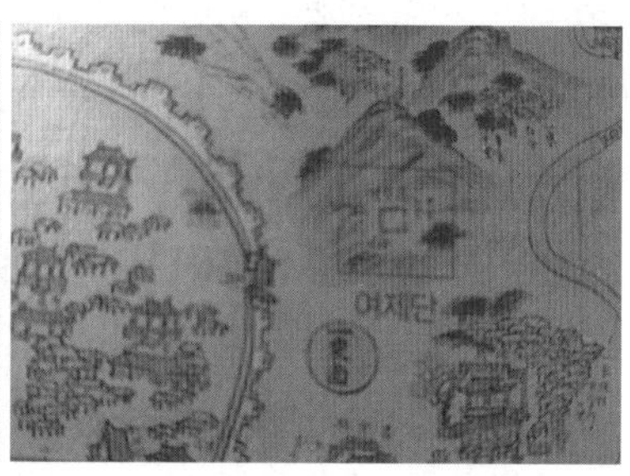

〈그림 16〉 사산금표도 〔국립중앙박물관〕

한편 다산의 ≪마과회통≫책은 뜻밖에도 홍석주(洪奭周:1774-1842)가 서문을 붙여 1802년에 간행하였다. 강진 유배 중이던 다산은 아들을 통해 이 소식을 전해 듣고 깜짝 놀란다.

> 『홍씨본 마과회통 한 질을 너는 어찌하여 사다가 집에 있는 것과 대조하여 내 저서를 완전히 그대로 인용하였는지, 아니면 약간만 뽑아서 인용하였는지를 알아보지 않고 매번 떠도는 풍문으로 모호하게 편지하느냐. 만일 나의 저서인 마과회통을 그대로 인용하였다면, 이는 반드시 홍초관(洪硝官)을 통하여 얻었을 것이다.』[106)]

홍석주는 다산의 ≪마과회통≫을 그대로 간행한 것이 아니라, 서명은 ≪마방통휘(麻方統彙)≫로 바꾸고 편제를 일부 고쳐 간행했는데, 다산의 아들은 이 책을 직접 보지 않고 소문을 다산에게 전했던 것으로 보인다. 홍석주는 이에 대해 훗날 기록을 남겨 ≪마방통휘≫가 다산의 저술임을 밝히고 있다.[107)]

다산 정약용은 강진 유배생활 중에 자식들이 여럿 죽었다.[108)] 하나는 태어나기 전에 죽었고, 태어난 아이 중 둘은 각각 4일과 10일 만에 죽었다. 또한 셋은 두 돌 안팎에 죽었고, 하나는 세 살 때 죽었다. 1798년에는 4남과 5남 둘을 열흘 사이에 동시에 잃었다. 다행히도 장남 학연(1783년생)과 차남 학유(1786년생)가 1788년에 천연두를 순조롭게 마쳤다. 다산은 두 아들이 천연두를 극복하자 감격하여 "작은 아이 말 배워도 그대 아니 기뻐했고, 큰 아이 글자 배워도 그대 아니 믿었었지. 완두창을 이겨내자 골격 이제 변하여 오늘에야 의젓이 두 아들을 두었구나"라고 읊었다.[109)]

유배지에서 죽음을 맞이한 자식들의 소식을 들었을 때, 다산의 가슴은 어떠했을까? 구강포 바람이 백짓장에 파란 일 듯 아마도 다산의 가슴은 찢어졌으리라. 유배지 강진의 그 메마른 하늘을 향해 그는 얼마나 많은 피눈물과 비분의 감정을 토해냈을까? 문리(文理)로도 어쩔 수 없는 자식들의 죽음, 부모 앞서 죽은 자식은 가슴에 묻는다고 했는데, 다산의 가슴에는 온통 무덤 투성이였을 터이다. 천재이기 이전에 부모였기에 가슴에 피맺히듯 묻혔을 구장(懼牂)을 비롯한 여섯 자식들, 보통 사람은 상상도 못할 그 깊은 절망을 다산은 무엇으로 다스렸을까? 죽어가는 어린 자식들을 가슴에 묻고 몸부림하는 동안 어린아이들의 병 치료에 대한 연구도 상당한 수준이 됐다.

몽암(夢菴) 최규헌(崔奎憲)[110)]은 다산선생의 지도로 책 ≪소아의방(小兒醫方)≫을 완성했다고 서문에서 밝히고 있다. 이 책은 어린아이는 말로 표현하지 못하기 때문에 얼굴색을 살펴서 병증을 찾아야 하고, 같은 얼굴색이라 해도 증세별로 처방을 해야 함을 밝히고 있다. 어린아이가 병증을 보일 때, 산과 들에서 뜯어다 말린 산야초를 달여서 먹인다. 그 산야초들의 용법과 효능을 불쌍한 백성들에게 어버이의 마음으로 가르쳐 주고 있다.

다산은 어리석은 백성들이 병이 들어 의서와 약제를 알지 못해 치료하지 못하는 것을 불쌍하게 여겨 주변에서 쉽게 구하고 재배할 수 있는 약용식물을 중점적으로 다뤄 정리한 저술이 ≪촌병혹치≫이다. 이 저술은 다산이 백성들의 상황을 먼저 생각하는 마음으로 높은 인명존중 사상과 뜨거운 인도주의 정신의 소유자임을 짐작할 수 있다.

> 『내가 장기(長鬐)에 온 지 수개월 만에 내 자식이 의서 수십 권과 약초 한 상자를 부쳐왔다. 적소(謫所)에는 서적이 전혀 없어 이 책만을 볼 수밖에 없었고, 병이 들었을 때도 이 약으로 치료했다. 하루는 관인(館人 객관을 지키고 손님 접대를 하는 사람)의 아들이 청했다. 장기(長鬐)의 풍속은 병이 들면 무당을 시켜 푸닥거리만 하고, 그래도 효험이 없으면 뱀을 먹고, 뱀을 먹어도 효험이 없으면 체념하고 죽어갈 뿐입니다. "공(公)은 어찌해 의서로 이 궁벽한 고장에 은혜를 베풀지 않습니까?" 하기에 나는, "좋다. 내가 네 말을 따라 의서를 만들겠다." 했다.』[111)]

의서 중에서 비교적 간편한 여러 처방을 뽑아 기록하고, 겸해 ≪본초≫에서 주치(主治)의 약재를 가려 뽑아서 해당 각 병목(病目)의 끝에 붙였다. 보조약재로서 4,5품에 해당되는 것은 기록하지 않았고, 먼 곳에서 나거나 희귀한 약재로 시골 사람들이 그 이름을 모르는 것도 기록하지 않았다. 이 책은 모두가 40여 장이니 간략한 편이며 이름을 ≪촌병혹치≫라 했다.

> 『'촌(村)'이란 비속(鄙俗)하게 여긴 것이고, '혹(或)'이라 한 것은 의심스럽게 여긴 것이다. 그렇지만, 참으로 잘만 쓰면 또한 인명을 살릴 수 있을 것이니, 약재의 성질과 기운을 구별하지 않고 차고 더운약을 뒤섞어 나열해서 이쪽과 저쪽이 서로 모순되어 효험을 보지 못하는 세상의 일반적인 의서와 비교하면 도리어 더 우수할 수도 있겠다. 간략하고 주된 처방만을 골랐으니, 그

> 효과를 얻는 것이 전일하고 빠르지 않겠는가. 한스러운 것은 간략하게 하려면 반드시 먼저 널리 고찰해야 하는데, 뽑아 적은 책이 수십 권에 그쳤다는 점이다. 그러나 훗날 내가 다행히 귀양에서 풀려 돌아가게 되면 이 범례를 따라서 널리 고찰할 것이니, 그때는 '혹(或)'이라는 이름을 고칠 수 있을 것이다. 상편(上編)은 주병(酒病 술병)으로 끝마감하고, 하편(下編)은 색병(色病 여색에 관한 병)으로 끝마감 했으니, 또한 세상을 깨우치고 건강을 보호하는 나의 깊은 의미를 붙인 것이다.』[112]

이 책의 원본은 없고 다만 서문만이 남아 있다. 서문의 내용을 통해 알 수 있는 것은 첫째, 약재 보급이 쉽지 않은 벽지에서의 활용을 위해 '간단한 처방'만을 모았다는 것이다. 둘째, 본초를 활용하였다고 하였는데, ≪본초강목≫ 부방을 대거 이용하던 당시의 정황과 어느 정도 부합되는 사항이다. 셋째, 간단한 처방만을 고른 것은 벽지에서 이용해야 하는 이용자의 편의 도모 외에 약성의 전문성을 확보하려는 의미도 함께 지니고 있었다. 이 부분은 ≪의령≫에서도 확인되는 사항이며 의학적으로 매우 의미 있는 언급이다.[113] 다산이 장기에 유배된 때가 1801년 3월 11일이니 아마도 이 책은 이 해 여름에 집필했을 것으로 추측된다.

유배자로서 불행한 자신의 처지를 잊고 어려운 백성들의 생명을 구제하기 위해 의서를 저술한 다산의 뜻은 깊고도 높다. 그 시대에 의원의 신분은 중인(中人)으로 가끔 양반이나 노비 출신이 의술을 익히는 경우가 있었지만, 일반적으로 이들을 의원으로 치지는 않았다. 조선시대 중인은 기본적으로 지배층에 속했고, 17세기까지만 해도 중인은 상위 10%에 들어가는 신분이었다. 중인 중에서도 의원과 역관은 대우가 좋았지만, 양반들이나 벼슬아치들에게 푸대접을 받는 처지였다. 특히 현재의 국립병원이라 할 수 있는 활인서(活人署)[114]라는 치료기관이 한양 인근 동, 서 두 곳에 설치되어 있었다. 비용은 무료가 원칙이었지만 활인서의 서리들에게 수고비

명목으로 쌀 한말, 소고기 한 근 정도의 뇌물을 쥐어주는 게 통례였다. 반면에 한양 내에는 일반서민들을 치료해 주는 국립병원, 혜민서(惠民署)가 있었다. 이곳 역시 비용은 무료였지만, 활인서와 마찬가지로 관노와 서리들에게 암암리에 뇌물을 바쳐야 했던 곳이다. 조선시대 의료 관련 관청 하급직들의 횡포가 이 정도였는데, 의원들 역시도 갑질 잘 하기로 유명했다. ≪의방유취(醫方類聚)≫[115]에서 의료윤리라고 할 수 있는 "의료덕목"까지 만들어서 의원들을 타이를 정도였다. 중요한 대목을 살펴보면 다음과 같다.

> 『무릇 대의(大醫)는 질병을 치료할 때에 반드시 자기의 정신〔神〕과 생각〔志〕을 안정시키고 원하거나 바라는 것도 없어야 한다. 무엇보다 먼저 자애롭고 측은하게 여기는 마음을 발휘하여 사람〔含靈〕들의 고통을 널리 구원하겠다고 서원(誓願)해야 한다. 만약 질병에 걸린 사람이 찾아와서 구원을 요청하면 그 사람의 귀천(貴賤)과 빈부(貧富), 나이와 추미(醜美), 원친(怨親 원수인가 친구인가의 여부)과 친소(親疎)〔善友〕, 지역〔華夷〕과 지능〔愚智〕을 따질 겨를도 없이 마치 지친(至親 가장 가까운 친척(親戚))을 대하듯이 두루 동등하게 대우한다. 또한 대의는 앞뒤를 재보거나 스스로의 길흉(吉凶)을 헤아려 보면서 자기 목숨을 지킬 틈도 없다. 환자의 고통을 보면 마치 자기가 아픈 듯이 여기면서 진심으로 슬퍼하므로, 험한 지형 · 낮과 밤 · 추위와 더위 · 굶주림과 목마름 · 피로 따위를 피하지 않는다. 혼신을 다해 달려가 구원할 뿐, 자신의 성과〔形迹〕를 과시하지 않는다. 이렇게 하면 백성들의 대의(大醫)가 될 수 있으며, 이와 반대로 한다면 사람들의 큰 적〔巨賊〕이 된다.』[116]

한편 내의원은 궁중의 의약과 치료를 책임지던 관청이었는데, 내의원의 의원을 '내의'라고 불렀다. 기본적으로 '잡과'라는 과거시험을 통과해야만 내의가 될 수 있었고 성적에 따라 보직을 부여했지만, 외부에서 '용한 의원'이다 싶으면 특채하는 경우도 종종 있었다. 특채된 경우 양반 출신의 유생도 있지만, 때로는 노비 출신도 있었다. 이런 주먹구구식의 의료 상황을 잘 알고 있었던 다산은 국가경영에서 의술을 정교하게 발전시키고, 의원을 국가가 체계적으로 양성해야 한다는 것을 강조했는데, 〈인재책(人才策)〉[117]이라는 문장에 잘 설명되어 있다.

『의약의 기예는 일찍이 ≪주례(周禮)≫에 열거된 직책으로, 요절하여 죽는 것을 구제하고 병을 치료하여 백성들을 오래 살도록 하고 생명을 보호하니 참으로 우리의 간절한 책무요 국가의 큰 정사입니다. 근래에는 의약에 대한 스승에게서 전해지는 기예가 단절되어 없어지고, 부끄러움을 모르는 천박한 무리가 약방문을 날조해 병의 근원과 약제 성분도 분별하지 못한 채 의료행위를 자행하다가 10명 가운데 7~8명을 죽이고 있으니 작은 걱정거리가 아닙니다. 제 생각으로는 별도로 의원들이 제대로 의술을 연구할 방책을 강구하고, 한편으로는 의약에 관한 전문서적들을 구해다가 밝고 식견이 높은 선비들로 하여금 합동으로 익혀서 임금님의 수(壽)도 높이고 백성들이 장수를 누리기 바랍니다.』

강진 유배 중에도 고향에서 아들이 의서를 보내와 소일 삼아 두루 의서를 섭렵하게 된 내용을 시로 적고 있다.[118]

장기에서도 강진에서도 다산은 의서를 읽고 또 읽어 의술에 밝았지만, 의원 역할을 하는 것에 대하여 매우 신중했다. 1810년(경오년 동짓날) 임삼(任三)에게 쓴 편지에 그 뜻이 잘 나타나 있다.

『임삼이는 아이를 보내 병을 진찰케 하려는 생각이 있던데, 만일 이 한 아이만으로 그친다면 왜 꼭 거절하겠습니까? 요즘 문득 의원이 되어 사람들을 응대하기가 아주 괴롭습니다. 만약 이 길이 열리면 더욱 편안할 리가 없을 것입니다. 다시 잘못된 계획을 세우지 말고 증세를 자세히 적어 다음 편에 부치게 하는 게 좋겠습니다. 대저 늙은이가 이렇게 힘써 사양하니 두 번, 세 번 억지로 하지 않는 게 옳습니다. 이 뜻을 말해 주면 좋겠습니다.』[119]

당시 다산과 알고 지내던 사람들은 다산에게 환자를 보내 치료를 부탁하곤 했던 것으로 보인다. 너무 많은 사람들이 부탁을 해오자 의원을 열게 생겼다며, 병세만 자세히 적어 보내면 처방을 내려주겠다고 오히려 부탁하고 나선 것이다. 병세를 적어오면 그에 맞는 약방문을 써서 보내 주곤 했는데, 다산은 이마저 편치 않게 여겼던 것이다. 자신이 의술에 능하다고 소문이 난 것에 대해서도 탐탁지 않게 여겼다. 다음은 강진에서 치교(穉敎) 이관기(李寬基:1771-1831)[120]에게 보낸 다른 편지이다.

『동생이 말한 것은 여기 약방문을 찾아 써 보냅니다. 본래 아는 게 없는데 잘못 알려져 이렇게 곤욕을 치르니 우스울 뿐입니다. 다음부터는 서로 곤란하게 하지 말았으면 합니다.』[121]

다산은 자신의 의원 행위를 경계하였을 뿐만 아니라 큰 아들 학연이 의학적 소양을 쌓고 주변 사람들로부터 의원으로서의 이름을 얻어 행동하는 것마저도 매우 조심하였다. 유배가 풀린 후 1830년 다산의 편지이다.

『우리 집 아이는 의술을 좀 펼쳐 의명(醫名)을 얻었습니다만, 근래에 서울에서 구설이 너무 많아 감히 남에게 처방전을 줄 수 없습니다. 마침 사제(舍弟)가 왔기에 이에 마음과 정성을 다하도록 하였지만 오직 아드님께 구전할 뿐입니다.』[122]

다산과 그 아들은 이처럼 의술로 이름이 있었지만 언제나 조심하였고, 가까운 사람에게조차 글이 아닌 입으로 처방을 전해 줄 정도였다. 또 지인이 병 난 아들을 데리고 찾아오겠다는 것을 만류하면서 병증을 글로 써 주면 처방을 생각해 보겠다 할 정도로 처방에 신중하였다. 그런데도 여러 권의 의서를 남기게 된 것은 오직 백성을 사랑하는 깊은 뜻에서였다. 1809년과 1814년 유배지 강진에 대기근이 났을 때, 다산은 '전해 오는 방법대로 약을 써서 많은 사람들을 살려 냈으니 그 수효를 다 헤아릴 수가 없다'라고 적고 있다.

다산은 실제로 궁중에서도 인정하는 당대 최고 수준의 의원이었다. 유배에서 풀려 고향인 남양주 능내로 돌아온 뒤인 1830년 예순 아홉살 때 순조대왕을 대리하여 국사를 돌보던 익종(翼宗)의 환후가 깊었다. 궁중 어의들의 의술로는 치료에 효험이 없자, 고향에 있던 다산에게 부호군(副護軍)의 직함을 주어 불러 들였다. 물론 너무 늦어 약을 올리기도 전에 익종은 승하하였다. 1834년 다산의 나이 일흔 세살 겨울에 순조대왕의 병세가 위중하였는데 궁중의 의술로 치료가 되지 않자 또다시 다산을 궁중으로 불러들였다. 역시 다산이 입궐도 하기 전에 순조가 사망하였다. 다산 정약용은 나라에서 가장 수준이 높은 어의와 함께 왕세자와 왕의 질병 치료를 논할 정도의 존재였다. 따라서 다산은 단지 책상물림의 의학저술가만이 아닌 당대 최고 수준의 임상가이기도 했음을 짐작할 수 있다.

이미 강진의 귀양살이 중 다산은 두 아들에게 보낸 편지에서 "네가 만일 하늘의 은혜를 입어 살아서 고향으로 돌아가게 된다면 모두 경사와 예악, 병농(兵農)과 의약의 이치를 꿰뚫게 하여 4~5년 안에 문채를 볼만하게 할 수 있을 것[123]이라 말한 바 있다. 정약용은 스스로 자신의 의약 실력에 자부하고 있었음을 알 수 있다. 같은 편지에서 과수와 채소밭을 논하면서 자식들에게 생지황, 반하, 길경, 천궁 따위와 쪽나무, 꼭두서니 등에도 모두 유의하도록 했는데, 이들은 모두 임상에 쓸 약초들이었다.

의술에 밝았던 사대부, 즉 유의(儒醫) 정약용의 임상에 관한 태도는 장기 유배 중인 1810년에 큰 아들 학연에게 보낸 편지에 잘 나타나 있다. 이 때 큰 아들은 고향에서 의원 노릇을 하게 되었는데, 다산이 이를 크게 꾸짖었다.

『네가 갑자기 의원노릇을 한다는 소문이 들려온다. 무슨 의도며 무슨 이익이 있어 그리했느냐? 알량한 의술을 통해 고관들과 사귀고, 그리하여 너는 이 아비가 풀려나기를 바라기라도 한단 말이냐? 옳지 못한 일이다....무릇 높은

> 벼슬이나 깨끗한 직책에 있는 사람, 덕이 높고 학문이 깊은 사람 중에도 의술을 터득한 이들이 있지만, 그들 스스로 천하게 의원 노릇을 하지 않고 병자가 있는 집안에서도 바로 찾아가 묻지 못한다. 서너 차례 간곡한 부탁을 받고 위급하여 어쩔 수 없는 경우에야 겨우 한 가지 처방을 해 주어 귀중한 처방으로 여기게 하는 정도가 옳다....네가 의원 일을 그만두지 않으면 살아서는 연락도 안 할 것이고 죽어서도 눈을 감지 못할 것이니 네 마음대로 하거라.』[124]

이 내용으로 미루어 짐작컨대, 사대부가 의술을 업으로 삼는 것을 꺼렸음을 알 수 있다. 그러나 과거에 급제하여 벼슬길에 올랐던 관리들은 상당수가 유학자이면서 의사인 유의(儒醫)였다. 그래서 조정 일에 정신이 없으면서도 질병과 약을 알아서 처방할 수 있었다. 임진왜란 때 명재상이었던 서애 유성룡(柳成龍) 선생도 관직에 물러난 후 고향인 안동으로 내려가 백성들을 위한 의료봉사를 했다. ≪침구요결(鍼灸要訣)≫과 ≪의학변증지남(醫學辨證指南)≫이라는 의서를 저술하기까지 했으니, 서애 선생은 사실상 한의사였던 것이다. 다산 정약용 선생도 마찬가지이다. 다방면에 뛰어난 천재였으며, 의학에도 정통하여 여러 분야의 의서를 저술하기도 했다. 이 밖에도 많은 유학자들이 의학에 조예가 깊었는데, 사실은 조선시대 선비들 대부분이 기본적으로 ≪의학입문≫이라는 의서 정도는 공부해서 한의학에 대한 기본적인 식견을 가지고 있었다.[125] 그러한 연유로 선비들은 오랜 학업 중에도 건강을 잘 돌볼 수 있었고, 자신의 질병은 물론 가족들의 질병을 직접 치료하고 예방할 수 있었다.

중산층 이상의 선비 집안에는 약장을 많이 사용하였다. 동네마다 의원이 귀해서 갑자기 병이 나면 낭패를 당하는 경우가 많았는데, 이럴 때 집안 어른이 한약을 지어 주었다. 그래서 평소에 한약재를 상비해 두어야 했다. 특히 허준의 ≪동의보감≫이 나오면서 약장은 선비집안의 필수 목가구가 되었다. 당쟁으로 유배를 떠나던 선비들이 반드시 지참해 갔던 물건이 바로 약장이었다고 한다.

〈그림 17〉 괴목 약장 〈그림 18〉 경기 약장

다산은 의학이 경세에 필요한 학문이라는 것을 인정하기는 했지만, 그것을 어디까지나 말단의 학문으로서 선비가 직업으로 삼을 학문은 아닌 것으로 여겼다. 영리를 목적으로 해서는 물론 안 되는 것일 뿐만 아니라 처방도 아무 병이나 함부로 내주는 것이 아니라 위급할 때 서너 차례 사양한 후 마지못해 펼쳐야 하는 것이었다. 이는 의술에 밝았던 정약용이 처방 요청에 대해 어떻게 임했는지를 알 수 있는 대목이다.

둘째 아들에게 보낸 편지에서 잘 드러나 있듯, 정약용에게서 의학 분야는 직업이 아니라 유학자가 공부해야 할 종합적인 학문 가운데 하나였다.[126] 그의 ≪자찬묘지명≫에서도 비슷한 태도를 엿볼 수 있다. 그는 의약분야를 포함해서 자신이 유배 18년 동안 저술한 200권의 저술 모두가 "성인의 경(經)에 바탕을 둔 것으로 시의(時宜)에 적합하도록" 하는 차원에서 이루어진 것임을 알 수 있다. 결과적으로 다산을 의학의 길로 이끌었던 것은 애민해야 하는 치자(治者)로서의 인술이었지, 직업적인 의료인으로서의 실천은 아니었다.

이상의 고찰에서 알 수 있듯이 다산은 새로운 패러다임과 실험정신으로 무장한 진정한 의학자였다. 정약용은 미신에 가까운 의학론을 비판하였고, 필요한 경우 중국이나 서양의 선진의학을 받아들였다. 당시까지 간행된 중국의 홍역 관련 의서들을 모두 검토한 후 가장 최선의 치료법을 선택하였다. 심지어 두창의 독을 인체에 심는 인두법을 소개하였다. ≪마과회통≫에 잘 소개되어 있다. 이처럼 기존의 패러다임을 완전히 뛰어넘는 실학자 정약용이야말로 조선 의학의 발전에 기여한 진정한 조선의 명의였다.

3. 다산의 음식에 대한 마음가짐

조선시대는 일반적으로 감각적 쾌락을 저급한 것으로 간주하였다. 의식주와 같은 일상의 기본적 욕구에 대해서도 금욕적이고 절제하는 태도를 요구하였다. 음식은 생명을 유지하기 위한 신성한 행위이므로 미각을 쾌락의 대상으로 삼는 것은 올바르지 못한 행위로 간주되었다. '먹는데 있어서는 배부름을 구하지 않고(食無求飽)', '먹는 것에 맛을 따지지 않으려는(食無求美)' 절제와 금욕은 어느 누구의 머릿속에나 깊게 뿌리박혀 있었다. 다산도 예외는 아니었다.

음식에 대한 바른 마음가짐과 자세는 조선 후기의 중인 지식인 이덕무(李德懋:1741-1793)의 ≪사소절≫에서 발견할 수 있다. 이덕무는 송나라 시인 황정견(1045-1105)의 식사오관(食事五觀)을 지키기 위해 노력했다. 식사오관이란 '음식을 대하는 다섯가지 마음가짐'이라는 뜻으로 조선시대 사대부들의 음식철학을 엿볼 수 있는 글이다. 허균의 ≪한정록(閑情錄)≫[1618년(광해군 10)에 쓴 것]과 빙허각 이씨가 쓴 ≪규합총서(閨閤叢書)≫에도 실려 있다.[127)]

유학사상에서 음식문화는 신분과 계급의 문제, 권력과 깊은 관계가 있다. ≪예기≫에는 사회적 지위에 따른 예의범절을 음식으로 차별화하였다. 임금이 죽으면 측근들은 모두 3일 동안 밥을 먹지 않고 죽을 먹었다. 4일째부터는 거친 밥을 먹고 물만 마셨다. 고기반찬은 먹지 않았다. 전한(前漢)시대 창읍왕(昌邑王)은 소제(昭帝)의 상사(喪事)에 고기반찬을 먹었다는 이유로 제위를 박탈 당하기도 했다. 어떤 음식을 먹고 어떤 음식을 안 먹는다는 것은 군주에 대한 충성심을 측정하는 잣대가 되었다. 음식은 효심을 표현하거나 측정하는데도 활용되었다. 부모의 상에 빈소를 차리고 나면 죽을 먹었다. 부모 상 중에 있는 동안, 즉 2년 대상을 치를 때까지는 술과 고기를 먹지 않았다. 이처럼 음식은 사회적 언어와 질서를 반영하는 도구가 되었던 것이다.

≪서경≫과 ≪예기≫에서는 정치의 가장 중요한 항목으로 '음식'을 제시하였다. 현실정치가 해결해야 할 가장 중요한 문제로 음식을 제시한 것은 음식으로 대표되는 재물과 욕망의 상관관계를 인지했기 때문일 것이다.

이러한 맥락에서 조선시대 왕들의 통치술 중에는 식치(食治)가 있었다. 이는 백성의 건강을 지키기 위한 음식처방의 의미도 있지만, 왕이 검소한 식생활의 모범을 보여 민심을 얻으려 했던 의미도 있다. 특히 자연재해나 전염병, 전란 등으로 백성들이 어려움에 처하면 왕들은 술과 음식을 간소하게 하면서 근신하는 모습을 보였다. 전략적으로 왕실은 '소박한 밥상'을 통해 피폐해진 민심을 얻고자 했다. 사회적 관계를 만드는데 중심이 되는 음식은 일상생활에서 일어나는 다양한 권력관계에 개입해 새로운 권력 개념을 창출하기도 한다. 그 가운데 장유(長幼)의 질서와 남녀차별을 만드는데도 음식이 중요한 역할을 하였다. 예를 들면 일곱 살이 되면 남녀가 자리를 함께 해서는 안 되고 식사를 함께 해서도 안 된다. 여덟 살이 되면 출입하는 문 쪽에 앉히고 음식을 먹을 때 반드시 어른보다 나중에 먹도록 하였다.

그러나 다산이 펼친 식치 전략은 진정성이 적고 민심을 사기 위한 일시적인 왕실의 '식치'와는 차원이 다르다. 실학자로서, 의학자로서, 애민사상가로서 진정성에 바탕 한 것이었다. 이러한 정신은 ≪목민심서≫에 잘 나타나 있다. 지도자가 행할 지침이자 백성의 어려운 생활의 고통을 덜어주는데 필요한 것은 목민심서를 실천하는 길 밖에 없음을 강조하였다. 이 책에서 다산은 음식과 관련하여 지도자가 실천할 원칙을 다음과 같이 제시하고 있다.

『수령이 부임지로 가는 도중에 세끼 반찬을 너무 호화롭게 하지 말고, 국 한 그릇, 김치 한 접시, 간장 1종지 외에 네 접시의 반찬을 넘어서는 안 된다.』(부임6조 제4장 계행)

『부임지에서 집안을 다스림에 있어 음식을 지나치게 치레하는 짓은 돈이나 재산을 소비하고 물건을 없애는 짓이라 재앙을 부르는 길이다.』(율기6조 제3장 제가)

『수령의 아침과 저녁 식사는 밥 한그릇, 국 한그릇, 김치 한 접시, 간장 1종지 외에 네 접시의 반찬을 넘어서는 안 된다. 네 접시란 구운 고기 한 접시, 마른고기 한 접시, 절인나물 한 접시, 고기장조림 한 접시이니 이보다 더해서는 안 된다. 개인에게 관계된 손님에게 드리는 음식은 모름지기 두 등급으로 나누어야 한다. 나이 많은 어른에게는 네 접시이고, 나이가 어린 아랫사람에게는 두 접시이다. 부녀자가 거처하는 안채에 보내는 물건은 10일 동안 사용할 양으로 쌀 10말, 찹쌀 3되, 팥 4되, 밀가루 2되, 녹두가루 1되, 깨 1되, 민어 2마리, 추어 1두릅, 알젓 1되, 새우젓 3되, 달걀 40개, 미역 2묶음, 김 5묶음, 다시마 1묶음, 소금 5되, 누룩 2장으로 총수에 3을 곱해서 초하루에 드리는 법식으로 정해야 한다.』(율기6조 제5장 절용)

『양로잔치에 남자 노인 가운데 80세 이상인 분들만 연회에 참석시키되, 떡과 국 외에 찬은 네 접시로 하고, 90세 이상은 여섯 접시로 한다. 100세 된 분이 있으면 수령은 여덟 접시의 찬을 장만하여 관리를 보내 직접 드리게 해야 한다. 섣달 그믐 이틀 전에 남자 80세 이상 노인에게는 쌀 한 말과 고기 두 근씩을 예단과 함께 갖춰 드리며 안부를 묻고, 90세 이상 노인에게는 좋은 음식 두 접시를 더해야 한다.』(애민6조 제1장 양로)

『기근이 들어 버려진 아이는 젖이 있는 사람이 두 아이에게 젖을 나누도록 하고, 유모에게는 쌀을 지급하되 간장과 미역을 함께 지급한다. 기근이 아닌데도 버려지는 아이는 고을 백성들이 그 아이를 거두어 기르도록 하되, 관에서 한 달에 쌀 두 말씩 지급하고 여름에는 매월 보리 네 말씩을 지급하되 2년 동안 계속해야 한다.』(애민6조 제2장 자유)

『홀아비, 과부, 고아, 혼자 사는 사람을 사궁(四窮)이라 하는데, 수령이 보살펴야 한다. 늙은 홀아비에게는 매월 좁쌀 다섯 말, 늙은 과부에게는 좁쌀 세 말씩을 지급하고 부역은 면제한다.』(애민6조 제3장 진궁)

『술과 음식으로 위로하고 차와 비단을 주는 것은 이른바 작은 은혜를 베풀 줄은 알지만 행정을 할 줄은 모르는 것이다. 음식은 습성에 따라 맞추어지는 것이다. 내가 오랫동안 민간에 있으면서 보니 농가에서는 채소를 전혀 심지 않아서 파 1뿌리, 부추 1단도 사지 않으면 얻을 수 없었다.』(호전6조 제6장 권농)

『1809년 기근에 전염병이 크게 번져 섬까지도 피해를 보았는데, 보길도 백성들만 무사했다. 그 섬에는 칡이 많아서 백성들이 모두 칡뿌리 가루를 만들어 겨울부터 봄까지 양식으로 했기 때문에 전염병도 물리쳤다. 그 섬 중에서 오직 한 백성만이 양식이 있어서 칡뿌리 가루를 먹지 않더니 전염병에 걸려서 온 집안이 몰사했다. 백포 윤씨촌에 두 백성이 사는데 특별히 가난해서 겨울부터 봄까지 칡뿌리 가루를 양식으로 먹었다. 온 마을이 모두 전염병에 걸렸으나 오직 이 두 집만이 무사했다. 막걸리는 배고픔을 면할 수 있고 길 가는 사람에게도 도움이 되니 반드시 엄금할 필요는 없다.』(진황 6조 제5장 보력)

목민심서에는 이런 이야기도 실려 있다. 밥상에서 세상의 이치를 가르치는 이 고사는 음식을 통해 구성되는 복합적인 권력관계를 보여 주는 것이다. 아래 설명되는 유비의 일화는 음식을 통한 권력의 정당한 향유를 밥상머리에서 아들 유찬에게 자연스럽게 가르친 것이다.

『후당 때 유찬의 부친 유비가 현령이 되었다. 식사 때마다 아버지는 고기반찬을 먹으면서 아들은 상아래 나물반찬을 먹게 했다. "고기는 임금이 주신 녹이다. 너도 고기를 먹고 싶으면 부지런히 공부하여 국록을 받도록 하라. 내가 먹은 음식을 너는 먹어서는 안 된다. 이로부터 유찬은 열심히 공부하여 진사에 급제 했다.』

목민심서에 언급되고 있는 다산의 음식에 대한 생각은 겉치레에 신경 쓰지 말고 허례허식을 줄이라는 당부이다. 제사 음식은 물론 잔치를 베푸는 것도 법도에 맞게 하라고 강조했다. 1808년 다산은 아들에게 ≪제례고정(祭禮考正)≫이라는 책과 편지를 보냈는데, 허례허식에 치중하는 문화를 바로 잡기를 바라는 마음이 잘 담겨 있다. 그는 편지에 '옛사람들은 연향을 베풀고 제사를 지낼 때 여섯 등급으로 나누어 법도를 지켰으나, 요즘 사람들은 그것을 무시하고 겉치레에 치중하고 있다'고 지적하고 있다. 순시를 나온 관찰사에게 천자나 제후가 사용하는 음식의 다섯 배나 되는 양을 접대하고 있음을 한탄한 것이다. 상다리가 부러지게 음식을 차려 놓고 풍악을 울리고 있는 관찰사와 끼니를 제대로 챙기지 못해 허기진 배를 움켜쥐고 들로 산으로 나가는 백성들이 겹쳐 보였기 때문일 것이다.[128)]

음식은 살기 위해 먹어야 하는 생존 수단이기도 하지만, '사람을 대접'하는 의미로 쓰이기도 한다. 누군가 집에 오면 귀하고 맛있는 음식을 대접함으로써 예를 다한다고 생각한다. 이런 관습 때문에 '조찬'이나 '오찬'에 수백만원을 호가하는 식재료가 사용되기도 하고, 잔치상이나 제사상, 차례상 등에는 다 먹지도 못할 음식을 올리는 문화가 뿌리 깊이 박혀 있다. 매 명절마다 음식물 쓰레기 양이 20% 이상 증가한다는 기사가 나와도 오랜 관습은 깨지지 않고 있다.

중국도 마찬가지인 듯하다. 2021년 전국인민대표대회 상무위원회에서 '음식낭비금지법'이 통과되어 공포·시행되고 있다. 이 법안은 음식점 등에서 많은 양의 음식을 주문해서 남기거나 과한 먹방 등을 할 경우 벌금이나 과태료를 물리는 내용이 주요 골자이다. 음식 낭비를 강력히 규제하는 이 법안은 시진핑(習近平) 국가주석의 지시로 마련되었다. 중장기적으로 식량부족이 우려되고 대미갈등 등 국제정세가 불안해지면서 식량의 해외조달 불확실성이 커지는 점을 감안할 때 유의미한 조치라 하겠다. 환경이나 경제면에서 '식품로스(food loss)'는 심각하게 고려되어야 할 문제이다.

한편 다산은 음식과 관련하여 우리말의 어원사전이라 할 수 있는 ≪아언각비(雅言覺非)≫[129)] 제1권에 음식의 명칭과 내용이 잘못 전해지는 것들을 역사적으로 고증해 가면서 바로 잡고, 음식을 만드는 방법과 활용하는 방법에 이르기까지 상세하게 기술했다. ≪잡찬집≫에서도 음식 만드는 방법이나 활용하는 방법에 대해서 설명하고, 실질적으로 만들어 먹는 일이 자주 있었던 것으로 보이는 기록들도 있다.

음식에 대하여 다산은 철저하게 기능적인 입장에서 바라보았다. 음식이란 몸을 유지해 가는 하나의 방편 이상의 의미를 지니지 못한다는 것이다. 그러한 자신의 생각을 밥을 먹음에 '김치를 담가 먹는 것'과 '상추로 싸 먹는 것'의 차이점이라는 예를 들어 제시하고 있다. 하나는 반찬에 맛들이면 밥을 더 먹어야 하지만, 상추를 싸먹으면 반찬이 필요 없고 쉬 배부르게 할 수 있으니 이것은 입과 입술을 속이는 방법이라는 것이다. 이러한 언급은 현실적으로 보아 가난한 살림을 꾸려나가야 하는 아들에 대한 실제적인 당부라 할 수 있다.

> 『옆 사람이 구경하고는 "상추로 싸 먹는 것과 김치 담아 먹는 것은 차이가 있는 겁니까?"라고 묻기에, 내가 말하길 "그건 사람이 자기 입을 속여 먹는 법입니다."라고 말하여 적은 음식을 배부르게 먹는 방법에 대하여 이야기해 준 적이 있다. 어떤 음식을 먹을 때마다 이러한 생각을 지니고 있어야 하며, 맛있고 기름진 음식만을 먹으려고 애써서는 결국 변소에 가서 대변보는 일에 정력을 소비할 뿐이다. 그러한 생각은 당장의 어려운 생활 처지를 극복하는 방편만이 아니라 귀하고 부한 사람 및 복이 많은 사람이나 선비들의 집안을 다스리고 몸을 유지해 가는 방법도 된다.』[130)]

≪다산시문집≫(제11권) 상론(相論)에 얼굴이나 용모 또는 관상은 습관에 따라 변하고, 형세는 얼굴이나 용모에 따라 이루어진다고 적고 있다. 따라서 얼굴의 생김새나 사람의 운세가 정해져 있다는 주장은 잘못되었다는 것이다. 결국 사람이 사는 곳은 기질을 변화시키고, 음식의 섭취는 신체를 변화시킨다. 그래서 예전에는 초췌했다가 지금에는 기름진 사람도 있게 된다. 사람의 얼굴은 일정한 것이라고 할 수 없다고 설파하면서 사는 곳과 음식의 중요성을 거론하였다. 따라서 다산도 때로는 음식의 풍류를 즐길

줄 아는 사람이었다. 그의 관직생활 중에 고기잡이와 산나물이 그리워 무단이탈하여 고기를 잡고 시를 짓고 산나물을 먹은 내용[131]을 자세히 기록하고 있다.

> 『정사년(1797, 정조 21) 여름에 내가 명례방(明禮坊)[132]에 있는데, 석류가 처음 꽃을 피우고 보슬비가 막 개어 나는 초천(苕川)[133]에서 물고기를 잡는데 가장 알맞은 때라고 생각했다. 그러나 법제상 대부(大夫)가 휴가를 청하여 윤허를 얻지 않고서는 도성문(都門)을 나서지 못하는 것이었다. 그러나 휴가는 얻을 수 없으므로 그대로 출발하여 초천에 갔다. 그 다음날 강에 그물을 쳐서 고기를 잡았는데, 크고 작은 고기가 모두 50여 마리나 되어 조그만 배가 무게를 감당하지 못해서 물 위에 뜬 부분이 겨우 몇 치에 불과했다. 배를 옮겨 남자주(濫子洲)에 정박시키고 즐겁게 한바탕 배불리 먹었다. 얼마 후 나는 말하기를, "옛날에 장한[134]은 강동을 생각하면서 농어와 순채를 말했습니다. 물고기는 나도 이미 맛을 보았거니와, 지금 산나물이 한창 향기로울 때인데 어찌 천진암에 가서 노닐지 않겠습니까?" 하였다. 이에 우리 형제 네 사람은 일가 사람 3~4명과 더불어 천진암에 갔다. 산 속에 들어가자 초목은 이미 울창하였고, 여러 가지 꽃들이 한창 피어 있어서 꽃향기는 코를 찔렀으며, 온갖 새들이 서로 울어대는데 울음소리가 맑고 아름다웠다. 절에 도착한 뒤에는 술 한 잔에 시 한 수를 읊으면서 날을 보내곤 하다가 3일이 지나서야 돌아왔다. 이 때에 지은 시가 모두 20여 수나 되었고, 먹은 산나물도 냉이, 고사리, 두릅 등 모두 56종이나 되었다.』[135]

다산은 혈기왕성한 20세 때에도 육식을 탐하기보다는 과채류로 배를 채웠고, 이런 처지를 비관하지 않았다. ≪다산시문집≫(제1권)인 시(詩)·부친을 모시고 소내로 돌아오다에서 신축년 2월에 다산의 부친과 홍공이 다문초를 받았다. 부친은 고신을 환수당하고 고향으로 돌아갔으며, 홍공은 숙천으로 귀양 가는 사건이 있었다. 고향으로 돌아온 다산은 "우리집의 남새밭 한두 뙈기는 토질이 고와 채소·과일이 탐스럽거니, 찌고 구운 고기야 있지 않지만 그 또한 주린 창자 채울 만 하네"[136] 라고 자위하였다. 이

시는 다산이 20세 때 2월에 쓴 시다. 다산은 채소 가득한 산골밥상에 마음이 여유로워진다고 쓰고 있다.[137] 고향인 소내에서 채소와 과일을 재배하여 먹었음을 보여준다.

『물에서 자면 문 안에 별이 들고
산골 밥상에는 채소가 가득하지
어떻게 처신할까 결정은 못했으나
여기만 와도 마음이 여유롭네』[138]

≪다산시문선·시≫(제3권)에는 이와 같은 미음촌[139]의 풍경을 노래한 시가 더 있다.

『술 취한 눈으로 석실서재 지나와서,
미음촌 어귀 당도하니 술배도 많네그려.
백구가 원래부터 어떠한 새라던가,
노랑모자 어부들이 모두가 그 노래네.』[140]

미음촌 어귀에서는 배를 띄워놓고 술먹는 뱃놀이가 매우 유행하였던 것으로 보인다. 그리고 노란 전통모자를 쓴 어부들이 뱃노래를 감상하였던 것으로 보여진다. ≪신증동국여지승람≫에 의하면 쏘가리(錦鱗魚)·누치(訥魚)·은어(銀魚)등이 특산물로 기록되어 있으니, 이러한 물고기를 뱃놀이하면서 안주감으로 먹었을 것이다.

다산의 검소한 식습관은 제자 황상(黃裳,1788-1870)의 일화로도 유명하다. 황상은 다산이 아끼던 제자였는데, 벼슬을 포기하고 한적한 곳에서 조용하게 살고 싶어 했다. 다산이 황상의 요청으로 써 준 황상유인첩(黃裳幽人帖)에는 인생살이를 평탄하게 가면서도 곧고 행복하게 살 수 있는 방법이 적혀 있다. 이 글에는 어떤 곳에서 어떤 마음으로 어떻게 살아야 하는지를 담고 있다. 다산은 늘 양반이라 하더라도 또 배운 자라 하더라도 과일나무를 심고 채소 가꾸기를 해야 한다고 당부하고 있는데, 황상은 그런 스승의 뜻을 따라 살았다. 황상의 원포(園圃)생활, 즉 현재의 전원생활을 배우려고 지인들이 드나들었는데, 추사의 방문과 관련하여 '노규황량사(露葵黃粱社)'의 일화가 전한다.

〈그림 19〉 노규황량사(露葵黃粱社) 서첩 글씨

어느 날 강진 대구면 항동 황상이 머무르던 집에 다산과 추사가 찾아가 하룻밤을 묶게 되었다. 그 때 황상은 기장으로 지은 밥에 아욱국으로 아침상을 차려냈다. 이를 접한 다산이 "남원로규조절 동곡황량야용(南園露葵朝折 東谷黃粱夜舂:남쪽 밭에 이슬 젖은 아욱을 꺾고 동쪽 골짜기의 누른 조를 밤에 찧는다.)"라는 시를 지었다. 그러자 곁에 있던 추사가 '노규(露葵:이슬젖은 아욱)와 황량(黃粱:누런 조)'을 가지고 사(社)를 붙여 제액(題額)을 써 주었다 한다. 노규황량사(露葵黃粱社)란 즉, 황상의 집을 지칭한 것이다. 이렇게 만들어진 '노규황량사'는 '고결한 선비의 거처'를 상징하는 것으로 강진과 해남의 선비들이 앞 다투어 새겨 서실에 걸고 음미하였다고 한다. 또한 소박하고 간소한 선비의 밥상으로 표현되기도 했다. 그리고 황상은 두 학자가 머물렀던 방의 이름을 〈일속산방(一粟山房)〉이라 하였다. 이는 스승의 글에 나온 이상향을 따라 지은 이름이다.

조선 사대부 중 유난히 콩 음식을 좋아 했던 사람은 다산 정약용과 성호 이익(1681-1763)을 들 수 있다. 성호는 평생 시골에 살면서 애숙가(愛菽歌)를 불렀다. 다산 역시 콩 예찬론자로서 콩 음식인 두부를 매우 좋아 하였다. 두부는 가장 이상적인 영양식품이며 95%의 소화율을 자랑하는 식품이다. 다산의 연작시 송파수작(松坡酬酌)에는 두부에 관한 두 편의 시가 전하는데, 버섯과 두부를 먹으면 고기 먹다 치아 흔들릴 일 없어 좋다고 쓰고 있다.[141)]

> 『산중의 눈 속에서 상아와 숙유[142)]를 먹으니 포새[143)]의 풍치가 바로 이 사이에 있구려. 향기로운 부추 있어 위장을 깨끗하게 할 뿐 뼈 있는 고기 먹다 치아 흔들릴 일 전혀 없네. 감주[144)] 일백꿰미 책상에 가득 쌓여 있고 술 세 사발은 얼굴을 펴기에 도움이 되도다. 임금이 내린 고깃국은 꿈속의 일만 같아라. 노승의 검붉은 바리때나 같이 할 뿐이로세.』[145)]

위의 〈한암자숙도(寒菴煮菽圖)〉시는 연포회(두부탕)를 먹는 풍경을 그리고 있다. 이 시는 한암자숙도란 그림을 보고 나서 쓴 일종의 제화시(題畫詩)로 한암(寒菴)이라는 산중 암자에서 두부를 끓여먹는 광경을 보고서 직관에 의해 그 느낌을 적은 시다. 배경이 되는 계절은 겨울이다. 산중의 한암에서 스님이 상아(뽕버섯)을 채취하여 마련한 음식이었다. 다산은 이미 치아 상태가 좋지 않아 딱딱한 음식을 먹을 수 없는 지경이었다. 그런데 사찰에서 마련해 주는 부들부들한 버섯요리와 두부는 다산이 먹기에는 특급요리였을 것이 분명하다.

상아(桑鵝)는 상이(桑耳) 즉, 상용(桑茸)이다. 뽕나무에서 자라난 목이버섯을 지칭한 것임을 알 수 있다. 다산의 다른 시문집에도 역시 뽕나무버섯을 언급[146)]하고 있다. 새끼닭에 뽕나무버섯을 넣고 끓인 것이니 '뽕나무버섯 영계탕' 정도로 이름할 수 있을 것이다.

『마늘에서는 수염 나와 하얀 꽃잎을 이루었고,
오이넝쿨 겹친 잎새엔 노란 꽃이 숨어 있네.
새끼닭에다 뽕나무버섯까지 섞어서 끓인다면,
시 모임에 골동갱을 걱정할 것 없구려.』[147]

이처럼 다산의 문헌기록에는 여러 가지 버섯을 먹은 기록들을 살펴볼 수가 있다. 특히 홍만선(洪萬選:1643-1715)의 저서 ≪산림경제≫에는 버섯을 기르는 방법까지 상세하게 기록되어 있는 것으로 보아 버섯이 조선시대에 상용하는 음식이었음을 알 수 있다.[148]

『느릅나무(楡) · 버드나무(柳) · 뽕나무(桑) · 회나무(槐) · 닥나무(楮)는 버섯이 나는 다섯 가지 나무다. 장죽(漿粥:미음과 죽)을 끓여 나무 위에 붓고 풀로 덮어 놓으면 곧 버섯이 난다.≪속방≫ 썩은 나무나 잎을 가져다 땅 속에 묻어놓고 늘 쌀뜨물을 주어, 2~3일 젖어 있도록 하면 곧 버섯이 난다. 본디 썩은 나무는 사람에게 해롭지 않은 것이다. 또, 잘 친 이랑 속에 썩은 거름을 붓고, 썩은 나무를 가져다 6~7치 길이로 끊어서 부수어, 채소를 심는 방법처럼 이랑 속에 고루 깔고 흙을 덮고서 물을 주어 늘 축축하게 하다가, 만일 처음으로 자잘한 버섯이 나면 즉시 끊어버리고 이튿날 아침에도 나가서 또한 끊어버리면, 세 차례 째 나는 것은 매우 크기도 하고, 거두어다 해먹어 보면 더없이 좋다. 소나무 · 팽나무(彭木) · 참나무(眞木)에서 나는 버섯도 독이 없다≪신은지≫.』

홍만선의 같은 책에는 어떤 것이 독버섯인지 구별하는 방법 및 버섯 독에 중독되었을 경우 해독방법 등을 제시[149]하고 있다.

『버섯 중 밤에 광채가 있는 것, 삶아도 익지 않는 것, 삶아서 사람에게 비치어 그림자가 없는 것은 모두 독이 있는 것이다. 사람이 그것을 먹고 중독이 되었을 때는 급히 지장(地漿) 을 마시게 한다. 또 인분즙(人糞汁)을 마시게 하거나, 마인(馬藺)의 뿌리와 잎을 짓찧어 즙을 내어 마시게 하고, 또는 인두구(人頭垢)를 물에 타 토할 때까지 마시게 한다. 또 육축(六畜) 및 거위 · 오리

등속을 잡아 뜨거운 피를 마시게 하거나, 기름에 달인 감초탕을 식혀서 먹이되, 향유(香油)를 많이 먹이는 것도 좋다≪동의보감≫. 박속(瓠瓤) 태운 재를 물에 타서 먹인다≪윤방≫. 버섯에 중독되어 토사(吐瀉)가 그치지 않을 때는 세다아(細茶芽) 작설차(雀舌茶)를 가루로 만들어 새로 길어온 물에 타 먹이면 신효(神效)하다. 또 하엽(荷葉)을 문드러지게 짓찧어 물에 타 먹인다. 단풍나무버섯(楓樹菌)은 먹으면 사람이 웃음을 그치지 못하여 죽게 되는데, 지장을 먹이는 것이 가장 신기한 효과가 있다.[150] 인분즙을 먹이는 것이 그 다음으로 묘한 효과가 있다. 그 밖의 다른 약으로는 구제할 수 없다≪동의보감≫.』

민간에서는 버섯을 상용하면서 독버섯과 식용버섯을 구별하지 못하여 버섯 독에 중독되는 경우가 빈번하였는데, 이에 대한 해독법도 함께 발전되었음을 보여준다. 다산의 시문에는 충북 단양 지역에서 단양팔경을 구경하면서 쏘가리회에 적쇠를 이용하여 버섯을 구어 먹었음을 보여준다.[151] 시문을 자세히 보면 이 버섯이 단순한 버섯이 아니고 송이버섯(松菌)이었다. 송이버섯구이에 쏘가리회를 먹은 것이다.

『적쇠에 버섯 굽고 시내 쏘가리 회를 쳐서,
즐겁게 웃고 떠들며 나그네들 배를 채웠다네.』[152]

다산 정약용의 ≪목민심서≫에는 제주도에서 채취한 표고버섯이 나리포[153]로 조운(漕運)되었으며, 후에 나주로 조운장소가 바뀌었음을 기록하고 있다. 표고버섯을 직접 먹은 기록은 명확하지 않으나, 이러한 기록으로 볼 때에 다산이 표고버섯을 식용으로 먹었을 가능성이 높다.

『나리포(羅里鋪)란 숙종 경자년(1720)에 공주(公州)와 연기(燕岐)의 경계에 창고를 설치하고 배를 마련해 두어 곡식을 사들였는데, 경종 임인년(1722)에는 나주(羅州)로 옮겨 설치했고, 영조 초년에는 임피(臨陂)로 옮겨 설치했으니 제주(濟州)를 구휼하기 위한 것이다. 종모(騣帽) · 망건(網巾) · 죽모첨

(竹帽簷 갓의 양) · 해대(海帶 다시마) · 향심(香蕈 표고버섯) · 전복(全鰒) 등 제주로부터 나오는 것도 또한 나리포에서 발매하였다.』[154]

또한 다산은 삼계탕에 송이버섯과 목이버섯(뽕나무에서 나는 목이버섯을 지칭함)을 넣어 끓이는 장면을 묘사하고 있다. 이는 유배 이전에 여느 양반들처럼 절에서 연포탕을 달게 먹었던 것을 추억하는 시이다.[155]

『다섯 집에서 닭 한 마리씩을 추렴하고 콩 갈아 두부 만들어 바구니에 담아라. 주사위처럼 두부 끊으니 네모가 반듯한데 띠 싹을 꿰어라 긴 손가락 길이만 하네. 뽕나무 버섯 소나무 버섯을 섞어 넣고 호초와 석이를 넣어 향기롭게 무치어라. 중은 살생을 경계해 손대려고 않는지라 젊은이들이 소매를 걷고 친히 고기를 썰어 다리 없는 솥에 넣고 장작불을 지피니, 거품이 높고 낮게 수다히 끓어 오르네. 큰 주발로 하나씩 먹으니 각기 만족하여라.』[156]

위의 시와 글에서 보는 바와 같이 조선 후기 양반들은 맛 좋은 두부[157]가 있는 절간에서 연포탕을 즐겼다. 현재 호남지역에서 즐기는 낙지를 살짝 데친 연포탕과는 전혀 다른 것이다. 사찰이 맛좋은 두부를 잘 만든다는 이유 때문에 승려들에게 닭을 잡고 콩을 가는 살생과 노동을 하게 했던 양반들의 행태는 승려들의 입장에서 보면 횡포에 가까운 것이었을 것이다. 하지만 두부는 사찰에서 만들어 부처에게 공양하던 귀한 음식이었다. 그래서 고려 왕실에서는 궁중행사나 제향에 쓰일 두부를 사찰에 의뢰하여 만들게 하고, 이런 사찰을 '조포사(造泡寺)'라 이름했던 것이다.

두부는 쉽게 포만감을 주기 때문에 좀처럼 체하지 않는 식품 중의 하나다. 하지만 두부를 먹고 체하면 내려가지 않기 때문에 문제이다. 이럴 때는 화학적인 약보다는 무즙이 효과가 있는 것으로 기록하고 있다. 두부와 관련하여 의서(醫書)에는 '사람이 두부(豆腐)를 먹고 중독(체함)되면 고쳐도 잘 낫지 않는다. 두부를 만드는 사람의 말이 무(萊)를 끓는 물에 넣으면

두부가 엉키지 않으므로, 무를 끓는 물에 넣어 삶아서 약으로 먹으면 낫는다'라고 적고 있다.[158]

〈그림 20〉 두부 짜기와 멧돌질, 김준근 [독일함부르크민속박물관]

채식을 주로 하면서 콩 음식으로 영양을 보충하였던 다산은 두부와 타락죽(駝駱粥)을 중하게 여겼다. 다산이 중하게 여긴 타락죽은 현대의 것과는 다르다. 소식(蘇軾)의 시에 '콩을 삶아서 젖을 만들고, 기름은 타락죽을 만든다.'고 쓰여 있는 바와 같이 조선 시대의 타락죽은 콩으로 만든 음식의 일종이다. ≪목민심서≫에서 관리는 의복과 음식의 검소함을 법식으로 삼아야 한다[159]고 쓰고 검소한 음식으로 예시된 음식 속에 두부가 포함되어 있다.

『왕서(王恕)가 운남을 순무(巡撫)할 때 동복(童僕)을 데리고 가지 않았으며 행조(行竈)[160] 하나, 죽식라(竹食籮)[161] 하나, 하루에 유두(乳豆)[162] 한 모, 채소와 장, 초만 가지고 갈 뿐이고 물은 주인집에서 얻어 썼다.』

우리나라에서 간행된 중국여행기록인 ≪연행록≫에는 중국에서 대나무도시락(竹食籮 또는 竹籮)에 두부를 넣어 가지고 다니는 모습을 기록하고 있다.

〈그림 21〉 竹食籠1

〈그림 22〉 竹食籠2

두부는 부드럽고 영양이 풍부하여 다산은 물론 치아가 좋지 않은 나이 든 선비들이 무척 좋아하는 음식이었다. 목은 이색도 늙은 몸을 보양할 음식으로 여러 가지 두부요리를 시[163]에서 쓰고 있다.

『오랫동안 맛없는 채소국만 먹다 보니, 두부가 마치도 금방 썰어낸 비계 같군.
성긴 이로 먹기에는 두부가 그저 그만. 늙은 몸을 참으로 보양할 수 있겠도다.』[164]

이처럼 한시에서 두부를 즐겨 먹는 선비들은 이빨이 나쁜 상태일 가능성이 높아 시를 쓴 선비의 치아 건강을 유추할 수 있다. 서거정의 시에는 두부지짐[165]이 언급되어 있으며, 두부를 선물로 주고받으면서 쓴 시[166]도 있다.

『보드라운 두부는 구울 만하고 향기로운 차는 끓일 만도 한데
인간 세상사가 뜻대로 되지 않아 지금은 또 병이 몸을 침범하였네.』[167]

『보내 온 두부는 서리 빛보다도 더 하얀데 잘게 썰어 국 끓이니 연하고도

향기롭네. 부처 숭상한 만년엔 고기를 끊기로 했으니 소순(蔬筍)[168]이나 많이 먹어 쇠한 창자를 보하려네.』[169]

허균도 역시 두부의 부드러움을 표현[170]하며, 당시 재배되어 식용으로 사용한 콩의 종류까지도 세세히 기록[171]하고 있다.

『두부(豆腐)는 장의문 밖 사람들이 잘 만든다. 말할 수 없이 연하다. 매두, 대두, 녹두, 완두, 잠두, 백두, 적두, 백편두 등이 당시에 재배된 콩의 종류이다.』

두부를 좋아하였던 성호 이익의 두부에 대한 글은 거의 백과사전 수준이다. 두부를 만드는 법과 두부 먹고 체했을 때 치료하는 방법을 다산의 저서에서 찾아 자세히 쓰고 있다.

『지금 식품 중에 두부(豆腐)란 것이 있다. 콩을 메에 갈아서 끓여 익혀서 포대에 넣어 거른 다음 염즙(鹽汁)을 넣으면 바로 엉키게 되고, 두장(豆醬)은 조금만 넣어도 삭아서 엉키지 않는다. 염즙이란 것은 소금에서 흘러나오는 붉은 즙이고, 두장 역시 끓인 콩을 소금에 섞어서 만든 것이다. 그런데 염즙을 넣으면 두부가 제대로 엉키고 두장물을 넣으면 삭아서 엉키지 않으니, 그 이치를 궁구하기 어렵다. 쌀뜨물 역시 삭아지게 하는 까닭에 두부를 먹고 체증이 생긴 자는 쌀뜨물을 마시면 바로 낫는다고 한다.』[172]

또한 이익은 어려운 백성들의 굶주림을 달랠 수 있도록 하기 위해 관리들이 다양하게 콩 음식 만드는 법을 알고 있어야 한다고 쓰고 있다.

『콩은 오곡에 하나를 차지한 것인데, 사람이 귀하게 여기지 않는다. 그러나 곡식이란 사람을 살리는 것으로 주장을 삼는다면 콩의 힘이 가장 큰 것이다. 후세 백성들에는 잘 사는 이는 적고 가난한 자가 많으므로 좋은 곡식으로 만든 맛있는 음식은 다 귀현(貴顯)한 자에게로 돌아가 버리고 가난한 백성이 얻어먹고 목숨을 잇는 것은 오직 이 콩 뿐이었다. 값을 따지면 콩이 헐할 때는 벼와 서로 맞먹는다. 그러나 벼 한 말을 찧으면 4되의 쌀이 되니 이는 한 말 콩으로 4되의 쌀과 바꾸는 셈이다. 실에 있어서는 5분의 3이 더해지는 바, 이것이 큰 이익이다. 또는 맷돌에 갈아 엑기스만 취해서 두부를 만들면 남은 찌끼도 얼마든지 많은데, 끓여서 국을 만들면 구수한 맛이 먹음직하다. 또는 싹을 내서 콩나물로 만들면 몇 갑절이 더해진다. 가난한 자는 콩을 갈고 콩나물을 썰어서 한데 합쳐 죽을 만들어 먹는데 족히 배를 채울 수 있다. 나는 시골에 살면서 이런 일들을 익히 알기 때문에 대강 적어서 백성을 기르고 다스리는 자에게 보이고 깨닫도록 하고자 한다.』[173]

다산 정약용의 음식생활과 관련된 마음가짐을 기억하면서 이 시대 사람들이 실천하기를 바라는 마음을 담아 십계명처럼 정리해 보았다.

1. 쌈으로 입을 속이며, 음식의 맛을 따지거나 사치스럽게 먹지 말라.
2. 과수원과 채소밭 가꾸기를 열심히 하여 채식 위주의 식생활을 즐겨라.
3. 아무리 맛있는 고기나 생선이라도 입안으로 들어가면 이미 더러운 물건이 되어버리니 탐식하지 말라.
4. 채소밭에는 청빈하고 소박한 밥상을 상징하는 부추를 꼭 심어라.
5. 술을 마시는 정취는 살짝 취하는데 있으므로 소가 물을 마시 듯 폭음하지 말고 입술이나 혀를 적시 듯 마셔라.
6. 차는 막힌 데를 삭히고, 헌데를 낫게 하니 묽게 우려서 장복하여야 한다.
7. 관리의 의복과 음식은 검소해야 하는데, 대표적으로 검소한 음식은 두부다.
8. 목민관의 아침, 저녁 밥상은 밥, 국, 김치, 장과 4접시의 반찬을 넘지 않아야 한다(율기 6조 절용).
9. 목민관은 노인을 공경하는 예를 연중행사로 하여 효에 대한 관념을

심어라. 양로잔치에 60세 이상 3접시, 70세 이상 4접시, 80세 이상 5접시, 90세 이상 6접시, 100세 8접시의 찬을 대접하라(애민 6조 양로).

10. 기근이 들어 버려진 아이는 젖이 있는 사람이 두 아이에게 젖을 나누도록 하고, 유모에게는 쌀을 지급하되 간장과 미역을 함께 지급한다(애민6조 자유).

2부

다산 정약용의 음식생활

다산 정약용의 음식생활

1. 다산의 관직시절 음식생활

다산 정약용은 그의 일생을 3기로 나누어 볼 수 있다. 1기는 젊은 시절 관직에 있었던 시기이고, 2기는 18년간의 유배 생활기, 3기는 유배가 풀린 후 고향집에서 죽을 때까지의 노년기이다. 위당 정인보는 "정조는 정약용이 있었기에 정조일 수 있었고, 정약용은 정조가 있었기에 정약용일 수 있었다."라고 했다. 정조가 정약용이라는 인물을 키우기 위해 공을 들인 17년 세월은 조선왕조 5백년을 통틀어 유례가 없을 정도로 특별했고, 그 성과 역시 탁월했다.

정조와 정약용의 운명적 만남은 정조7년(1783년) 다산의 나이 22세에 세자 책봉을 기념해 열린 증광감시에서 시작된다. 이 때 정약용의 얼굴을 본 정조는 나이를 물었다. 겨우 생원시에 합격한 청년에게 관심을 보인 것이다. 이 때 정조의 나이 서른 두 살, 정약용의 나이 스물 두 살로 10년 차이였다. 정조와 정약용의 17년 인연은 그렇게 시작되었다.

다산의 관직시절은 정조와 처음 만났던 1783년부터 정조가 승하하기 전인 1799년까지이다. 관직시절 다산의 음식생활에 대한 기록은 많지 않다. 다산 자신이 대단히 자기통제를 철저히 하였음을 알 수 있다. 이 시기에 다산은 어떤 음식을 접했고, 이 시대 선비들은 어떠했을까. 음식과 관련하여 유명세가 있었던 선비들의 면모를 살펴본다.

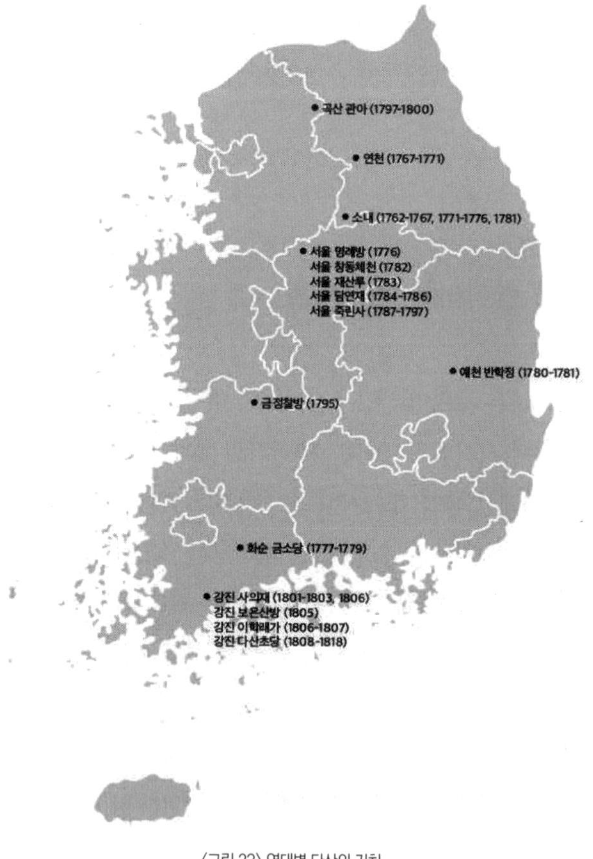

〈그림 23〉 연대별 다산의 거처

허균이 쓴 음식관련 책자의 서문에 이런 말이 있다. “먹는 것은 몸과 생명에 관계되는 것이므로 선현들도 음식을 가지고 말하는 것을 천하게 여겨왔다. 먹는 것을 가리켜 이(利)에 따른 것이라 하여 좋지 않게 말해 온 전통이 뿌리 깊었다.” 성리학이 주도하던 조선시대에 사대부들은 형이상학적인 가치에 매여 있던 터라 형이하학적 영역으로 치부되던 음식에 관심을 가진 경우는 극히 드물었다.

그렇지만 먹는 것을 무척 좋아 했던 선비들의 일화가 전한다. 조선시대 전국의 별미 목록을 기록한 미식가 허균(許筠:1569-1618), 게장이라면 눈이 뒤집혔던 서거정(徐居正:1420-1488), 먹는 것을 정말 좋아해서 생선회니, 메밀떡이니 먹는 이야기를 끊임없이 시로 썼던 목은 이색, 개를 직접 잡아 삶는 요리법을 다산에게 알려 준 대식가 초정 박제가(朴齊家, 1750-1805), 부인과 사별 후 혼자 지내면서 손수 고추장을 담궈 자식들을 챙긴 부성애 가득한 연암 박지원(朴趾源:1737-1805), 밥상 예절까지 꼼꼼하게 지적한 이덕무(李德懋:1741-1793) 등이 있다. 만들어 준 음식을 먹는데 그치지 않고 맛있는 것을 먹기 위해서라면 자신이 직접 정성을 들이는 것을 아까워하지 않고 스스로 요리를 만드는 남자도 있었다. 특히 ≪소문사설(謏聞事說)≫[1] 에는 조선시대 유명한 요리들이 적혀 있는데, 이 요리를 만드는 사람들이 대부분 남자들이었다. 즉 조선시대 남자 궁중 요리사들이었던 것이다. 물론 이것은 궁중의 사례이고, 민가에서는 음식 만드는 것이 여전히 여자의 몫이었다. 이덕무는 음식을 만드는 일은 온전히 부인의 일이라고 말하기도 했다.

다만 선비들은 기본적인 한의학 지식을 공부했기 때문에 ‘음식으로 치료하는 의사(食醫)’ 수준은 아니더라도 자신의 체질과 몸 상태에 맞는 음식을 가려 먹을 줄은 알았을 것이다. 그리고 이 시대의 선비들은 ‘가문’이라는 든든한 배경을 가지고 있었다. 재력도 뒷받침이 되었기 때문에 집안 특유의 건강음식과 약주가 있는 등 일반 사람들에 비해 여러 가지로 건강하고 오래 살 수 있는 밑바탕이 갖추어져 있었다.[2] 학문을 닦으면서도 다산의 사례에서 보는 것처럼 의학 지식도 같이 습득해서 자신과 주변 사람들의 건강을 돌 볼 수 있는 능력을 갖추고 있었다.

의학에 조예가 있던 선비들은 '약식동원(藥食同源)'의 원리를 알고 실천했다. 여기에는 종가음식이라는 이름으로 각 가문마다 독특한 음식문화를 형성하기도 했다. 우리 민족은 아무리 가난해도 제사 음식만은 정성을 다해 예법에서 규정한 대로 차리려고 했다. 그런 가운데 각 지방에서만 나는 물산의 특색이나 각 집안의 비법에 의해 집안마다 고유한 제사음식이 전해 내려오게 되었다. 또한 궁중음식 중 일부가 사대부가로 전해져 종가음식으로 이어지기도 했다. 특히 왕비나 부마를 배출한 집안에서는 궁중과 교류가 많았기 때문에 궁중 음식 중 많은 부분이 사대부가에 전해질 수 있었다.

조선시대 선비들 중 먹는 것을 커다란 즐거움으로 여기면서 음식에 대하여 뛰어난 식견을 가졌던 선비들이 있다. 조선시대 전국의 '맛 지도'인 ≪도문대작(屠門大嚼)≫(1611)을 작성한 허균이 대표적 인물이다. 허균은 43세(1611년)에 이 책을 썼는데, 전라도 함열로 귀양을 가 있던 중이었다. 유배지여서 허접한 음식만을 먹을 수 밖에 없었던데다 굶주림에 시달려야 했다. 그래서 주린 배를 쥐고 밤을 새다가 이전에 먹었던 맛있는 음식을 생각나는 대로 쓴 책이다.[3]

도문대작에는 조선 팔도의 별미음식을 품평한 134종의 음식이 등장한다. 당시의 음식을 떡과 죽, 엿, 두부 등을 포함하는 병이지류, 과실류, 날짐승 고기류, 수산물류, 채소류 등으로 나누고, 서울의 계절음식도 소개했다. 허균이 이처럼 음식에 해박할 수 있었던 이유는 높은 벼슬을 하였던 아버지 덕에 팔도의 진귀한 음식을 두루 먹었고, 결혼 후에는 부유한 처가에서 산해진미를 맛보았기 때문이다. 임진왜란 중 강릉으로 피난을 가서도 해산물을 많이 먹을 수 있었고, 벼슬길에 나선 뒤에는 전국을 돌며 수많은 별미를 맛 볼 수 있었던 덕분이다. 여러 음식 중 허균이 극찬한 음식은 바로 방풍죽(防風粥)이다. 이는 방풍나물의 어린 싹을 썰어 멥쌀과 섞어서 쑨 죽이다. 단맛이 입안에 그득하여 그 향기가 3일 동안 가시지 않는다며, 속간에서는 으뜸가는 진미라고 그 맛을 칭송하였다. 후일 육당 최남선이 지은 ≪조선상식≫에 강릉의 방풍죽이 평양의 냉면, 전주의 비빔밥, 대구의 육개장 등과 함께 지방의 유명한 음식으로 소개되어 있다.

다산이 약전 형님에게 보낸 간찰에 '초정 박제가의 개고기 요리법'이라는 레시피가 있다. 요리를 해 본 사람이라면 그냥 나올 수 있는 레시피가 아니라는 것을 알 것이다. 박제가는 먹는 것을 좋아했고 앉은 자리에서 만두 100개를 먹을 정도의 식탐 때문에 놀림을 받았다. 더욱이 실사구시를 외치는 실학자였으니, 직접 솥에 불을 지피고 개고기를 삶아 보았을 것으로 상상이 된다.

문종부터 성종까지 여섯 임금을 섬겼던 처세의 달인이자 문장가였던 서거정은 게장을 특히 좋아 하였다. 게를 먹는 이야기만으로도 10수 가까운 시를 지었다. 이런 식성 탓에 주변 사람들이 게를 선물로 보내 주곤 했다. 게를 받고 기분이 좋아져서 지은 시가 두 편이나 있다. 심지어 어떤 시에서는 어떻게 게를 받았는지 자세한 상황까지 적고 있다. 서거정의 식욕은 게에만 한정된 것이 아니었다. 게 외에도 붕어회, 찐 새우, 삶은 닭, 미나리 국, 죽순 등의 이야기를 시로 적기도 했다.

『자줏빛 게에다 맛난 햅쌀밥을 겸하였고, 국화 보면서 다시 막걸리 가져다 마시네.』[4]

『왼손엔 게 다리 들고 오른손엔 술잔인걸.』[5]

『미나릿국 붕어회는 참으로 즐길 만하고, 술잔 잡고 게 다리 들면 또한 즐겁다마다.』[6)]

이덕무(李德懋)도 역시 음식에 무척 관심이 많았다. 먹는 것에 매우 깐깐해서 요즘 표현대로 하면 '밥상예절'까지 대대적으로 정리하기도 했다. 겨자장을 만들 때 너무 가까이 있으면 재채기가 나니 가까이 하지 말라거나,[7)] 회를 먹을 때 겨자장을 많이 찍어 먹어서 재채기를 하면 안 된다는 잔소리까지 적어 두었다. 또 참외를 먹다가 남는 것을 다른 사람에게 줄 때는 반드시 칼로 도려내어 이빨 자국이 남는 것을 남에게 직접 주지 말아야 하며,[8)] 떡은 너무 질게 만들면 안 된다는 등 그 시대 사람들이 지켜야 할 식사 예절과 조리할 때 주의할 사항을 조목조목 정리하기까지 했다. 이덕무는 단 것을 너무 좋아한 것으로 전해진다. 이덕무가 보낸 편지 두 통은 단 것에 대한 탐닉을 절절하게 보여 주고 있다. 하나는 곶감 100개를 선물 받고 너무 기쁜 나머지 이것을 먹으며 당신을 백번 생각하겠다는 감사의 마음을 담은 편지를 보냈다. 또 하나는 당시 이덕무의 단맛을 좋아하는 입맛이 워낙 유명해서 주변 사람들이 일부러 챙겨 주기까지 했다. 그런데, 박제가는 주기는 커녕 혼자서 먹고 심지어는 이덕무의 먹을 것을 빼앗아 먹었다고 한다. 이서구(李書九:1754-1825)에게 이런 박제가를 혼 좀 내달라고 하소연하는 내용의 글도 있다. 입이 터질 정도로 커다란 상추쌈을 싸 먹는 것이 보기 흉하다고 잔소리 하던 이덕무가 이 시대 유튜버들의 '먹방' 행태를 본다면 어떠할까?

조선시대 민가에서 요리는 여자의 몫이라고 했지만, 예외는 있었다. 아내나 며느리가 일찍 죽거나 홀몸으로 귀양을 가는 신세일 때는 양반이라도 남자가 손수 요리를 할 수 밖에 없었다. ≪열하일기(熱河日記)≫의 저자 연암 박지원(朴趾源)이 그 주인공이다. 그는 명문가인 반남 박씨의 일원이었다. 하지만 젊은 나이에 과거를 포기한 뒤 평생을 야인으로 살다가 55세의 늦은 나이에 지금의 경남 함양군인 안의현감으로 가게 되었다. 어쩔 수 없이 서울 집을 떠나 지방으로 부임하게 된 것이다. 부인은 이미 4년 전에 세상을 떠났기에 서울 집에는 자식들만 남았다. 박지원은 재혼하지 않고 혼자 살면서 자식들을 살뜰하게 챙겼다. 그러면서 어머니를 대신하여 시시콜콜한 잔소리까지 해댔다. 손수 고추장을 만들어 보내 주고는 맛이 좋은지 어떤지 왜 아무 말이 없냐고 채근을 한다. 연암이 자식들에게 보낸 음식은 고추장뿐만 아니다. 통상은 양반이 어떻게 그렇게 천한 일을 하느냐고 남들은 손사래를 쳤을 법도 하지만, 박지원은 자식에게 먹일 맛있는 것을 만든다는 행복함으로 가득했다. 결혼하여 장성한 자식들에게 자신이 직접 만든 장과 육포(肉脯), 장볶이까지 보냈다. 장볶이는 요즘에도 먹는 볶음고추장을 뜻한다. 연암의 편지에 따르면 고추장에 고기를 넣어 볶은 약고추장이거나 소고기를 넣어 만든 소고기 볶음고추장이었다. 조선후기에 편찬된 요리책 ≪소문사설≫에는 전복과 새우, 홍합이 들어가는 귀한 고추장도 소개되고 있다.

고려말의 인물로 조선시대 성리학을 본격적으로 소개한 목은 이색은 중국의 과거시험에서 장원급제를 했던 능력자이다. 많은 신진사대부들의 스승으로 남은 훌륭한 학자였지만, 먹는 것 밝히기로는 한국 역사에서 제일가는 사람이었다. 이색은 먹는 것을 참 좋아 했고, 그것을 시로 지어 고려말 먹거리에 대해 많은 자료를 남겼다. 또한 맛에 대한 집착도 대단해서 지인 집에서 평양의 말린 물고기를 얻어먹고 30년 동안 그 맛을 그리워하였다. 그리고 끊임없이 찾아다니면서 '이전의 그 맛'이 아니라고 슬퍼하기까지 했다. 본인도 그런 자신을 잘 알았기에 몇 번이고 '내가 식탐이 좀 심해서~'라고 글을 남겼다.

『늙어서 먹을 것을 탐하기 그 누가 나만 하랴.
좋고 나쁨과 정밀하거나 거칢도 문득 잊고
먹을 것 만나면 구덩이 채우듯 배불리지만
호구책은 평생토록 전혀 융통성이 없었네.』[9]

그러다 결국 나이가 들고 이가 아파지자 한참을 고생하다가 빼버렸는데, 덕분에 안 아픈 것은 좋지만 맛난 것을 먹기 힘들어졌다고 슬퍼할 정도로 먹는 데 목숨을 건 사람이었다.[10] 관직시절에 선비로서 다산이 먹은 음식에 대한 기록은 중흥사에서 먹은 미역국(甘海菜羹)이 눈에 띈다.

『이슬 위에 앉으니 옷이 차갑고, 구름 속에 노니니 발길도 가볍구나.
사원에선 오가는 길손을 받아, 영접하는 솜씨가 서툴지 않다네.
노곤하여 산부들 자리에 앉고, 배가 고파 미역국 달기도 하다.
늙은 중이 계극[11]을 늘어놓으니, 베개 높이 베고서 뜬 영화 보네.』[12]

북한산성을 유람하며 쓴 시[13]는 〈산영루에서(山映樓)〉라는 시의 바로 앞에 있다. 산영루에서(山映樓)라는 시에는 "행주에선 술상을 올린다고 알려오네(行廚已報進杯盤)"라는 표현이 있다. 이 산영루에서 라는 시의 다음 한 시가 〈중흥사에서 하룻밤 자다(宿中興寺)〉이다. 따라서 배열순으로 볼 때에 산영루는 북한산성 지역의 한 누각으로 보인다. 현재 고양시 덕양구 북한동에 위치한 산영루(山映樓)를 지칭하는 것으로 여겨지는데, 이는 수려한 북한산의 풍광이 물에 비친다고 지어진 이름이다. 누각은 북한산성의 중심부에 위치하여 팔도도총섭(八道都摠攝)이 자리한 중흥사(中興寺) 앞 계곡에 세워져 있어 수많은 선비들이 이곳을 찾아와 풍광을 노래했다.

이 중흥사 다음 시가 〈백운대에 올라가다(登白雲臺)〉이니 곧 삼각산(三角山)의 중봉(中峯)이다. 따라서 이 미역국은 한양음식으로 중흥사에서 먹은 것이며, 북한산성 구역 내의 사찰임에 틀림없다. 다만 당시에 이미 미역국이 보편화된 전국적인 음식이었다고 할 수 있다. 향후 보다 자세한 자료들을 통하여 고증할 필요가 있으나, 미역을 공납으로 받아 궁중 수라간에서 보편적으로 제공하였음을 알 수 있다.

『어느 누가 뾰족하게 깎아 다듬어 하늘 높이 이 대를 세워 놓았나?
흰 구름 바다 위에 깔려 있는데 가을빛 온 하늘에 충만하구나.
육합은 어우러져 결함 없건만 한번 지난 세월은 아니 돌아와
바람을 쏘이면서 휘파람 불며 하늘 땅 둘러보니 유유하기만 하네.』[14)]

다산은 관직생활 동안 술을 접할 기회가 많았지만, 술을 마시고 취하거나 정신을 잃는 것을 경계했다. 3부에서 자세히 다룬다. 눈 내리는 밤에 임금이 내각에 음식을 내려 진수성찬을 접하게 된 것을 시로 남겼다.[15)] 임금이 먹는 술안주는 어떠했을까? 이 시에서 보는 것처럼 곶감(殷豊蹲柹), 송편(紅棗糕團), 우엉무침(綠藕切細), 말린 전복(蔚山甘鰒), 멧돼지고기(山猪), 곰고기(熊蹯燎), 넙치포(比目), 고등어(重脣鯖) 등등 말 그대로 진귀한 음식으로 가득한 술상이었다.

『내각의 아전이 와서 기쁜 소식 전하는데, 임금 하사 진수성찬 열 사람이 떠멨다나.
행여나 늦을세라 바쁘게 뛰어가니, 날 기다리던 제공들 그제서야 잔 돌리네.
빨간 대추 송편 꿀로 떡소 넣었다면 푸른 우엉 잘게 썰어 감자와 함께 삶았네.
은풍에 올린 준시[16)] 뽀얗게 서리 앉았고 울산에서 나온 감복 환하게 글자 비추네.[17)]
멧돼지 배를 가르고 곰고기를 구웠다면 넙치 말린 포에다가 고등어도 겸하였는데, 여러 가지 진귀한 맛을 다 말하기 어렵구나. 청빈한 선비 입이 황홀하여 놀랄 따름.』[18)]

다산이 서울 생활을 할 때 즐겨 먹은 생선으로 병어를 들 수 있다. 30cm 넘는 병어를 신안군 현지인들은 '덕자'라고 부른다. 신안 지도읍에서는 매년 5월에 병어축제를 한다. 다음 시는 읍청루라는 물가의 누각에서 동료 관리들과 술을 마시는 장면을 그리고 있다. 그러나 다산은 나물죽만 먹는 친지들의 어려움을 떠올리며[19] 취중 우울한 심정을 그리고 있다. 나물죽과 함께 병어를 먹는 모습이 묘사되어 있다.

> 『물가의 누각에서 눈을 들어 바라보니, 푸른 물결 띠처럼 도성을 감고 도네. 저 뱃길로 옛적에는 장요미[20]를 바쳤는데, 갯가 저자 오늘날 축항어[21]를 사온다오. 장수부의 군사훈련 옛 재상의 덕분이고, 호조관원이 된 것은 상서 힘을 입었구나. 난간 기대 취한 것 예에 뭐가 손상되랴만, 친지들은 성남에서 나물죽만 마시는 걸』[22]

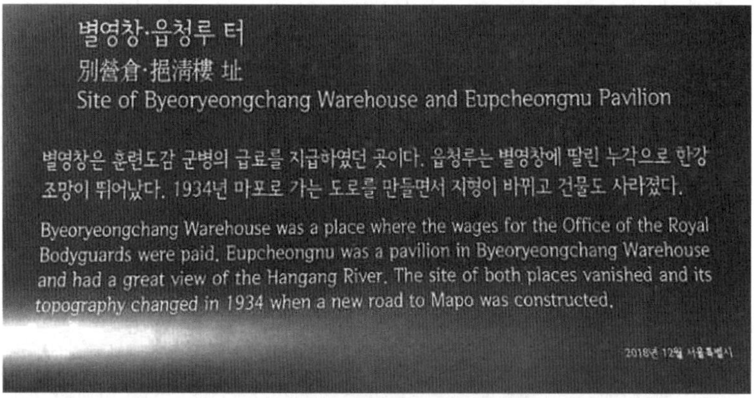

〈그림 24〉 별영창 표석

이 시는 다산이 읍청루에서 술을 마실 때에 마포 저자거리에서 병어를 사오는 풍경을 묘사하고 있다. 밀물 때에 바닷물이 역류하여 병어가 올라오는 것을 감안한다면 다산의 기록과 이색의 기록이 모두 한강 가에서 병어가 잡힌 중요한 기록으로 볼 수 있을 것이다. 한강쪽으로 불쑥 돌출된 지형이어서 '용머리' 또는 '부루배기'라 불렀다. 이곳은 원래 남호독서당(南湖讀書堂)이 있던 자리였는데, 1596년에 별영창(別營倉)을 이곳에 세웠기에 '벼랑창'이라고 불렀다. 주위 풍광이 빼어나 많은 풍류를 낳았던 만큼 당대 세도가들의 정자 누각이 곳곳에 세워진 곳이다. 읍청루는 1777년 별영창 부근에 세워진 것으로, 인근의 담담정(淡淡亭)[23]과 함께 시인묵객이 빈번하게 드나들며 풍류를 즐긴 곳이다. 별영창은 훈련도감 군인들의 급료를 보관하던 군사용 창고로 현재 표석이 용산구 원효로7번지(청암동 168-24)에 있다.

2. 다산의 유배시절 음식생활

2-1. 장기(포항지역) 유배시절의 음식생활

조선시대의 형벌 중 사형 다음으로 무거운 형벌이 유배형이었다. 흔히 유배살이, 귀양살이 등의 이름으로 불렸던 유배형은 죄인을 특정지역으로 보내 그곳에서 강제적으로 살게 하는 형벌이다. 공동체를 기반으로 살던 조선 사회에서 공동체로부터의 배제를 의미하는 유배형은 경기도와 충청도를 제외한 전국의 각 고을로 고루 배치되었다. 장기는 제주도와 전남 강진, 경남 남해 등과 함께 조선시대 주요 유배지 중 한 곳이었다. ≪신증동국여지승람≫에 따르면 장기현은 서울과 8백64리 떨어져 신라 멸망이후 변방으로 전락하여 조선시대 다수의 석학과 정객들이 머물다간 곳으로 독특한 유배문화가 간직된 곳이다.

≪다산시문선·기성잡시(鬐城雜詩)≫27수에 의하면 시의 서문에 "3월 9일 장기(長鬐)에 도착하여 그 이튿날 마산리(馬山里)에 있는 늙은 장교(莊校) 성선봉(成善封)의 집을 정하여 있게 됐다. 긴긴 해에 할 일이 없어 때로 짧은 싯구나 읊곤 하였는데 뒤섞여 순서가 없다"라고 하였다. 다산의 첫 번째 유배생활은 1801년 2월 28일 한양을 출발, 3월 9일 경상도 장기에 도착하여 마산리 구석골에 있는 군교이자 농사꾼인 늙은 성선봉의 집에 머물렀다. 지금의 장기초등학교 뒤편 정도로 추정된다. 장기에 머무른 시간은 황사영 백서사건으로 체포되어 한양으로 압송되던 10월 20일까지 7개월 220일이다.

장기 유배기간 동안 ≪장기농가≫ 10장, ≪장기잡시≫ 27수, ≪아가사≫ 등 시편 130여수와 ≪이아술≫, ≪기아방례변≫ 등 6권의 저술을 하였으나 대부분 유실되었다. 결코 길지 않은 시간이지만 다산에게는 사상적으로 많은 변화를 겪은 시기라고 할 수 있다. 이 때의 호는 여유당(노자의 도덕경 15장, 아주 조심스럽게 행동한다는 의미)이다. 장기 유배 시절에 딱 맞는 호이다.

장기 앞뜰은 농경지가 약 30만평 정도로 꽤 넓다. 제법 농사가 이루어졌을 것으로 추정된다. 또한 장기천을 따라가면 신창리 바닷가에 이르는데, 고기잡이를 생업으로 하기 족한 곳이다. 그러나 ≪장기농가≫10장에는 백성들의 어려움과 함께 관리들의 행태를 꼬집으며, 당시 고단한 백성들의 삶이 묘사되어 있다.

> 『보리고개 험난하기 태항산 같도다. 단오 명절 지난 풋보리가 겨우 나와 풋보리죽 한사발을 어느 누가 가져다가, 비변사 대감에게 맛보라고 나눠줄까?(중략)
> 새로 돋은 호박 두 잎사귀 탐스러워, 밤 사이에 넝쿨 뻗어 사립문 타고 올라갔네. 평생 못 심을 것은 수박이로다. 강팍한 관노와 다툴 시비가 싫어서,(중략)
> 상추쌈에 보리밥을 둥글게 싸 삼키고 고추장에 파뿌리만 곁들여 먹는다네.
> 금년에는 넙치마저 구하기 어려운 것은, 모조리 건포 만들어 관가에 바쳤기 때문』[24]

다산은 어려운 백성들의 생활을 지켜보면서 시를 짓고 자신의 처지를 삭히면서도 나름대로 그들의 삶에 도움이 되는 일을 거들었다. 칡넝쿨로 된 그물로 백성들이 고기를 잡다가 놓치는 것을 보고 명주로 된 그물 제작을 소개했다. 장기 유배생활 중에 다산이 직접 쓴 글과 장기와 관련이 있을 것으로 추정되는 음식생활 등을 정리하였다.

〈그림 25〉는 정선(鄭敾:1676-1759)의 「경교명승첩(京郊名勝帖)」에 실린 양천십경(陽川十景)의 행호관어(杏湖觀漁)이니 고기잡이 하는 모습을 구경하는 광경이다. 정선이 양천(陽川) 현령(縣令)으로 재임하던 때에 친구 이병연(李秉淵)과 시(詩)와 그림을 서로 바꿔보자는 약속을 위해 그렸던 양천십경

(陽川十景)을 비롯하여 한강과 남한강변의 명승지를 그린 그림들을 수록한 「경교명승첩(京郊名勝帖)」에 들어있는 그림이다. 예전의 양천(陽川)은 지금의 강서구, 양천구와 영등포구의 양화동 일대를 포함하는 고을로, 관아는 강서구 가양동지역이었다.

〈그림 25〉 정선, 경교명승첩(京郊名勝帖)

> 『늦봄이니 복어국이요, 초여름이니 웅어회라.
> 복사꽃 가득 떠내려 오면, 행주 앞강에는 그물 치기 바쁘다.』[25]

「행호관어도」는 이병연의 제시이다. 고양사람들은 한강을 행호라고 불렀다. 한강물이 행주산성의 덕양산 앞에 이르러 강폭이 넓어져 강이 마치 호수와 같다 해서 붙여진 이름이다. 당시 덕양산 자락에는 경치가 좋아 서울 세도가들의 별서들이 즐비했다. 또한 행호(杏湖)는 서해의 조수와 한강 민물이 만나는 기수역으로 많은 어류들이 모이는 곳이기도 하다.

이 그림은 아름다운 행주별서 지대 아래에서 어부들의 고기잡는 모습을 그린 것이다. 음력 4월 말이면 행주나루는 온통 웅어잡이 배로 가득했다. 이병연의 시가 당시의 풍광을 그대로 전해주고 있다. 이러한 그림들과 제화시는 다산의 장기 생활에서 목격한 어부들의 그물질 모습을 사실적으로 전해주고 있다. 다음에서는 다산의 장기 유배시절 기록에 나오는 음식들을 살펴본다.

1) 김무침(石苔)[26]

김은 해조(海藻) 식물로 한자어로는 '해의(海衣)', '자채(紫采)'라고 한다. 요즘에는 '해태(海苔)'로 널리 쓰이고 있으나 이는 일본식 표기로, 우리나라에서의 '파래'를 가리키는 것이다. 우리나라의 김에 관한 기록은 ≪경상도지리지(慶尙道地理志)≫에 토산품으로 기록된 것과 ≪동국여지승람(東國輿地勝覽)≫에 전라남도 광양군 태인도의 토산으로 기록된 것이 있다. 다산이 장기현(현재의 포항시)에 유배되어 김을 먹은 기록이 기성잡시(鬐城雜詩) 27수 중 제7수에 기록되었다. 장기현에 유배되어 김을 먹은 기록인 것이다.

> 『김무침 접시에 가득하고 숟가락에는 머리카락 같은 김이 끌려나오고,
> 가마솥에 지은 돌벼밥 모래가 있네 그려.』[27]

장유(張維:1587-1638)의 ≪계곡만필≫(제1권)에 [만필(漫筆)] '돌벼(穭)'조에서 『씨를 뿌리지 않았는데도 저절로 나는 벼를 돌벼(穭)라고 한다. 여(穭)는 음(音)이 여(呂)로서 나그네 여(旅)와 같은 뜻인데, ≪후한서(後漢書)≫ 광무기(光武紀)에 "들곡식이 마치 나그네처럼 붙어서 난다.(野穀旅生)"라는 말이 있다.』고 기록되어 있다. 돌벼 즉, 야생벼로 쌀밥을 지어 먹었는데,

그 가운데에 모래가 씹혔다는 의미이다. 다산은 왜 굳이 '석태(石苔)'로 김을 지칭하였을까? 어쩌면 돌김을 '석태'로 표현한 것은 아닐까? 원래는 '석태'란 산속 바위의 이끼를 지칭하는 것이기 때문이다. 돌김은 암초에 착생하고 있는 종류인데, 양식김에 대응하는 말이다. 돌김은 한국 뿐만 아니라 일본, 중국 등지에서도 식용하는데, 증산을 위하여 양식하기도 한다.

신유(申濡:1610-1665)의 ≪해사록(海槎錄)·병으로 배 안에 엎드려서 행명(涬溟)에게 드림≫에 "이끼 낀 돌은 걸음 걷기 어렵고(石苔妨步屧)"에서 이끼(石苔)는 바위의 파래를 지칭하는 것으로 보인다. 신익성(申翊聖:1588-1644)의 〈아들 최의 백운루 시에 차운하다. 오십사운(次最兒白雲樓五十四韻)〉[28]의 "낚시터 바위엔 이끼 꺼칠하고(釣石苔衣澁)" 역시 파래 같은 해조류를 지칭한 것으로 보인다.

〈표 2〉 동국여지승람 울산지역 해조류 명칭 비교

승람 지명	토산 해조류 명칭			
울산군	海衣(김)	藿(미역)	오해조(烏海藻)	우모(牛毛)
홍해군	海衣(김)	藿(미역)	참가사리(細毛)	
경주부	김(海衣)	미역(藿)		
장기현	김(海衣)	미역(藿)		
영일현	김(海衣)	미역(藿)		
기장현(機張縣)	김(海衣)	미역(藿)	참가사리[細毛]	가사리(加士里)

따라서 다산이 석태라고 표현한 해조류는 거친 느낌의 자연산 돌김을 지칭하려는 묘사법으로 보인다. 다산의 ≪경세유표·균역사목추의(均役事目追議)제1·곽세(藿稅)≫(제14권)에는 미역, 파래, 김 등 해조류를 지칭하는 다양한 명칭이 등장한다.[29] 여기서 '곽(藿), 해대(海帶), 마육(麻欲)'은 미역을

지칭하는 것이고, '감태(甘苔), 자태(紫苔), 해의(海衣), 청태(青苔)'는 파래 및 김을 지칭한 것으로 보인다. 이는 다산이 여러 가지 해조류의 물명에 대해 매우 해박하였음을 알 수 있다.

한편 ≪동국여지승람(東國輿地勝覽)[30]·경주부·토산(土産)≫(21권)에는 유사 해조류인 미역에 주해하여 "바다 속에 나물이 있으니 속명(俗名)으로 미역[藿]이라고 한다. 그 종류는 곤포(昆布) · 다시마(塔士麻)와 같은 것으로서 통틀어 미역이라 한다"고 말하였으니, 장기에서 미역과 김의 생산은 보편화된 것으로 보인다.

2) 대게

≪다산 시문집≫(제5권)에는 서문과 함께 6수의 시가 기록 되었는데, 여기에 다산이 유배지인 장기현(포항, 울진)에서 대게를 먹었던 일을 기록해 놓았다.[31] 이 시에는 장기현에 유배되어 생활할 때의 모습이 잘 드러나 있다.

> 『그 옛날 장기에 있을 때는 몰리어 황촌으로 갔었지만
> 그 마을은 꽤나 널찍하고 울타리도 담도 확 트여 있었으며
> 주인도 채소 가꾸는 일로 늙어 아들 손자까지 그 일 도왔었지.
> 뿌리를 북돋아야 한다는 걸 알고 거름 한줌 내다 버리지 않았기에.
> 더부룩한 파며 가지 같은 것이 사시장철 향기롭게 있었으며,
> 꽃게도 크기가 항아리 같아 쪄놓으면 달고 맛이 있었는데.
> 지금처럼 닫혀진 성부에서야 무슨 농사 얘기를 하겠는가?
> 채소가 먹고 싶은 이 뜻을 후손에게 유언으로나 남겨야 하나!』[32]

이 시에서 꽃게로 번역한 '추모(蝤蛑)'에 대해서 한자사전에는 "절지동물 갑각류, 꽃겟과에 속한 게의 하나"라고 기록하고 있고, 중국어사전에는

'꽃게'라고 해설하였다. 동의어로 '바다방게(해방해:海螃蟹)'라고 하고, 속어로 '사자해(梭子蟹)'라고 설명하고 있으니, 이는 일반적으로 우리가 알고 있는 '꽃게'를 지칭하는 것이 틀림없다. 다만 크기가 항아리 같다고 표현된 부분은 우리가 알고 있는 꽃게와는 다른 것이다. 아마도 울진, 영덕 지역의 대게를 지칭하는 것임이 틀림이 없다.

다산의 시문 중에는 술안주로 붉은 대게를 먹은 것을 추억하며, 집안 족부께 보낸 시[33]가 있다. 분위기로 보아서 장기현의 유배생활을 하면서 이전에 이조참판을 지냈던 정씨 족부와 같이 먹었던 식사의 모습을 회상한 것으로 보인다. 이것은 '붉은 게(紫蟹)'를 먹었다 하더라도 장기현이나 강진에서 먹은 모습이 아니고 한양지역에서 먹은 모습을 기록한 것이다. 다른 지방 음식생활의 모습으로 판단해서는 안 된다.

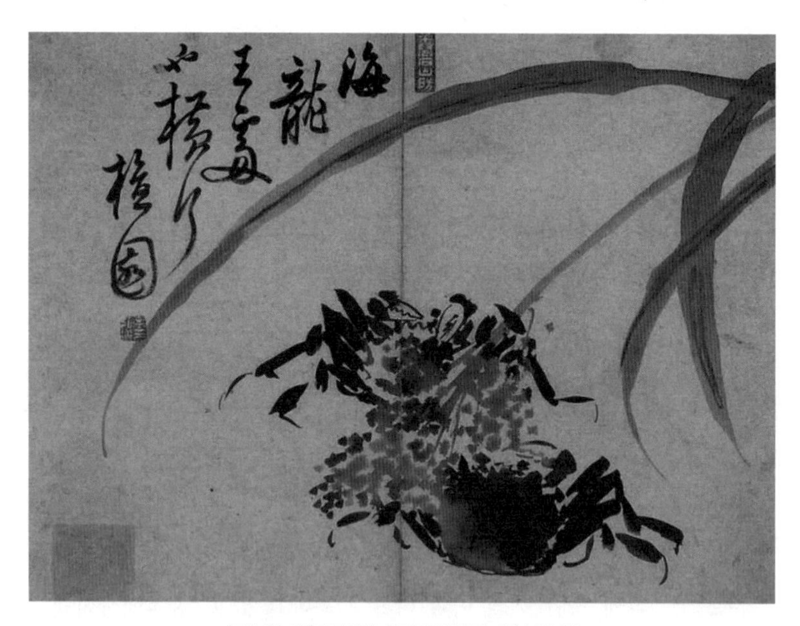

〈그림 26〉 김홍도의 해탐노화도(蟹貪蘆花圖), 〔간송미술관〕

『지난해에 황소 두 마리 팔고, 금년에는 비단 필을 마전하였다.
정한 물로 된장 간장 담그고, 운자에 제호를 곁들이기도
시는 써 두루마리에 가득하고, 아울러 술까지 병에 가득하구나.
안주로는 붉은 게를 차리고 특이한 국자에는 푸른 가마우지를 새겼구나.』[34)]

왜 단원 김홍도는 게가 뒤로 발랑 나자빠지면서도 갈대꽃을 놓지 않는 그런 그림을 그렸을까? 한자로 갈대는 "로(蘆)"인데 이는 중국 발음으로는 "려"로 그 뜻은 원래 임금이 과거 급제자에게 나누어주는 고기음식을 말한다.

그러니까 게 두 마리가 갈대꽃을 물고 있는 것은 소과(小科)와 대과(大科) 두 차례 과거시험에 모두 합격하기를 바라는 것으로 그것도 확실하게 붙으라는 뜻이다. 뿐만이 아니라 그냥 합격이 아닌 장원급제를 바라는 것이다. 게는 등에 딱딱한 껍질 곧 "갑(甲)"을 이고 사는 동물로 한자로 갑(甲)을 의미한다. 이 '갑'이 제일, 또는 장원급제를 뜻하는 것이다. '게가 갈대꽃을 탐하는 그림(해탐노화도)'은 이런 뜻을 지녔기에 과거시험을 앞둔 사람에게 선물로 그려주는 대표적인 그림이다. 그런데 이 그림은 그림 끝에 붙인 그림 제목이 압권이다. 단원이 해탐노화도에 화제로 쓴 '海龍王處也橫行(해룡왕처야횡행)'은 "바다 속 용왕님 계신 곳에서도 나는 옆으로 걷는다."라는 뜻으로 급제해서 벼슬을 했을 때 임금 곧 권력 앞에서 우물쭈물하지 않고 제 모습대로 소신을 펴라는 의미다. 남들이 앞으로 걷는다 해서 앞으로 걸어보려는 것이 아니라 자신의 원래 모습대로 남을 모방하지 않고 자신의 길을 걸으라는 깊은 뜻이 담겨 있는 그림이다. 게가 옆으로 걷는 모습에서 임금 앞에서도 소신있게 행하라는 의미를 추출하고 이를 그림으로 교훈하는 선비들의 지조있는 삶을 엿보게 해주는 것이다. 이처럼 게는 그 의미로나 맛으로나 사랑을 많이 받은 음식임이 틀림없다. 임금도 경탄할 정도라는 울진의 대게 맛은 드라마 '대장금'에도 등장한다.

『최상궁 : 송이와 검은 해삼 전복은 어찌됐느냐?
금 영 : 이미 손질을 다 해둔 상태입니다. 헌데 상어 지느러미가 없습니다.
최상궁 : 괜찮다. 대신에 울진에서 올라온 대게를 찢어 상어 지느러미탕처럼 만들 것이다.
금 영 : 대게로요?
최상궁 : 그래! 울진대게의 맛은 임금님도 경탄해 마지 않으신 것이다. 더구나 처음 먹어보는 것이니 정사께서 크게 만족하실 것이다!
금 영 : 예. 마마님. 그럴 것입니다.』

다산의 시문[35]에도 그 유명한 꽃게는 구경도 못하고 참으로 초라한 아침밥상이지만 서로 권하면서 수분 자족하는 모습을 그리고 있다.

『붉은 게의 엄지발이 참으로 유명한데
아침마다 대하는 것 가자미국뿐이라네.
개구리알도 밀즉[36]도 먹으라고 서로 권하면서,
남쪽 요리와 북쪽 요리가 다르다고 말을 말게.』[37]

'홍벽추모(紅擘蝤蛑)'는 아마도 지역적 특성이나 기타 분위기를 볼 때에 이 지역의 유명한 대게 엄지발을 먹어보지 못하고 가자미국만 먹게 되는 아쉬움을 표현한 것이다. 성호 이익도 이와 같은 울진, 영덕 지방 대게의 존재에 대해 알았을 것으로 보인다. 다만 그의 글에서 이러한 대게를 먹어보았는지는 확실치 않다. ≪성호새설(星湖僿說)≫의 만물문(萬物門)·게(蟹)[38] 부분에 대한 설명은 다음과 같다.

『갯가와 바다 연안에 게가 많은데, 내가 본 것에는 열 종류가 있다. 여항(呂亢)의 ≪십이종변(十二種辨)≫ 및 ≪해보(蟹譜)≫ · ≪본초(本草)≫ · ≪도경(圖經)≫ · ≪자의(字義)≫등 서적을 상고해 본 결과, 혹 물의 형태도 지대에 따라 다르고 혹 살펴서 아는 것에도 옳음과 잘못이 있다. 방해(蚄蟹)란 것은 약에 넣으면 맛이 좋고, 이오(二螯)와 팔궤(八跪)란 것은 어느 곳에나 다 있는 것이다. 이오(二螯)는 한자어로 볼 때에 두 개 집게발이 모두 큰 게의 종류를 지칭하는 것으로 보인다.
추모(蝤蛑)란 것은 도은거(陶隱居)[39]의 "억센 가재는 범과 다툰다[螯强鬪虎]." 라는 말을 본다면, 이는 바다 가운데 있는 큰 게로서 빛이 붉고 등에는 뿔과 가시가 있으니 즉, 속칭 암자(巖子)라는 것이며, 발도자(撥棹子)란 것은 뒷발이 넓고 엉성한 것이 돛대처럼 생겼으며 물을 밀고 떠다니는데, 속칭 관해(串蟹)라 함은 등에 꼬챙이같이 생긴 두 뿔이 있기 때문이다.』

〈그림 27〉 영덕대게 조형물

〈그림 28〉 울진대게 조형물

속초의 게를 언급한 시문이 있다. 바로 '食蟹(식해)'라는 시이다. 이 시의 지은이는 퇴계 이황에게 논어를 가르친 스승이자 숙부였던 송재 이우(松齋 李堣:1469-1517) 선생이다. 강원도 관찰사로 이곳의 민정을 보면서 머무를 때 지은 시다.

〈속초 게를 먹다〉[食蟹(식해)]
『초니(속초)의 풍미는 예전 일찍이 맛 봤으나.
십 년 세월동안 잔을 잡았으나 오른 손이 비어있구나.
관동 길 좋은 객이 없다 할지라도,
술동이 앞에 놓고 게를 대하노니(좋디 좋구려).』[40]

이 시에서 '내황공(內黃公)'은 게에 대한 의인화 명칭이다. 소동파(蘇東坡)의 매부인 황산곡(黃山谷)이 즐겨 먹었다 하여 붙여진 별칭이다. 속초 게가 이 당시에도 풍미로 즐기는 귀한 먹거리였던 모양이다. 탁주든 청주든 술에 안주로 더불어 먹는 게는 분명히 귀한 안주요 별미였던 것이 분명하다. 이 속초 게도 대게의 일종이었던 것으로 보인다.

송재 이우가 삼척의 게를 먹은 사실을 설명한 이유는 그의 제자라고 칭할 수 있는 퇴계 이황이 그의 문집[41]에서 이처럼 울진, 영덕의 대게에 대해 자세히 기록한 시가 존재하기 때문이다. 이 시에 나오는 '곽색(郭索)'이란 게, 참게 등을 지칭하는 어휘로 게 발이 많은데서 온 말이다.

> 『산촌의 밥에는 돌덩어리가 많아 구미에 맞추어 명아주로 때운다네,
> 궁중의 양고기가 질리지 않으나, 거친 채소로 요리를 만든다네.
> 오늘 아침에 바다음식을 얻었으니, 매부가 예를 갖추니 물리칠 수가 없구나,
> 돌연히 사립문을 들어서니 붉은 빛이 찬란하다네,
> 이를 '무장공(창자가 없는 귀족)'이라고 하며,
> 8개 다리를 갖추어 곽색(郭索)이라 한다네.
> 형체와 모양이 심히 기이하여 아녀자들이 떠들썩하고 아이들이 놀랜다네.』[42]

대게는 'Fabricius'에 속하며, 학명은 'Chionoecetes opilio'으로 물맞이게과에 속한다. 동해의 수심 120~350m에 분포하며 진흙 또는 모래 바닥에 산다. 대게는 둥근 삼각형 모양으로 생겼는데, 갑각의 등면은 대체로 평평하고 옆 가장자리 뒷부분에 작은 과립들로 뭉쳐진 사마귀모양의 돌기가 있다. 다리는 10개인데 유난히 길어서 펼치면 50cm가 넘는 것도 있다. 몸통에서 뻗어나간 다리가 대나무처럼 생겨서 '대게' 라고 부른다. 암컷은 숫컷 크기의 반 정도인데 1~3월에 산란하고 통발이나 저인망에 의해 어획되는 중요 산업종이다.

대게는 '영덕대게'라고 불리기도 하는데, 예전 교통이 발달하지 않았을 때

동해안의 대게가 영덕에 집산하여 내륙으로 이송되어 그렇게 불리게 된 것이다. 영덕 아래의 포항, 그 위인 울진, 삼척, 동해, 강릉, 양양, 속초, 고성 등지에서도 대게는 잡힌다. 이 중에 대게가 가장 많이 잡히는 곳은 울진이다. 그래서 울진에서는 '영덕대게'라는 명칭보다는 '울진대게'라고 부르는 것이 더 맞다고 주장한다. 그러나 바다 속에서 움직이는 생물을 어떻게 영덕 바다의 대게, 혹은 울진 바다의 대게로 딱 자를 수 있겠는가. 다만 대게가 특히 울진에서 많이 잡히는 까닭은 울진 앞바다에 왕돌초라는 거대한 암초가 있는데 이곳에 대게가 집중적으로 서식하기 때문이다. 왕돌초 해역은 경북 울진군 후포에서 22㎞ 떨어져 있으며 수심 200m 바다에 솟은 15㎡넓이의 거대한 바위산이다. 왕돌초는 남북으로 길게 돌출된 수중여로, 서쪽은 급한 경사를 이루고 동쪽은 비교적 완만한 경사를 갖고 있으면서 3개의 봉우리를 갖고 있다. 왕돌초 수심은 평균 40~60m이고 얕은 곳은 3m이다. 이곳에는 먼 바다 어류와 연안어류, 난대어류와 한대어류가 어울려 살아가는 특이한 모습을 보이는 생태계의 보고다. 이 왕돌초 근처에서 대게 잡이가 이루어진다. 왕돌초 근처에서 서식하는 대게가 고려·조선조에 존재하지 않았을 리가 없기 때문에 대게 관련기록을 꼼꼼히 주의 깊게 고찰할 필요가 있는 것이다.

대게는 같은 그물에 올라온 것이라 해도 색깔이 조금씩 차이가 있다. 보통 황금색, 은백색, 분홍색, 홍색 등 네 종류로 구분한다. 색깔이 짙을수록 살이 단단하고 맛이 좋다고 하는데, 황금색 도는 것을 특별히 참대게 또는 박달대게라 부르고 최상급으로 취급한다. 그런데 대게는 찌면 붉게 변한다. 살의 결도 붉고 다만 속살은 하얗다. 대게는 암컷과 수컷의 몸의 크기가 현저하게 차이가 난다. 수컷은 등딱지(체장) 길이가 13㎝ 정도 될 때까지 자라지만 암컷은 7㎝ 조금 넘길 뿐이다. 암컷은 몸이 찐빵만 하다 하여 빵게라고도 부른다. 이는 자원 보존을 위해서 잡을 수가 없다. 따라서 우리가 먹는 대게는 수컷이다. 수컷은 통상 15년 이상 사는 것으로 알려져 있다. 수컷도 등딱지 길이가 9㎝ 이상 되어야 잡을 수 있는데, 이 정도의 것이면 8년 정도 자란 것이라 한다.

고려시대 문장가로 이름을 날렸던 시인 이규보(李奎報:1168-1241)의 '찐 게를 먹으며(食蒸蟹)'라는 시[43]에서 고대에 8진미로 꼽았던 원숭이 입술과 곰발바닥 요리도 입맛을 새롭게 하지만, 게 맛은 술맛까지 좋게 만든다고 노래했다.[44] 또 게찜을 먹으며 술에 취해 잠이 들면 통증도 사라지니, 진정한 의사의 치료는 뜸이 아니라 바로 게찜이라고 예찬했다.

또 조선 초기 학자 서거정(徐居正:1420-1488)은 보랏빛 대게가 누런 닭(황계)보다 낫다고 했다. 이에 더하여 조선 후기의 명필 추사 김정희(秋史 金正喜:1786-1856)는 바퀴처럼 생긴 붉은 대게의 값은 돈으로 따질 수 없다고 했을 정도로 당시 대게의 명성은 대단했다. 대게 요리는 조선 정조시대 ≪원행을묘정리의궤≫(1795)에 혜경궁과 임금의 저녁 수라상에 대게구이, 해각포 구이 형태로 등장한다.

〈그림 29〉 원행을묘정리의궤, 〔국립중앙박물관〕

〈그림 30〉 KBS2 밥상의 신-해각포

의궤(儀軌)는 왕실의 중요한 행사와 의식을 글과 그림으로 상세하게 기록한 책이다. 의궤에는 행

〈그림 31〉 강화도를 침입하는 프랑스군

사의 절차와 내용, 소요경비와 참가인원, 포상 내역 등을 상세하게 수록하고 있다. 글로 표현하기 어려운 물품과 행렬모습은 그림을 그려 훗날 행사를 준비하는 사람들이 쉽게 이해할 수 있게 했다. 오랜 기간에 걸쳐 편찬된 조선왕조의 의궤는 시간의 흐름에 따라 국가의 주요 행사와 의식이 변화한 과정을 잘 보여 준다. 의궤는 왕을 위해 제작한 어람용(御覽用)과 보관을 위한 분상용(分上用) 두 종류가 있다.

1866년 10월 프랑스는 천주교 탄압사건을 구실로 강화도를 침략하여 '병인양요(丙寅洋擾)'를 일으켰다. 이 때 조선군의 저항에 부딪혀 퇴각하면서 대량의 은괴와 외규장각에 보관되어 있던 의궤 등을 가져갔다. 프랑스 국립도서관에 그 존재가 잊혀진 채 보관되어 있는 것을 1975년 프랑스국립도서관에서 일하던 박병선 박사가 의궤의 소재를 세상에 공개했다.

1991년부터 우리 정부가 반환을 요청하여 2011년 우리나라에 돌아온 외규장각 의궤 296책은 대부분 어람용 의궤라는 점에서 매우 가치가 높다.

〈그림 32〉 원행을묘정리의궤의 행렬

의궤에 기록된 해각포(蟹脚脯)는 대게의 다리를 쪄서 바짝 말린 전통요리로 조선시대 선비들이 별미로 꼽던 음식 중 하나다. 조선 중기 홍길동전의 저자인 허균의 ≪도문대작≫에는 '삼척에서 나는 대게는 크기가 강아지만 하고 다리는 대나무 줄기만 하고 맛도 달다' '포를 만들어 먹으면 맛있다'며 대게의 다리를 쪄서 바짝 말린 해각포를 극찬했다.

19세기 말에 기록된 ≪시의전서(是議全書)≫에도 해각포가 소개되어 있다. 일제강점기 최영년의 '해동죽지'(海東竹枝:1925)에도 해각포는 영해(경북 영덕의 옛 지명)의 별미로 달고 기름지며 부드러워 세상에서 그 맛을 일품으로 친다며 간식으로 먹거나 또는 볶거나 국물을 내는 데 쓴다고 적혀 있다. 해각포는 과거 왕의 수라상에 간식이나 술안주로 올랐다고 전해진다. 또 해각포는 조선시대 선비들이 술안주로 대게를 최고의 별미로 손꼽던 음식 중 하나지만 지금은 거의 찾아보기 힘들다. 해각포를 만드는 방법은 우선 대게의 다리를 껍데기째 찜기에 푹 찐 다음 바람이 잘 통하는 곳에서 일주일 정도 말린다. 잘 말린 대게살을 해각포라 하는데 북어채처럼 마른

안주나 무침으로 만들어 별미로 먹는다. 해각포는 참기름을 넣고 살짝 볶아 불린 쌀과 함께 고루 뒤섞어 적당량의 물을 부어 끓여서 죽으로 먹기도 한다. 일명 해각죽(해각포죽)으로 부드러워서 입맛이 없거나 소화가 잘 안 될 때 먹으면 좋다.

3) 대문어(八梢魚)

우리나라에서 식용으로 쓰이는 문어는 대문어와 돌문어이다. 동해 대문어와 여수 돌문어로 잘 알려져 있다. 동해가 주산지인 대문어는 수명이 3~4년이고, 20kg에서 최대 50kg까지 자란다. 남해 및 제주도가 주산지인 돌문어 역시 수명이 3년 정도이지만, 최대 크기는 다 자라도 3~4kg밖에 되지 않는다. 대문어는 적갈색을 띠는데 비해 돌문어는 회백색을 띤다. 대문어는 피문어, 대왕문어, 물문어 등의 별칭을 가지고 있으며, 고성에서는 매년 5월 대문어 축제가 열린다.

이러한 대문어(八梢魚)는 다산이 유배지였던 장기(長鬐)에서 접했을 것으로 생각되는 기록이 있다. ≪다산시문집·기성잡시(鬐城雜詩)≫ 27수 중 제9수의 내용이다. 다만 〈승람·토산〉조에는 경주부, 영일현, 울산군, 흥해군, 장기현, 기장현에 모두 문어에 관한 기록이 없다.

> 『애들은 항구에 가 고기 잡게 말지어다. 여덟 발 문어에게 걸려들까 무서워야.[45] 근년에는 해구신이 이상하게 값이 뛰어, 서울에서 재상들이 서신 자주 보낸다네.』[46]

이 시의 표현으로 보아 항구에서 당시에 대문어가 많이 출현하였던 것으로 보인다. 문어에 관한 시에 해구신이 함께 언급되고 있다.

4) 해구신

앞에서 보는 것처럼 해구신에 대해 여러 대신들 즉, 궁궐의 주변 대신들 중 매우 귀하게 구하며 먹던 사람들이 다수 있었음을 알 수 있다. 다만 다산이 해구신을 직접 먹었는지는 기록이 나타나 있지 않다.

특히 앞의 시를 통해 볼 때 다산이 장기현에 도착하자마자 여러 고관들이 다산에게 이런저런 지역 풍물에 대해 문의를 한 것으로 보인다. 〈승람·장기현·토산조〉에 '미역, 김' 다음에 '해달(海獺)'이 출현한다. 조정에서 해구신(올눌봉:膃肭逢)을 이 지역에서 많이 구입해 갔음을 알 수 있다.

≪산림경제·구급(救急)·제어독(諸魚毒)≫에 "해달피(海獺皮, 바다 반달피), 수달피와 비슷하며 크기는 개만한데 털은 물이 묻어도 젖지 않는다. 바닷 속에서 산다"라고 기록하였다. 그리고 그 달인 즙을 먹게 하면 생선을 먹고 생긴 식중독에 효험이 있는 것으로 전해진다.

미수 허목(許穆:1595년-1682)의 ≪기언 속집·사방(四方)2· 탐라지(耽羅誌)≫(제48권)에 "공물로 바치는 짐승으로는 사슴, 돼지, 해달(海獺)이 있다"고 하였으니, 제주도 역시 우리나라에서 해달이 서식하는 주요 지역 중 하나이다.

≪속동문선≫(제21권)에 기록된 남효온(南孝溫:1454-1492년)의 〈유금강산기(遊金剛山記)〉에는 다음과 같은 기록이 보인다.

> 『죽도(竹島)를 바라보니 백죽(白竹)이 연기와 같고, 개울 밑 돌 위에 해달(海獺)이 줄지어 떼로 우는데, 그 울음소리가 물소리와 더불어 어울려 해안에 진동하였다.』

≪인종실록≫(인종 1년 을사(1545) 5월 26일[정해])에 동부승지인 이문건(李文楗:1494~1567)은 해구신과 관련하여 다음과 같이 기록하고 있다.

『신이 중국 사신에게 문안하려 태평관에 가서 보니, 저자 사람들이 많이 관반(館伴) 앞에 가서 호소하기를 '호조(戶曹)가 해달피(海獺皮)를 사서 바치라고 독촉하는데, 이것은 시중(市中)에 늘 있는 물건이 아니므로 바야흐로 찾아도 얻지 못하니, 하늘에 사무치도록 근심되고 답답하다. 쉽게 얻을 만한 다른 물건이라면 집을 팔아서라도 장만할 수 있겠으나, 무슨 말로 변명하겠는가.' 하며 눈물까지 흘리는 일이 있었습니다. 인자한 마음이 있다면, 실로 차마 하지 못할 일이었습니다. 대체로 해달은 우리나라에서 나는 것이 아니므로 이미 중국 사신에게도 나지 않는다고 답하였는데 '상사(上使) 장봉(張奉)이 해달피를 절실히 요구하여 우리나라에서 나는 물건이 아니라고 답하였다. 그래도 요구하여 마지않으므로 해사(該司)를 시켜 장만하여 주게 하였는데, 호조는 시중에서 바치도록 독촉하였다.' 어찌하여 반드시 없는 물건을 강요하여 백성을 이토록 극도로 괴롭혀야 하겠습니까.』

2-2. 강진 유배시절의 음식생활

1801년부터 1818년까지 다산은 강진 유배 18년 동안 주막집, 사찰, 제자의 집, 귤동처사 윤단(尹慱:1744-1821)의 서당 등으로 거처를 옮겨 지냈다. 다산은 강진에 대하여 '옛날 백제의 변방으로 사람들은 보고 듣는 것이 좁고 완고하였으니 유배인을 아무도 맞아 주는 이 없었다. 먼 곳에서 형벌을 받고 내쫓김을 당한 다산을 마치 지독한

〈그림 33〉 강진유배시절 다산의 거처

전염병을 옮아와서 퍼뜨리기라도 할 것처럼 여기면서, 만약 자신에게 살아갈 거처를 마련해 주기라도 한다면 모두가 그 사람 집으로 쫓아가서 문을 부수고 담장을 허물 것처럼 하면서 달아났다'라고 쓰고 있다.

1) 사의재(1801-1805)

그러나 동문 밖에서 술을 팔던 주막집 동문매반가(東門賣飯家)의 나이든 할머니가 다산을 불쌍히 여기고 뒷방을 내 주었다. '매반가'는 밥과 술을 팔던 주막을 말한다. 다산은 협소하고 누추한 주막집 뒷방의 거처를 '사의재(四宜齋)'라 이름하고, 사의재기(四宜齋記)에서 당호를 사의재라 한 이유[47]를 밝히고 있다. 다산은 사의재에 머물면서 자신의 과거를 되돌아보고 학자적인 새 결심을 한다. 유배생활을 한탄하지 않고 독서와 연구에 몰두하였다. 묘지명에서 그 때의 심정을 이렇게 쓰고 있다.

〈그림 34〉 복원된 사의재 전경

『나는 바닷가로 귀양을 온 뒤 내가 어려서 학문에 뜻을 두었으나 어언 20년 간 세상 일에 빠져 다시 선왕의 대도를 알지 못하였더니 이제 여유가 생겼구나 라는 생각이 들어 마침내 흔연히 스스로 기뻐하며 6경과 4서를 취하여 깊이 연구하였다.』

다산은 자신의 처지를 흔연스럽게 여기고 기쁘게 받아들이면서 주인집 할머니와의 소통 속에서 하늘과 땅의 의미를 깨닫게 된 일화를 기록하고 있다.

『어느 날 저녁 주인집 할머니가 곁에서 한가롭게 이야기하다가 갑자기 '공은 글을 읽었으니 이 뜻을 아는지요? 부모의 은혜는 다 같은데 어머니의 수고가 더 많습니다. 그런데 성인은 사람들을 교육하면서 아버지만 소중히 여기고 어머니는 가볍게 여기며 성씨는 아버지를 따르게 하고 사람이 죽었을 때 입는 상복도 어머니는 낮췄고 아버지 쪽의 친족은 일가(一家)를 이루게 하면서 어머니 쪽의 친족은 안중에도 두지 않고 무시하였으니 이 일은 너무 치우친 것이 아닌가요?' 라고 물었다.
그래서 나는 '아버지께서 나를 낳으셨기 때문에 옛날의 책에도 아버지는 자기를 낳아 준 시초라고 하였소. 어머니의 은혜가 비록 깊기는 하지만 하늘이 만물을 내는 것 같은 이치지요.'라고 대답했더니, 주인집 할머니는 이렇게 대답했다. '내가 그 뜻을 생각해 보니 풀(草)과 나무(木)에 비교하면 아버지는 종자요, 어머니는 토양이라 합니다. 종자를 땅에다 뿌려 놓으면 지극히 보잘 것 없지만 토양이 길러내는 그 공이 매우 큽니다. (중략) 나는 뜻밖의 일로 크게 경계하며 깨우쳐서 주인집 할머니를 공경하게 되었다. 하늘과 땅 사이에서 지극히 정밀하고 지극히 미묘한 의미를 바로 밥을 팔면서 세상을 살아온 주인집 할머니에게서 깨닫게 될 줄 누가 알았겠는가? 신기하기가 이를 데 없다.』

≪다산시문집 제4권·시(詩)≫ 나그네 신세타령(客中書懷) 이라는 시에는 겨울 눈 속에 피어난 산다, 즉 동백꽃이 자신의 나그네 생활의 어려움을 이겨내게 하는 강렬한 삶의 의미를 부여하여 주고 있음을 그리고 있다.

『흩날리는 눈처럼 북풍이 나를 불어
남으로 강진땅 밥 파는 집까지 밀려왔네.
조각산이 바다를 가리고 있는데
총총한 대나무로 세월을 삼는구나.
장기 때문에 겨울이면 옷은 되레 얇게 입고,
수심이 하도 많아 밤에 술을 더 마시지.
나그네의 유일한 걱정을 풀어주는 것은,
동백이 설도 전에 꽃이 핀 그거라네.』[48)]

다산은 당시 백성들의 비참한 삶을 그린 '애절양(哀絶陽)'을 쓰고, 주역(周易)을 읽고 저술하였다. 주위의 어린 아이들을 모아 글을 가르치며 잠시 시름을 잊기도 했는데, 이 때의 제자들이 바로 다산이 후일 읍성제생(邑城諸生)으로 손꼽으며 잊지 못했던 손병조, 황상, 황취, 황지초, 이청(자:학래), 김재정 등 6명이었다. 이들은 후일 큰 학자로 성장하였는데, 다산 유배시절에는 저술을 돕기도 했다. 다산은 학동들을 가르치면서 1구 4자씩 총 250구 1천자로 되어 있는 기존 천자문이 효과적이지 못한 것을 발견하고 각 1천자씩 상하권을 다시 엮었다. 상권은 자연현상이나 인간세계를 나타내는 4언구 250개로 천지부모로 시작된다. 하권은 삼강오륜이나 인륜도덕과 관계된 4언구 250개로 구성되어 있다. 수 백년 넘게 누구나 자녀교육을 위해 당연하게 가르치던 책을 다산은 교육효과를 위하여 고쳐서 가르쳤던 것이다. 다산의 실용주의적 혁신성을 엿볼 수 있는 대목이다.

다산실학의 첫 성지인 동문 밖 주막집 생활 중에 아암 혜장(惠藏:1772-1811)과의 만남은 강진유배생활의 일대 전기가 된다. 혜장스님과는 유교와 불교의 종교를 넘어 주역으로 교유하였다.

2) 고성사 보은산방(1805-1806)

초기에는 관아의 경비가 삼엄했지만, 학문하는 다산의 모습과 교리 김이재(金履載:1767-1847)가 다산에 대하여 좋게 말하는 것이 구전되면서 유배자였지만 점차 자유로운 몸이 되어갔다. 다산은 심혈을 기울여 주역을 연구하는 한편 비로소 자유로움이 약간 생기자 바라만 보던 강진의 뒷산 우두봉과 고성사에 올랐다. 바람을 쏘이러 자주 들리던 고성사에서 그 절의 스님과 안면이 생기고 또 10살 아래인 백련사 주지 혜장스님과의 인연으로 주막집을 떠나 고성사에서 2년을 보내게 된다.

마침 고향 마현에서 큰 아들 학연이 내려왔는데, 주막집의 거처가 협소하고 주위 환경이 공부를 가르치기에 적합하지 않아 거처를 옮길 수 밖에 없었던 것이다. 다산은 강진읍 남성리 보은산에 있는 고성사의 요사채 한 칸을 빌려 '보은산방(報恩山房)'이라 당호를 정하고 아들과 함께 기숙하게 된다. 다산이 지은 보은산방이라는 시를 보자.

> 『우두봉 아래 조그만 선방(禪房)에는 쓸쓸하게 대나무가 낮은 담 위로 솟았구나.
> 작은 바다 바람에 밀리는 조수는 산 밑 절벽에 이어지고, 읍내의 연기는 겹겹의 산줄기에 걸렸네.
> 둥그런 나물바구니 죽 끓이는 중 곁에 있고, 볼품없는 책 상자는 나그네의 여장이라. 어느 곳 청산인들 살면 못 살리. 한림원 벼슬하던 꿈 이제는 아득해라.』[49]

≪다산시문집 제5권·시(詩)≫ 산거잡흥(山居雜興)에는 혜장선사에게 산속에 사는 재미를 글로 써 보라고 요청하였는데, 좋아서 산속에 사는 것만은 아닐 것이라는 생각하면서 노래 한 시가 20수에 달한다.

『내가 혜장(惠藏)에게 산거 잡흥(山居雜興)을 시로 읊어보라고 했는데, 얼마 후 나도 모르게 생각이 자꾸 그쪽으로 쏠리면서 내가 만약 그 처지라면 어떻겠는가 하는 생각도 들었다. 그리하여 그를 대신해서 붓을 잡고 이와 같은 선어(禪語)를 써보았던 것인데 도합 20수에 달한다. 왜냐하면 내가 이리 곤궁하게 지내면서부터는 늘 조용한 수도처에서 숨어 살고픈 마음이 문득문득 나는 것이다. 그것은 그들이 가는 길이 좋아서가 아니라 날은 저물고 갈 길은 먼 신세로서 이렇게 시끄러운 속에서 닭 울고 개 짖는 소리를 듣기가 싫기 때문에 자연 그쪽을 선모(羨慕)하게 되었던 것이다. 계절이 중하(仲夏)였기 때문에 쓰여 진 것이 모두 여름 풍경일 수밖에 없었다.』

≪다산시문집 제5권·시(詩)≫ 12수에는 다산 정약용의 산거 부근에 동백나무 한 그루가 있었음을 보여 준다.

『대나무 울에 띠지붕이 마을에 있는 집만 같고
담 모서리 한 그루 산다에 꽃이 폈네.
금물로 쓴 반야심경 글자 획을 때우는지
연니가 수도 없이 가사에 떨어져 있네.』[50]

≪다산시문집 제5권·시(詩)≫ 학가가 왔기에 그를 데리고 보은산방으로 가 이렇게 읊다(學稼來 携至寶恩山房有作) 라는 시에는 아들 학가가 장성하여 다산을 찾아 왔으나, 곤궁한 아버지의 모습을 오랜만에 만난 자식에게 보이는 아버지의 처절한 마음이 잘 그려져 있다. 주막집 뒷방에서 먼 길 달려 온 아들과 차마 함께 할 수 없어 고성사의 절간 방에 머무르게 되었다. 반쪽짜리 방이나마 아들과 함께 할 수 있음을 자위하고 있는 모습이 눈물겹다.

『객이 와 내 문을 두드리기에
자세히 보니 바로 내 자식이었네

수염이 더부룩이 자랐는데
미목을 보니 그래도 알 만하구나
생각하면 너 너댓 살 시절에
꿈에 보면 언제나 아름다웠었다
장부가 갑자기 앞에서 절을 하니
어색하고 정도 가지 않아
안부 형편은 감히 묻지도 못하고
우물우물 시간을 끌었단다
포견이 황토 범벅인데
허리뼈라도 다치지나 않았는지
종을 불러 말 모양을 보았더니
새끼당나귀에 갈기가 나 있었는데
내가 성내 꾸짖을까봐서
좋은 말로 탈 만하다고 하네
말은 안 해도 속이 얼마나 쓰리던지
너무 언짢고 맥이 확 풀리더군
억지로 웃으며 말을 또 꺼내
차츰차츰 농사에 대해 물었더니
밤나무는 해마다 증가하고
옻나무도 날이 갈수록 번성하며
송채 겨자도 몇 이랑 심었는데
마늘은 맞을지 어떨지를 몰라
금년에야 마늘을 심었더니
마늘 크기가 배만큼씩 해서
산골 저자에 마늘을 내다 팔아
그것으로 오는 노자를 했다네
처절하고 처절하여
그만두고 다른 말을 꺼내기로 했네
(중략)
손을 맞잡고 산으로 올라왔으나
나와 너 갈 곳이 어디란 말이냐
엉클어진 산들을 보고

넓고 넓은 천지라도 가보련만
기구하게 절간을 찾아들어
구걸하는 이 모양이라니
다행히도 반칸짜리 방을 빌어
세 때 종소리를 함께 듣는구나
(하략)』[51)]

백련사에 속한 암자였던 고성사는 스님이 죽을 끓여 먹을 정도로 곤궁한 살림이었다. 그런 가난한 절에 아들과 함께 의탁해 있던 다산의 심정은 어떠했을까. 이곳에서 다산은 아들 학연, 제자 황상, 이학래, 그리고 스님 7인과 주역에 대하여 묻고 대답하면서 ≪승암문답(僧菴問答)≫을 남겼다. 다산의 차생활의 일단을 엿볼 수 있는 걸명소(乞茗疏)는 이 때 쓰여졌는데, 차의 경전으로 유명하다.

『나그네는 근래 차 버러지가 되어 버렸으며 겸하여 약으로 삼고 있소.
책속에서 오묘한 법을 열어준 육우의 3편 다경을 통달하고
겸하여 약으로 충당하고자 하오.
병든 큰 누에(다산 자칭)는 마침내, 노동(盧同)도 남긴 일곱째 잔을 마르게 하였소. 정력이 쇠퇴했다 하나 기무잠[52)]의 말은 잊지 않았고
막힘을 해소하고 흉터(죽은 깨)를 없애고자하니 이찬황53)의 차 마시는 버릇을 얻었소. 아아, 윤택할진저~~ 아침에 달이는 차는 흰 구름이 맑은 하늘에 떠 있는 듯 하고, 낮잠에서 깨어나 달이는 차는 밝은 달이 푸른 물 위에 잔잔히 부서지는 듯하오.
다연(차맷돌)에 차 갈 때면 잔 구슬처럼 휘날리는 옥가루들 등불은 자순차 향기에 나부끼며 불 일어 새 샘물 길어다 들에서 달이는 차의 맛은 신령께 바치는 백포의 맛과 같소.
꽃청자 홍옥다완을 쓰던 노공(盧公=盧同)의 호사스러움 따를 길 없고
돌솥 푸른 연기의 검소함은 한비자에 미치지 못하나
물 끓이는 흥취를 게눈 고기 눈에 비기던 옛 선비들의 취미만 부질없이 즐기는 사이, 용단봉병 등 왕실에서 보내주신 진귀한 차는 바닥이 났소.

이에 나물 캐기와 땔감을 조차할 수 없게 마음이 병 드니,
부끄러움 무릅쓰고 차 보내 주시는 정다움 비는 바요
듣건대 죽은 뒤, 고해의 다리 건너는데 가장 큰 시주는
명산의 고액이 뭉친 차 한 줌 보내주시는 일이라 하오.
목마르게 바라는 이 염원, 부디 물리치지 말고 베풂을 주소서』

조선 후기 가난한 집에서는 대개 시래기죽을 끓여 마시거나 나물로 끼니를 때우는 일로 연명하는 경우가 많았다. 다산의 시에도 모자라는 식량을 대신하여 나물밥을 지어 먹었다는 기록이 나온다. 나물밥을 지을 때 나물은 미리 삶아 두었다가 뜸 들일 때 넣는다. 먼저 넣으면 색이 변하고 물러져서 맛이 덜하기 때문이다. 다산은 유배 중 고성사에 머무르는 동안 나물밥을 먹었다고 기록하고 있다.

요즘은 나물을 재배하는 경우가 많지만, 옛날에는 산에서 채취하는 것을 나물이라 하고, 직접 가꾸고 재배하는 것은 채소로 구분하였다. 나물처럼 궁여지책으로 먹었던 음식으로 시래기가 있다. 주린 배를 채우기 위해 가마솥에 몇 톨의 식량에 삶은 시래기를 함께 넣고 밥을 지어 먹었다. 콩비지를 함께 넣어 콩비지 시래기밥을 짓기도 했다. 이처럼 가을에 무청을 수확하여 처마 끝에 얼기설기 매달아 말린 시래기는 끼니를 해결하기 위해 먹던 거친 음식이었다. 그러나 세월이 지나면서 대표적인 건강식품으로 탈바꿈되어 웰빙 음식으로 각광받고 있다. 삶은 시래기를 된장 혹은 재래간장과 들기름을 넣고 조물조물 무쳐서 솥바닥에 깔고 쌀을 얹어 밥을 짓는다. 양념장에 비벼 먹는 맛으로 먹는 요즘의 시래기밥은 어린 시절 어머니의 손맛을 기억하는 사람들에게 추억이자 그리움 가득한 음식이다. 소나무 속껍질을 벗겨 밥을 지었던 송키밥, 여름에 무성하게 자란 콩잎을 따서 밥을 짓던 콩잎밥, 어려운 백성들은 콩잎을 죽으로도 만들어 먹었다. 농사짓는 백성들도 이렇게 어려운데, 사찰에서야 오죽했겠는가.

3) 제자 이청(李晴)의 집(1806-1807)

1806년부터 이듬해 겨울까지 강진읍 목리의 이청(1792~?)의 집에 머물게 된다. 이청은 다산이 동문 밖 주막에서 서당을 차렸을 때 공부하던 제자 중의 한 사람으로 여섯 제자 중 막내로 삼았다.

학연이 집으로 돌아간 1806년 봄부터 다산은 다시 사의재에서 홀로 지냈다. 그 적적함을 살핀 제자 이청이 자신의 집에 머무를 것을 청하여 같은 해 가을부터 이청의 집 사랑채에서 지내게 되었다. 이곳이 바로 묵재(墨齋)이다.

다산의 저서에는 모두 이청(李晴)으로 기록된다. 아이 적 이름은 학래(鶴來)이고 자는 금초(琴招)다. 불교에 심취하였을 것으로 보이는 이청은 상을 당하여 상제로 있는 동안 행하는 모든 예절을 담은 ≪상례사전≫(50권)과 ≪승암문답≫(52칙)을 정리하였다. 「만덕사고려팔국사각상량문」과 다신계의 읍성제생좌목, 송은집, 사암연보 등에 이름이 등재되어 있다.

또한 다산문집 600여권 중 많은 부분의 간행에 참여하였고, 뒷날 다산이 상례사전과 함께 가장 소중히 여겼던 ≪주역사전≫ 등을 저술할 때 아들 학연과 함께 도왔고, ≪만덕사지≫의 책임편집도 이청이 하였다. 1814년경 만덕사지를 엮을 때는 서울에 있는 규장각에 가서 관련 자료들을 직접 발췌해 오고, 총 6권 중 3권까지 모든 자료를 모은 것으로 되어 있다. 또한 지리에도 밝아 강진의 산맥을 소상히 정리하기도 했다.

이청은 ≪악서고존≫ 13책의 저술에도 크게 역할 하였다. 악서는 다산의 전집 중 단 한편 밖에 없는 음악자료이다. 다산이 중풍이 들어 손이 마비되고 눈이 잘 안 보이며 힘도 떨어져서 저술이 어려운 상황에서 다산이 불러주면 이청이 받아 적어서 완성한 책이다. 1810년에 완성한 ≪시경강의보≫ 역시 제자 이청에게 구술을 받아 적게 해서 완성하였다.

이청은 1792년 생으로 13세에 다산에게서 공부를 시작하여 해배 직전까지 다산의 저술 작업을 가까이서 도왔다. 다산이 유배가 풀리고 상경 길에 몇 몇 제자들과 함께 이삿짐을 가지고 동행했다가 이청은 눌러 앉았다. 다산이 유배지에서 진행 중이던 저술 작업이 많았고, 이청만큼 그 작업을 능숙하게 해낼 사람도 없었기 때문이다.

다산의 유배기간 뿐만 아니라 해배 후에도 그림자처럼 다산의 곁을 떠나지 않고 저술 작업을 도왔던 이청, 다산의 학문 역정에서 이청의 역할은 실로 지대했다. 이에 대한 이청 자신의 자부심도 대단했다.

4) 다산학의 산실 다산초당(1808-1818)

다산학의 산실로 알려진 귤동마을(橘洞 : 강진군 도암면 만덕리)의 초당으로 옮겨 생활하기 시작한 것은 1808년 봄이었다.

이 청의 집에서 지낸 지 1년 8개월여가 지난 1808년 3월 다산은 요양중이던 외가 조카 윤종하를 병문안하기 위해 윤단의 산정을 찾았다. 다산은 이곳의 장서 가득한 고즈넉함과 풍광에 반하여 이곳에 머물고 싶은 마음이 간절하였다. 이런 마음을 담은 시를 종하에게 보냈다. 이전부터 교유하고 있는 윤단의 아들 윤규로가 시를 보고 다산의 청을 받아들여 윤단의 산정으로 이주 하게 되었다. 다산초당으로의 이주는 다산에게 여러모로 뜻깊은 일이었다. 주막집 뒷방의 궁핍과 보은산방과 제자의 사가에 머무르면서 진정한 학문 연구의 여유를 누릴 수 없었기 때문이다. 이런 환경이 초당으로 옮기면서 크게 달라졌다. 은둔하면서 학문 연구하기 최적인 공간을 얻었고, 양반 가문의 학구열에 불타는 젊은 제자들을 얻었다. 아울러 학문연구에 절대적인 2천여권의 장서가 갖추어져 있고, 산등성만 넘으면 의기상통했던 백련사의 혜장선사도 있었다.

이쯤이면 다산이 외가가 있는 강진으로 유배 온 것이 행운이었고, 귤림처사 윤단과의 만남은 다산이 학문을 꽃 피울 수 있는 천재일우의 기회였다. 다산이란 귤동 마을의 뒷산을 일컫는 것인데, 만여 그루의 차나무가 자생하고 있는 것을 이름 한 것이다. 마을 이름을 '귤동'이라 부르게 된 것은 해남윤씨 취서, 유서 형제가 이 마을에 살면서 집 주위에 유자나무를 심은 데서 유래되었다. 다산초당은 바로 이들 형제가 마을 뒷산에 정자를 세우고 차나무와 대나무를 심어 가꾸면서 공부하는 집이란 의미로 이름 지어진 것이다. 이렇게 만들어진 다산초당은 이후 귤동에 사는 해남 윤씨들의 공부하는 장소로 대를 이어 활용되었다. 윤취서의 손자 윤단 때에 이르면서 2천여 권의 장서를 갖추게 되었는데, 윤단의 배려로 다산은 이곳에서 훌륭한 저술들을 완성하고 다산학의 기반을 마련하였다.

다산초당은 풍광이 아름다운 곳이다. 강진만을 한 눈에 바라다 볼 수 있는 양지바른 만덕산의 8부 능선에 자리 잡고 있다. 산등선 넘어 백련사가 있고 강진만 바다 넘어 장흥의 명산 천관산이 보인다. 귤동 마을 앞까지 들어오는 바닷가에는 갈대가 출렁이고 초당을 오르는 길목에는 대나무가 사철 청정하다. 다산은 초당을 선비의 정취가 묻어나는 아름다운 정원으로 가꾸었다. 본래 있던 초당은 강학의 장소로 쓰면서 동쪽과 서쪽에 동암(東菴)과 서암(西菴)을 짓고 다산은 동암에 거처하며 집필을 하고 서암은

〈그림 35〉 다산초당 현판

〈그림 36〉 보정산방 현판

〈그림 37〉 복원된 다산초당(자료: 강진군청)

제자들의 거처로 썼다.

초당 뒤편 산언덕에서 끝없이 솟아나는 샘물을 끌어들여 폭포처럼 물이 떨어지게 하여 비류폭포(飛流瀑布)라 이름 짓고 연못을 파서 중간에 대를 쌓고 바닷가에서 괴석을 주어다 석가산(石假山)을 연출하기도 했다. 마당에는 넓고 평평한 돌을 놓고 차를 끓여 마실 수 있는 부뚜막으로 썼고, 초당 뒤편에 샘을 파고 약천(藥泉)이라 이름 하였다. 선비도 일을 해야 한다고 강조했던 다산은 주위에 계단식으로 밭을 만들고 채소도 심고 과일나무도 가꾸면서 직접 농사법을 연구하기도 했다. 뛰어난 기록자였던 다산은 초당 서편 석벽에 정약용이 살다 갔던 곳을 상징하는 '정석(丁石)' 두 글자를 새기기도 했다. 초당의 이러한 모습들은 다산이 직접 쓴 '다산4경첩'에 상세히 기록되어 있다. 〈다산8경사〉와 〈다산화사〉에도 잘 나타나 있다.

다산8경사 8편의 시에는 복숭아, 버들가지, 단풍나무, 국화, 대숲, 소나무

〈그림 38〉 약천

〈그림 39〉 정석

〈그림 40〉 다조

〈그림 41〉 연지 · 석가산

등이 묘사되고, 다산화사 20편의 시에는 매화, 복숭아, 유자, 모란, 작약, 수국, 석류, 치자, 백일홍, 해당화, 해바라기, 국화, 지치, 포도, 미나리 등이 표현되어 있다. 이 시들은 다산초당에 이주한 직후 지은 시들로 다산초당 주변의 아름다움과 이 당시 다산의 안정된 마음을 잘 살필수 있다.

초당에서 생활하면서 다산은 주변에 층층이 밭을 만들고 갖가지 채소를 심었다. 또한 한의학에 조예가 깊었던 다산은 약초를 화초삼아 주변에 심기도 하였다.

당시 관리들의 탐학이 심하여 세금에 시달리는 어려운 백성들을 보면서 농사일에 관심이 많았던 다산은 여러 가지 농사법을 시험하였다. 연지에서 흘러넘치는 물을 이용하여 미나리를 심고 가꾸어 별도로 시장에서 채소를 살 필요가 없었고, 남은 것은 오히려 주변에 나누어 줄 정도였다. 특히 산 속 계단밭에는 세금을 낼 필요가 없었으니, 어려운 백성들에게 자신의 농사법을 권장하기도 했다.

결과적으로 기꺼이 산정을 열고 다산을 모신 윤단과 귤동의 윤씨 일가는 다산학 형성에 중요한 역할을 하였다. 이런 정을 못 잊어서일까? 다산은 윤서유의 아들 윤창모를 제자로 받아들여 가르치고, 1812년에는 외동딸과 혼인시켜 사돈의 정을 나누며 살았다. 외손자인 방산 윤정기는 다산학의 진수를 모두 이어 받았다.

강진은 예로부터 살기 좋은 곳, 아름다운 자연환경을 지닌 곳으로 알려져 왔다. 맑은 하늘과 온화한 기후, 청정 해안들, 이에 더하여 알맞게 펼쳐진 산, 기름진 들녘은 하늘이 내린 천혜의 자연과 풍요로운 삶의 터전이었다.

북으로 월출산의 천황봉을 분기점으로 하여 영암군과 경계를 이루며, 서쪽으로는 주작산과 만덕산이 병풍처럼 둘러져 해남군과 경계를 이룬다. 동쪽으로는 수인산, 금사봉, 천개산을 경계로 장흥군과 접해 있고, 남으로는 남해바다가 깊숙이 만입되면서 이루어 놓은 청정해안과 탐진강에 연한 천혜의 들판이 펼쳐져 있다. 특히 이 강진만으로 연결되는 바닷길은 예로부터 강진의 문화와 역사를 살찌우게 한 젖줄이기도 하였다. 따라서 강진은 서남해안에서 고대 해로에 연한 문화 지리적 중요 지역이었다. 서남해로는 중국이나 일본을 연결하는 대외 교역로로 이용되었고, 이 해로를 통해 인력과 문물이 교류되었다. 강진에서 청자문화와 불교문화가 발달하고, 500여 년간 호남의 군사요충지로 기능을 다했던 병영성의 역사들이 모두 이 같은 강진의 지리적 환경과 긴밀하게 연관된 것이었다. 더욱이 중앙집권이 강화된 고려시대나 조선시대에는 경상우도와 전라도의 세곡이 운반되던 조운로로서 강진의 바닷길은 중요성을 갖고 있었다.

강진은 다른 지역에 비해 전토(田土)가 발달한 곳이지만, 병영이 들어서게 됨으로써 그 주변으로 상업이 발달하기도 하였다. 각종 물자의 제조와 판매, 숙박업 등 상권이 형성되면서 유통경제도 성장하였다.

강진의 토산물로는 ≪동국여지승람≫ 강진현 토산조에 인삼, 지초, 석류, 유자, 송이, 표고버섯, 차, 비자, 감태(甘苔), 김, 매산(莓山), 황각(黃角), 은어, 오징어, 낙지, 조개, 소금, 숭어, 우뭇가사리, 참가사리, 전복, 굴, 홍합, 안식향, 자연동(自然銅), 꿀, 미역, 대, 죽전(竹箭), 방풍(防風), 해삼, 황어(黃魚) 등을 적고 있다. ≪임원경제지(林園經濟志)≫에는 강진 읍내 장에서 많이 유통되는 물목으로 쌀, 목화, 면포, 명주, 삼베, 자라, 대합, 전복, 해삼, 미역, 은어, 석화, 구강태, 유자, 석류, 대추, 밤, 고구마, 돗자리, 토기 등이라고 하였다.

18세기 중반에 작성된 ≪여지도서≫나 19세기 말에 작성된 ≪호남읍지≫를 보면, 강진은 땅이 기름지고 농민들은 농사에 힘썼기 때문에 생산되는 농산물과 특산물의 수량과 품질이 많고 우수하였다. 그 중에서도 차, 귤, 면포, 고구마 등이 전국적인 유명 특산품이었다.

강진은 갯벌 간척지가 많아 다른 지역보다 기근을 심하게 입었다.[54] 큰 가뭄 끝에 실농(失農)이 도내에서 가장 심하여 벼의 낟알 하나 거두지 못하였고, 백성들은 다 떠도는 형편이고 다음 해에 심을 종자마저도 준비할 계책이 없을 정도였다. 이 기근으로 전염병이 크게 돌아 죽은 백성의 수가 232명에 이른 것으로 기록되어 있다.[55] 1732년(영조 8년)에는 굶주린 백성이 사람의 시체를 구워 먹은 변고가 발생하여 현감이 파직되기도 하였다.[56]

강진은 이러한 기근을 구제하고 지역적 한계를 극복하기 위하여 고구마 재배가 활발하였다. 고구마는 조금 심어도 수확이 많이 나고, 벼농사와 겹치지 않아서 농사에 지장을 주지 않을 뿐 아니라 가뭄이나 병충해 피해도 입지 않았다. 오곡을 심기에 적당하지 않은 산밭이나 돌밭에 심어도 잘 자라는 작물이어서 강진에서 많이 재배되었다. 강진에서 생산된 고구마는 다른 지역으로 팔려나갈 정도로 재배가 성공적이었다. 해남을 포함한 인근 읍내장의 매매 물목에는 보이지 않지만, 강진의 장터(場市)에서는 고구마 거래가 활발하였다.

다산의 기록에 보면 "귤이 회수를 넘으면 탱자가 되듯이, 지금 탐진에는 귤과 유자가 생산되는데 월출산 북쪽만 가면 곧 변하여 탱자가 된다."[57]라고 하였다. 지금은 흔적 없이 귤은 제주도의 대표 작물로 인식되고 있지만, 조선초기부터 19세기까지 강진에서 귤나무가 자랐을 정도로 일조조건이 좋은 곳이다.

또한 강진을 포함한 전라도의 남해안 지방은 해안선의 굴곡이 심하고 조석간만의 차가 높아 양질의 갯벌과 어장이 곳곳에 산재해 있었다. 그래서 수산물과 소금 생산이 전국 으뜸이었다. 연안어업 중심의 사회에서 강진은 자연조건 때문에 수산물의 보고였던 것이다.

고기잡이는 어살을 이용한 어로작업이 주종을 이루었다. 어살은 해안을 향해 방사형 형태로 지주를 세우고 싸리, 참대, 장목 등으로 만든 발을 친다. 중앙 및 좌우에 함정을 만들어 놓아 간만의 차에 의해 들어 온 고기가 나가지 못하도록 한 것이다.

〈그림 42〉 김홍도의 〈고기잡이〉 어살 모습

강진만을 둘러싸고 있는 고을에서는 염장(鹽場)이 있어 소금을 구웠다. 당시 소금은 지금처럼 염전에서 바닷물을 태양열로 증발시켜 만드는 것이 아니다. 자염(煮鹽)이라 하여 가마솥에 바닷물을 넣고 불을 피워 소금을 만들었다. 소금을 구우려면 적지 않은 나무가 필요한데, 강진은 산림이 무성하여 화목을 조달하기 용이했다. 이런 특성 때문에 양질의 소금이 많이 생산되었던 것이다.

≪강진읍지≫에 의하면 19세기 말 강진 읍내에는 미역을 따는 곽전(藿田)이 26곳, 감태를 따는 태전(苔田)이 27곳, 김을 따는 해의전(海衣田)이 35곳, 소금을 굽는 염분(鹽盆)이 8곳 있었다. 그리고 이 해산물을 실어 나르고 판매하는 배가 125척이나 되었다고 기록하고 있다.

강진은 해상교역이 가장 발달한 곳이었다. 강진은 전라도 섬지역과 육지를 연결하는 상품유통의 중심지였을 뿐만 아니라 경상도와 교역하는 중개지 역할도 하였다. 강진의 여러 포구 가운데 가장 대표적인 곳은 구십포[58]였다. 남해안의 대표적인 포구로서 강진의 관문이자 제주 출발지 역할을 하였으며, 남해안 해산물의 집산지였다.

그러나 이런 지리적 중요성은 상대적으로 상응하는 피해를 당하기도 했다. 크고 작은 전란에 항상 연관되어 전화를 입은 예나 때로는 외부의 수탈을 당하는 경우도 많았다. 또한 강진은 논밭과 임야 및 바다에서 산출되는 양질의 특산품을 다량 보유하고 있었기 때문에 진상(進上)과 공물(貢物), 사신접대, 제주공물 운반 등의 큰 부담을 안기도 했다. 강진현에서 부담하였던 진상과 공물의 명목과 물종[59]을 보면 당시 강진사람들의 부담을 짐작할 수 있다.

○ 궁궐 밥상용 재료 상납[삭선(朔膳)진상] : 매달 11일

- 물종 : 전복 7첩 6곶 5개, 생복 30개, 말린 숭어 1미, 어란 8부, 장인복 3주지, 염은구어 40미, 석류 47개, 호도 12개, 유자 83개, 산 꿩 4수, 가루미역 14근 2냥, 김 23첩 40장, 말린 미역 14근

○ 3대 명절(임금생일, 동지, 정월초하루) 잔치상 상납[상명일(三明日) 진상]

- 물종 : 전복 3첩 5곶, 산 꿩 4수, 석류 28개, 유자 43개, 말린 숭어 4미, 해삼 2두 4승, 어란 4부, 가루미역 6근 10냥, 초석 1장

○ 임금과 왕비의 생일날 잔치상 상납[탄일(誕日) 진상]

- 물종 : 전복 2첩 9곶, 장인복 3주지, 홍합 3두 2승 4합, 해삼 2두 4승 4합, 가루미역 15근 12냥, 잣 5승

○ 신임감사 부임시 상납[도계(到界)진상 혹은 별진상]

- 물종 : 표고버섯 1두 5승, 가루미역 4근 4냥, 다사 175조, 전복 2첩, 마른 숭어 5미, 홍합 2두 3근, 해삼 2두 3승, 염은구어 26미, 과자 2승 5합

또한 강진현에서 감영과 병영에 부담했던 공물도 있다. 감영에는 비자,

작설차, 황칠, 양모, 전죽 등을 상납하였다. 병영에는 무기제작용 사어피(沙魚皮)와 구중피(口中皮)[60] 및 전죽 등을 상납하였다. 이처럼 예로부터 강진만에서 생산되는 해산물은 그 맛과 질이 다른 고장의 해산물과는 비교할 수 없을 정도로 뛰어 났으며, 그 종류도 다양했다. 지금은 외부 환경요인과 무분별한 간척사업으로 갯벌이 줄어들고, 수확량도 극히 미미한 실정이다.

다산의 강진 유배시절 음식생활은 다산의 시 〈탐진어가〉[61]에 잘 나타나 있다. 〈탐진어가〉에 언급되고 있는 해양어류는 봄에 뱀장어, 복어, 농어, 적호상어, 낙지국, 붉은 새우, 푸른조개 등이다. 이 싯구에 따르면 갯벌이 드넓었던 강진에서는 바닷가 주민들이 낙지를 잡아 낙지국을 즐겨 먹으면서 홍새우나 푸른 조개 같은 수산물은 하찮게 여겼다는 것이다. 또한 농어는 잡는 즉시 관리들에게 술안주로 빼앗기니 복어 잡이만 좋아 한다고 쓰고 있다. 채소 농사는 크게 신경 쓰지 않아서 잘 크지 않는 모습을 앙징스런 연밥에 비유하고 있다. 채소를 좋아 했던 다산은 이런 강진 사람들의 식습관을 섭섭해 하며, 차라리 울릉도로 가야겠다고 어기대기도 했다.

> 『출렁이는 봄 물결에 장어가 많이 노니 푸른 물결 헤치며 활선이 떠나간다.
> 높새바람 불면 일제히 출항하여 마파람 불면 가득 싣고 돌아오네.
> 세물이 밀려가자 네물이 밀려올제 희뜩희뜩 까치 노을 어대에 출렁인다.
> 어민들은 오로지 복어 잡이 좋아하고 농어는 잡는대야 안주감에 뺏긴다네.
> (중략)
> 어촌에선 도무지 낙지국만 먹으니 붉은 새우, 푸른 조개 치지를 않네.
> 채소는 크지 않아 앙징스런 연밥 같다. 돛대를 다스려라 울릉도로 가련다.』[62]

이 시기 다산의 한시를 통하여 나타나는 물고기, 식물, 요리 등을 한시별로 정리하면 다음과 같다.

· 1802년 〈탐진어촌의 노래〉[63] : 장어, 복어, 농어, 낙지국, 붉은 새우,

푸른 조개(綠蟶)[64], 채소

- 1804년 〈탐진 농촌의 노래(耽津農歌)〉부거(芙蕖)[65] : 연자, 물고기
- 1804년 〈황상의 유인첩에 제사를 쓰다〉[66] : 석류, 치자, 만다, 국화, 붕어, 오이, 고구마, 야생과실, 인삼, 도라지, 꼬시래기, 당귀, 승검초 뿌리, 누에, 차, 송엽주
- 1807년 〈다산화사(茶山花史)〉[67] : 생선찜(管取鮮魚首自蒸), 매화, 복숭아, 차나무, 모란꽃, 작약, 죽순, 치자, 백일홍, 월계화, 해바라기, 국화, 자초(茈莨), 호장(虎掌)[68], 포도, 미나리.

강진지방의 관속들에게 수탈당하고 있는 슬픈 모습을 민요조로 노래한 〈탐진촌요〉 20수 중 제15수에는 지방 관리들이 임금과 고위관리들에게 바친 약재와 보양음식재료들이 나온다. 대나무를 끓여서 낸 기름을 약재로 썼던 죽력고와 황칠, 전복과 동백기름이 기록되어 있다.

> 『바닷가 대밭에는 대 솟아 백 자(尺)더니 지금은 다 베어 내고 삿대감도 안 남았네. 원정들은 매일같이 죽순이나 길러내어 오로지 관가에다 죽순기름 짜 바친 탓에(중략)
> 완주산 황옻칠은 빛나기가 유리 같아 이 나무는 진기하다 천하에 소문났네.
> 전년에 임금께서 옻칠 공납 풀어준 뒤 말랐던 이 나무에 새 가지 뻗어났네.
> (중략)
> 옛날부터 벼슬하면 전복을 좋아하고 동백기름 좋아 한다 말을 하더니 성중의 아전들은 방안을 막 뒤지고 규영(奎瀛)의 학사서는 아무렇게나 꽂아두네.』[69]

그러나 지방 관리들의 수탈에 못 견디어 완도지역 백성들이 그 귀한 황칠나무를 모두 베어버린 장면도 묘사되어 있다. 황칠은 옻칠의 한가지로 우리나라에서는 제주도에서 난다고 하는데, 1803년 다산의 나이 42세 때 완도의 황칠나무 관련 이야기를 썼다.

『그대 못 보았더냐? 궁복산[70] 가득한 황옻나무를,
금빛 액 맑고 고와 반짝반짝 빛이 나네.
껍질 벗겨 즙을 받아 옻칠하듯 하는데,
아름드리나무에서 겨우 한잔 넘칠 정도.』[71]

1817년 이시헌의 아버지인 이덕휘(李德輝:1759-1828)에게 보낸 다산의 또 다른 편지에는 "그대와 아드님의 공부가 모두 아주 근실하고 두터워 더 권면할 필요가 없습니다. 다만 먹는 것이 너무 박하여 병에 걸릴까 염려되니, 이것이 걱정입니다." 라고 한 내용이 있고, 보내 준 닭과 죽순, 여러 가지 반찬과 약유(藥油) 등에 대해 감사를 표하고 있다.

윤선도(尹善道:1587-1671)와 윤두서(尹斗緖:1668-1715)로 이름난 해남 윤씨 가문은 사대부로서 명예를 얻은 집안이다. 이 가문에 전하는 고서와 고문서는 5천여 점에 달한다. 훗날 효종이 되는 봉림대군은 1629년 6월 21일 스승인 윤선도의 생일에 음식을 보냈는데, 그 목록을 적은 문서가 전한다. 이 문서에 의하면 윤선도는 증편, 저민고기, 어만두, 전복을 넣고 끓인 추복탕, 정과 등을 받았다. 현재 사랑채인 녹우당은 효종이 스승인 윤선도에게 하사했던 경기도 수원집을 현종 9년(1668년)에 해상으로 운송하여 지금의 해남읍 연동으로 이전한 것으로 전해진다. 고산의 외증손자인 다산은 외가 녹우당의 책 곳간에 묻혀 지냈던 기억을 생생히 기록으로 남겼다.

정약용은 다산초당에서 지내던 시절에 윤씨 가문의 자제들을 포함하여 18명의 제자들을 가르쳤다. 만덕산 자락 서암에 머무르면서 다산에게 공부를 배웠던 18명의 제자와 동암에 거쳐하며 집필활동을 하였던 다산의 끼니는 어떻게 해결하였을까? 1817년 제자 이시헌의 아버지에게 보낸 편지에 보내 준 닭과 죽순, 여러 가지 반찬과 약유(藥油) 등에 대해 감사를 표하며, 먹는 것이 너무 박하여 병에 걸릴까 염려된다고 적고 있다. 이처럼 꼼꼼하고 세심한 다산의 성격으로 볼 때 이때의 기록도 당연히 있을 만한

데도 불구하고, 어떤 음식을 어떻게 먹었는지에 대한 기록은 찾아보기 어렵다. 아무래도 다산초당 바로 아래 있는 필자의 5대 조부 윤규로의 집에서 음식을 초당으로 올려 보냈을 것으로 추측된다. 다산초당은 다산의 집필실인 동암, 강학소인 본당, 제자들이 기숙하는 서암만 있을 뿐 취사할 공간은 없었기 때문이다. 그런데도 다산초당에서 먹은 음식에 대한 기록이 없는 것은 다산 정약용을 다산으로 모셔와 뒷바라지 한 윤규로의 가문에 누가 되지 않도록 하려는 다산의 속 깊은 배려 때문은 아니었을까? 다만 다산 정약용이 나이 마흔 일곱에 다산초당으로 옮겨와 기거하며 지은 시 〈3월 16일 윤규로의 다산서옥에서 노니며〉가 전한다.[72] 이 시에서 보는 것처럼 다산초당에서의 생활이 분수에 넘치는 정도였지만, 자랑하지 않겠다는 표현에서 다산의 윤씨 가문에 대한 배려의 마음을 헤아릴 수 있다.

> 『사는 곳 정처 없이 안개 노을 따라 다니는 몸
> 더구나 다산이야 골짜기마다 차나무로다.
> 하늘 멀리 바닷가 섬에는 때때로 돛이 뜨고
> 봄이 깊은 담장 안에는 여기저기 꽃이로세.
> 싱싱한 새우무침은 병든 사람의 입에 맞고
> 못과 누대 초라해도 이만하면 살만하지.
> 흡족한 마음에도 근심은 있지만 내 분수에 넘치니
> 여기서 노닐며 서울 사람에게 자랑하지 않으리.』

필자는 해남윤씨 가문에 시집와서 가문에 구전(口傳)으로 전해지는 전복볶음고추장을 시누이들에게 배웠다. 그리고 전복볶음고추장을 만드는 데 사용하였던 청동 솥을 물려받았다. 구전되는 전복장볶이는 5대 시조모께서 나이어린 아들 윤종진(당시 6세)을 교육해 주는 다산께 늘 만들어 드렸던 음식이라고 전한다. 그 후 윤동환 가문의 내림 손맛이 되어 해변 산중 오지마을의 다산초당을 찾는 이들을 대접하는 명찬이 되었고, 필자가 창업하여 운영하고 있는 다산명가(주)사회적기업의 주력 제품이 되었다.

전복은 옛날부터 왕들이 가장 좋아하는 음식이었다. 조선시대 문종은 아버지 세종을 위해 직접 전복을 요리했다. ≪조선왕조실록≫을 보면 "세종께서 일찍이 몸이 편안하지 못하므로 문종이 친히 복어(鰒魚, 전복)를 베어서 올리니 세종이 맛보게 되었으므로 임금이 기뻐하여 눈물을 흘리기까지 하였다"라고 기록되어 있다. 인조의 둘째 아들이자 북벌론으로 잘 알려진 효종은 전복을 너무 좋아하여 우암 송시열의 공격을 받은 내용이 역시 조선왕조실록에 기록되어 있다.

〈그림 43〉 가전된 청동솥과 놋주걱

1795년 을묘년 정조의 화성행차시 8일간의 상차림을 기록한 ≪원행을묘정리의궤≫에 의하면 대전과 자궁(혜경궁 홍씨)에게 60차례 올린 상차림에 전복요리 종류가 잘 기록되어 있다. 전복은 회, 탕, 초, 찜, 미음, 다식, 장복기 등 생으로 또는 말린 전복으로 다양하게 음식을 만들었다.

조선시대 전복은 주로 궁중 진상품이었는데, 당시 명(明)나라 황제도 조선(朝鮮)의 전복(全鰒)을 공물로 줄 것을 노골적으로 요구했다. 성종(成宗) 당시만 해도 황제가 요구해서 전복(全鰒)을 진헌한 것이 10여 차례가 넘는다고 기록되어 있다. 조선 중기의 학자·문신인 포저(浦渚) 조익(趙翼:1579-1655)이 쓴 ≪포저집(浦渚集)≫에 '중국 사신을 접대하는 고사에 따르면 제주(濟州)에서 전복(全鰒)을 구매하는 것이 수천 첩(貼)에 이르렀는데, 차인(差人)꾼이 반값만 지불하고서 사 오곤 하였다. 이에 공이 아뢰기를 "절도(絶島)의 백성들이 원망과 고통이 필시 많을 것입니다. 예전에 구매하여 지금 남아 있는 것으로도 충분히 접대용으로 쓸 수 있는데, 더군다나 조사가 꼭 전복을 찾는다는 보장도 없는데야 더 말해 무엇 하겠습니까. 설령 조사가 전복을 요구한다고 하더라도 다른 것을 대신 주면 될 것이니, 더 구매하는 일은 중지하도록 하소서. 그리고 이미 보낸 절반의 물품 값 역시 환수하지 말도록 하여 전일에 억지로 팔게 했던 일을 보상해 주도록 하소서."라고 하니, 광해군(光海君)이 이를 수용하여 그 뒤에 과연 전복의 용도에 부족한 점이 없었다. 그리고 제주 백성들이 깊은 바다 속에서 전복을 따다 보면 왕왕 죽는 자도 나오곤 하였으므로 더 구매하라는 명이 내려오면 목을 매어 죽으려고까지 하였는데, 그 명을 취소하는 동시에 절반의 물품 값도 환수하지 않도록 했다는 소식을 듣고는 제주백성들이 고무되어 감격의 눈물을 흘렸다.'라는 기록이 보인다.

≪목민심서·봉공(奉公) 6조·제5조 공납(貢納)≫에는 무혈복(無穴鰒)이란 전복상품의 종류에 대한 기록이 보인다. 다산은 세금으로 전복을 공물로 내도록 하는 공세제도에 대하여 깊은 이해가 있었다.

> 『《다산록(茶山錄)》에 이렇게 말하였다."제주에서 전복이 나는데 크기가 자라만 하였다. 재 속에 묻었다가 꺼내어 말리는데 대꼬챙이로 궤뚫은 구멍이 없으므로 무혈복(無穴鰒)이라 한다. 수년 이래 감사가 이를 요구하므로 점차로 민폐가 되었다."』[73]

≪경세유표·지관 수제(地官修制)·전제(田制)12·정전의(井田議)4≫(제8권)에

섬에서는 관세징수를 곡식으로 하지 않고 건복이나 해삼으로 해야 한다는 주장과 이와 관련 된 지방 관리의 뇌물행태를 지적하고 있다.

> 『섬에서 귀한 것은 곡식이다. 큰 섬에는 밭이 있어도 오히려 곡식을 사들이는데 작은 섬에는 밭도 없으니 무엇으로써 곡식을 거두겠는가? 이와 같은 데에는 건복(乾鰒)과 해삼 따위로 세액에 충수함이 마땅하나 다만 이와 같은 물건은 상납하기가 매우 어렵다. 크거나 작다고 트집을 잡으며, 싱싱하고 추하다는 데에 트집을 잡아서, 뇌물이 없으면 아전이 퇴짜를 놓는다.』[74]

정조(正祖)가 쓴 ≪홍재전서(弘齋全書)≫에도 전복을 캐기 위하여 애쓰고 힘들어 하는 모습이 마치 눈앞에 보이는 듯 하다며, 차라리 어공(御供)을 줄일지언정 백성들을 수고롭게 하지 말라고 명하며, 전복과 관련하여 잘못을 바로 잡는 내용이 나온다. 당시는 전복을 캐는 일이 목숨과도 바꿀 만큼 힘든 일이었다. 이에 정조는 제주 백성의 고통을 생각하여 제주에서 연례적으로 바치던 회전복(灰全鰒) 5508첩(貼) 17관(串) 안에서 임시 감한 것과 아직 감하지 않은 것을 영구히 감해 주도록 한 조치를 했다.

당시 전복요리를 위해 전복을 손질하는 방법은 아주 다양하였다. '유갑생복(有匣生鰒)', '반건 전복(半乾全鰒)', '숙복(熟鰒)' 건복(乾鰒)과 통째로 말린 '원(圓)전복', 말리는 도중 두들겨 편 '추복(搥鰒)', 살을 길게 저며 말린 '세인복(細引鰒)', 전복을 띠처럼 저며서 말린 것은 '장인복(長引鰒)' 살을 얇게 저며 만든 '단인복(短引鰒)' 등으로 다양했다.[75]

≪일성록(日省錄)≫에는 정조 19년(1795년) 자궁 내전이 경모궁에 나아가 전작례(奠酌禮)를 행할 때 신위 앞에 올린 제물 중 전복초(全鰒炒)와 생복초(生鰒炒)를 합하여 1그릇을 올렸다. 그 외에도 19년(1795) 6월 18일 자궁(慈宮) 진찬(進饌)에는 전복해삼홍합초(全鰒海蔘紅蛤炒), 전복숙(全鰒熟), 생복숙(生鰒熟), 생복회(生鰒膾) 등이 등장한다. 또 조선 후기의 문신인 약천(藥泉)

〈그림 44〉 건전복 : 불려서 탕을 만들거나 좌반에 사용

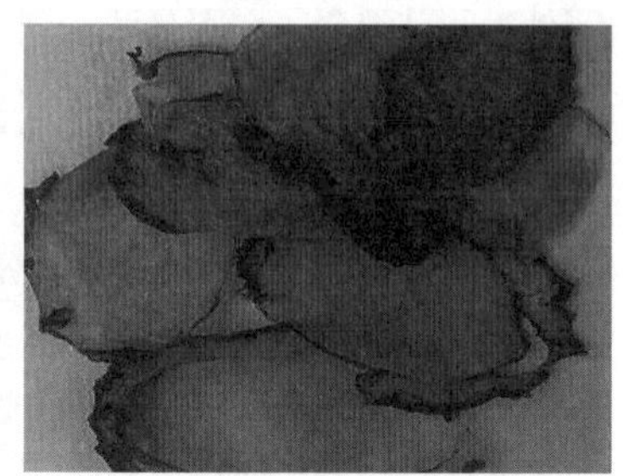

〈그림 45〉 추복 : 살만 포를 떠서 방망이로 두들기며 늘려서 말린 것

〈그림 46〉 전복포 : 살만 포를 떠서 양념하여 말린 것

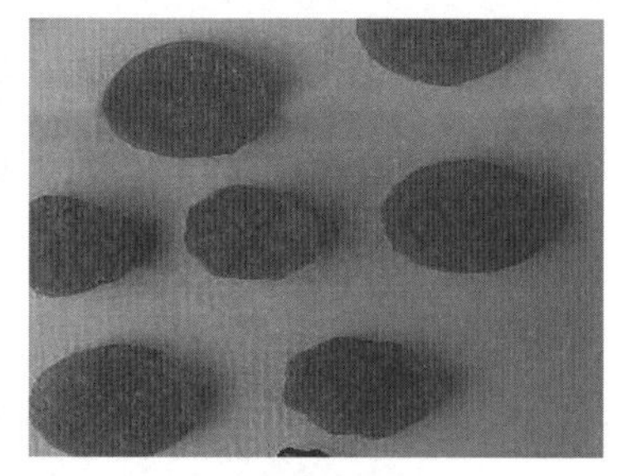

〈그림 47〉 전복다식 : 전복살을 꾸둑꾸둑하게 말려 다진 후 꿀과 후추를 넣고 오래 찧어 다식판에 박아낸 음식

남구만(南九萬:1629-1711)이 지은 ≪약천집(藥泉集)≫에 보면 숙종(肅宗)이 1696(숙종22) 8월과 10월 두차례에 걸쳐 '전복탕(全鰒湯)'을 하사하였다는 내용이 나온다.

한편(≪다산시문집≫(제5권)·〈용혈행(龍穴行)〉에서는 봄놀이에서 전복에 낙지회와 농어회를 같이 먹은 것을 기록하고 있다. 강진지역에서 조선후기에 파 썰어서 볶은 것, 미나리 데침을 전복회에 곁들어 먹는 음식습관이 있었음을 보여준다.

『농어국에 전복회에 이것 저것 그득하며, 파 익히고 미나리 데치고 모두가 제격이었네』[76]

또한 다산이 1816년 강진에 유배해 있는 동안 우이도의 문생이 인편에 편지를 받고 기쁨을 표한 간찰에는 전복(全鰒)을 보낸 준 것에 사례하고 다병(茶餠) 50개를 보낸다고 씀으로서 다산이 유배 중에 건전복을 선물 받아 음식으로 먹었음을 알 수 있다.

『우이도 문생이 와서 보내 준 서찰을 받으니 애통하고 위안되는 마음이 진실로 간절하였습니다. 요사이 매우 추운 날씨에 예전처럼 편안히 잘 지내시는지, 달려가고 싶은 마음 바로 깊습니다. 복인(服人)은 운세가 불행하여 문득 중씨의 상을 만났으니 애통하고 박절한 정리를 어떻게 다 말씀 드리겠습니까? 연전에 여러분들이 힘써 만류하여 돌아오라 했으니 그 후한 뜻을 잊기 어렵습니다. 이번 여름에 부의도 이처럼 후하게 해 주셨으니 이는 진실로 말속에서 듣지 못하던 일입니다. 어떻게 고마움을 표해야 할지 모르겠습니다. 거기에 전복까지 보내 주셨으니 더욱 어찌할 바를 모르겠습니다. 감사의 말씀 일일이 다 못 드립니다. 다병 50개를 보냅니다. 병자년(1816, 순조 16) 11월 16일 복인』

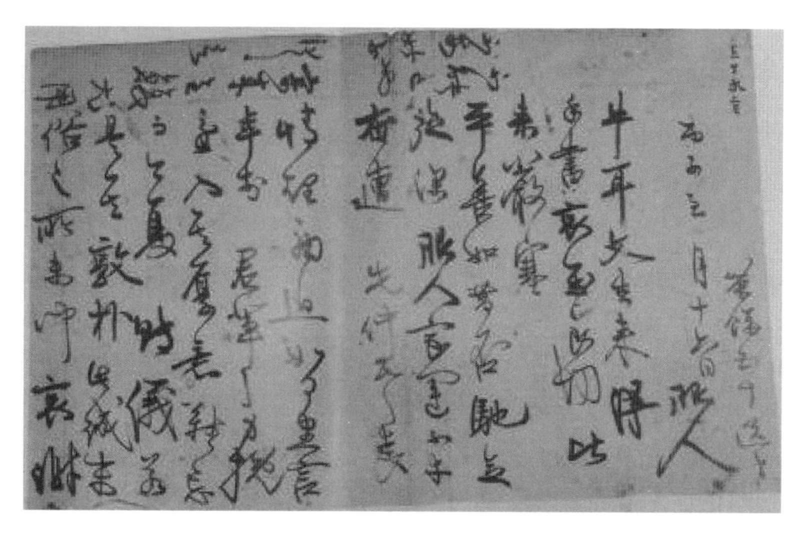

〈그림 48〉 다산 간찰, ≪다산 정약용 – 마파람이 바다 위에 불어–≫, 104~105쪽

허균(許筠:1569-1618)의 시문집인 ≪성소부부고·설부(說部) 5·도문대작(屠門大嚼)≫(제26권)에는 전복에 대하여 다음과 같은 기록이 있다.

『큰전복(大鰒魚)은 제주에서 나는 것이 가장 크다. 맛은 작은 것보다는 못하지만 중국 사람들이 매우 귀히 여긴다. 꽃전복(花鰒)은 경상북도 해변 사람들은 전복을 따서 꽃 모양으로 썰어서 상을 장식하는데 이를 화복이라 한다. 또 큰 것은 얇게 썰어 만두를 만드는데 역시 좋다.』[77]

서유구(徐有榘:1764-1845)의 ≪임원경제지(林園經濟志)≫에는 전복김치인 복저방(鰒菹方) 만드는 방법이 소개되어 있는데, 남구만(南九萬:1629-1711)의 ≪약천집·시(詩)·유자(柚子)를 읊은 시 이십 수 병서(幷序)≫(제2권)에도 진도지역에서 조선시기에 김치를 담글 때에 유자껍질과 배와 함께 전복으로 김치를 담근 것이 묘사되어 있다.

『일찍이 들으니, 숙부께서 진도(珍島)로 유배 가셨을 때에 유자 껍질을 잘게 썰어서 배[梨]와 전복과 합하여 김치를 담았는데, 풍미(風味)가 뛰어나서 연화(煙火) 가운데의 사람이 먹을 수 있는 것이 아니라고 하였다. 나도 이것을 본받아 김치를 만들고는 젓가락을 멈추고 감회를 썼다』[78]

흑산도로 유배 간 정약전은 자신의 저술 ≪자산어보(玆山漁譜)≫에 전복을 포로 먹을 것을 권하고 있다.

『전복의 살은 맛이 달고 깊다. 날로 먹어도 좋고 익혀 먹어도 좋지만, 가장 좋은 방법은 포로 먹는 것이다.』[79]

이응희(李應禧:1579-1651)의 ≪옥담사집·만물편(萬物篇) ○어물류(魚物類)·전복(全卜)≫에는 전복을 채취하는 모습을 자세히 읊은 시가 있다.

『듣자하니 어부(교인) 무리들은 잠수하여 바닷속에 들어간다지.
긴 창으로 바위틈을 찔러서, 단단히 붙은 전복을 따내지.
처음 보면 흰 옥인 듯하다가, 마침내 붉은 호박빛을 띠네.
어패류가 수만 종류 많지만, 우리 동방에서 으뜸가는 것일세.』[80)]

≪다산시문집 제4권·시(詩)·아가노래(兒哥詞)≫에는 다산이 장기에 유배해 있는 동안 울진지역의 며느리들이 해녀활동을 하면서 전복을 따는 장면을 보고 이를 시로써 생생하게 묘사하고 있다.

『실오라기 몸에 하나 안 길친 아가가
맑은 연못 들락거리듯 짠 바다를 들락거리네.
엉덩이를 치켜들고 머리 처박고 곧장 물로 들어가서,
오리처럼 자연스럽게 잔물결을 타고 가네.

소용돌이 무늬도 흔적 없고 사람도 안 보이고
박 한 통만 두둥실 수면에 떴더니만
홀연히 물쥐같이 머리통을 내밀고서
휘파람 한 번 부니 몸이 따라서 솟구치는구나.

손바닥같이 큰 아홉 구멍짜리 전복은
귀한 양반 부엌에서 안줏감으로 쓰인다네.
때로는 바위틈에 방휼[81)]처럼 붙어 있어
솜씨꾼도 그때는 죽고야 만다오.
아가가 죽는 거야 말할 것은 없지마는
벼슬길의 열객들도 모두가 보자기라네.』[82)]

3. 다산의 해배 후 음식생활

해배 후의 시기는 다산의 노년기로 그가 해배되었던 1818년부터 사망한 1836년까지의 기간이다. 57세가 되던 1818년 9월 14일 다산은 유배지에서 풀려나 고향 마현으로 돌아가 노년을 보냈다. 따라서 다산의 해배 후의 음식생활은 유배에서 풀린 후 고향에서 어떻게 생활하였고, 어떤 음식을 먹었는지를 고찰하여 보는 것이다. 이점에서 황민선의 연구[83)]가 큰 참고가 될 것이다. 이 연구의 제3장 제4절은 〈해배기 : 현실과 이상의 공존적 원림상 실현〉이란 부제가 붙어 있는데, 〈표 3〉의 〈다산 해배시기의 원림 정자 기록〉 및 해배시기에 쓰인 다산의 시가 작품에 대한 자세한 해설이 참고할 만하다.

〈표 3〉 다산 해배시기의 원림 정자 기록

구분		방 문	거 주
관가		여동근(呂東根)의 井邑 관사	
명승		연대정(練帶亭), 몽오정(夢烏亭), 망도각(望道閣), 일감정(一鑑亭), 소양정(昭陽亭)	
사가	지인	呂友晦草亭(呂榮川江亭), 李而遠屋壁, 趙正言山亭, 이연심(李淵心)초당, 이순경(李舜卿)초당	
	본인	문암장(門巖莊)	蔘亭(五葉亭), 학산초당(學山草堂), 山齋(山閣), 채화정(菜花亭)

다산의 노년의 삶은 여전히 학문에 치중하였지만, 한강변에서 산수를 벗 삼아 한강을 오르내리며 자연인으로 살고자 했던 인간 정약용으로서의 삶도 있었다. 다산은 고향으로 돌아와 형 정약현과 친구 이재의(李載毅), 아들들과 함께 젊은 시절에 찾았던 고향 마을 근처의 명승지를 다시 찾아

옛날을 회고하며 아름다운 시와 글을 지었다. 용문산에도 오르고 용문사(龍門寺)에 들러 시와 글을 지었다. 아름다운 강원도의 명승지도 찾아 나섰다. 소양강의 흐르는 물에 뱃놀이도 하고 정자에 올라 회포를 풀기도 했다. 당대의 학자들과 함께 젊은 시절에 형제들과 함께 노닐었던 천진암을 찾아가 글을 짓기도 했다. 또한 남한강을 따라 선영이 있는 충주를 다녀왔고 조카와 손자의 혼례 일로 북한강을 유람하며 춘천을 여행하기도 했다. 배를 타고 남한강과 북한강을 유람하며 조선을 새롭게 발견하였다. 한강의 물줄기를 답사하며 조선의 역사와 지리를 탐구한 정약용은 우리 문화권을 패수, 즉 대동강을 중심으로 하는 북방문화권과 열수, 즉 한강을 중심으로 하는 남방문화권으로 구분하기도 하였다.[84]

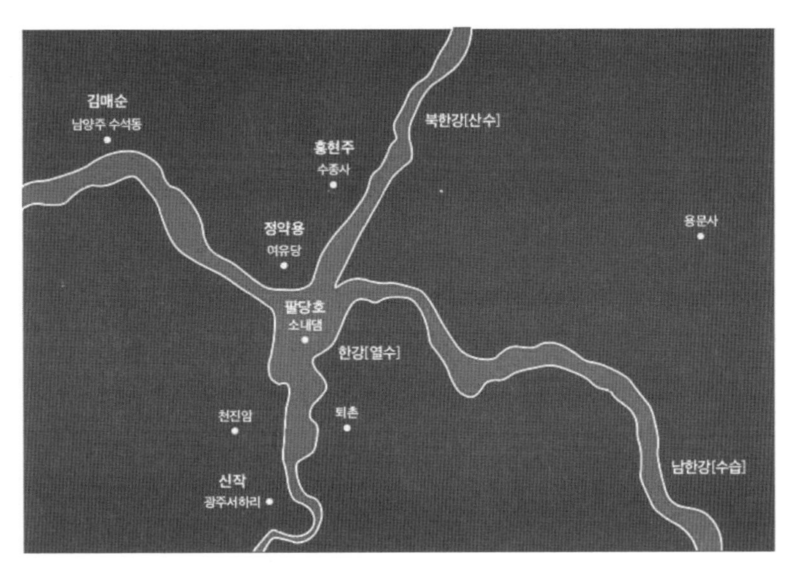

〈그림 49〉 다산의 여유당 지리도

또한 다산이 주로 거주했던 마현에 소재한 원림이 있다. 가장 먼저 원림시에 보이는 원림은 여유당 동쪽에 지은 채화정(菜花亭)이다. 1821년에 쓴 〈화정을 새로 지었는데 권좌형이 마침 왔으므로, 동파의 시에 차운하여 애오라지 노필을 시험하는 바이다(菜花亭新成權左衡適至次韻東坡聊試老筆)〉라는 글을 보면 이 때 채화정이라는 정자를 완공하여 꽃과 채소를 심고 친구들을 불러 함께 노닐었던 것을 알 수 있다.

1827년 이후 지은 시 중에는 검단산(지금의 하남에 위치) 자락 백아곡 인삼밭 주변에 오엽정(五葉亭)이라 편액한 정자를 지어놓고 농사 일 중에 휴식을 취할 수 있도록 했다. 오엽(五葉)은 인삼의 다른 이름이기도 한데, 다산은 말년에 아들과 함께 가족의 생계 대책으로 단순한 채소밭 가꾸기를 넘어 경제작물인 인삼을 재배했던 것으로 보인다. 유배 이전이나 유배 중에도 다산의 집안은 빈곤을 벗어나지 못했는데, 인삼 재배에 성공하면서 집안 살림이 다소 여유가 있게 되었다.[85] 이런 성공에는 평소 의약에 관심을 가지고 약초를 재배해 온 다산과 아들의 의약지식이 크게 작용했을 것으로 생각된다. 1828년 6월경에 쓴 〈오랜 비가 곡식을 상하므로, 동파의 구한심우의 시 삼수에 차운하여 송옹에게 받들어 보이다(久雨傷稼次韻東坡久旱甚雨之作三首奉示淞翁)[86]〉에는 인삼밭 주변에 계단을 만들어 정리한 과정을 상세히 그리면서 인삼 재배에 대한 다산의 소회가 담겨 있다.

다산은 고단했던 18년 유배생활의 노독을 이렇게 풀면서 마무리하지 못한 저서들을 완성하느라 학문연구에 몰두하였다. 유배 때 저술했던 내용을 해배 이후 대부분 개정하고 체계화했다. 미완이었던 ≪목민심서≫를 완성하고, ≪흠흠심서≫, ≪아언각비≫, ≪매씨서평≫ 등의 저작을 내놓았다. 또한 유배지에서 가득 안고 돌아온 저서들의 객관적 평가를 받기 위해 당대의 학자들과 만나고 서신을 교환하면서 정당한 학설을 세우고자 노력하였다. 교유하였던 학자는 신작(申綽:1760-1828), 김매순(金邁淳:1776-

1840), 홍석주(洪奭周:1774-1842), 홍현주(洪顯周:1793-1865), 문산(文山) 이재의(李載毅:1772-1839) 등이었다. 나이나 당색, 학문적 계파를 넘어 열린 마음으로 학자들과 교유했다.

마재에서 가까운 광주 사촌에 살던 석천 신작은 정치적으로는 소론으로 당론당색이 다르고 학문적으로도 견해가 일치하지는 않았지만, 한강을 마주하고 살던 두 사람은 서로의 학문을 인정해 주는 사이였다. 학문과 문장으로 손꼽히던 대산 김매순은 당시 노론 김창흡의 후손으로 젊은 시절 규장각에서 다산과 함께 근무한 인연이 있었다. 두 사람은 30년의 세월이 흐른 뒤 백발의 노인이 되어서 비로소 재회를 했다. 김매순은 정약용이 쓴 ≪상례사전≫과 ≪매씨상서평≫을 검토하고 1822년 1월 29일 높이 평가하는 비평서를 보냈다. 다산은 답신의 글에서 "박복한 목숨 죽지 않고 살아서 돌아왔습니다. 이제 죽을 날도 멀지 않은 때에 이러한 편지를 받고 보니 처음으로 더 살아보고 싶은 생각이 듭니다." 라며 감격의 마음을 전했다. 연천 홍석주는 역대 한국의 10대 문장가들의 글을 소개해 놓은 책에 글이 실릴 정도로 문장력과 학식이 탁월한 인물이다. 다산은 홍석주로부터 새로운 학문정보를 얻었으며, 자신의 만년 저작에 대한 비평을 듣는 기회로 활용했다. 특히 경학 저술이 주종을 이루었는데, 이들 간의 상서 연구서 토론은 조선후기 경학사에 있어 매우 중요한 위치를 차지하고 있다. 다산은 1827년 12월 8일 홍석주에게 보낸 편지에서 '알지 못하면서 나를 공격하는 자는 내가 굴복하지 않으나, 나의 아는 바를 알고 또다시 그것을 넘어서 나에게 독행에 힘쓸 것을 바라니 내가 어찌 그런 분과 함께 학문의 세계에 나아가는 것을 즐거워하지 않겠습니까?' 라고 답하였다. 홍석주의 동생이자 정조의 사위인 홍현주는 정약용이 사는 마재를 자주 찾아온 인물이다. 다산이 70세 되던 해인 1831년 10월 16일 홍현주가 수종사(水鍾寺)에 가기를 권했지만 기력이 쇠하여 동행하지 못하고, 이날 밤 오엽정에서 함께 숙박하며 토론하였다. 문산 이재의와는 당파가 다르고 10살 연하의 나이 차이에도 불구하고 학문과 우정을 나눈 사이였다. 문산은 벼슬은 하지 않고 학문에만 전념하여 주역에 정통하였고, 시문에도 능하였으며 전국의 명승고지를 유람하면서 900여 수의 시를 남기기도 했다. 당색이나 학파에 구애받지 않았던 이재의는 1814년 전주에 갔다가 강진에 들러 유배 중인 정약용을 지금은 백련사라 불리는 만덕사에서 만나 함께 학문적 토론을 하고 시를 주고받았다. 이들의 우정은 1836년까지 지속되었는데, 이 때 두 사람이 주고받은 시를 모은 것이 ≪이산창수첩(二山唱酬帖)≫[87]이다. 두 사람의 교유는 해배 이후에도 이어져 여유당에 머물며 함께 경서를 읽기도 하고, 1824년 손자의 혼사일로 북한강을 거슬러 춘천과 곡운을 갈 때도 함께 동행 했다.

〈그림 50〉〈선비들의 모임〉 양평을 거닐다

이처럼 다산은 해배 후에도 마치 그의 제자 황상에게 삼근계(三勤戒)를 전해 준 이야기를 실천이라도 하듯 학문의 끈을 놓지 않았다. 황상은 전남 강진에서 아전의 자식으로 태어나 다산을 만나 공부를 시작하게 되었다. 열심히 공부하라는 스승의 당부에 황상은 물었다. "저 같이 머리가 둔하고, 앞뒤가 막혀 답답하고, 어둔하여 이해력이 부족한 사람도 공부할 수 있나요?" 그러자 다산이 대답하였다. "학문은 공부하는 자들에게 세 가지 큰 병통이 있다. 첫째, 외우기를 빨리하는 사람은 재주만 믿고 공부를 소홀히 하는 폐단이 있고. 둘째, 글재주가 좋은 사람은 속도는 빠르지만 글이 부실하게 되는 폐단이 있으며. 셋째, 이해가 빠른 사람은 한번 깨친 것을 대충 넘기고 곱씹지 않으니 깊이가 없는 경향이 있다. 그런데 너에게는 해당하는 것이 하나도 없구나. 둔한데도 계속 열심히 하면 지혜가 쌓이고 막혔다가 뚫리면 그 흐름이 성대해지며, 답답한데도 꾸준히 하면 그 빛이 반짝반짝하게 된다."며 황상을 격려하였다고 한다. 둔한 것이나 막힌 것이나 답답한 것이나 부지런하고, 부지런하고, 부지런하면 풀린다는 것이 다산의 제자에 대한 가르침이었다. 제자 황상은 다산이 유배가 풀려 강진을 떠나게 되자, 산속에 작은 집 한 채를 마련해 농사를 지으며 이 삼근계를 마음에 새기고 평생 공부하였다고 한다. 다산도 제자에게 당부하였던 삼근계를 노년까지 실천하였던 것이다.

다산의 노년기는 여러 가지 관점에서 조망할 수 있다. 먼저 다산이 남긴 방대한 저술 속에는 백성들을 위하는 마음이 가득하다. 이태순(李泰淳:1759-1840)의 상소로 해배 명령이 내려지던 봄에 다산은 목민심서를 완성했다. 지방의 관리로서 수령이 임명을 받은 이후부터 벼슬을 떠날 때까지 행해야 할 일들에 관하여 자세히 기술하고 있다. 둘째, 다산은 나이나 당색, 학문적 계파를 넘어 열린 마음으로 많은 학자들과 교유했다. 앞에서 살펴 본 여러 명의 교유자들 중 대표적으로 10살 연하, 노론가문의 선비인 문산 이재의이다. 셋째, 다산은 연구와 저술에 몰두하며 학문의 완성을 위한 열정을 마지막까지 불태웠다. 노년에 조선조의 인명사건 판례집이라 할 수 있는 ≪흠흠신서≫를 저술하였다. 백성들의 부당한 죽음과 억울함이 없는 형의 집행을 위하여 저술한 것이다. 판결에 있어 신중에 신중을 기할 것을 당부한 것은 자신의 억울한 유배경험과 관련이 깊을 것으로 추론된다. 특히 강진 유배시절의 저작을 수정 보완하고 완성하는 작업을 계속하였다. 넷째, 다산은 노년에 존엄한 죽음(well-dying)을 맞이하기 위한 준비를 했다. 다산은 1822년 61세의 나이로 자전적 유언서라 할 수 있는 '자찬묘지명(自撰墓誌銘)'을 지었다. 자신의 삶을 되돌아보고, 자신의 저술에 대한 체계와 요지를 설명한 자찬묘지명은 광중본과 집중본 두 편으로 작성되었다. 문집에 넣어 영원토록 전해지기를 바랐던 집중본은 자신의 일생을 자세히 열거하였다. 즉, 그의 학문적 업적을 위시하여 새로운 자신의 경학에 대한 학설과 경제, 실용의 학문에 대한 상세한 해설까지 해 놓았으니 그의 일생을 총괄적으로 알아보는 데는 불편이 없다.

자신의 일생만이 아니라 자신의 선배나 친구들로서 가까운 동지적 관계에 있었던 녹암 권철신(權哲身:1736-1801), 정헌 이가환(李家煥:1742-1801), 복암 이기양(李基讓:1744-1802), 매양 오석충(吳錫忠:미상-1806), 남고(南皐) 윤지범(尹持範:1752-1821)을 비롯한 실학자들에 대한 일대기를 저술해 역사의 거울로 삼도록 했다. 이들은 대부분 천주교 신자로 몰려 신유사옥에 연루되어 죽음을 당했거나 귀양지에서 죽은 인물들로 다산의 일생과 연관이 깊은 사람들이었다. 친구들인 윤지눌(尹持訥:1762-1815), 이유수(李惟秀:1721-1771), 윤서유(尹書有:1764-1821) 등의 일대기도 묘지명이라는 이름으로 기술해 놓아 친구들에 대한 우정도 잊지 않았다. 또 자신의 큰형인 정약현(丁若鉉:1751-1821)과 둘째형 정약전(丁若銓:1758-1816)에 대한 일대기도 그 무렵에 저술해 형제들에 대한 애정까지 자세히 보여주었다.

다산은 일흔다섯 살인 1836년 2월 2일 고향 마현의 집에서 잠들어 여유당 언덕에 묻혔다. 당호인 여유당은 다산이 1800년 모든 관직을 버리고 가족과 함께 고향으로 내려와 지었다. 묘소에서 바라다보면 여유당이 발아래 내려다보이고 저만치 두물머리에서 합류한 한강이 흐른다. 남한강과 북한강 두 물이 어우러져 한 물로 흐르는 곳이다. 다산은 한강을 '열수'라 했다. 열수(洌水)란 큰 물줄기가 맑고 밝게 뻗어 내리는 강이라는 뜻이다.

시대의 모순과 비리를 직시하여 현실문제에 대한 해결책을 제시하고자 했던 다산은 민본과 애민의 가치를 구현하기 위해 한결같은 일생을 보낸 것이다. 다산이 살다간 시대에는 대부분 50대에 사망하여 60대를 넘기기가 어려웠다. 그래서 60세를 넘기면 60갑자가 '한 바퀴를 돌았다'는 뜻으로 한국 나이 61세를 환갑 또는 회갑(回甲)이라고 하여 그 기념으로 크게 잔치를 벌였다. 이러한 풍속은 동아시아에만 존재하는 전통으로 중국, 일본, 베트남도 환갑이 되면 크게 축하하는 것이 일반적이었다. 그러나 1980년 말을 기점으로 평균 수명이 70세를 넘기면서 환갑을 넘기는 것은 매우 흔한 일이 되었다. 요즘 환갑은 과거와는 달리 한창 나이일 때다. 그래서 큰 잔치를 열지 않고 있다. 평균 수명의 증가로 고희(70세)부터는 잔치를 벌이는 경우도 있지만, 이마저도 대체적으로 삼가기도 한다. 저출산으로 인해 백일잔치와 돌잔치는 예전 못지않은 위상인 걸 생각하면 문화란 얼마나 많은 환경의 영향을 받는가를 알 수 있다. 해배 후의 일상을 다산은 다음과 같이 쓰고 있다.

『꽉 막힌 검은 기운을 털어서 열어 헤치고, 고요한 연대정에 올라가 노니누나.
부끄러워라, 늙은 나는 근력이 떨어져서 채소밭이나 가꾸며 산집에 누워 있노라.』[88]

그렇다면 유배가 풀려 고향으로 돌아와서는 어떤 음식을 먹었을까? 병들어 쇠약해진 몸과 기운, 기울어진 가세 때문에 무엇인들 제대로 먹을 것이 있었겠는가? 이런 다산을 배려하여 부인이 자주 만들었을 것으로 보이는 음식, 만두를 들 수 있다.

1) 만두

만두는 밀가루나 메밀가루 반죽으로 껍질을 만들어 고기, 두부, 김치 등을 잘 다져서 섞어 버무린 소를 넣고 찌거나 튀긴 음식을 말한다. 원래 만두는 중국 남만인들의 음식이라고 전한다. 중국에서는 소를 넣지 않고 찐 떡을 만두라고 부르며, 소를 넣은 것은 교자(餃子)라고 부른다. 하지만 우리나라는 소를 넣은 것만을 만두라고 부른다. 이익(李翊:1629-1690)의 글에 만두 이야기가 나오는 것으로 보아 조선 중기 이전에 중국에서 들어온 것으로 보인다. 우리나라에서는 만두가 상용식은 아니고 겨울, 특히 정초에 먹는 절식이며 경사스러운 잔치에는 특히 고기를 많이 넣은 고기만두를 만들어 먹었다.

구수훈(具樹勳:1685-1757 영조 때 무신)이 쓴 ≪이순록(二旬錄)≫에는 "인조(仁祖)가 전복만두(全鰒饅頭)를 좋아 하였는데, 생신날에 왕자가 비(妃)와 함께 동궁에서 직접 만두를 만들어 가지고 새벽에 문안을 올렸다"는 기록이 있다. 잦은 전란(戰亂)으로 심신이 허약해 진 인조의 몸을 추스르는데, 전복만두만큼 좋은 음식은 없었을 것으로 여기고 소현세자는 아버지 인조의 생신에 강빈과 함께 전복만두를 빚어 새벽문안을 드렸던 것이다. 비운의 왕세자로 죽임을 당했지만, 전복만두는 아버지 생신에 아내와 함께 빚어서 새벽문안을 드렸던 효심 깃든 음식이다.

1828년 다산의 나이 67세였고, 10년 후배인 문산 이재의가 마재의 다산 집으로 찾아 왔었다. 사흘 뒷날 밤에 만두를 쪄 놓고 장구를 치면서 시를 지으며 즐겼다는 기록이 있다.

『늙은 아내의 만두는 세상 기호에 따른 것이니
당연히 자타갱[89]보다 많이 못하진 않을 걸세.』[90]

이 구절에서 보듯이 무척 추운 겨울, 다산과 문산은 맛있고 구수한 만두를 먹으면서 우정을 다지고 시를 지었다. 다산선생이 치아가 좋지 않았음을 십분 감안할 때 부인이 아마도 씹기에 불편한 치아 상태를 고려하여 다산선생에게 만두를 많이 만들어서 제공하였을 가능성이 높다. 특히 해배 후 노년기인 점을 고려해 볼 때에 "늙은 아내의 만두는 세상 기호에 따른 것이니" 라는 말은 풍속적인 차원과 개인 건강적인 차원에서 아내가 특히 여러 가지 형태의 만두 즉, 여러 가지 형태의 야채만두, 어만두, 고기만두 등을 만들어 주었을 것으로 판단된다.

"늙은 아내의 만두는 세상 기호에 따른 것이니"라는 말은 또한 나이든 아내가 만두를 잘 만들었으며, 이는 당시 조선후기의 음식문화 트렌드임을 말하고 있는 것이다. 그런 아내의 음식을 진기하고 귀한 중국의 낙타고기로 끓인 국에 비유함으로써 얼마나 아내의 음식이 맛있었는지를 간접적으로 설명하고 있다. 어쩌면 가난하고 힘든 살림에 어떻게든 손님상을 차려내려고 애쓰는 아내 홍씨에 대한 고맙고 미안한 마음의 표현이었는지도 모른다.

다산의 아내는 지인들과의 교유에도 만두를 자주 만들어 냈음을 기록으로 볼 수 있다. 문산 이재의와의 여러 가지 교유시가 보이는데, 이는 교유관계에 있는 이재의를 위해 자신의 아내가 얼마나 정성을 다하여 음식을 준비하였는지를 설명하고 있다.

청유 김재곤과 광산 박종유[91]와 자그마한 모임을 갖고 아내가 지은 만두를 차려서 내놓는 모양이 그려진 시문도 있다.[92] "깊고 고즈넉한 집에 고기 다지는 소리 울려와 기쁘구나"라는 구절은 아내가 만두를 만들기 위해 고기를 다지는 장면을 그린 것이다.

『물 건너서 불러라 세모의 정 넘치는데,
두어 봉우리 석양은 밝은 빛을 감추어주네.
겨울 산 매화 구경하잔 약속 잘 실천했고,
깊고 고즈넉한 집에 고기 다지는 소리 울려와 기쁘구나.
모두 백발을 이미 드리웠으니 참으로 나의 벗이요,
오건은 썼지마는 또한 서생일 뿐이라네.
어느 날 얼음 꽁꽁 얼고 좋은 눈 쏟아지거든,
또 맑은 밤 가려 돈을 모아 잉어탕이나 먹자구려.』[93]

새소리와 짐승소리나 들릴 것 같은 깊은 산속 외로운 집안에 오랜만에 손님이 찾아서 도마 위에 두들겨지는 만두 속 다지는 소리가 이렇게 정겹게 느껴질 수가 있을까? 친구들이 찾아온 계절은 아마도 겨울이었던 것으로 추정되나 만두만 대접하게 된 사정이 적이 마음이 편치 않았던 것 같다. 그래서 시작에서는 돈을 모아서 남양주의 잉어탕을 같이 먹자는 후일의 기약으로 맺게 되었을 것이다.

만두는 조선후기 특히 다산과 같은 시기에 매우 많이 먹던 음식임을 알 수 있는 싯구가 보인다.[94]

『만두가 비록 동글동글 하다지만 떡국이 있는 데야 누가 후회하리.』[95]

장유(張維:1587-1638)가 쓴 시에 의하면 만두로 식사를 대용하는 경우가 있었음을 보여준다.[96]

『점심을 잘 먹었더니 저녁은 생각 없어, 만두 하나로 때우니 속이 마냥 편안하네. 뜻이 족하면 그만이지 무엇이 더 필요하랴. 늙은이 쇠한 위장을 잘 보살펴 주어야지.』[97)]

2) 농어와 쏘가리

1800년 6월 정조가 승하하고, 오랜 당쟁에 지친 다산은 낙향하여 이런 글을 썼다.

『나는 약간의 돈으로 배 한 척을 사련다. 배 안에는 어망 네 댓 개와 낚싯대 한두 개를 빌려 놓고, 솥과 그릇, 술잔과 쟁반 등 여러 가지 부엌살림을 갖추고, 방 한 칸을 만들어 아궁이를 놓고 싶다. ... 수종산을 왕래하면서 오늘은 오계의 연못에서 고기를 잡고, 내일은 석호에서 낚시질을 하며, 또 다음 날은 문암의 여울에서 고기를 잡으며 살고 싶다. 바람을 반찬 삼아 물 위에서 잠을 자고, 마치 물결에 떠다니는 오리처럼 둥실둥실 떠다니다가 때때로 짤막짤막한 시나 읊고자 한다. 이것이 나의 소원이다.』[98)]

고기를 잡는다. 바람을 맞으며 물 위에서 잠을 자고 마치 물결에 떠다니는 오리들처럼 둥실둥실 떠다니다가, 때때로 짤막짤막한 시가(詩歌)를 지어 스스로 기구한 정회를 읊고자 한다. 이것이 나의 소원이다. 이런 젊은 날의 다산의 소원은 해배가 되어 노년에 이루어졌다. 1820년 다산은 그렇게도 소망하던 낚싯배를 만들어 타고 북한강을 거슬러 올라가며 춘천 일대를 유람했다. 1822년 회갑을 맞아 아들과 함께 다시 북한강 여행을 나설 때는 낚싯배를 집처럼 꾸몄다. 지붕을 얹고 '산수록재(山水錄齋)'라는 편액까지 걸었다. 아들의 배에는 '물 위에 떠다니며 살림하는 집(부가범택·浮家汎宅)'과 '물에서 자고 바람을 먹는다(풍찬수숙[風餐水宿])'이라고 이름 지었다. 젊은 시절 형제들과 고향 소내(남양주시 조안면 능내리)의 실개천인

'초천(소내의 한자 이름)'에서 천렵하던 다산이 말년에는 유배의 쓰라림을 달래기라도 하듯 그렇게 소원하던 낚싯배를 만들어 아들과 함께 선상에서 숙식하며 낚시를 즐겼던 것이다.

1830년 다산이 70세 고희를 앞둔 무렵, 정조의 외동 사위이자 순조의 매제인 홍현주가 다산을 만나러 왔다. 다산보다 31세나 어리지만 부마라는 명예와 권력의 지위에 있으면서도 다산의 명성을 흠모해 자주 만나던 관계였다. 홍현주는 농어를 맛보고 싶어 했다. 농어회는 선비들이 최고로 꼽는 귀한 생선이었다. 그런데 하필 그날 농어가 잡히지를 않았다. 어부는 강 언저리를 샅샅이 더듬어 한자(30cm) 정도 되는 작은 농어 한 마리를 간신히 잡았다. 다산은 홍현주를 충분히 대접하지 못해 무안하고 낭패한 심정을 이렇게 적고 있다.[99] 다음 글에서 말하는 해거도위는 시에서 '영명위'로 지칭하기도 한다.

> 『한강에는 예부터 농어가 많았는데 내가 식견이 거칠어서 어떤 것이 농어인지 미처 몰랐다가, 이제 ≪본초≫ 및 고인의 싯구를 상고해 보고서야 비로소 그 이름을 바로 잡았는바, 해거도위가 급히 그 고기를 보고자 하므로 겨우 한 마리를 잡아 회를 쳐 놓고 장난삼아 장구(長句)를 짓다.』[100]
>
> 『적막한 물가에 멀리서 와 수레들 모였구나. 이 행차가 절반은 농어회를 생각함인데 어부도 또한 부마의 높은 지체를 알고서 병혈[101]의 물풀 언저리를 샅샅이 더듬었으나 서인이 점을 치니 부엌에 고기가 없는지라[102] 손님대접 못 하겠으니 아, 이 일을 어찌할꼬? 그러다가 한 자쯤 된 눈먼 놈을 잡아 오니 온 좌중이 돈이나 얻은 듯 안색이 변하누나. 동이물에 넣어 보니 아직도 발랄하여라. 애지중지하거니 어찌 차마 죽일거나. 네 아가미[103] 큰 주둥이 자세히 살펴보니, 검은 몸에 흰 무늬가 그림과 꼭 맞네그려. 크게 저미고 다시 자디잘게 썰어 놓으니, 한 젓가락에 끝났으나 정은 다하질 않네. 부끄러워라. 잘못 강호의 주인이 되어 마주해 앉으니 무안하여 아, 낭패로구려. 이 고기는 본래 돌을 소굴로 삼아서 돈이나 쏘가리같이 여울을 타지 않는지라 특별히 그물을 쳐야만 잡아 낼 수가 있고 꽤나 약아서 작살이나 섶은 잘 피

한다네. 조선의 한강에는 명물들이 특이하거늘 쥐를 박옥이라 부르듯[104] 어두운 게 많으니 물 표범을 싸잡아 물소라 함은 한심커니와 삼목을 회나무라 부르는 것도 금치 못해라.
조잡한 바닷고기가 헛된 이름을 훔침으로써 억울하게 무시당하나 누가 다시 개탄하랴. 오후가 정[105]을 즐겼다는 건 말일 뿐이요, 궁벽히 사니 오회가 연하지 못함이 한스럽네[106]
삼한 시대 이후로 이천 년 동안에 걸쳐 참농어가 흙덩이처럼 낮고 천해졌다가 이진의 글이 오매 비둘기가 매로 변했고[107] 왕운의 시가 나오자 매미 허물 벗듯 하였네.[108] 이제는 억울함 풀고 이름 바로 잡았나니 박식한 석천[109]에게서 내가 힘입은 것인데 두 번 다시 장계응[110]에게 물을 것도 없이 어촌에 요즘 농어의 명성이 대단해졌네.』[111]

다산은 이처럼 말년에는 농어와 쏘가리를 즐겼다. 쏘가리는 '궐어(鱖魚)'로 불렸다. 등용문을 뜻하는 잉어와 함께 출세를 상징한다. 다산은 노후에 다리 부러진 솥을 걸고 미나리를 넣어 쏘가리 매운탕을 끓여 먹기도 했다.

『남자주가에 다리 부러진 솥을 걸고서 미나리를 가져다 쏘가리에 넣고 끓이어라』[112]

〈그림 51〉 신사임당의 궐어도

〈그림 52〉 조정규 ≪어해화첩≫ 중 쏘가리

〈그림 53〉 고창 용산리 가마터 접시파편 쏘가리

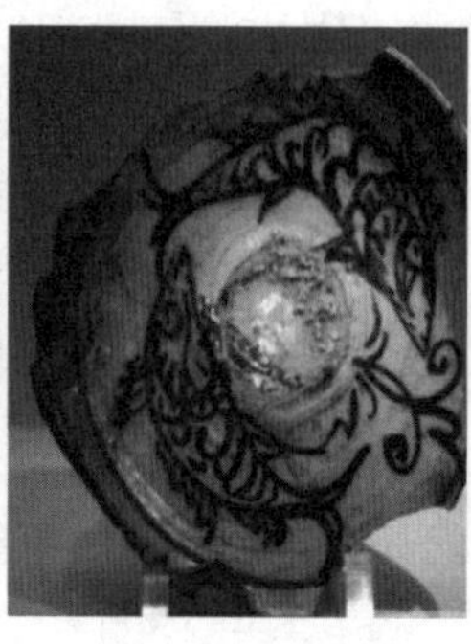

〈그림 54〉 공주 학봉리 분청사기 주병파편 쏘가리

〈그림 55〉 공주 학봉리 분청사기 주병 쏘가리

다산의 시에는 또 물고기를 맛보기 위해 "아손들을 놓아 보내서, 고기 잡으러 여울을 거슬러 가네"(且放兒孫去, 叉魚溯急湍)라는 표현[113]이 있다. 또 때로 고기잡이 하는 어부로부터 생선을 얻는 경우를 표현[114]하기도 했다. 바닷가 마을의 인심을 느낄 수 있는 정경이다. 여기서 푸른 쥐란 원문에서 '창서(蒼鼠)'라고 표현되어 있는데, 이는 '청설모'인 것으로 보인다.

> 『어린애가 푸른 쥐 길들이는 걸 한가히 보고, 때로는 어부에게 생선을 얻기도 하네. 이 수촌의 풍미가 절로 풍족하나니, 그대는 내일 이곳을 떠나가지 말게나.』[115]

다산이 강진에 유배해 있는 동안에 강진만 바닷가 바위(농어바위로 전해짐)에서 농어 낚시를 했다는 기록이 전해지는데, 농어를 귀한 손님을 대접하고 싶은 좋은 횟감으로 생각했던 것 같다.[116]

> 『회나무에는 말 매기를 생각하고, 농어로는 손을 대접하고 싶어라.
> 용문에 사는 것이 평온하기만 한데, 어찌 눈물로 수건 적실 것 있나?』[117]

〈그림 56〉 강진의 농어바위

3) 앵두

앵두는 앵두나무의 열매로 레드 푸드 중에서 크기는 작지만, 영양은 풍부한 과일이다. 모양이 작고 둥글며 붉게 익으면 먹는다. 잼, 주스, 술 등의 원료로도 쓰이고 약재로도 쓰인다. ≪다산시문집·송파수작(松坡酬酢)·문산의 녹음시권에 추후하여 화답하다(追和文山綠陰卷)≫(제6권)에서 "손자를 달래려고 때로는 앵두를 따고"(櫻爲弄孫時摘實)라는 표현이 나온다. 다산의 정원생활의 한 모습을 보여주는 장면이다. 손자를 달래 주려고 앵두를 따서 주는 모습이니, 손주만 따서 주었겠는가? 자신도 앵두를 함께 즐겨 먹었을 것이다.

4) 온면(湯餠)과 냉면(冷淘)

온면은 소고기로 끓인 육수에 국수를 말아서 만든 음식으로 국수장국이라고도 한다. 국수 가닥처럼 길게 장수하라는 축원을 담아 혼인이나 생일잔치 음식으로 대접하기도 했다. 옛날에는 메밀국수로 많이 만들어 먹었으나 근래에는 밀국수를 이용하여 많이 만들고 있다. 반면에 냉면은 삶은 국수를 찬 육수에 넣어 양념과 고명을 얹은 전통적인 한국 국수요리다. 과거 음식물이 귀한 겨울에 구황작물인 감자와 메밀을 이용해서 만들어 먹은 데서 시작되었다.

다산이 노년 고향에서 이재의와 서로 만나 위로하며 먹은 온면과 냉면에 대한 시도 전한다.[118] 다산이 아주 가까운 이웃에 살면서 자주 왕래한 친구가 바로 문산(文山) 이재의[119]이다.

> 『서로 아주 가까운 이웃에 살아 베 짜는 북처럼 자주 왕래하여라.
> 즐거움과 슬픔도 대략 서로 같아, 같이 기뻐하고 또 같이 한숨 쉬네.
> 온면도 먹고 냉면도 먹으면서, 서로 수작하며 서로 위로하노니
> 애오라지 담소를 돕자는 것이요, 감히 진미를 구하는 것 아니로세.』[120]

5) 삶은 닭과 삶은 콩

콩은 '밭에서 나는 고기'로 불리는 식물이다. 콩을 구성하는 성분의 40%가 식물성 단백질이기 때문에 이런 별명이 붙여진 것이다. 연구 결과 콩은 삶거나 볶으면 생콩에 비해 단백질 함량이 많이 높아지는데, 특히 삶으면 생콩에 비해 단백질이 6~7% 늘어난다. 콩을 삶으면 부드럽고 고소하면서 소화도 잘 되기 때문에 별미로 콩을 삶아서 먹었던 것으로 보인다. 요즘은 여름철에 풋콩을 삶아서 술안주로 내거나 식사 전 식욕을 돋우어 주는 전채요리(appetizer)로 내는 소품요리로 쓰기도 한다.

한편 최근에는 닭을 많이들 튀겨 먹지만, 우리는 전통적으로 닭을 삶아 먹었다. 전남에는 독특한 닭 관련 식문화가 있다. 닭의 뼈를 발라내고 먹기 좋게 부위별로 자른 후 아주 약하게 간을 해서 혹은 소금만 살짝 뿌려

서 석쇠 위에 올려 구워 먹는 문화이다. 이 전라도식 닭숯불구이는 강원도식의 닭을 큼직하게 잘라서 센 양념과 함께 볶듯이 굽는 닭갈비와는 본질적으로 다른 음식이다. 정교하게 부위별로 다듬은 닭을 숯의 복사열에 살짝 구워 먹는 닭숯불구이는 실로 별미이다. 두툼하고 쫄깃한 닭껍질의 맛이 극대화되는 방법이며, 닭의 부위별 맛과 식감의 차이를 제대로 즐기며 먹을 수 있는 음식이다. 구워 먹는 닭은 국내 식용 닭의 90%를 차지하는 코니시 교배종이 아니라 오래 기른 토종닭이어야 제 맛이 난다.

다산은 용문에서 닭과 콩을 삶아 먹었던 일을 다음과 같이 추억하고 있다.

『낡은 기와 황폐한 누대가 있는 곳은 용문이라 부르는데,
은행나무 그늘이 채소밭에 덮이었네.
아직도 기억 난다 가을 산 단풍잎 속에서,
닭 삶고 콩 삶아 땅거미가 지었던 일들.』[121]

6) 인삼

다산의 시문에는 해배 생활 중에 중요한 삶의 공간이었던 삼정에서 수시로 인삼을 먹는 모습이 기록되어 있다.[122] 다산은 유배가 풀려 고향에서 생활하면서 아들과 함께 인삼농사를 지었고, 이로써 생활을 영위하였음을 알 수 있다. 약재로서 인삼의 효능을 잘 알고 있었기 때문에 기력 보충을 위해서 자주 인삼을 먹었을 것으로 생각된다.

『지는 햇빛 가랑비가 산촌의 여막을 스치니,
마침 오늘 밤 달을 위해 휘몰아 오기 때문이라네.
이미 유리빛 펼치어 답답한 가슴 씻어 주고,
전혀 티 하나도 허공을 가린 것이 없구나.
물결 헤치는 일엽편주에는 신선이 함께 탔고,

포전에 자란 인삼은 늙은이가 먹을 만하다네.
보아하니 죽계[123]에는 일사들이 많았는데,
당시에 퉁소 불던 이는 정히 어떠하였던고.』[124]

다산의 해배 후의 음식생활에 대하여는 거의 기록들이 보이지 않는다. 아마도 다산이 노쇠하여 일상생활이 자유롭지 못한 탓도 있었겠지만, 탐식이나 미식의 성품이 아닌데다 생활도 그렇게 여유롭지 못했기 때문으로 보인다. 다만 아들 학연의 ≪농가월령가≫에서 언급한 음식 중 일부를 먹었을 것으로 추측된다. 농사는 학연에게 있어 생계를 꾸리기 위한 수단이자 삶 속에서 아버지인 다산의 가르침을 실천하는 수업의 연장이었다. 정학유의 농가월령가 1월령이 이러한 추측에 무게를 싣는다. 음력 1월 전후는 가장 추운 계절이고 따라서 먹을거리도 매우 단조로워지는 계절일 수밖에 없다. 그래서 조상들은 고대 신라 때부터 동절기 면역력 강화를 위한 절기음식을 권하였다. 움파, 미나리, 무싹은 겨울에는 볼 수 없는 녹색채소를 보충해 주는 식재료다. 약밥 역시 오곡을 포함하여 갖은 곡식이 다 들어간 말 그대로 동절기 약해진 면역력을 최대로 높여주는 보약이 되는 전통을 녹여 낸 조상들의 지혜로운 제철 음식으로 볼 수 있다. 묵나물, 약술, 부럼 또한 새로 봄을 맞이하기 위해 오감을 일깨우는 음식으로 볼 수 있다.

『움파와 미나리를 무의 싹에 곁들이면, 보기에 싱싱하여 오신채가 부러우랴.
보름날 먹는 약밥 신라 때 내려온 풍속이라.
묵은 산나물 삶아 내니 고기 맛에 바꿀소냐.
귀 밝히는 약술이며, 부스럼 삭히는 생밤이라.』[125]

조선 철종 때 정학유(丁學游:1786-1855)가 쓴 농가월령가는 예로부터 내려오는 농사와 세시 풍속, 놀이, 행사는 물론 제철 음식과 명절 음식을 월별로 나누어 알려 주는 노래다. 월령(月令)이란 '매달 할 일을 적은 행사표'라는 뜻이다. 즉, 농가에서 일 년 동안 해야 할 일을 월별로 소개하였는데, 열두 달 외에 서사, 결사를 포함하여 총 14단락으로 이루어져 있다. 정학유의 농가월령가는 농업노동 요소와 가정가사 요소를 결합한 67개 항목의 가사적(家事的) 요소를 언급하고 있다. 원림생활에 대한 동경이 컸던 아버지 정약용의 영향으로 학유의 ≪농가월령가≫는 논밭 농사를 포함하여 과수·양잠·양봉·목축에 이르기까지 다양하게 언급되어 있다.

〈그림 57〉 농가월령가 책

정학유가 농업과 관련하여 다양하고, 시기에 맞게 언급할 수 있었던 것은 그의 집안이 직접 농사를 지었기 때문이다.[126] 그의 아버지 정약용이 농업에 지대한 관심을 가지고 나름대로 견해를 남겼음을 이미 언급하였다. 다산은 국가적 차원의 농업경영론 뿐만 아니라 자작농을 해야 할 처지의 가난한 선비들을 위한 농업경영론도 제자들에게 준 『증언(贈言)』과 아들들에게 준 『가성(家誠)』에서 상세히 피력하고 있다. 정약용은 가난한 선비가 농업을 자영하면서 『유업(儒業)』을 계속할 수 있는 방법으로 파·마늘·배추·오이·담배·삼·모시·생강·고구마·지황·인삼·홍화·대청·목화 등의 경제작물(상업작물)의 재배와 과수·양잠·양계 등을 권장하고 있다.[127] 이같은 상업작물의 재배와 양잠·양계 등이 실제 정학유의 가족노동으로 이루어졌으므로 정학유는 시기적으로 정확하고 다양한 농업노동들을 나타낼 수 있었던 것이다.

〈표 4〉 24절기와 농가월령가의 가사적 요소

구분	24절기	가사적 요소
정월령	입춘, 우수	이엉엮기, 새끼꼬기, 지붕 잇기
2월령	경칩, 춘분	논밭 갈기, 울타리와 담장 고치기, 집주변 우로 정리, 집 안팎 청소, 들나물 채취, 약초 채취
3월령	청명, 곡우	씨 뿌리기, 과일나무 접붙이기, 장 담그기, 산나물 채취
4월령	입하, 소만	이랑 사이에 다른 농작물 심기, 벌통 나누기, 환자 타기, 도랑치기, 지붕 수리, 웃감 말리기, 여름옷 짓기,
5월령	망종, 하지	보리 이삭 떨기, 장마 땔감 준비, 견사 뽑기
6월령	소서, 대서	도롱이 만들기, 노 꼬기, 솜 타기, 장독 관리, 삼실 만들기, 집 주변 잡풀 제거
7월령	입추, 처서	선산 벌초, 곡식 거풍, 의복 포쇄, 옷 빨기, 옷 풀먹이기, 다듬이질, 박·호박 고지, 오이·가지 염장하기, 면화 따기, 김매기, 벌초하기
8월령	백로, 추분	명주말리기, 명주 물들이기, 부모 수의 장만하기, 자녀 혼수명주 장만하기, 바가지 만들기, 댑싸리비 매기, 농산물 내다 팔기
9월령	한로, 상강	추수, 기름 짜기, 방아 찧기
10월령	입동, 소설	김장 담그기, 장아찌 담그기, 방고래 구들질, 바람벽 맥질하기, 창호지 바르기, 귀구멍 막기, 덧울하기, 외양간 떼적 치기, 깍짓동 세우기, 겨울 땔감 준비, 겨울옷 짓기
11월령	대설, 동지	환자하기, 세금 내기, 제반미 따로 두기, 씨앗 보관, 거름 준비, 도지 내기, 품값 주기, 농량 모으기, 시계돈과 장리벼 갚기, 메주쑤기, 길쌈하기, 물레 타기, 기직 매기
12월령	소한, 대한	설빔 준비, 세시 음식 준비

조선시대 후반기까지도 우리의 농촌사회는 자급자족의 원시적 틀을 벗어나지 못하던 때이므로 가사와 농업노동은 오늘날과는 비교하기 어려울 만큼 다양성을 가지고 있었다. 농경문화는 우리의 유구한 기본 문화였다.

그래서 우리 민족은 논·밭의 주식 농사는 물론이고 콩이나 고추, 배추, 무 농사들도 지어서 계절에 따라 된장, 고추장, 김치들을 담가 먹어 왔다. 농경문화의 형성요인의 하나인 가사와 농업노동에 더하여 세시풍속과 세시음식을 그림(전라남도 농업박물관 소장)과 함께 정리하여 살펴본다.

〈그림 58〉 세시풍속놀이(씨름), ≪기산풍속도≫

〈그림 59〉 세시풍속놀이(널뛰기), ≪기산풍속도≫

■ ≪농가월령가≫의 세시풍속과 세시 음식

• 정월 : 떡국, 움파와 미나리, 무싹, 약밥, 귀밝이술, 생밤, 병1탕, 묵나물

『사당에 세알하니 병탕에 주과로다. 움파와 미나리를 무엄에 곁들이면 보기에 신선하여 오신채를 부러하랴. 보름달 약밥 제도 신라적 풍속이라. 묵은 산채 삶아 내니 육미와 바꿀소냐』

〈그림 60〉
입춘 : 봄의 시작
우수 : 풀과 나무들이 싹 트는 시기

• 2월 : 들나물, 고들빼기, 씀바귀, 소루쟁이, 물쑥, 달래 김치, 냉이국, 약재(창백출, 당귀, 천궁, 시호, 방풍, 산약, 택사)

『씨암탉 두세 마리 알 안겨 깨어 보자. 산채는 일렀으니 들나물 캐어 먹세. 고들빼기 씀바귀요 조롱장이 물쑥이라 달래김치 냉잇국은 비위를 깨치나니. 본초를 상고하여 약재를 캐오리라. 창백출, 당귀, 천궁, 시호, 방풍, 산약, 택사, 낱낱이 기록하여 때 맞게 캐어 두소. 촌가에 기구 없어 값진 약 쓰올소냐』

〈그림 61〉
경칩 : 동물들이 겨울잠에서 깨어나다
춘분 : 낮과 밤의 길이가 같은 날

• 3월 : 장 담그기, 고추장, 두부장, 산나물(삽주, 두릅, 고사리, 고비[128], 도라지, 으아리)

『인간의 요긴한 일 장 담는 정사로다. 소금을 미리 받아 법대로 담그리라. 고추장, 두부장도 맛맛으로 갖추하소. 앞산에 비가 개니 살진 향채 캐오리라. 삽주, 두릅, 고사리며 고비, 도라지, 으아리를 일분은 엮어 팔고 일분은 무쳐 먹세.』

〈그림 62〉
청명 : 농사일을 시작
곡우 : 비가 충분히 내려 곡식이 잘 자람

• 4월 : 느티떡, 콩찐이, 민물고기탕

『파일날 현등하은 산촌에 불긴하니 느티떡 콩진이는 제 때의 별미로다. 앞내에 물을 주니 천렵을 하여 보세. 수기를 둘러치고 은린 옥척[129] 후려내어 반석에 노구 걸고 솟구쳐 끓여내니 팔진미 오후청[130]을 이 맛과 바꿀소냐』

〈그림 63〉
입하 : 여름철에 들어섬.
소만 : 작물이 자라나고 곡식이 여물기 시작

• 5월 : 보리밥, 냉국, 고추장, 상치쌈, 약쑥

『보리밥 찬국에 고추장 상치쌈을 식구를 헤아리되 넉넉히 능히 두소, 노는 틈에 할 일은 약쑥이나 베어두소』

〈그림 64〉
망종 : 모내기와 보리 베기
하지 : 낮이 가장 긴 날

• 6월 : 국수, 누룩, 유두국, 보리단술, 호박나물, 가지김치, 옥수수, 장독 관리

『때마침 점심밥이 반갑고 신기하다. 점심 그릇 열어 놓고 보리단술 먼저 먹세. 유두는 가일이라 원두밭에 참외 따고 밀 갈아 국수하여 가묘에 천신하고 한때 음식 즐겨보세. 밀기울 한데 모아 누룩을 디디어라. 유두국[131]을 켜느니라. 호박나물, 가지김치, 풋고추 양념하고 옥수수 새 맛으로 일 없는 이 먹어보소. 장독을 사려 보아 제 맛을 잃지 말고 맑은 장 따로 모아 익는 족족 떠내어라. 비 오면 덮어두고 독전을 정히 하소.』

〈그림 65〉
소서 : 본격적인 더위가 시작
대서 : 가장 덥고 과일 맛이 좋은 때

• 7월 : 외박고지, 호박고지, 외짠지, 가지짠지

『소채, 과일 흔할 적에 저축을 생각하여 박호박 고지 켜고 외 가지 짜게 절여 겨울에 먹어보소. 귀물이 아니 될까.』

〈그림 66〉
입추 : 늦더위와 가을 채비를 준비
처서 : 더운 기운이 물러나 가을이 시작

• 8월 : 북어쾌[132], 젓조기, 송편, 박나물, 토란국, 신도주

『북어쾌 첫 조기에 추석 명일 쉬어 보세. 신도주 오려 송편 박나물 토란국 선산에 제물하고 이웃집 나눠 먹세. 며느리 말미 받아 본 집에 근친 갈 제 개 잡아 삶아 건져 떡고리와 술병이라』

〈그림 67〉
칠석 : 가을을 끝내고 쉬면서 정리
백중 : 조상께 제사하고 일꾼에게 휴가를 줌

- 9월 : 백주(술), 황계(닭), 새우젓, 계란찌개, 배추국, 무나물, 고추잎 장아찌

『타작 점심 하오리라. 황계 백주[133] 부족할까. 새우젓, 계란찌개 상찬으로 차려 놓고 배추국, 무나물에 고추잎 장아찌라.』

〈그림 68〉
한로 : 찬이슬이 맺히고 단풍이 듬
상강 : 밤기운이 차서 서리가 내림

- 10월 : 김장, 장아찌, 단자, 메밀국수, 술, 떡, 땅 속에 무 저장

『무, 배추 캐 들여 김장을 하오리라. 앞냇물에 정히 씻어 염담을 맞게 하소. 고추, 마늘, 생강, 파에 젓국지 장아찌라. 독 곁에 중도리요 바탕이 항아리라. 양지에 가가 짓고 짚에 싸 깊이 묻고 박이무우 아람 말도 얼잖게 간수하소. 술 빚고 떡 하여라. 강신날 가까웠다. 꿀 꺾어 단자[134]하고 메밀 앗아 국수하소. 소 잡고 돋 잡으니 음식이 풍비하다.』

〈그림 69〉
입동 : 겨울이 시작
소설 : 살얼음이 얼고 눈이 내리기 시작

• 11월 : 콩나물, 우거지죽, 메주 쑤기, 팥죽

『콩길음[135] 우거지로 조반석죽 다행이라. 부녀야 네 할 일이 메주 쑬 일 남았구나. 익게 삶고 매우 찧어 띄워서 재워두소. 동지는 명일이라 일양이 생하도다. 시식으로 팥죽 쑤어 인리와 즐기라.』

〈그림 70〉
대설 : 눈이 많이 내림
동지 : 밤이 길고 낮이 가장 짧은 날

• 12월 : 두부, 만두, 깨강정, 콩강정, 곶감, 대추, 생밤, 꿩요리, 참새구이, 술 익기

『떡쌀은 몇 말이며 술쌀은 몇 말인고. 콩 갈아 두부하고 메밀쌀 만두 빚소. 세육은 계를 믿고 북어는 장에 사서 납평날 창애 묻어 잡은 꿩 몇 마리인고. 아이들 그물 쳐서 참새도 지져 먹세. 깨강정, 콩강정에 곶감, 대추, 생률이라. 주준에 술 들으니 돌틈에 샘물 소리』

〈그림 71〉
소한 : 추위가 가장 심한 시기
대한 : 추위가 수그러들기 시작

3부

다산 정약용의 저술에 나타난 음식

다산 정약용의 저술에 나타난 음식

1. 밥과 죽

1-1. 밥

밥은 한식의 기본이며, 이를 중심으로 각종 반찬과 어울려 밥상을 완성한다. 밥은 곡물을 솥에 안친 뒤 물을 부어 낟알이 풀어지지 않게 끓여서 익힌 것을 말한다. 우리나라 남부지방은 벼 생산에 적합하고 또 디딜방아의 사용으로 도정도가 높은 곡물을 생산할 수 있었다. 또한 쇠의 명산지라서 가마솥을 쉽게 만들 수 있었기 때문에 밥 짓는 문화가 더욱 발달할 수 있었다.

밥은 반찬과 늘 함께 한다. 반찬이 아무리 맛이 있어도 밥과 함께 먹어야 비로소 그 맛이 완성되는 법이다. 주식과 부식으로 분리된 우리의 일상식

풍속은 조선시대에 이르러 반상(飯床)이라는 고유한 식문화를 형성하기에 이른다. 그래서 각각의 음식을 순서대로 따로 먹는 서양과 달리 우리나라에서는 밥과 반찬을 동시에 밥상 위에 올리는 것이다. 우리는 예로부터 '밥심'으로 살며 '밥이 곧 보약'이라고 믿어 왔다. 그래서 친한 사람에게는 인사말로 '밥 먹었냐'고 묻는다.

밥은 한자어로 반(飯)이라 하고 어른에게는 진지, 왕이나 왕비 등 왕실의 어른에게는 수라, 제사에는 메 또는 젯메라 한다. 식구가 많거나 잔치, 제사 등 큰일이 있어 밥을 많이 해야 할 때는 큰 솥에 먼저 물을 끓이다가 쌀을 붓고 큰 나무주걱으로 휘저어 쌀을 더운 물이 고루 닿게 하여 익혔다. 또 식구들의 식성이 서로 다를 때 현철한 며느리는 한 솥에서 된밥과 진밥을 함께 짓기도 했다. 그 방법은 솥에 쌀을 넣고 고를 때, 앞쪽은 높게 하고 뒤쪽은 낮게 한다. 쌀이 높게 올랐던 쪽은 된밥이 되고, 낮은 쪽은 진밥이 되기 때문이다. 수라는 관례적으로 흰밥과 팥밥 두 그릇을 올렸으므로 큰 놋화로에 참숯을 피워놓고 넓적하고 긴 건늘쇠 두 개를 걸쳐 곱돌솥에 따로 지었다. 조선시대 상차림은 소반에 몇몇 찬과 큰 밥그릇이 놓인다. 조선시대 사람들은 하루 생활에 필요한 열량을 밥에서 얻었기 때문에 밥을 많이 먹었다.

〈그림 72〉 소반과 그릇, 국립중앙박물관 전시

〈그림 73〉 표주박과 휴대용 그릇, 찬합 국립중앙박물관 전시

쌀이 부족했던 시절에 서민들은 다른 곡물을 넣고 밥을 지어 부족한 쌀의 양을 메웠다. 가장 대표적인 잡곡은 보리밥이었고, 이 밖에 완두콩밥, 조밥, 팥밥, 강낭콩밥, 수수밥, 기장밥 등 철따라 다양한 종류의 잡곡밥을 먹었다. 잡곡밥을 짓기도 어려운 지역에서는 무나 고구마 등을 넣어 채소밥을 지어 먹기도 하고, 바닷가 쪽에서는 굴이나 홍합 등을 넣은 해물밥을 짓기도 하였다.

흉년의 배고픔보다 더한 고통은 관리들의 수탈이었다. 이에 고통 받다가 살던 마을을 떠나 유리걸식하는 농민들을 탄식하며 쓴 다산의 시가 있다. 시랑(豺狼)이란 수탈하는 관리들을 승냥이와 이리떼에 비유한 것인데, 기장밥에 고기 먹는 관리들의 일상을 꼬집고 있다.

> 『늑대여, 이리여! 우리 소를 빼앗아 갔으니 우리의 양일랑 그만 두어라
> 장 안엔 저고리도 없노라 시렁에는 치마도 없노라
> 항아리엔 남은 찬도 없노라 뒤주 안엔 남은 쌀도 없노라
> 무쇠솥, 가마솥 다 빼앗아 갔고 숟가락 젓가락 모두 돈 쳐 갔노라(중략)
> 아비라며 어미라는 사또여! 기장밥에 고기 먹고
> 사랑방에 기생 두어 얼굴은 꽃 같구나』[1)]

다산의 나이 33세에 정조의 특명을 받아 경기 암행어사직을 수행하던 시절에 쓴 시에는 매우 가난한 서민들의 어려움을 잘 보여 주고 있다. 봄에 곡식이 없어 들냉이라도 캐서 먹어야 하는데, 아직 봄이 되지 않아 냉이를 캘 수 없는 백성들의 안타까움을 보여 준다. 또한 얻어먹을 것도 없어 술 찌게미를 얻어먹고 사는 어려운 서민이 조선 중·후기에 많았음을 보여준다.[2)]

> 『아침 점심 다 굶다가 밤에 와서 밥을 짓고 여름에는 솜 누더기 겨울에는 삼베

> 적삼. 들냉이나 캐려 하나 땅이 아직 아니 녹아, 이웃집 술 익어야만 찌끼라도 얻어먹지.』[3]

어렵고 곤궁한 백성들의 일상을 안타까워하면서도 다산도 인간인지라 오랜 유배 생활로 심신이 울적해지면 벼슬살이 하던 동안 즐기던 산해진미를 그리워하기도 했다. 먼 길 떠나기 전에 먹었던 닭고기에 흰쌀밥을 추억[4]하기도 하고, 친구들과 저녁 모임에서 닭고기에 기장밥 먹던 일을 시로 쓰기도 했다. 조와 비슷하게 생긴 기장은 쌀과 함께 섞어서 밥을 짓는데, 잡곡 생산이 많은 함경도 지방에서 많이 먹었다. 옛날에는 걸어서 먼 길을 가거나 아니면 말을 타고 이동하였는데, 이 기록은 먼 길을 가는데 행로에 식량으로 사용하기 위해 닭을 삶아 닭고기로 식량을 삼아서 밥과 함께 먹었음을 보여 준다.

> 『생각 나네 그 옛날 누산 눈바람 속에서
> 닭 삶고 밥 지어 가을 새벽을 댔던 일을』

> 『닭고기에 기장밥 한가로운 밤인데,
> 꾀꼬리와 꽃 생각 밖의 봄이로세』[5]

1-2. 죽

밥과 함께 한식의 기본을 이루는 죽은 엄마 젖을 뗀 후 가장 먼저 먹는 음식이다. 죽은 곡물을 주재료로 하여 물을 붓고 끓여 반유동식 상태로 만든 음식으로 농업의 시작과 그 기원을 같이 한다. 따라서 죽은 곡물음식에서 가장 원초적인 형태로 인류가 먹기 시작한 어떤 음식보다도 역사가 오래됐다고 할 수 있다. 초기 농경시대는 우선 수확한 곡물을 끓여 죽을 쑤고 여기에다 사냥한 수조육류와 기타 산나물 등을 섞어 끓여 먹는 등 다양하게 활용하였을 것이다. 김동실·박선희의 연구에서는 고대 전통음식을 다음과 같이 말한다.[6]

> 『신석기 시대 후기로 들어오면서 곡물류가 주요 음식물의 재료로 되면서 곡물을 이용한 조리방법도 다양하게 개발 되었을 것으로 생각된다. 우리나라 곡물음식으로 최초의 것은 죽이었을 것으로 보기도 한다. 그것은 피, 기장, 조와 같은 잡곡을 경작하던 초기 농경시대의 주거유적에서 곡물의 제분용으로 쓰인 갈돌과 조리용구 또는 식사용구로 쓰였을 것으로 생각되는 발형토기 등 죽과 관련이 있는 용구가 출토되었기 때문이다.(중략)이로 미루어 곡물을 갈돌에다 발형토기를 담아 화덕에서 가열했을 것이라 믿어지는데 이렇게 조리한 곡물음식이라면 죽이라고 추정된다.'물론 곡물에다 산과 들에서 채집해 온 나물, 수렵한 들짐승 고기, 바닷가에서 채취한 조개류를 함께 넣고 끓이기도 하였을 것이며, 혹은 콩이나 팥을 함께 넣고 걸쭉한 콩죽이나 팥죽도 끓여 먹었을 것이다. 이렇게 시작한 죽요리는 껍질을 벗기고, 가루로 빻고, 찌는 용구 등이 발달하면서 더욱 다양하게 발달하였다.』

여기서 말하는 발형토기(鉢形土器)란 옹형토기나 완형토기, 호형토기처럼 토기의 전체적인 형태와 함께 몸통이나 목, 구연부의 형태적 특징에 따라

〈그림 74〉 선사시대의 발형토기와 옹형토기

분류된 토기군 중 하나이다. 발형토기는 최대경이 구경부에 위치하며 저부로 내려 갈수록 횡경이 줄어들며 바닥이 평저이거나 원저인 'U'자형, 첨저인 'V'자형 형태를 띠는 토기를 말한다. 한반도에서 출토된 신석기시대 토기는 발형토기가 절대 다수를 차지한다. 일반적으로 발형토기는 끓이고 익히는 데에 가장 적합한 형태라고 본다.

우리나라 속담에도 죽이 많이 등장하는데, '밥 빌어먹다가 죽 쑤어먹을 놈', '쑨 죽이 밥 될까', '죽 쒀서 개준다', '죽이 끓는지 밥이 끓는지 모른다', '다 된 죽에 코 풀기' 등 관련 속담이 많은 것은 아마도 죽의 역사만큼이나 오랜 전통을 가지고 있을 것이다. 이는 죽이 속담 속에서 오랜 시간 공들여 한 일을 뜻하기도 하지만 밥보다는 하찮은 것을 의미하기 때문이다.

≪선화봉사고려도경·기명(器皿)3·죽부(鬻釜)≫(제32권)에는 죽을 만드는 전문적인 가마, 즉 죽가마(鬻釜)가 존재하였음을 보여준다.

『죽부는 삶는 기물인데 철로 만든다. 위에는 뚜껑이 있고 배 아래에는 세발이 있다. 소용돌이 모양의 무늬는 가늘기가 털오라기 같다.』

죽은 재료와 조리법 등에 따라서 보양음식, 별미음식, 구황음식 등으로 구분된다. 죽의 종류로는 흰죽, 타락죽(駝酪粥:우유를 섞은 죽), 열매죽(잣·깨·호두·대추·황률 등을 넣은 죽), 청대콩·기타 죽(콩·팥·녹두·보리·풋보리 등으로 쑨 죽), 어패류죽(생굴·전복·홍합·조개 등을 넣은 죽), 고기죽(각종 새와 동물의 고기로 쑨 죽) 등이 있는데, 쇠고기에 홍합을 넣고 끓인 것을 따로 담채죽(淡菜粥)이라 한다. 이 밖에 율무죽·연뿌리죽·마름죽·칡죽·마죽 등은 모두 녹말가루를 내어 쑨 죽으로 응이의 일종이며, 별미일 뿐 아니라 약효과도 있는 죽이다. 흔히 입맛이 없을 때 쑤어 먹는 콩나물·아욱·시래기 등의 각종 나물죽도 있으니, 이를 고문헌에서는 채소죽(蔬粥)이라 부른다.

죽은 대체로 노인이나 어린이의 보양을 위해 병인이나 회복기 환자의 병인식(病人食) 또는 회복식으로 먹었다. 또한 입맛 없을 때는 식욕을 돋우는 음식으로 먹기도 하고, 식량이 부족할 때에는 구황식품으로 필수였다. 특히 죽은 밥보다 무르고 부드러워 먹기에 편리하므로 상가 때 슬픔에 겨워 밥을 먹을 수 없는 사람들이 죽을 먹었다. 이런 연유에서 과거 백성들은 상가 집에 죽을 쑤어 보내는 풍습이 있었다. 지금은 장례식장에서 치르는 장례문화로 이런 풍습은 사라진 지 오래다. 하지만 죽은 시공을 넘어 오늘날은 밥 대용으로 혹은 노인이나 환자를 위한 연화음식으로 진화하여 전국 각지에 점포를 둔 프렌차이즈 식당으로 자리하고 있다.

이런 점에서 본죽의 프랜차이즈화는 시사하는 바가 많다. 단순히 환자들을 위한 영양식에서 해독작용이 강화되고 면역기능을 강화해 주는 21세기 디톡스푸드(Detox Food)의 트렌드를 한국의 전통 죽 문화를 통하여 재현하고 발양할 수 있을 것으로 보인다. 기능성이 풍부한 음식으로 인식되는 죽은 인삼죽, 검은깨죽, 잣죽, 전복죽, 팥죽, 호박죽 등을 들 수 있다. 인삼죽은 체질에 맞지 않는 사람들도 있지만 허약해진 전신의 기혈을 보충해 주는데 탁월한 효과가 있으며 식욕부진, 만성설사, 허약체질, 만성피로 증상에 도움을 준다고 알려져 있다. 일명 흑임자죽이라고 불리는 검은깨죽은 두뇌 활동에 중요한 역할을 하는 레시틴과 필수 지방산이 풍부하여 집중력과 기억력 증진 및 머리를 맑게 하는 효능이 있다. 또한 비타민 E와 섬유질, 칼슘이 다량 함유되어 피부노화 방지와 변비에 좋다고 알려져 있다.

의약 고서에 '잣을 백일을 먹으면 몸이 가벼워지고 300일이 지나면 하루에 500리를 걸을 수 있다. 심지어 오래 먹으면 신선이 된다'라는 얘기가 있을 정도로 우리 몸에 아주 이로운 식품인 잣은 식물성 지방, 비타민, 마그네슘이 풍부해서 혈관을 튼튼히 해주며 병후 원기회복에 뛰어난 효능을 나타내 잣죽 역시 높은 기능성을 갖는다. 전복죽은 시신경의 피로에 뛰어난 효능을 발휘하며 아르기닌(Arginine)이라는 아미노산이 타 식품에 비해 월등히 많이 함유되어 있어 자양강장에 좋고 소변이 잘나오게 해 황달이나 방광염에도 도움이 된다고 한다. 또한 팥죽은 성질이 따뜻하고 비타민 B1이 아주 많이 들어 있으며 각기병을 비롯해서 신경, 위장, 심장 등의 증세 및 질병의 예방과 퇴치에 도움을 준다. 호박죽은 이뇨 작용을 촉진시키는 성분이 많아 산후 부기를 제거하며 비타민 A인 카로틴이 풍부해 위점막을 보호하고 속이 아플 때도 효과가 좋은 것으로 알려져 있다. 그래서 임산부는 물론 여성들에게 특히 좋은 호박은 이소변(利小便), 신경통, 화상, 당뇨병, 야맹증, 각막건조증 등을 다스리는 식품으로 인정받고 있다. 이전에는 죽이 고난과 굶주림을 상징했다면, 현대에는 오히려 밥보다 더 나은 건강식으로 주목받고 있다.

죽은 이처럼 오랜 역사를 가지고 있다 보니 문헌에 수록되어 있는 죽만 해도 70여 종이 넘게 등장한다. 특히 서유구(徐有榘:1764-1845)의 ≪임원경제지(林園經濟志)≫에는 죽의 종류를 소개하면서 죽 조리법가지 소개하고 있어 매우 흥미롭다. ≪임원경제지≫는 총113권 52책의 필사본으로 일명 ≪임원십육지(林園十六志)≫ 또는 ≪임원경제십육지(林園經濟十六志)≫라고도 한다. 이 책은 서문에서 밝히듯이, 전원생활을 하는 선비에게 필요한 지식과 기술, 그리고 기예와 취미를 기르는 백과전서로 생활과학서의 성격을 지니고 있다. 여기에 소개된 죽의 종류는 다음과 같다.

『갱미죽(粳米粥, 쌀죽), 양원죽(養元粥, 원기보양죽), 청량죽(青粱粥, 차조죽), 삼미죽(三米粥), 녹두죽(綠豆粥), 삼두음(三豆飮), 의이죽(薏苡粥, 율무죽), 어미죽(御米粥, 양귀비죽), 청모죽(青麰粥, 푸른쌀보리죽), 거승죽(巨勝粥, 흑임자죽), 산우죽(山芋粥, 마죽), 복령죽(茯苓粥, 풍냉이죽), 백합죽(百合粥), 조미죽(棗米粥, 대추죽), 율자죽(栗子粥, 밤죽), 진군죽(眞君粥, 살구죽), 연자죽

(蓮子粥, 연밥죽), 우분죽(藕粉粥, 연근가루죽), 검인죽(芡仁粥, 가시연밥죽), 능실죽(菱實粥, 마름죽), 육선죽(六仙粥, 여섯재료죽), 해송자죽(海松子粥, 잣죽), 매죽(梅粥, 매화죽), 도미죽(荼蘼粥, 궁궁이죽), 방풍죽(防風粥, 병풍나물죽), 갈분죽(葛粉粥, 칡가루죽), 상자죽(橡子粥, 도토리죽), 강분죽(薑粉粥, 생강가루죽), 호도죽(胡桃粥, 호두죽),진자죽(榛子粥, 개암죽), 황정죽(黃精粥, 죽대뿌리죽), 지황죽(地黃粥), 구기죽(枸杞粥, 구기자죽), 계죽(鷄粥, 닭죽), 즉어죽(鯽魚粥, 붕어죽), 담채죽(淡菜粥, 홍합죽), 하추죽(河樞粥, 말린 생선죽),우유죽(牛乳粥), 녹각죽(鹿角粥, 사슴뿔죽)』

그리고 다시 여러 가지 죽의 조리법이 소개되어 있는데, 조리법이 소개된 죽의 이름은 다음과 같다.

『적소두죽(赤小豆粥,팥죽), 녹두죽(綠豆粥), 어미죽(御米粥), 의이인죽(薏苡仁粥,율무죽), 연자분죽(蓮子粉粥,연밥가루죽), 검실분죽(芡實粉粥,가시연밥가루죽), 율자죽(栗子粥,밤죽), 서여죽(薯蕷粥,마죽), 우죽(芋粥,토란죽), 백합분죽(百合粉粥), 나복죽(蘿葍粥,무우죽), 호라복죽(胡蘿葍粥,당근죽), 마치현죽(馬齒莧粥,쇠비름죽), 유채죽(油菜粥), 군달채죽(莙薘菜粥,근대죽), 파릉채죽(菠薐菜粥,시금치죽), 제채죽(薺菜粥,냉이죽), 근채죽(芹菜粥,미나리죽), 개채죽(芥菜粥,갓죽), 규채죽(葵菜粥,아욱죽), 구채죽(韭菜粥,부추죽), 총시죽(蔥豉粥,파된장죽), 복령분죽(茯苓粉粥,복령가루죽), 송자인죽(松子仁粥,잣죽), 산조인죽(酸棗仁粥,멧대추죽), 구기자죽(枸杞子粥), 해백죽(薤白粥,염교죽), 생강죽(生薑粥), 화초죽(花椒粥,산초죽), 회향죽(茴香粥), 호초죽(胡椒粥,후추죽), 수유죽(茱萸粥,산수유죽), 날미죽(辣米粥,산갓죽), 마자죽(麻子粥,삼씨죽), 호마죽(胡麻粥,참깨죽), 욱리인죽(郁李仁粥, 이스라지씨죽), 소자죽(蘇子粥, 차조기씨죽), 죽엽탕죽(竹葉湯粥), 저신죽(猪腎粥,돼지콩팥죽), 양신죽(羊腎粥,양콩팥죽), 양간죽(羊肝粥), 계간죽(鷄肝粥, 닭간죽), 양즙죽(羊汁粥,양죽), 계즙죽(鷄汁粥,닭죽), 압즙죽(鴨汁粥,오리죽), 이즙죽(鯉汁粥,잉어죽), 우유죽(牛乳粥), 수밀죽(酥蜜粥,수유꿀죽)』

한편 홍만선의 ≪산림경제·치선(治膳)·죽(粥)·밥(飯)≫(제2권)에는 밤죽(栗子粥), 백합죽(百合粥:개나리뿌리죽), 방풍죽(防風粥), 마죽(山芋粥), 우유죽(牛乳

粥), 닭죽(鷄粥)을 만드는 방법이 소개되어 있다.

『밤죽(栗子粥)은 밤껍질을 벗겨내고 쌀알만큼 잘게 썰어, 멥쌀 1되에 밤살 2홉의 비율로 한데 끓인다.≪동의보감≫ / 백합죽(百合粥 개나리뿌리 죽) 개나리불휘. 꽃이 흰 것이라야 좋다. 은, 생 백합 1되를 썰어 꿀 1냥과 같이 끓여 익힌다.≪동의보감≫ / 방풍죽(防風粥)은 이슬이 마르기 전 새벽에 갓 돋는 방풍(防風 병풍나물)의 싹을 햇빛 보지 않게 딴다. 먼저 멥쌀을 찧어 죽을 끓이다가 죽이 반쯤 익었을 때 방풍을 넣어 소쿠라지게 끓인 뒤 싸늘한 사기그릇에 옮겨 담아, 반쯤 식혀 먹으면 입안이 온통 달고 향기로우며 사흘이 되어도 기운이 줄지 않는다. ≪허성문집≫ / 마죽[山芋粥] 산서(山薯). 산에서 난 것이 좋다. 은, 돌이나 새 기왓장으로 껍질을 벗겨 곤죽이 되게 곱게 간 것 두 홉에 꿀 두 수저, 우유 한 종지를 뭉근한 불로 같이 볶아 뜨겁게 한다. 아주 뜨겁지 않으면 목이 맵다. 그것을 흰 죽 한 사발에 고루 타서 먹는다. ≪신은지≫에는 우유가 빠졌다.≪동의보감≫, ≪신은지≫ / 우유죽(牛乳粥)은 죽을 쑤다가 반쯤 익거든 죽물을 따라내고 우유를 쌀물 대신 부어 끓인 뒤에 떠서 사발에 담고 사발마다 연유(煉乳) 반 냥을 죽 위에 부어, 마치 기름처럼 죽에 고루 덮였을 때 바로 저으면서 먹으면 비길데 없이 감미롭다. ≪신은지≫ / 닭죽[鷄粥]은 살찐 묵은 암탉을 폭 고아 뼈를 발라내고 체에 밭쳐 기름기는 걷어낸다. 간 맞춘 멥쌀 심이 익은 뒤에 닭고기를 넣고, 달걀 몇 알을 타서 한소끔 끓인다.≪속방≫』

또한 허균의 ≪도문대작(屠門大嚼)·성소부고≫(제26권)에는 방풍죽과 들죽이 나온다.

『방풍죽(防風粥) : 나의 외가는 강릉(江陵)이다. 그곳에는 방풍이 많이 난다. 2월이면 그곳 사람들은 해가 뜨기 전에 이슬을 맞으며 처음 돋아난 싹을 딴다. 곱게 찧은 쌀로 죽을 끓이는데, 반쯤 익었을 때 방풍 싹을 넣는다. 다 끓으면 찬 사기그릇에 담아 뜨뜻할 때 먹는데 달콤한 향기가 입에 가득하여 3일 동안은 가시지 않는다. 세속에서는 참으로 상품의 진미이다. 나는 뒤에 요산(遼山 수안군(遂安郡)을 가리킴)에 있을 때 시험삼아 한 번 끓여 먹어 보았더니 강릉에서 먹던 맛과는 어림도 없었다. / 들죽(豆粥 들쭉으로 끓인

죽) : 갑산(甲山)과 북청(北靑)에서만 나는데 맛은 정과(正果)와 같다. 다음에 나오는 포도(蒲桃) 이하는 모두 이만 못하다.』

윤기(尹愭:1741-1826)의 ≪무명자집(無名子集)≫[7]에 의하면 방풍죽을 임금이 하사하였다는 기록도 나온다. "원화 원년(806, 35세)에 원진(元稹)·독고욱(獨孤郁) 등과 함께 책시(策試)의 제거과(制擧科)에 응시하였다. 악부 100여 편을 지어 시사(時事)를 풍자하였는데, 이 소문이 궁궐에까지 흘러 들어 갔다. 헌종(憲宗)은 기뻐하며 공을 한림학사(翰林學士)에 임명하고 방풍죽(防風粥)[8]을 한 그릇 하사하기까지 하였는데, 먹은 뒤 그 향이 입가에 7일이나 감돌았다"고 쓰고 있다. 여기서 공이란 백거이(白居易:772-846)를 말하며, 헌종은 당 현종 이순(李純:778-820)을 말한다.

황재(黃梓)의 ≪갑인연행록≫[9]에는 "자내(自內 궁궐, 왕실을 의미함)에서 들쭉정과(乬粥正果 들쭉을 꿀이나 설탕 등에 재거나 조려서 만드는 정과)를 보내왔다"는 기록이 있고, ≪일성록·정조≫에 '들죽정과(乬粥正果:들쭉정과), 들죽편(乬粥片 들쭉편), 들죽고(乬粥膏 들쭉고), 들쭉 수정과(乬粥水正果)'가 보이니, 들쭉[10]을 다양하게 활용하여 먹었음을 보여준다. 다만 정약용이 들쭉을 먹었다는 기록은 보이지 않는다.

죽과 관련하여 '범벅'이 등장 하는데, 이는 여러 가지 사물이 뒤섞여 갈피를 잡을 수 없게 된 상태를 비유적으로 이르는 말로 조선시대에 '범벅죽'의 명칭이 등장한다. ≪조선왕조실록≫의 ≪세종실록·≫[세종 2년 경자(1420) 1월 21일(경신)조]에는 아버지의 3년 상을 지키는 상주가 먹었던 음식으로 범벅죽이 나온다.

『세종 2년 경자(1420) 1월 21일(경신)에 중부(中部)에 거주하는 유학(幼學) 전사례(全思禮)는 아버지가 죽으매, 거적자리[苫]에서 자며 흙덩어리로 베개하고, 매일 범벅죽(飦粥)을 먹으며 좋은 음식을 먹지 않고 3년을 마쳤다.』

또한 "가난한 집에서 죽을 마실지언정, 지체 높은 집에 가 어물어물 할 것인가"라는 글귀[11]에서는 죽이 가난한 사람들의 음식이었음을 보여 준다. 아울러 병자들이 몸을 회복하는 데에 사용된 영양식이었음을 알 수 있다. 장유의 ≪계곡집≫에 따르면 사대부 집안에서는 죽에 석청꿀을 타서 먹은 이도 있었다.[12] ≪다산시문집≫[13]에는 죽으로 끼니를 때우는 당시 흉년의 모습을 묘사하고 있는데, "아침에도 보리죽 한 모금. 저녁에도 보리죽 한 모금. 그것도 대기 어려운데, 배부르기야 바랄 것인가"[14]라고 어려운 삶을 읊고 있다.

다산의 저서에 나오는 죽의 종류는 대부분 구황음식으로 먹었던 죽들에 대한 기록이 많다. 송엽죽, 송피죽, 보리죽, 쑥죽, 비름죽, 명아주죽, 칡죽, 호박죽(南瓜鬻), 전죽(饘粥 맑은죽), 부죽(缶粥:사찰의 채소죽), 나물죽 등이 이에 해당한다. 보양이나 별미음식으로는 두부죽(菽乳粥), 팥죽(冬粥), 콩죽(豆粥), 깨죽, 수수죽, 버섯죽, 닭죽, 타락죽, 복령죽 등의 기록이 보인다.

죽에 대한 보다 많은 연구가 필요하다. 죽의 다양화는 한국 죽산업의 세계화에 중요한 지향점을 보여준다. 특히 약식(藥食)으로서의 죽은 환자보호식은 물론 고령자의 영양식으로 전세계적 시장 확대가 가능하다고 본다. 우리나라 죽 브랜드 본죽이 그 전형을 보여준다. 우리 국민은 보리고개를 넘으면서 죽으로 연명을 하였던 시대가 있었다. 이 경험을 되살려 기근을 헤치는 간편식으로 개발하여 국제적 기아나 국제난민들에게 공여되는 계기를 만들면 좋겠다. 대체식량으로서 간편하게 휴대할 수 있도록 개발할 필요도 있다. 보양식, 영양식, 보호식, 대체식, 약식 등의 죽에 대한 잠재적 기능을 고려하면서 글로벌 죽시장을 주목해야 한다. 죽을 통하여 한국 K-농업의 글로벌 시장 개척의 길이 열리기를 기대한다.

다음에서는 다산의 기록에 있는 죽들을 살펴본다.

1) 호박죽[15)]

요즘 우리가 먹는 호박죽은 가을에 거두어들인 잘 익은 호박으로 쑨 죽이다. 그러나 다산이 시에서 기록하고 있는 호박죽은 가을 추수를 하기도 전인 여름 무렵 곡식이 모두 떨어지고 없어 풋호박으로 죽을 쑤어 끼니를 때웠다. 익은 호박은 단맛이라도 있지, 풋호박죽이 무슨 맛이 있었겠는가. 아마도 당시 흉년을 직면한 수많은 백성들의 어려운 생활상을 대변하여 노래한 것이리라.

> 『들어보니 며칠 전에 끼니거리 떨어져서 호박으로 죽을 쑤어 허기진 배 채웠는데 어린 호박 다 땄으니, 이 일을 어찌할꼬! 늦게 핀 꽃 지지 않아 열매 아직 안 맺었네.』[16)]

호박과 관련하여 추사 김정희의 ≪완당전집·시(詩)·해상의 중구일에 국화가 없어 호박떡을 만들다(海上重九無菊, 作瓜餠)≫(제10권)에는 호박떡(南瓜餠)에 국화경단(菊花糕)이 함께 출현한다.

> 『호박떡을 가져다가 국화 경단을 비교하니, 마을 맛이 어찌하면 들 잔치를 높여주지, 어리석은 생각을 평소의 그대로라. 붉은 수유[17)] 하이얀 옛터럭에 꽂았다오.』[18)]

2) 묽은죽[19)]과 깨죽

묽은 죽은 담죽(淡粥) 혹은 전죽(饘粥)이라고도 하는데, 율무가루와 멥쌀가루를 같은 분량으로 섞어서 끓는 물에 넣어 죽을 쑤는 것을 말한다. 곡물이 부족해서 여러 사람이 함께 나누기 위해 묽은 죽을 쑤는 경우도 있지만, 미음이라고 하여 환자식이나 어린 아이의 초기단계 이유식으로 쓰이기도 한다.

『좌상에는 공경들이 찾아와 서로 읍하고, 문전에는 거마들이 갔다가 다시 들어차, 잔치할 땐 활과 화살 앞에다가 늘어놓고, 묽은 죽과 된죽에 온 가족이 배부르네.』[20]

다산의 시에는 가을 추수를 마치고 논바닥에 떨어져 남아 있는 벼의 이삭을 주워다가 죽란사 모임에서 묽은죽을 쑤어 먹는 광경을 그리고 있다. 조선 시대 시골에서는 쌀을 아끼기 위해 주운 이삭으로 죽을 쑤어서 먹었음을 보여 준다.

『이삭 주워 죽 쑤어 먹고, 남은 곡식은 전대에 저장한다.
마을 돈 내어 도박하지 말고, 포진 쌀을 관창에 수납해야지.』[21]

≪다산시문집·소(疏)·옥당(玉堂)에서 고과(考課) 조례(條例)를 올리는 차자(箚子)≫(제9권)에 남원부사(南原府使) 최모(崔某)가 "기민(飢民)에게 먹이는 죽(粥)에 물을 너무 타서 백성들이 부황(浮黃)을 면치 못했다."는 구절[22]이 나온다. 당시에 백성들이 기근을 당하여 굶주림으로 허덕이는데도 구휼해야 할 관리들의 탐욕은 여전하여 얼마나 참담한 일들을 경험하였을 지가 짐작된다. ≪다산시문집·잠(箴)·목친잠(睦親箴)≫(제12권)에는 묽은죽을 먹여 위태로워진 건강을 회복하려 노력하는 모습이 그려져 있다.

『무안한 면목이 있다면 어찌 두터이 덮어주지 않을까?
형제가 와서는 보호하여 안고 이끌어 부축하여라.
입김 넣어 구휼하고 안타까워 슬퍼하여라.
나에게 미죽(糜粥)을 먹여주며 나에게 따뜻한 솜으로 감싸준다.
부월[23]의 위태함이 삼엄할 적에 뉘라서 그것을 막아낼 건가?』[24]

김창협(金昌協:1651-1708)은 〈백구(伯舅) 묘지명 병서〉(≪농암집≫(제27권)·묘지명(墓誌銘)에서 외삼촌인 나명좌(羅明佐:1634-1651)의 묘지명을 쓰면서 재미있는 사연을 기록하였는데, 그 내용은 다음과 같다. 나명좌의 부친인 목사공 나성두(羅星斗)는 예조 판서를 지낸 김남중(金南重)의 딸 경주 김씨(慶州金氏)에게 장가들어 3남 2녀를 키웠다. 그 장남이 나명좌이고 장녀가 바로 김창협(金昌協:1651-1708)의 모친이다. 그래서 김창협선생이 외삼촌인 나명좌의 묘지명을 쓰게 된 것이다. 나명좌가 신묘년(1651, 효종2) 4월 27일에 별세하였는데, 창협은 사실 그해(1651)에 태어났다. 나명좌가 매우 영민하였는데 17세에 요절하였다. 장녀였던 김창협의 모친은 남동생의 죽음을 매우 슬퍼하여 이 오누이간에 애정이 매우 돈독하였음을 보여준다.

> 『뒤에 군(나명좌:羅明佐 [1634-1651])이 목사공[25]을 따라 해서(海西)의 임지에 갔다가, 병이 들어 들것에 실려서 서울로 돌아왔는데, 그때에는 모친(김창협의 모친)이 전적으로 죽으로 병 구완을 하였다. 미음과 밥을 반드시 직접 지어 수저로 떠먹였고, 군이 죽도 먹지 못하게 되자 또 나(김창협)에게 먹이던 젖을 거두어 군에게 먹이면서 마치 어린아이를 돌보듯이 하였다. 뒤에 이 일을 말할 적이면 선비(先妣)는 늘 눈물을 흘리며 이르기를, "지난번에 나는 사실 내 아우 덕에 살아났었다. 그런데 내 아우가 병이 들자 내가 극진히 병구완을 하기는 했지만 결국 살려내지 못하였으니, 나는 지금도 애통하고 한스러울 뿐이다." 하였다. 선비와 군의 우애가 이처럼 돈독했던 것이다. 군이 한 일로 말하면 또 상식적인 수준을 뛰어넘는 일에 능했다는 것을 알 수 있다.』[26]

오누이지간이었는데, 미음과 밥을 직접 수저로 떠먹여주고, 남동생인 나명좌가 죽도 먹지 못하자 아들인 김창협에게 줄 젖을 대신 물렸다는 것이다. 참으로 상상하기 어려운 오누이지간의 애정이 아닐 수 없다. 농암 김창협선생이 어린 시절의 이야기이지만 그의 가족들이 전해주어 알게 된 사연이 깊이 스며들어있는 묘지명이 아닐 수 없다. ≪다산시문집≫에는 이기양(李基讓:1745-1802)이 치매노파에게 미음을 먹인 이야기가 등장한다.

『방에는 귀신 꼴을 한 노파가 알몸으로 누워 있었는데 똥 오줌을 마구 싸대어 악취(惡臭)를 견딜 수 없었다. 그러나 복암(이기양)은 그 노파를 부축해 일으켜 미음을 먹이며 좋은 말로 위로하니 노파는 한숨을 내쉬어가며 팔자타령을 늘어놓았다. 그러나 복암은 노파를 달래고 비위를 맞추어 끝내 그 미음을 다 먹인 다음 자리에 눕히고서 집으로 돌아왔다. 중씨가 어떤 노파냐고 물으니, 복암이 다음과 같이 말하였다.
"나는 본래 종이 없으므로 내가 병이 생겼을 적에 이 노파 덕으로 살아났다. 그런데 이 노파에게는 자녀도 친척도 없으며, 또 마을이 작아 가까운 이웃도 없기 때문에 내가 돌보아 주는 것이다."』[27]

≪다산시문집≫[28]에는 죽란사 모임에서 친구들과 함께 이삭을 주어서 죽을 끓여서 먹는 모습이 묘사되어 있다. 이삭죽(穗粥)은 미음에 해당하는데, 점심에는 국과 탕을 먹고 저녁은 미음으로 때우고 다음은 산으로 돌아왔던 사실을 서술한 것이다.

『새벽에 일어나 묵정밭 매고, 점심에는 국과 탕을 차린다네.
막막 창공에 엷은 구름 끼었다가 먼 나무에 살짝살짝 별이 나면
이웃 모두가 새벽밥 먹고, 김맬 친구들 시냇가에 모이면
고기떼 몰려 물결 명주와 같고, 새들은 생황처럼 지저귄다네. (중략)
이삭 주워 죽 쑤어 먹고 남은 곡식은 전대에 저장한다.
마을 돈 내어 도박하지 말고, 포진 쌀을 관창에 수납해야지。
가난한 집에서 죽을 마실지언정, 지체 높은 집에 가 어물어물 할 것인가
높이 날면 봉황 따르게 되지만, 껄덕이면 보이는 게 사다새라네』[29]

깨죽은 깨와 쌀을 섞어서 끓인다. 이는 향미가 독특하고 소화가 잘 되는 음식인데 보양음식으로 많이 쓰인다. 검은깨(黑荏子)를 많이 쓰기 때문에 흑임자죽이라고도 한다. ≪다산필담(茶山筆談)≫에는 깨죽에 대하여 이렇게 기록되어 있다.

『남방의 고을에서는 순사(巡使)의 순행 때가 되면 미리 살찐 소 한 마리를 준비하여 안채에다 매어 두고 한 달 남짓 동안 깨죽(胡麻粥)을 먹여 기르니 그 소의 고기가 기름지고 연하여 보통 소의 고기와 다르다. 그러면 순사는 크게 칭찬하고 고과(考課)에 최(最)를 준다. 아! 세속의 풍습이 이 지경이니 관리 노릇하기도 어려울 것이다.≪진서(晉書)·왕제열전(王濟列傳)·왕자무(王子武)≫에 "언젠가 황제가 그의 집에 거둥하였는데 삶은 돼지고기가 매우 맛이 있어 그 까닭을 물으니, 사람의 젖을 먹여 기른 돼지라고 대답하였다" 일설에는 "사람의 젖으로 찌웠다고 한다"하였으니, 깨죽으로 소를 기른 것이 이와 무엇이 다르겠는가.』[30]

양예수(楊禮壽:?-1597)의 ≪의림촬요·비결문(祕結門)59·부록 비약(附脾約)≫(제8권)는 "(변비에) 삼인죽(三仁粥)을 따뜻하게 해서 먹는다. 교밀탕(膠蜜湯)도 좋은데 다 빈속[空心]에 먹어야 한다.(중략)잣죽(栢子粥), 들깨죽(荏子粥)도 다 좋다.(중략)삼인죽(三仁粥), 대변이 잘 나가지 않는 것을 치료한다. 몹시 굳으면 빈랑(檳榔)을 더 넣어 쓴다."고 하였다. 여기서 '삼인죽(三仁粥)'이란 산앵두씨(욱리인:郁李仁), 잣열매(백자인:栢子仁), 복숭아씨(도인:桃仁) 가루로 끓여서 만든 죽을 말한다. 다산 정약용이 깨죽을 먹어보지 않고 ≪다산필담≫에서 깨죽을 설명하지 않았을 것이다.

3) 보리죽과 채소죽

보리죽(麥粥), 熬青麨, 오거(熬麮)이니, '麮'는 보리죽인 것이다. ≪옥편(玉篇)≫에는 "'보리죽 거'는 보리를 끓인 것이다.(麮, 煑麦也。)" ≪석명(釋名)≫ "보리를 끓인 것은 '麮'라고 한다(煑麦曰麮。)"고 하였다.

풋보리죽은 풋보리 간 것과 쌀을 섞어 끓인 죽이다. 장기에 머물 때 지은 시 '장기농가' 10수는 농민들이 당하는 아픔을 문학적으로 담아내고 있다.[31]

봄이 오면 대부분의 농가는 양식이 떨어졌고 춘궁기는 길고 길었다. 초여름의 보리가 나와야 목숨을 이을 수 있었다. 보리가 나올 때까지의 긴긴 시간이 보릿고개다. 다산은 보릿고개라는 순수한 우리말을 한자의 시어로 바꾸어 '맥령(麥嶺)'이라고 표현했다. ≪다산시문집≫[32]에서는 백성들의 굶주림을 면해 주기 위해 만들어진 '비변사'를 다산은 '주사(籌司)'라 표현하며, 그 관리들에게 풋보리죽 한 사발씩을 주어서 농민들의 어려운 실상을 알게 해야 한다고 한탄하고 있다.

『보릿고개[33] 험한 고개 태산같이 험한 고개
단오명절 지나야만 가을이 시작되지
풋보리죽 한 사발(一椀熬青麨)을 그 누가 들고 가서
주사의 대감도 좀 맛보라고 나눠줄까?』

≪다산시문집·시(詩)·오거(熬麮)역시 흉년 걱정이다.≫(제5권)에서는 추수 가망이 없어 세간 으리으리한 부잣집들도 모두 보리죽을 먹지만 신세가 외로운 자들은 보리죽도 먹기 어려운 실정이었다. 목숨을 연명하기 위해 세간을 팔아 보리라도 구하려 해도 그마저 구하기 어려웠던 상황을 기록하고 있다. "내가 다산에 있을 때도 앞마을 사람들이 모두 보리죽을 먹고 있었는데, 나도 가져다 먹어보았더니 겨와 모래가 절반이나 되어 먹고 나면 속이 쓰려 견딜 수가 없었다"고 토로하고 있다.

『동쪽 집에서도 들들들,
서쪽 집에서도 들들들 보리 볶아 죽 쑤려고(熬麥爲麮) 맷돌소리 요란하네
체로도 치지 않고 기울도 까불지 않고
그대로 죽을 쑤어(粥之爲麮) 주린 창자를 채운다네
썩은 트림 신트림에 눈앞이 아찔아찔 해도 달도 빛이 없고 천지가 빙빙 돈다네
아침저녁으로 보리죽 한 모금(朝一溢麮, 暮一溢麮) 그것도 대기 어려운데

배부르기를 어찌 바랄 것인가?
있는 물건 죄다 팔아 보리를 사려 해도
내 물건은 팔리지 않아 기와조각이나 자갈같구나
파는 곡식은 날개 돋혀 옥 같고 구슬같다네
보릿자루 하나 보고 모여든 자 백이나 된다네
내 보기엔 보리죽도 그 마을 부자가 먹어(我視麩者, 里中之傑)
으리으리한 집에다가 우거진 정원 수목
소나무에 대나무에 감나무에 돌밤나무요.
옷걸이엔 명주옷이며 찬장에는 구리사발
우리에는 소 누웠고 홰에서는 닭이 자고 말 잘하고
힘도 있고 수염도 멋지다네.』

≪다산시문집·서≫제19권, 〈김공후(金公厚)·이재(履載)34)에게 보냄 기사(1809, 순조 9년, 선생 48세) 6월〉에서는 당시의 기근에 대해 다음과 같이 서술하면서 보리죽마저도 먹을 수 없어 유민과 버려진 어린아이들이 넘쳐나는 모습을 그리고 있다.

『5월 이후로는 하늘에 구름 한 점 없고 40여 일 동안 밤마다 건조한 바람이 불고 이슬조차 내리지 않아 벼는 말할 것도 없고, 기장 · 목화 · 깨 · 콩 따위와 채소 · 외 · 마늘 · 과일에서부터 명아주 · 비름 · 쑥까지 타서 죽지 않은 것이 없습니다. 대나무에는 대순이 나지 않고 소나무에는 솔방울이 달리지 않아, 흙에서 나서 사람의 입으로 들어갈 수 있는 모든 것과 우리 백성의 일용에 필요한 모든 것들이 하나도 성장하는 것이 없습니다. 샘이 마르고 도랑의 물이 끊겨 갈증에 대한 백성들의 근심이 주림의 근심보다 심하고, 소나 말도 먹을 물과 풀이 없으므로 집집마다 소를 잡아먹고 있는데도 누구 하나 금하는 이가 없으니, 알 수는 없습니다마는 예로부터 이같이 크게 흉황(凶荒)든 적이 있었던가요. 6월 초순부터는 유민(流民)이 사방으로 흩어져 울부짖는 소리가 곳곳에서 들리고, 길가에 버려진 어린아이가 수없이 많으니 마음이 아프고 눈이 참담하여 차마 듣고 볼 수가 없습니다. 한 여름인데도 이와 같으니 가을을 알 만하고 겨울 이후는 말할 수도 없을 것입니다. (중략)나이 많은 늙은이들에게 물어보고 지난 기록을 상고해 보아도 이처럼 큰 흉황은 일찌이 없었습니다. 추수(秋收)의 가망이 없자 시장에 양곡 출하가 끊겼습니다. 곡식을 가진 부민(富民)들도 모두 보리죽을 먹으며 내년 보리가 날 때까지 지내려하니, 시장에 곡식이 나오겠습니까. 집안에 곡식의 비축이 없는 자는 금은(金銀)을 가지고도 곡식을 구할 수 없으니, 백성들이 일찍 유망(流亡)하는 것은 오로지 이 때문입니다. 이 고을만이 그런 것이 아니라 일로(一路)가 다 그러하고 제로(諸路)가 다 그러합니다.』

1809년(순조9년)은 역사적으로 유래 없는 기근이 발생하였던 해였다. 이 때 유례없는 가뭄과 기근이 들고 이어서 제주도 민란, 용인 이응길 민란 등이 끊이지 않고 일어났는데, 순조는 정사에 흥미를 잃게 되었다. 이유는 민란과 수차례의 천재지변을 수습할 능력이 없었기 때문이다. 또 1821년에는 서해안에 전염병이 번져 10만 명이 목숨을 잃어 국정 전반의 혼란은 극도로 심했던 것이다. 1827년 순조를 대신해 대리청정을 시작한 효명세자는 국정을 돌보는 틈틈이 궁중무용 창작에 몰두했다. 세자의 노력으로 부활한 궁중무용은 왕의 공덕을 칭송하는 장엄한 무용으로 흔들리던 왕실의 권위를 세우는데 활용되었다. 연산군 이래 조선에서 예악(禮樂)이란 혼군의 상징이자 말세의 표상이었지만, 효명세자는 부왕에 대한 효성을 빌미로 전례 없이 화려한 궁중연회를 주관하면서 희미해졌던 군신간의 질서를 바로잡은 것이다.

이 때의 궁중연회와 관련하여 박보검과 김유정 주연의 KBS2 퓨전사극 〈구르미 그린 달빛〉(연출 김성윤)은 동명의 원작소설을 드라마화한 것으로 실제 역사적 사실과 상상력을 더한 픽션사극이다. 괴팍한 성정의 왕세자 이영(박보검)이 역사상 1827년 22세라는 젊은 나이에 급작스럽게 세상을 떠나는데, 짧은 생애에도 여러 권의 문집을 남기고 궁중연회를 직접 관장하는 등 남다른 문학적 감수성과 예술적 재능을 지니고 있어서 조선왕실의 가장 뛰어난 문인이었다는 평가를 받고 있는 효명세자를 그린 것이다.

대리청정을 하면서 자신의 친위세력을 키운 효명세자는 당시 정권을 장악한 외척 안동김씨를 견제해 친위세력으로 하여금 재정을 장악하게 했다. 국가재정을 담당한 호조와 선혜청의 요직을 장악하고 그 동안 소외된 남인과 북인, 소론 계열을 사헌부, 사간원에 집중 배치해서 안동김씨가 더 이상 부정부패를 할 수 없도록 했다. 즉 재정, 언론, 사정을 모두 장악했던 것이다.

채소죽은 다양한 채소를 넣어 곡물과 함께 끓인 죽이다. 무, 당근, 시금치, 냉이, 미나리, 아욱 등을 넣은 죽이 대표적이다. 옛날에는 어려운 백성들의 음식이었지만, 채소에는 풍부한 항산화 성분인 폴리페놀과 플라보노이드가 듬뿍 들어 있어 요즘은 건강음식으로 인정받고 있다. 기호에 따라 소고기, 참치, 닭, 전복, 브로콜리 등을 넣어 식사 대용식이나 회복식으로 먹는다. 또한 채소를 많이 먹기 위해서 채소를 듬뿍 넣은 전골요리를 선호하기도 한다. 사실 인간의 소화액은 동물과 달리 채소의 주성분인 셀룰로오스를 소화분해하는 효소가 없기 때문에 생채소보다는 데치거나 익혀 먹는 것이 좋다.

≪다산시문집≫에는 윤선계(尹善戒)[35]가 채소죽을 먹는 삶이 소개되어 있다. 유교 중심의 조선사회에서 불교의 사찰은 늘 곤궁하여 채소죽을 일상적으로 쑤었음을 알 수 있다.

『전엔 산중에서 고생한 걸 아는데, 이젠 물가에 사는 게 애처롭구려
몸조심하여 세상 따라 부침하고, 세상 흘겨보며 채소죽을 먹누나
높직한 것은 삼연의 초가집이요, 모아 둔 것은 한 묶음 글이로세
늙은 홀아비는 늘 잠 못 이루나니, 시 좋아하는 건 요즘 어떠한고』[36]

4) 쑥죽(蒿鬻)

쑥은 일반적으로 한자어로 '쑥 호(蒿)' 또는 '다북쑥(蓬艾)'이라고 쓴다. ≪다산시문집≫ 채호(采蒿)[37]는 흉년을 걱정하여 쓴 시다. 가을이 되기도 전에 기근이 들어 들에 푸른 싹이라곤 없었으므로 아낙들이 쑥을 캐다가 죽을 쑤어 그것으로 끼니를 때웠다[38]고 쓰고 있다.

『기사년 내가 다산의 초당에 있을 때인데, 그 해에 크게 가물어 그 전해 겨울부터 이듬해 봄을 거쳐 입추(立秋)가 되도록까지 들에는 푸른 풀 한 포기 없이 그야말로 적지천리였었다. 6월 초가 되자 유랑민들이 길을 메우기 시작했는데 마음이 아프고 보기에 처참하여 살고 싶은 의욕이 없을 정도였다. 죄를 짓고 귀양살이 온 이 몸으로서는 사람 축에 끼지도 못하기에 오매(烏昧)[39]에 관하여 아뢸 길이 없고, 은대(銀臺)의 그림[40]도 바칠 길이 없어 그때그때 본 것들을 시가(詩歌)로 엮어보았는데, 그것은 처량한 쓰르라미나 귀뚜라미가 풀밭에서 슬피 울 듯이 그들과 함께 울면서 올바른 이성과 감정으로 천지의 화기(和氣)를 잃지 않기 위해서였던 것이다. 오래 써 모은 것이 몇 편 되어 이름하여 전가기사(田家紀事)라고 하였다.』

≪전가기사(田家紀事)≫에 속하는 시인 〈채호(采蒿)〉, 〈발묘(拔苗)〉, 〈교맥(蕎麥)〉, 〈오거(熬麩)〉, 〈시랑(豺狼)〉, 〈유아(有兒)〉 는 모두 ≪다산시문선≫ 제5권에 실려 있는데, 이 당시의 극심한 흉년에 직면한 일들을 묘사한 시다. 조성을(2016:641)은 이 시들이 모두 1810(庚午)년 6월에 지어진 시로 보았다. 또한 〈용산리(龍山吏)〉(〈유아(有兒)〉시 바로 뒤에 이어져 있음), 〈파지리(波池吏)〉, 〈해남리(海南吏)〉도 역시 1810년(순조10년) 6월 기간에 흉년으로 고통받는 백성들을 목격하면서 연민과 분노 속에서 쓴 시로 보았다. 〈용산리(龍山吏)〉의 시 제목 아래 '경오년(1810) 6월'이란 시기가 명시되어 있으므로, 이 3편의 시를 모두 이 시기인 1810년(경오년) 6월에 지어진 시로 보는

것은 문제가 없으나, 채호(采蒿)시에는 '기사(己巳:1809)년'이라 명시되어 있다. ≪순조실록≫9년조의 기우제 기록을 살펴보면 다음과 같다.

- 순조9년 5월14일 삼각산 · 목멱산 · 한강에서 기우제를 지내다. (1차 기우제)
- 순조9년 5월17일 용산강(龍山江) 저자도(楮子島)에서 재차 기우제를 지냈다.(제2차 기우제)
- 순조9년 5월20일 남단(南壇) · 우사단(雩祀壇)에 세번째 기우제를 지냈다.(제3차 기우제)
- 순조9년 5월23일 사직(社稷)과 북교(北郊)에서 네번째 기우제를 지냈다.(제4차 기우제)
- 순조9년 5월26일 종묘(宗廟)에서 다섯번째의 기우제를 지냈다.(제5차 기우제)
- 순조9년 6월3일 삼각산 · 목멱산 · 한강에 여섯번째 기우제를 지냈다.(제6차 기우제)
- 순조9년 6월6일 용산강(龍山江) 저자도(楮子島)에서 일곱번째의 기우제(祈雨祭)를 지냈다.(제7차 기우제)
- 남단 · 우사단에서 여덟 번째 기우제를 지내다.(제8차 기우제)

순조9년 6월5일에 궁중에서 구황하는 정사에 대하여 대신들과 논의 하였다. 이 자리에서 호조 판서 이만수(李晩秀)가 "모진 가뭄이 여러 달 계속되고 있으니 상하의 목마른 듯한 안타까운 마음 어찌 끝이 있겠습니까? 구황(救荒)하는 정사를 미리 준비하는 것을 지금 하지 않을 수 없습니다." 라고 심각하게 기근대책을 논의하는 장면이 보인다. 그 후 6월10일에 순조임금이 기우제에 참가하여 "직접 기우제를 지냈다. 이날 밤 비가 쏟아

붇듯이 내려 수심(水深)이 3촌 2푼이나 되었다."는 기록이 보인다. 순조9년 5월 중순에서 6월10일까지 지속된 가뭄이 전국에 큰 피해를 주었을 것으로 보인다. 특히 염우부(鹽雨賦)(≪다산시문집≫ 제1권)는 다산 49세 때인 순조 10년(1810) 7월에 강진(康津)의 유배지에서 폭풍우로 산야의 초목과 곡물이 혹독한 피해를 당한 것을 목격하고 지은 작품이다. 흉년에 이어 강진지역이 당면한 심각한 자연재해를 직접 목격하고 기록하였다는 점에서도 큰 의미가 있는 것이다. 특히 먹을 것이 없어 다북쑥이라는 시에서 흉년에 처절하게 살아남기 위해 구황식물로 죽을 만들어 먹는 모습을 묘사하고 있다.

『다북쑥(蒿)을 캐고 또 캐지만 다북쑥이 아니라 새발쑥(莪)이로세!
양떼처럼 떼를 지어 저 산언덕을 오르네.
푸른 치마에 구부정한 자세, 흐트러진 붉은 머리털.
무엇에 쓰려고 쑥을 캘까 눈물이 쏟아진다네.
쌀독엔 쌀 한 톨 없고, 들에도 풀싹 하나 없는데
다북쑥만이 나서 무더기를 이루었다네.
말리고 또 말리고 데치고 소금을 쳐.
미음 쑤고 죽 쑤어 먹지, 다른 것 아니라네.

다북쑥 캐고 또 캐지만 다북쑥이 아니라 제비쑥(菣)이라네!
명아주(藜)도 비름(莧)도 다 시들고, 자귀나물(慈姑)은 떡잎도 안 생겨
풀도 나무도 다 타고 샘물까지도 다 말라,
논에도 전청[41]이 없고 바다에 조개 종류도 없다네.
높은 분네들 살펴보지도 않고 기근이다 기근이다 말만 하면서,
가을이면 다 죽을 판인데 봄에 가야 기민 먹인다네.
남편 유랑길 떠났거니 나 죽으면 누가 묻을까?
오 하늘이여! 왜 그리도 봐주지 않으십니까?

다북쑥을 캐고 또 캔다지만 캐다가는 들쑥(蕭)도 캐고

혹은 쑥 비슷한 것도 캐고 제대로 다북쑥을 캐기도 한다네.
푸른 쑥이랑 흰 쑥이랑 미나리 싹이랑
무엇을 가릴 것인가? 다 캐도 모자란다네.
그것을 뽑고 뽑아 둥구미와 바구니에 담고,
돌아와 죽을 쑤니 아귀다툼 벌어지네.
형제간에 서로 채뜨리고 온 집안이 떠들썩하게,
서로 원망하고 욕하는 꼴들이 마치 올빼미들 모양이라네.』[42]

다산의 시 중 "바닷가라서 좋은 채소는 적고, 좋다는 것이 쑥갓 정도라네(海壖少嘉蔬, 美者稱茼蒿)"[43]라고 말한 것은 유배지인 강진의 바닷가가 쑥이 많았다는 뜻이다. 또한 "양하로 고질을 치료하면, 침도 쑥뜸도 필요 없으리라(蘘荷復治癖, 不勞施鍼艾)"[44]라는 표현은 침이나 쑥뜸에 익숙하지만 식이요법으로 '양하(蘘荷)'를 사용하는 것도 좋으리라는 의견을 제시한 것이다. 양하(蘘荷)는 약용식물로 고독(蠱毒)을 치료하는 약재로 쓰였다. 다산이 뜸 대신 양하 사용을 권한 것은 약용식물에 대한 지식이 광범위하였음을 보여준다.

≪다산시문집≫ 제3권〈시(詩)·여름날에 소회를 적어 족부 이조 참판에게 올리다[夏日述懷]〉에는 쑥을 나물로 만들어 먹는 장면이 묘사되어 있다.

『매웁게 만들려면 부추를 솎고, 나물 장만하려면 쑥을 캐며,
씨앗 두었다가 겨자 심어 수확하고, 울타리 둘러 채소를 보호한다네』[45]

5) 비름죽(苜蓿粥)과 명아주죽

고문헌에서 비름을 지칭하는 말은 비름이지만 마치현을 뜻한다. '마치현(馬齒莧)'은 '쇠비름 풀'로 쐐기 형상의 긴 타원형 잎을 가지고 있다. 고전종합DB에서 '마름'으로 번역된 말로 '비름 현(莧)', '비름 국 : 쾌현갱(夬

莧羹)'이다. 이규보의 ≪동국이상국집≫에 비름나물(苜蓿)이 출현하며, 명아주와 비름을 함께 지칭한 '여현(藜莧)'등이 보인다. "소반엔 봄에 지천으로 나는 목숙 무침이라(盤中苜蓿富春蔬)"[46] 이 고전종합DB에 주석하여 목숙에 대해 다음과 같이 설명하고 있다.

> 『목숙(苜蓿) : 거여목이라는 소채(蔬菜)의 일종으로, 빈약한 식생활을 비유할 때 흔히 쓰인다. 당나라 설령지(薛令之)가 동궁 시독(東宮侍讀)으로 있을 적에 초라한 밥상을 보고는 슬픈 표정으로 "아침 해가 둥그렇게 떠올라, 선생의 밥상을 비추어 주네. 소반엔 무엇이 담겨 있는 고, 난간에서 자라난 목숙나물이로세.』[47]라는 내용의 〈자도(自悼)〉시를 지은 고사가 있다.

또한 한무제(漢武帝) 때 장건(張騫)이 서역(西域)에 사신으로 가서 말 먹이인 거여목[苜蓿]의 씨앗을 가지고 온 고사가 있다.[48] 또한 목숙반(苜蓿盤)이란 말은 빈약(貧弱)한 식생활을 뜻한다. 당(唐)나라 때 설영지(薛令之)가 동궁 시독(東宮侍讀)으로 있을 적에 식생활이 매우 빈약하였으므로, 시를 지어 스스로 슬퍼하기를 "아침 해가 둥그렇게 돋아 올라, 선생의 식탁을 비추어 보이네. 쟁반에는 무엇이 있는고 하니, 난간에서 자란 목숙나물이로세."[49] 한 데서 온 말이다.

〈그림 75〉 자주개자리(목숙)

≪산림경제·치포(治圃)·거여목[苜蓿](게여목)≫(제1권)에는 목숙을 재배하는 방법을 소개하면서 "초봄에도 날로 먹기가 좋으며, 국을 끓이면 매우 향기롭고 맛이 좋다. 특히 말이 즐겨 먹는다"[50]라 하였다.

≪동국이상국전집·고율시

(古律詩)·찐 게를 먹으며≫(제7권)에는 이규보의 소박한 생활 속에서 목숙(거여풀)이 가난한 사람들의 음식으로 출현한다.

> 『시인 생활 담박하여 고기 하나 없기에
> 조롱박 삶아 먹으면 손님은 쓴웃음 짓곤 하는데
> 조롱박도 다 먹었으니 또 무엇으로 이으랴
> 푸른 소반에 거여풀이 또한 보이지 않는가』[51]

≪다산시문집≫ 제6권, 〈시(詩)·송파수작(松坡酬酢)·오랜 비가 곡식을 상하므로, 동파의 구한심우의 시 삼 수에 차운하여 송옹에게 받들어 보이다(久雨傷稼)〉에는 "어려서부터 명아주 비름 먹는 게 익숙하다네"라고 말하고 있다. 명아주는 생약명으로 낙려(落藜), 자연채라고도 불린다. 건위, 강장, 해열, 살균, 해독 등에 효능이 있는 것으로 알려져 있다. 대장염이나 설사, 이질 등에 사용되기도 하고, 벌레 물렸을 때 생풀을 짓찧어서 상처에 붙이기도 했다.

> 『집엔 아무것도 없는데 밥은 두 끼를 먹고,
> 세상엔 삼두가 있는데 내가 하나를 지녔네.
> 생활은 감히 강물 마시는 배를 말하랴만,
> 다행함은 장기 어린 몸을 거둬 돌아옴일세.
> 어려서부터 명아주 비름 먹는 게 익숙하니,
> 늙어서 오두막에 누웠음도 걱정이 없다네.
> 무엇 하러 먹을 것 구하려고 운동을 하리오
> 굳이 펴길 바라지 않고 구부림을 감수하노라』[52]

≪다산시문집≫의 윤경[53]에게 주는 말에서 명아주와 비름의 껍질로 배를 채우는 당시의 흉년의 실상을 묘사하고 있다. 비름 역시 명아주와 비슷한 효능을 가지고 있는 한해살이 풀이다. ≪증보산림경제≫에서는 "산후의

혈리, 복통에 쇠비름을 찧어 달여 꿀에 섞어 먹는다. 즙을 짜서 고약을 만들면 종창을 고치고 꿀을 섞어 먹으면 이질을 고친다"고 하였다. 이는 다른 식물에 비해 수은 함량이 높기 때문이다. 수은은 휘발성이 강하므로 삶아서 먹으면 그 잔류량이 현저히 줄어든다.

『지금 소부(巢父)나 허유(許由)의 절개도 없으면서 몸을 누추한 오막살이에 감추고 명아주나 비름의 껍질로 배를 채우며(圍腸藜莧之外), 부모와 처자식을 얼고 헐벗고 굶주리게 하고 벗이 찾아와도 술 한 잔 권할 수 없으며, 명절 무렵에도 처마 끝에 걸려 있는 고기는 보이지 않고 유독 공사(公私)의 빚 독촉하는 사람들만 대문을 두드리며 꾸짖고 있으니, 이는 세상에서 가장 졸렬한 것으로 지혜로운 선비는 하지 않을 일인 것이다.』

서거정의 시에는 명아주나물과 비름나물을 자주 먹었음을 기록[54]되어 있다. 비름죽이나 명아주죽이나 대개 껍질을 끓여서 먹는 구황식물로 이 시에 "평생에 명아주 비름나물로만 배를 채웠고 묽은 죽 된 죽도 실컷 먹어보지 못했는데"라는 기록을 볼 때에 죽으로 먹었음이 확실하다.

『평생에 명아주 비름나물로만 배를 채웠고
묽은 죽 된 죽도 실컷 먹어보지 못했는데
오늘에야 향적의 맛[55]을 배불리 먹게 되니
십분 기름진 떡이 서리 빛보다 하얗네 그려』

이민구(李敏求:1589-1670)≪동주집 시집·시(詩)·철성록5(鐵城錄五)·비름을 먹다(食莧)≫(제5권)에서 비름나물에 대해서 매우 상세하게 묘사하고 있음이 주목된다.

『뜨거운 여름 한 해도 절반 지나가니 푸성귀도 다 억세구나.
아침저녁으로 텅 빈 상만 마주하니, 그릇 채울 반찬 없네.
비름은 나물 중에서도 천하지만 또한 반찬을 만들 만하지.
흔한 사물은 쉬 번성하니, 채소밭 둘레에 푸르게 섞였어라.
맑은 새벽에 이슬 젖은 줄기 따서, 된장으로 연한 싹 버무렸네.
버젓이 여러 먹거리 사이에 끼어, 젓가락에 푸르고 선명한 빛 비추네
줄기 연해서 늙은이도 먹을 만하고, 성질 매끄러워 병자도 맛보기 알맞네.
맛이 있든 없든 배부르기는 마찬가지, 천천히 걸으며 먼 곳 바라보네.
먹고 사는 것 진실로 누가 되나니, 군자는 거기에 빠지는 것을 경계한다네.
하물며 나는 쫓겨난 신세로, 오 년 동안 식량만 축내고 있지.
구렁에 버려지지나 않기를 바랄 뿐, 고기 먹는 것은 마음에 부끄럽다.
아 명아주와 콩잎에 섞어 먹으려고, 캐서 거두니 무엇을 망설일까?
부잣집은 반찬 가득하여 돼지도 잡고 양도 잡지.
고기가 부엌에서 썩으니 이런 채소는 길가에 버려지네.
쓰임과 버려짐이 때에 따라 다르니, 어찌 오래도록 한탄하고 슬퍼하랴』[56]

"아침, 저녁으로 텅 빈 상만 마주하니 그릇 채울 반찬 없네. 비름은 나물 중에서도 천하지만 또한 반찬을 만들 만하지."는 비름나물이 천한 것으로 여겨져 평상시에 먹지 않으나, 기근일 때에 주로 먹는 구황식물임을 말해준다. "맑은 새벽에 이슬 젖은 줄기 따서, 된장으로 연한 싹 버무렸네"에서는 비름을 먹을 때에 연한 싹을 주로 식용으로 한다는 것과 된장을 버무려 먹는다는 것을 말해준다. "줄기 연해서 늙은이도 먹을 만하고, 성질 매끄러워 병자도 맛보기 알맞네"라는 것은 노인과 병자가 먹기에 좋은 보호식임을 말해준다.

권호문(權好文:1532-1587)의 시는 비름을 먹고도 배고픈 상황을 묘사하고 있다.

『궁벽한 시골에서 청빈을 보배로 삼아 청렴함은 빙얼[57]과 같다네.
근심스레 속인의 비웃음 소리 듣고, 굶주려 비름 먹은 창자 꼬르륵 거리네.』[58]

명아주는 명아주과에 속하는 1년생 초본식물로 '는쟁이'라고도 하고, 영어로는 'Goosefoot'이라고 불리는데 전국 각지에 넓게 분포한다. 어린 잎은 삶아서 나물로 먹기도 하고 식량이 부족할 때 죽으로 먹기도 했다. 명아주는 정유와 지질이 함유되어 있어 해열, 살충, 이뇨작용 등의 약효가 있다. 그래서 병의원이 많지 않던 시절에는 독충에 물렸을 때 명아주 잎을 찧어서 환부에 붙이기도 했다. 명아주 줄기는 나무처럼 가공하면 마치 옹이가 지고 오래된 고목으로 만든 단단하고 가벼운 지팡이가 된다. 이를 푸른 순이 돋는다 하여 청려장(青藜杖) 혹은 명아주라고 불렀다. ≪본초강목≫에는 청려장을 짚고 다니면 눈이 밝아지고 중풍이 들지 않는다고 했는데, 지팡이로 쓰기에 매우 좋다. 신라시대부터 노인들의 지팡이로 사용하였다는 기록이 나올 정도로 오래 전부터 사용하였다.

서거정(徐居正)의 ≪사가시집·전부탄(田父嘆)-신축년의 한황(旱荒)은 60년 동안 없던 일이다.≫(제40권)에는 흉년에 명아주죽으로 연명하였음을 서술하고 있다.

> 『흰 이슬이 온갖 풀에 내리어라 제격이 먼저 일찍 울어버렸네.
> 금년에는 큰 한재와 황재로 인해, 온갖 곡식을 온통 거두지 못하였다네.
> 묽은 죽 된 죽도 끼니를 댈 수 없어, 명아주 잎 콩잎으로 연명하였다네.
> 노모에게는 음료만 드시게 하여, 삼 일 동안 식사 봉양이 끊어졌고
> 어린애는 날로 배가 고파 울다가, 얼굴이 이미 누렇게 떠버렸다오.
> 팔월에도 이미 이러한 형편인데, 또 어떻게 한 해를 넘길 수 있으랴?』[59]

≪다산시문집·시(詩)·송파수작(松坡酬酢)·범석호가 병중에 지은 시 십이 수를 차운하여 송옹에게 보이다(次韻范石湖病中十二首簡示淞翁)≫(제6권)는 소금으로 간을 한 '명아주무침'이 언급되어 있다.

『보리밥에 어찌 고기반찬을 생각하랴? 찐 명아주엔 소금을 치는 것이 좋지.
매실 상자엔 노란빛이 반사되고, 주렴엔 버들잎 푸른빛이 섞이어라』[60]

6) 송엽죽(松葉粥)과 복령죽

송엽죽은 소나무잎을 짓찧은 물을 체에 쳐서 거르거나 짜낸 후 식은 밥을 넣고 끓인 죽을 말한다. 선인(仙人)들이 솔을 먹고 불로불사했다는 이야기는 수없이 많다. 솔잎은 일반인에게도 식용 또는 약용으로 이용되었다. 식용으로는 송엽죽, 송엽차, 송엽주 등이 있다. ≪지봉유설≫에서는 "동지 송영구(同知, 宋英耉)는 솔잎을 먹고 참판 유대정(兪大禎)은 송진을 먹었는데 여러 해가 되자 모두 종기가 나서 죽었으니, 약을 먹는 이들은 마땅히 경계할 줄 알아야 할 것이다"라고 쓰여 있다. 반면에 생활이 어려운 백성들은 솔잎죽으로 끼니를 연명하기도 했다.

다산의 시 중에 송엽죽이 언급되어 있다. 아마도 다산도 송엽죽을 먹어보았을 것이다. "내가 혜장(惠藏)에게 산거잡흥(山居雜興)을 시로 읊어보라고 했는데, 얼마 후 나도 모르게 생각이 자꾸 그쪽으로 쏠리면서 내가 만약 그 처지라면 어떻겠는가 하는 생각도 들었다. 그리하여 그를 대신해서 붓을 잡고 이와 같은 선어(禪語)를 써보았던 것인데 도합 20수에 달한다. 왜냐하면 내가 이리 곤궁하게 지내면서부터는 늘 조용한 수도처에서 숨어 살고픈 마음이 문득문득 나는 것이다. 그것은 그들이 가는 길이 좋아서가 아니라 날은 저물고 갈 길은 먼 신세로서 이렇게 시끄러운 속에서 닭 울고 개 짖는 소리를 듣기가 싫기 때문에 자연히 그쪽을 부러워하게 되었던 것이다. 계절이 중하(仲夏)였기 때문에 쓰여진 것이 모두 여름 풍경일 수 밖에 없었다." 이 시 중에 솔잎을 짓찧어 짜낸 즙에 식은 흰밥을 넣고 휘저어서 만드는 송엽죽(松葉粥)이 나온다. 다산이 직접 먹었다고 쓰지는 않았지만,

사찰에서 승려들이 먹었던 송엽죽을 알고 있었던 것이다.[61] 고성사에서도 생활하였던 다산 역시 송엽죽을 먹어 보았을 것으로 추측된다.

> 『대밭 속의 불경 소리가 늙어갈수록 당기는데, 인생고해 물길 그것이 역시 방해로세. 송락모 눌러쓰고 송엽죽을 마시면서, 남은 인생 불타의 교리나 배우고 싶네.』[62]

묵은 곡식은 거의 떨어지고 햇곡식이 나올 때까지의 끼니 걱정을 '보릿고개'라고 하는데, 이 때는 소나무 속껍질을 삶아 낸 물에 곡류를 넣고 끓인 송피죽으로 배를 채우며 연명하였다. 흉년 든 수촌의 봄은 1833년 다산의 나이 72세에 흉년이 들어 구휼미는 준다지만 부패한 관리들이 중간에서 가로채니 굶주린 백성들이 보기 딱하여 쓴 시다. 총 10수 중 흉년의 어려움을 죽으로 연명하는 백성들의 모습을 그린 제3수는 흉년에 소나무 껍질을 벗겨내어 먹었음을 보여준다.[63]

> 『번쩍번쩍 칼을 갈아서 산 언덕에 올라가 소나무 껍질 깎아 내어 입에 가득 먹어대라.
> 산지기가 속을 암만 태운들 어떻게 금하랴. 일천 그루 하얗게 벗겨져 마릉 글씨 쓰겠네. 』[64]

다산의 시 〈지리산 승가를 지어 유일에게 보이다〉는 유일(有一)이라는 지리산 스님이 솔잎죽을 끓여먹는 모습을 묘사하고 있다.

> 『지리산 높고 높아 삼만 길 우뚝한데, 꼭대기의 푸른 뫼는 편평하기 손바닥 그 가운데 암자 하나 대사립이 두 짝이요, 흰 눈썹의 스님이 검은 법복 걸치었네. 솔잎으로 미음 끓여 간혹 목을 축이고, 칡덩굴로 모자 엮어 항상 이마 가렸는데, 중얼중얼 천백 번 불경을 외우다가, 갑자기 고요해져 아무 소리 들리잖네.』[65]

남구만(南九萬:1629-1711)의 ≪약천집≫(제29권), 〈잡저(雜著)·솔잎 먹는 방법을 기록함〉에는 솔잎가루를 만들어 먹는 방법이 기록되어 있으니, 이와 함께 솔잎차와 솔잎죽을 먹는 방법도 유행하였을 것으로 보인다.

『새로 딴 푸른 솔잎 한 말과 콩〔太〕세 되를 볶아서 솔잎과 함께 찧어 마르기 전에 즉시 고운 가루를 만든 다음 고운체로 젖은 가루를 친다. 냉수 반 보시기〔甫兒〕에 솔잎가루 한 홉을 섞어서 마시면 맑은 향기가 입 속에 가득하여 전혀 쓴맛을 느끼지 못한다. 백비탕(白沸湯)[66]에 미음으로 따뜻하게 먹으면 더욱 굶주림을 견딜 수 있는바, 한 말의 솔잎과 세 되의 콩으로 한 말 남짓의 가루를 만들 수 있는데, 한 말의 가루면 백 명이 마실 수 있다. 그리고 만일 콩이 없으면 벼와 조, 기장과 피 등의 잡곡을 볶아 가루를 만들어도 모두 좋다.
시속의 방법에는 솔잎을 찧어 가루가 되기 전에 응달에서 말렸다가 다시 찧어 고운 가루를 만든다. 그러므로 맛이 매우 쓰고 또 말린 가루가 비록 곱지만 물에 타면 잘 풀리지 않아서 입에 들어가면 들러붙고 엉겨서 마시기에 불쾌하다. 그러나 젖은 가루는 처음에 체질하여 마르지 않았을 때도 맛이 이미 매우 담백하고 산뜻하며, 말린 뒤에도 맛이 변하거나 입에 들러붙을 염려가 없다. 또 가루를 만들 때는 반드시 지극히 고와야 좋으니, 두 겹의 체로 걸러 내면 더욱 좋다. (태(太)는 방언에 대두(大豆)라 하고, 보아(甫兒)는 방언에 작은 종지라고 한다.)』

≪미암집≫(제12권)에는 병 치료를 위해 솔잎을 넣어 만든 죽을 먹은 내용을 상세히 기록하고 있다.

『내가 예전부터 조금 감기를 느끼면서 곧잘 배가 차가워져서 설사를 하였다. 여성군(礪城君) 송인(宋寅)이 솔잎 죽을 먹어야 한다고 했다. 오늘 심안신(沈安信)을 불러 물어보니 노년에 속이 차서 복질(腹疾)이 심한 데는 매일 또는 이틀 만에 한 번씩 솔잎을 따서 노끈으로 묶어 칼로 조금씩 썰어 취해 율무죽이나 토란죽에 섞어서 반 보시기씩 아침마다 들면 일년 만에 큰 효과가 있다고 한다.』

소나무를 소재로 한 음식과 관련하여 문헌기록에 의하면 '복령죽(茯苓粥, 풍냉이죽)'과 '복령분죽(茯苓粉粥, 복령가루죽)'을 먹었음을 보여준다. 복령은 소나무를 벌채한 뒤 3~10년이 지난 뒤 뿌리에서 기생하여 성장하는 균핵으로 형체가 일정하지 않다. 전문 채취꾼들이 오래된 소나무 주변 땅을 탐침봉으로 찔러 찾는데, 약재로 사용되었다. 복령은 소나무의 풍부한 영양 성분을 흡수하고 자라났기 때문에 ≪동의보감≫에는 '곡식을 먹지 않아도 배가 고프지 않게 한다'라고 기록되어 있다. 다산의 시 중에 좀 특이한 죽이 등장한다. 바로 복령죽이다. 복령 자체가 약재라 복령죽은 약죽으로 환자의 치유식 이었던 것이다.

『미수의 비석 있어 차호들이 편안하고
왜놈의 침략 끊어져 술잔 자주 기울여라
죽거리로 복령을 멀리 부쳐 주었으니
산간 백성과 함께 수민을 송축코자 하노라.』[67]

정약용과 문산 이재의가 주고받은 시집인 ≪이산창화집(二山唱和集)≫이 있는데, 여기에 기존에 전해지지 않았던 다산 정약용의 시중에 복령죽을 언급한 부분이 있어서 주목된다.

『돌절구는 둥글기 동이 같아서, 여덟 아홉 되는 충분히 들어갈 듯.
새롭게 복령죽이나 먹어보려고, 한가히 노승에게 찧게 하였지.』[68]

이에 대해 문산 이재의는 다음과 같이 화운하였다.

『산간 거처에 깨끗한 절구 하나는, 티끌 세상이라 곡식 찧는 일 없으니.
나이든 토끼에게 영약을 던져준다면, 예전처럼 달 속에서 찧겠지.』[69]

임재완(2017:229)에 따르면 ≪이산창화집(二山唱和集)≫은 문산 이재의가 강진의 다산초당을 찾아가서 주로 받은 시를 수록한 것이며, 문산(文山) 이재의의 자찬연보(自撰年譜)에 의하면 1814년(순조14년)에 다산과 만덕사(萬德寺)에서 주고받은 시가 있다고 하였는데, 이 시가 ≪이산창화집(二山唱和集)≫을 말하는 것이라 하였다. 즉 여기서 언급한 돌절구는 만덕사의 돌절구이며, 다산이 만덕사의 스님에게 복령죽을 먹도록 절구에 찧게 하였다는 사실을 보여주는 것이다. 이 만덕사에서 다산과 문산이 함께 복령죽을 먹었을 것으로 보인다.

홍만선의 ≪산림경제·섭생(攝生)·복식(服食)≫(제1권)에는 "복령(茯笭)을 껍데기를 깎아버리고 탄환(彈丸) 크기로 썰어 물에 담가서 붉은 즙(汁)을 우려내고, 푹 찐 다음 볕에 말려 가루를 만들어서 수비(水飛)하여 죽을 끓여 먹으면 심장과 신장(腎臟)을 보한다≪신은지≫." 하였으니, 삼척 도호부사 이광도(李廣度)가 보내준 복령으로 다산이 복령죽을 만들어 먹었음이 분명하다.

복령(茯笭)은 땅속 소나무 뿌리에 기생하는 균류(菌類)의 하나로 한약재로 쓰인다. 즉 다산 정약용선생이 자신의 건강 유지를 위하여 복령죽을 꽤 즐겨 먹었음을 보여주는 것이다.≪사기(史記)·귀책열전(龜策列傳)≫에 "천년 묵은 복령을 복용하면 죽지 않는다"는 말이 있다. 장유, 기대승, 이승인 등이 각자의 시집에서 복령에 대하여 언급하고 있다.[70]

『복령(茯笭)에 창출(蒼朮) 달인 처방 조금 효험 있어, 바람과 운무 시 짓는 흥 가끔씩 내 본다오.』[71]
『긴 가래에 남은 목숨 의탁하였으니, 약초 캐고 복령 파며 해를 마치리.』[72]
『다정도 하구나 산골 물을 길어 와서, 인삼 복령을 한 움큼 달여 주시다니.』[73]

7) 칡죽/갈근죽(葛根粥)

칡은 콩과에 속하는 여러해살이 덩굴나무이며, 줄기는 10미터 이상 자라며 잎은 넓고 보랏빛 꽃을 피우는 흙속의 진주라 불린다. 칡뿌리는 약재명으로 갈근(葛根)이라 하는데, 성질은 평하고 서늘하며 단맛이 돌고 독이 없어 체질에 관계없이 누구나 섭취할 수 있는 민간약재로 오랫동안 이용되어 왔다. 칡뿌리는 굵고 녹말성분이 풍부해 예전에는 이것으로 가루를 내서 떡이나 국수를 만들어 먹었고, 죽을 쑤어 먹기도 했다. 다산의 천진소요집에는 칡죽으로 연명하려 하나 그나마도 없는 백성들의 참상이 잘 나타나 있다.[74]

『가난한 백성들이 배에 가득 타고 와서
남한산성의 구휼미를 받아서 돌아가누나
의당 칡뿌리 찧어서 죽 쑤지 말지어다
한 주먹 쌀로도 넉넉히 술 석 잔을 얻으리』

≪증보산림경제≫에는 "칡죽(葛粉粥)은 가루를 만드는 방법이 연뿌리가루(藕粉)를 만드는 방법과 같다. 고운 멥쌀가루를 조금 넣어 죽을 쑤고 꿀과 섞어 먹는다. 숙취(宿醉)를 푸는 데에 좋다"고 기록[75]되어 있다. 배화여자대학교 전통조리과 김정은 교수는 10분 안에 만들어 먹을 수 있는 칡·타락죽 레시피를 공개[76]했다. 만드는 방법은 칡가루와 쌀가루를 넣은 찬물을 나무 주걱으로 저어주며 끓인 뒤 쌀이 익을 때쯤 우유를 넣고 다시 한번 끓이면 완성되는 요리였다. 요즘은 칡뿌리를 즙이나 음료로 개발하여 먹는 경우가 많다. 칡뿌리는 혈액 순환을 원활하게 해 주고 숙취 제거는 물론 식물성 에스트로겐인 다이드제인이 풍부해 갱년기 여성의 뼈를 튼튼하게 하는 효능이 있다고 알려져 있기 때문이다.

8) 버섯죽

버섯은 식물이 아닌 균류로 식용을 비롯하여 인간의 일상생활에 다양하게 이용되고 있다. 버섯은 특히 한국, 일본 및 유럽에서 요리에 광범위하게 이용되고 있다. 가장 인기 있는 버섯은 양송이이다. 그 외 식용으로 이용되는 버섯은 느타리, 표고, 팽이, 노루궁뎅이, 잎새버섯, 송이 등이다. 최근 재배기법 및 육종의 발달로 다양한 버섯을 식용으로 이용하고 있다. 버섯이 약용으로 이용된 버섯은 한방에서는 오래되었다. 최근에는 버섯에서 추출한 생리활성물질을 정제하여 상품으로 판매하고 있으며, 가정에서는 차로 음용하기도 한다. 한방에서 약용으로 활용되고 있는 버섯은 복령, 영지, 상황버섯, 동충하초, 운지버섯 등이 있다. 죽 전문점 본죽에서는 소고기버섯죽, 통영굴버섯죽, 전복내장죽 등 다양한 죽의 종류가 제품화되고 식용되고 있음이 주목된다. 또한 표고버섯죽, 참송이버섯죽, 새송이버섯죽 등 다양한 버섯죽이 개발되어 농어촌 소득창출에 기여할 수 있을 것으로 기대된다.

일제강점기에 우리나라의 고전구황방을 섭렵한 서적인 ≪조선증보구황촬요≫(권16)에는 ≪본초강목≫을 인용하여 "목이버섯[木耳 : 버섯[菌蕈]은 기운을 돕고 몸을 가볍게 해 주며 뜻 을 강하게 해주므로 단곡하여도 배고프지 않다. 뽕나무[桑] · 홰나무[槐] · 닥나무[楮] · 느릅나무[榆] · 버드나무[柳] 위에 생기는 것은 마고(蘑菰) 종류 중에 상품이고 돌 위에 나는 것은 석이버섯[石耳]으로 그 다음이며 소나무 밑에 나는 것이 송이버섯[松栮]으로 역시 그 다음이다"라고 하였다. 안축(安軸)의 ≪근재집·시(詩)·송이버섯(松菌)≫(제1권)에는 송이버섯의 향기를 극찬하였다.

『서늘한 가을 지팡이 짚고 소나무 사이 걷다가
손으로 따서 새로 난 것 먹어 보니 맛이 좋구나.
쌀밥에 고기반찬 먹는 관가는 향이 이만 못하여
구름 보고 젓가락 던지며 청산에 부끄러워하리.』[77]

김창협의 ≪동유기(東遊記)≫[78]에는 "아침저녁으로 받은 밥상이 모두 골짜기에서 나는 맛난 음식이었다. 그리고 조, 석이버섯, 잣으로 만든 떡 하나를 받아먹기도 하였는데, 그 맛 또한 매우 뛰어났다."라고 기록[79]하였다. 조, 석이버섯, 잣으로 만든 '황양석이송자병(黃粱石茸松子餠)'이 출현하니, 석이버섯이 떡의 원료가 되었음을 알 수 있다.

"어스름 질 무렵 저녁 밥상에 송이버섯 향기가 코를 찌르니(夕飯隨暝色, 已聞松菌香)" 김창협(金昌協)의 ≪농암집·시(詩)·산으로 돌아오다≫(제6권) 제2수에는 저녁밥상에 송이버섯이 올라온 것을 묘사하고 있다. 아마도 굽거나 살짝 데쳤으리라.

≪다산시문집·시(詩)· 봄날 수종사에 노닐며(春日游水鐘寺)≫에서는 "바위풀 교묘하게 단장하였고, 산중 버섯 우쭉우쭉 솟아나왔네(巖卉施粧巧山茸發怒專)"라고 하여 수종사 산중에서 버섯이 이리저리 돋아나 있음을 묘사하였다.

≪다산시문집·시(詩)·단양산수가를 지어 남고에게 보이다[丹陽山水歌示南皐]≫(제2권)에서는 "적쇠에 버섯 굽고 시내 쏘가리 회를 쳐(弗炙松菌膾溪鱖)" 기록에서 적쇠로 버섯을 구어서 쏘가리회와 함께 먹었음을 보여준다. 다산 정약용이 송이버섯구이를 먹었음을 보여준다.

≪다산시문집·시(詩)·시(詩)·송파수작(松坡酬酢)·한암자숙도(寒菴煮菽圖)≫(제6권)에서는 "산중의 눈 속에서 상아와 숙유를 먹으니(桑鵝菽乳雪中山)"라 하였으니, 다산 정약용이 두부버섯찌개를 무척 좋아하였음을 보여준다. 「한암자숙도(寒菴煮菽圖)」가 벗들과 절간에서 두부찌개를 먹는 그림에 쓴

작품이거니와 〈절에서 밤에 두부찌개를 끓이다(寺夜鬻菽乳)〉라는 장편의 시를 지어 두부찌개를 먹는 즐거움을 노래하였다.

『다섯 집에서 닭 한 마리씩 추렴하고, 콩 갈아 두부 만들어 바구니에 담았네. 주사위처럼 끊어내니 네모반듯한데, 손가락 길이만큼 짚에다 꿰었지. 상황버섯 송이버섯 이것저것 섞어 넣고, 후추와 석이버섯 넣어 향긋하게 버무렸지. 스님이 살생을 꺼려 손대려고 않는지라, 젊은이들 소매 걷고 직접 고기를 썰었지. 다리 없는 솥에 담고 장작불을 지피니, 거품이 끓어서 부글부글하더니만. 큰 사발에 한 번 포식하니 제각기 마음이 흡족하니, 크지 않은 배인지라 욕심 적어 쉽게 채운다네.』[80]

닭고기와 함께 갖은 버섯을 넣어 끓인 두부찌개의 맛이 그의 시를 통해 오롯이 전해진다. 평상시 버섯을 즐겨먹었을 뿐만 아니라 사찰의 스님들과 교분이 많았던 점으로 볼 때에 버섯찌게, 버섯구이, 버섯죽 등을 즐겨 먹었으리라 추측된다.

9) 닭죽

다산의 문헌에서 닭죽은 '죽계(粥鷄:닭을 죽으로 끓이다)', '계확(鷄臛:닭고기국)'이란 어휘를 사용하였다. '죽계'는 '닭죽'으로 번역할 수 있으나, '계확(鷄臛:닭고기국)'은 닭죽보다 좀 더 묽은 상태를 지칭하는 것으로 '닭고기국'으로 번역하는 것이 옳겠다. 이처럼 닭은 삶아서 고기로 먹거나 국 혹은 죽으로 먹는 경우가 많았으나, 다산은 생활이 너무 곤궁하여 굶는 일이 많아서 오히려 닭죽은 자신에게 호화스럽다고 쓰고 있다. 다산의 유배시절 처지가 얼마나 어려웠는가를 짐작하게 하는 대목이다.[81]

『궁하게 지내면서 장재(長齋)[82]가 습관이라 누린 내 나는 것은 이미 싫어졌다
네. 돼지고기와 닭죽은 너무 호화스러워 함께 먹기 어렵고
다만 근육이 땡기는 병 때문에 간혹 술에 맞아 깨지 못 한다네.』

다산의 시 중에 〈숙부의 재실살이 하는 곳을 찾아가다(過叔父齋居)〉에서는 선릉참봉(宣陵參奉)이었던 중부(仲父)께서도 닭죽으로 긴 해를 지탱하는 어려운 모습을 그리고 있다.

『숙부의 재실살이 좋기도 하지 서늘한 매미소리 푸른 나무 속
벼슬 낮아 처사로 의심이 되고 문 밖이 적적하여 절간 같아요
닭죽으로 긴 해를 지탱하는데 모기장 저녁 바람 막아버리네
유대 곁에 오솔길 뚫려 있어서 한 중이 왕래하며 어울린다네.』[83]

다산의 글 외에도 여러 글에서 닭죽에 대하여 언급하고 있다. ≪산림경제·치선(治膳)·죽(粥)·밥(飯)≫(제2권)는 닭죽 만드는 법을 기록하고 있다.

『닭죽(鷄粥)은 살찐 묵은 암탉을 폭 고아 뼈를 발라내고 체에 받쳐 기름기는
걷어낸다. 간 맞춘 멥쌀 심이 익은 뒤에 닭고기를 넣고, 달걀 몇 알을 타서
한소끔 끓인다.≪속방≫』[84]

정경세(鄭經世:1563-1633)의 ≪우복집(愚伏集)≫에서 "기장밥과 닭죽 끓여 때로 손님 대접하네(雞黍時時留野客)"라는 기록[85]이 있으니, 기장을 넣어서 닭죽을 묽게 끓인 것으로 보인다. 김종직(金宗直:1431-1492)의 ≪점필제집(佔畢齋集)≫(제13권)의 "너풀너풀 박잎은 닭고기국보다 나았다네(幡幡瓠葉勝鷄臛)"라는 표현이 있는데, 이는 닭고기국(아마도 닭죽을 지칭하는 것으로 보임)보다 호박잎이 더 맛있었다는 것이다. 점필재 김종직선생이 아마도 호박잎을 매우 좋아하였던 것으로 보인다. 이 시는 점필재 선생 연보(佔畢齋

先生年譜)에 의하면 성화 13년 정유(1477)년(47세) 8월에 쓴 것이다. 김창흡(金昌翕:1653-1722)의 ≪삼연집(三淵集)≫에 "春酒潑綠酌在巵。匏葉烹煮勸君持"라 하였으니, 호박잎을 데쳐서 먹는 것은 이미 조선시대에 보편적인 음식생활이었던 것으로 보인다.

10) 팥죽(豆粥)과 수수죽(薥粥)

절기 중 밤의 길이가 가장 길고 낮이 가장 짧은 때, 상고시대에는 동지를 설로 삼아 한 해가 시작하는 날로 생각하기도 했다. 동짓날에는 팥죽을 먹으면서 한 해의 묵은 때를 벗고 새해를 맞이하는 풍습이 있다. 동지 팥죽은 찹쌀로 새알심을 빚어 넣는 것이 특징이다. 새알심을 더 맛있게 먹기 위해 꿀에 재거나 땅콩이나 잣을 넣어 만들기도 한다. 동지팥죽은 오늘날의 떡국과 같은 의미를 지닌 것으로 동지팥죽을 먹으면 '한 살 더 먹는다'고 생각하곤 했다.

≪목은시고·시(詩)·팥죽≫(20권)에 팥은 빛이 붉어 양색(陽色)이므로 팥죽에는 음귀를 몰아내는 효험이 있다고 여겨 집안 곳곳에 팥죽을 담아 놓았다가 먹던 모습을 그리고 있다. 옛 풍속에 동짓날이면 팥죽을 쑤어 먼저 사당에 올리고, 또 여러 그릇에 담아서 각 방과 장독간, 헛간 등 집안의 여러 곳에 놓았다가 식은 다음에 식구들이 모여서 먹었다.

> 『시골 풍속이 동짓날엔 팥죽을 짙게 쑤어 사발에 가득 담으면 빛이 공중에 뜨는데 여기에 꿀을 타서 목구멍에 적셔 내리면 음사를 다 씻고 뱃속도 윤택하게 하고 말고』[86]

장유(張維:1588-1638)의 시에는 팥죽에 꿀이나 석청을 타서 먹는 모습도 묘사되어 있다.

『푹푹 삶아 밭인 팥죽 마치도 단액(丹液)인 듯
함께 끓인 쌀 알갱이 그래도 모습 온전하네
서리 내린 아침에 석청(石淸)꿀 탄 죽 한 사발
다습게 속이 풀어지며 몸이 절로 편안하네
산해진미(山海珍味)에 기름진 고기 싫도록 먹고
술에 취해 어느새 여상[87]을 맞기보단
맑은 아침 세수 한 뒤 우유처럼 부드러운
팥죽 한 그릇 먹는 게 훨씬 나으리라.』[88]

≪허백당시집·시(詩)·궁촌사(窮村詞)≫(제2권)에는 여러 문인들이 팥죽을 먹는 장면이 묘사되어 있다.

『칠귀수[89] 풀어 던지고 삼베옷 걸쳤으며
오후청[90]을 싫다 하고 나물국을 먹었네
궁중에선 까마귀가 떡을 쫀다 들었건만[91]
어찌하여 산중에서 죽만 끓이고 있단 말가
콩죽 한 그릇을 잠깐 사이 배불리 먹고(성호 이익)
연잎 옷은 껴입어도 다습지 않고
팥죽은 먹어도 오히려 춥기만 하네[소재 노수신(盧守愼)]
팥죽은 고량진미보다 맛이 좋아라(아계 이산해)
기성의 팥죽을 이미 세 차례나 맛보는구나(아계 이산해)
솜이불에 콩죽으로 집 안에서 지내누나[잠곡 김육(金堉)]
한솥 가득 끓는 콩죽 천둥치듯 뿌글뿌글
하얀 꿀 맘껏 부어 밑바닥까지 핥아먹고(택당 이식(李植))
불 넉넉히 지피니 흙 온돌은 따뜻해져라
질솥은 뜨끈뜨끈 팥죽이 설설 끓어대고
소는 울며 콩깍지 먹고 닭은 홰에 앉았네
흉년이라 사람과 가축이 다 살기 어렵구나.』[92]

≪목은시고·시(詩)·팥죽(豆粥)≫(제20권)에는 동짓날에 팥죽을 끓여 먹는 모습을 그리고 있다.

『시골 풍속이 동짓날엔 팥죽을 짙게 쑤어 사발에 가득 담으면 빛이 공중에 뜨는데 여기에 꿀을 타서 목구멍을 적셔 내리면 음사를 다 씻고[93] 뱃속도 윤택하게 하고 말고』[94]

팥죽과 유사한 것으로 여겨지는 '석팔죽'이라고도 하는 '불죽(佛粥)'[95]이 나온다. 이는 절에서 12월 8일에 석가모니 성불을 기념하기 위하여 공양하는 죽이다. ≪매천집≫(제4권), ≪계곡선생집≫(제26권)에는 '두죽(豆粥) 실컷 먹으니 다른 생각이 나지 않는다'고 쓰고 있다. 다산 정약용이 팥죽을 먹은 직접적인 기록은 보이지 않는다. 그러나 아들 정학연이 쓴 ≪농가월령가≫ 11월조에 팥죽이 출현한다. 따라서 다산도 팥죽을 즐겨 먹었을 것으로 추정된다.

이응희(李應禧)의 ≪옥담시집·옥담유고·콩죽(豆粥)≫에는 팥죽의 생활사가 잘 그려져 있다.

『동짓달에 서리 눈이 내리니 농가에는 월동 준비를 마쳤다.
오지 솥에는 콩죽이 끓는 소리 먹으니 그 맛이 꿀처럼 달구나.
한 사발에 땀이 조금 나고 두 사발에 몸이 훈훈하여라.
아내와 자식들을 돌아보며 이 맛이 깊고도 좋다고 했더니
아내와 자식들은 웃고 돌아보며 밥상에 고량진미가 없다고 하네.
고량진미를 어찌 말할 수 있으랴 육식은 무상한 것[96]임을 아노라.』[97]

오곡에 속하는 수수는 예로부터 수수의 붉은 색이 나쁜 귀신의 접근을 막는다 하여 어린아이의 돌이나 생일에 수수팥떡을 만들어 먹기도 했다. 중국에서 우리나라에 전래된 수수는 척박한 땅이나 건조한 땅에서도 잘 자라며 파종 후 약 80일이면 수확할 수 있기 때문에 고랭지나 개간지 등의 작물로도 이용된다. 9~10월에 수확하는데 찰수수는 잡곡밥, 떡 등으로 활용되며, 메수수는 공업용, 맥주, 음료수의 원료로 이용된다.

≪다산시문집≫(제7권), 〈시(詩)·귀전시초(歸田詩草)·겨울날에 백씨를 모시고 일감정에 들렀다가 저녁에 배를 타고 돌아오다(冬日陪伯氏過一鑑亭 夕乘舟還)〉에는 수수죽이 언급되어 있다.

『가느다란 풀 나무 길을 걸어서 마판의 숲을 빙빙 돌아 오르니
홈통은 나그네 눈을 새롭게 하고 분칠한 벽은 강 중심에 비치어라
수수죽은 숟가락에 질질 흐르고 솜 둔 갖옷은 깊숙이 책장에 숨겨놓았네
뜨락을 지나다니는 손자가 있으니 응당 노나라 시경을 수학했겠지』[98)]

≪임원경제지(林園經濟志)·보양지≫에는 사탕 수수죽인 감자죽(甘蔗粥:)을 만드는 방법이 소개되어 있으니, 이미 사탕수수죽도 조선시대에 보편적인 음식이 되었음을 알 수 있다.

11) 사찰에서 먹는 죽(隨僧粥)

≪다산시문집·시(詩)·용봉사에 들러(過龍鳳寺)≫에 '스님을 따라 죽을 먹다(隨僧粥)'는 말이 나온다. 용봉사는 홍주(洪州)에서 북쪽으로 10리 지점에 있는 사찰로 윤지범(尹持範, 자가 이서[彝敍])과 함께 폭포 구경을 하던 추억이 있는 사찰이지만, 지금은 형편이 어려워 죽이나 먹는 절간이 되어 있어 가고 싶지 않다는 솔직한 심정을 밝히고 있다.

『절간살이 내 이미 달갑잖은데, 어찌 굳이 중 따라 죽을 마시랴?
생각난다 지난날 우리 남고자 어울려 화산 폭포 구경할 적에』[99)]

이 시에서 남고자(南皐子)는 윤지범(尹持範)을 가리킨다. 지범은 어릴 때의 이름이고 일반적으로 윤규범(尹奎範:1752-1821)으로 알려져 있다. 자는

이서(彝敍), 호는 남고(南皐). 윤선도의 7세손으로, 윤두서의 증손이다. 1800년 정조가 죽자 사직한 뒤 12년 동안 은거하면서 지냈다.

다산 정약용의 '국영시서(菊影詩序)'는 남고와 국화 그림자놀이를 하면서 쓴 글이다. 그는 꽃 중에서 국화가 특히 뛰어난 것은 늦게 피고, 오래 견디고, 향기롭고, 고우면서도 화려하지 않고 깨끗하면서도 싸늘하지 않은 것, 네 가지라고 했다.[100] 그런데 자신은 이 네 가지 외에 밤마다 촛불 앞의 국화 그림자를 즐긴다고 했다. 그는 밤에 국화 구경하러 오라고 친구인 남고 윤규범을 초청한다. 그가 의아해 하자 다산은 동자를 시켜 산만하고 들쭉날쭉한 방의 물건을 모두 치우고, 국화의 위치를 정돈해 벽에서 약간 떨어지게 한 다음, 적당한 곳에 촛불을 두어 밝히게 했다.

그러자 기이한 무늬, 이상한 형태가 홀연 벽에 가득했다. 꽃과 잎이 어울리고 가지와 곁가지가 정연해 묵화(墨畫)를 펼쳐놓은 듯하고, 너울너울 어른어른 춤추듯이 하늘거려 달이 동녘에 떠오를 제 뜨락의 나뭇가지가 서쪽 담장에 걸리는 것과 같았다. 그중 멀리 있는 것은 가늘고 엷은 구름이나 놀과 같고, (중략) 번쩍번쩍 서로 엇비슷해서 어떻게 형용할 수 없었다.

"생각난다 지난날 우리 남고자. 어울려 화산 폭포 구경할 적에(却憶南皐子, 與觀華山瀑)"라는 말은 윤규범과의 우정을 잘 보여준다. 또한 가을 국화를 감상할 뿐만 아니라, 밤의 국화 그림자까지 즐기다 못해 벗인 남고 윤규범을 집에 초대하여 촛불 아래 움직이는 국화 그림자놀이로 그를 깜작 놀라게 한다. 독자들도 한번쯤 국화 핀 가을 밤 촛불 아래 국화그림자를 즐겨보면 아마도 다산 정약용 선생의 심미안과 다산의 국화 그림자놀이 방법을 알게 되리라.

경기도와 양평군이 후원하고 (사)우리문화가꾸기회와 상명대학교 주최로 2014년(1월 18~19일)에 물과 꽃의 정원-세미원 야외무대에서 '국화 그림자에 풍류를 실어' 공연을 펼친 적이 있다. 공연프로그램은 가곡, 시낭

송, 무용과 서정주 시인의 '국화옆에서', 도연명의 '귀거래사', 다산 정약용선생의 '그림자 놀이'를 벽에 비쳐지는 그림자로 형상화 했다. 이 공연은 '고움과 깨끗함' 그리고 '수묵화'를 펼쳐놓은 것 같은 다양한 이미지를 선보였다. 강진군이 다산 정약용과 관련하여 다양한 문화행사 프로그램을 기획하여 다채롭고 새로운 문화활동(국화그림자놀이 포함)을 펼쳐 강진 문화의 아름다움을 맛보게 하면 좋겠다는 바램이다.

또한 다산 시에 '스님을 따라 죽을 먹다(隨僧粥)'는 말이 나온다. 현자들 중에는 사찰의 중이 되기를 좋아 하는 사람도 있었지만, 향도 제대로 피우지 못하고 겨우 죽[101]이나 먹는 형편이니 중 되기를 원하는 사람들이 없을 것이라는 한숨이다.

> 『종소리 맞춰 중들은 죽을 먹고, 향은 꺼져 객과 함께 잠들었구나.
> 슬픈 일이지 옛 현달들도, 중 되기 좋아한 자 더러 있었지.』[102]

다산이 아암(兒庵) 혜장(惠藏:1772-1811)에게 보낸 편지에서 사찰에서 겨우 죽이나 먹는 중들을 개미같은 약한 목숨들로 표현하는 장면도 있다.

〈그림 76〉 국화 그림자 모습

『아 죽이나 마시는 중들 신 삼고 나가면 바랑 지고
개미같이 약한 그 목숨들 대들고 말잘 것도 없는데도』[103)]

다산은 강진에 유배되어 있는 동안 고성사(高聲寺:강진읍 고성길 260)에 머무르기도 했는데, 사찰에서 대나무로 된 둥근 나물통에 죽을 제공하는 모습을 묘사하기도 했다.

『둥그레한 나물통은 중 밥자리 따라다니고 볼품없는 책상자는 나그네 행장이라네. 청산이면 어디인들 못 있을 곳이 있나 한림의 춘몽이야 이미 먼 옛 꿈이라네.』[104)]

다산은 사찰에서 불도를 닦는 방법으로 죽만 먹고 지내는 중의 일상을 그리기도 하였다.

『황량한 마을이 물가를 임해 있는데, 새로 온 비가 백사장을 파 먹었네.
깊은 갈대숲엔 고기잡이 불 반짝이고, 방아 찧는 등불은 먼 데서 깜박이도다.
백년은 표류하는 신세에 의지하고, 일소로 고등 같은 인생을 깨달았나니.
결하105)하는 부들방석이 좋아서, 죽반승106)을 가서 따른다오.』[107)]

다산의 문헌에 '죽반승(粥飯僧)'이란 말과 '수승죽(隨僧粥)', '행수죽반승(行隨粥飯僧)'이란 말이 나온다. '죽반승(粥飯僧)'이란 '죽만 먹고 지내는 중'. 전하여 '무능한 사람'을 조소하는 말로 쓰기도 한다. '수승죽(隨僧粥)'이란 사찰에 기거하면서 죽을 먹는 생활을 지칭하는 말이다.

≪다산시문집≫에는 '죽반승'이 목어를 두들겨서 시간을 알려주어 식사하는 모습이 묘사되어 있다.

『목어[108)]가 소리 내자 독경하는 중 일어났는데, 산봉우리 구름 창창 아직 이른 새벽이다. 돌무더기 해 비추니 이상한 빛이 나고, 산언덕에 연기 둘러 층

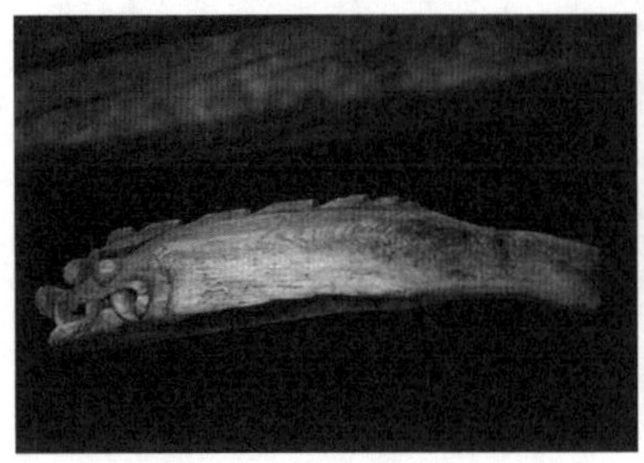

〈그림 77〉 전북 완주 불명산 화암사 목어

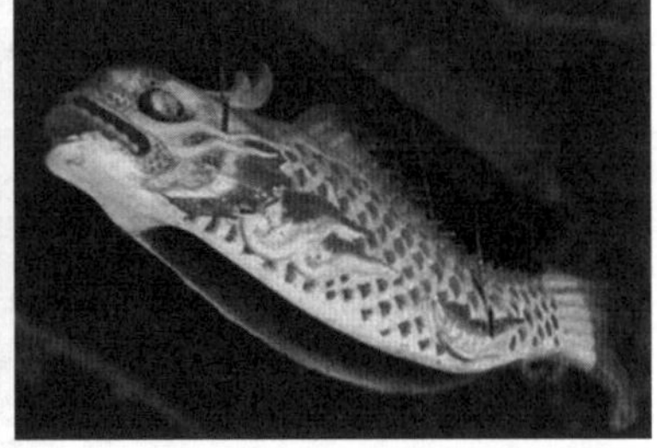

〈그림 78〉 경기도 화성 용주사 목어

계가 또 생겼구려 긴 숲을 뚫고 다니며 노는 사슴 보이더니, 이윽고 우는 새가 다래덩굴에 또 모이네 멀리서 생각하네 서경의 학사들이, 활발하게 원릉에서 돌아오고 있을 것이야』[109]

당초의 목어(木魚)는 이처럼 신호용 용구로 쓰였던 만큼 그 이름도 어고(魚鼓), 목어고(木魚鼓), 어판(魚板) 등으로 불렸던 것이다. 중국 당나라의 백장회해(百丈懷海) 스님이 정리한 선원(禪院) 생활 규범인〈백장청규(百丈清規)〉에 의하면, 목어를 식당 혹은 행랑 등에 매달아 두고 길게 두 번 두드려 공양 시간을, 한 번 길게 두드려 대중에게 모일 시간을 알렸다고 한다. 목어를 칠 때에는 두 개의 나무막대기로 깊게 파낸 공간 안에서 배의 양 벽을 교대로 쳐서 소리를 낸다.

다산이 강진에 유배해 있는 동안 보은산방(寶恩山房)에서 나물통을 들고 다니며 스님처럼 생활했던 모습이 묘사되어 있다. 또한 "청산이면 어디인들 못 있을 곳이 있나, 한림의 춘몽이야 이미 먼 옛 꿈이라네"는 궁중에서 선비의 꿈을 접고 유배하는 슬픔을 드러내고 있다.

『우두봉 아래 있는 규모가 작은 선방, 대나무가 조용하게 짧은 담을 둘러 있네 작은 바다 풍조는 낭떠러지와 연해 있고, 고을 성의 연화는 산이 첩첩 막았어라 둥그레한 나물통은 중 밥자리 따라다니고, 볼품없는 책상자는 나그네

> 행장이라네 청산이면 어디인들 못 있을 곳이 있나, 한림의 춘몽이야 이미 먼 옛 꿈이라네』[110)]

다산은 1805년 겨울부터 1년 가까이 강진읍 보은산 고성사(고성암)내 보은산방(寶恩山房)에 머물렀다. 보은산방은 다산이 강진읍내 거주하는 6명의 제자를 교육하였던 곳이다. 또한 총 52편의 주옥같은 시를 남겼으며, ≪주역사전≫과 ≪상례사전≫등의 제작에 몰두하였던 곳이기도 하다. 큰아들 학연이 강진에 내려와 때로는 스님들과 더불어, 때로는 강진읍 6명의 제자들과 함께 주역과 예기를 논하면서 밤이 새는 줄 몰랐던 시기이기도 하다.

다산의 또 다른 시에서도 죽반승을 언급한 곳이 있으나, 스스로를 죽반승에 비유한 것이다. 다산이 강진에 유배되어 사찰에서 수없이 죽을 먹었음을 보여주는 것이다. 이 시에서 한산의 한조각 돌이란 한릉산사비(韓陵山寺碑)를 말하는 것이지만, 비유로 아마도 자신을 지칭한 것으로 '정석(丁石)'을 염두에 둔 것으로 보인다. 자신이 정조의 태평성대에 홀로 유배되어 죽반승이 되어 생활하는 처지를 읊조린 것이다.

> 『이름은 예원을 고취시킨 솜씨로 전하건만 몸은 태평성대에 죽반승 된 것이 부끄럽네.
> 한산의 한 조각 돌을 말해 줄 사람이 없으니,[111)] 후생이 누가 다시 서릉[112)]을 중히 여기리오.』[113)]

다산이 밤에 청평사(淸平寺)에 머물면서 쓴 시에는 부죽(缶粥)이 언급되어 있다. 부죽이란 '중이 채소류를 섞어서 끓이는 죽을 부죽(缶粥)이라고 한다'고 하였으니, 이는 사찰에서 먹는 채소죽을 지칭하는 것이다.

『궁중에 까마귀가 떡 먹은 걸[114] 이미 듣고도, 어찌하여 산중에서 부죽[115]을 끓이었던고. 삼각산에 머무를 때엔 대수[116]가 희었었고, 아홉 소나무[117]는 지금껏 푸른 그늘 성하여라.』[118]

다산의 시 〈산행일기〉에도 사찰에서 끓이는 부죽(無粥)에 대한 기록이 있다.

『칠귀수 풀어 던지고 삼베옷 걸쳤으며, 오후청을 싫다 하고 나물국을 먹었네 궁중에선 까마귀가 떡을 쫀다 들었건만, 어찌하여 산중에서 죽만 끓이고 있단 말인가?』[119]

결과적으로 다산은 유배기간 동안 사찰에서 제공하는 죽을 많이 먹었음을 알 수 있다.

2. 국수와 만두

2-1. 국수

국수는 밀이나 메밀 같은 곡물을 가루 내어 반죽한 것을 가늘게 만든 후 국물에 말거나 비비거나 볶아 먹는 음식을 말한다. 면(麵)이라고도 하는데, 전 세계적으로 널리 먹는 요리로 제조나 조리가 간단하기 때문에 빵보다 역사가 깊다. 조선시대 문헌에 기록된 국수는 총 50여종으로 국수의 주재료는 메밀가루였으며, 그 다음으로 밀가루와 녹두, 고구마, 옥수수, 마, 칡, 도토리, 밤 등의 녹말가루가 국수의 재료로 많이 이용되었다. 메밀가루가 많이 생산되는 북쪽지방에서는 메밀을 이용한 국수나 냉면이 발달하였고, 남쪽은 밀가루를 이용한 칼국수가 발달하였다.

다산의 시에는 수탈하던 지방관리 현령을 풍자한 〈교맥(蕎麥)〉(민간에서 '모밀'이라 칭함)이라는 시가 있다. 조정에서 메밀종자를 백성들에게 나누어 주라는 지시가 있었으나, 지방 관리들은 그 지시를 이행하지도 않고 오히려 엄한 형벌로써 메밀씨도 없는 백성들에게 메밀을 갈라고 독촉하는 시대상을 풍자하고 있다.

> 『넓고 넓은 무논들이 말라 터져 먼지 나네. 볏모 포기 뽑아내고 대신 메밀 심으라네. 집에 둔 메밀 없고 장에 가도 못 산다오. 주옥일랑 구하여도 메밀 종자 못 구하네.
> '메밀 종자 걱정마라 감사님께 말씀드려 너희 위해 구해 준다' 고을 공문 내렸다오. 우리들은 그 말 믿고, 논 갈아 엎었으나 메밀은 주지 않고 메밀갈이 독촉하네.』[120)]

다산은 ≪아언각비(雅言覺非)≫에서 "우리나라 사람들은 원래 맥설(麥屑,

밀가루)을 진말(眞末) 혹은 사투리로 진가루(眞加婁)라 하는데, 재료인 면(麵)을 두고 음식의 이름인 '국수(匊水)'라고 부르는 것은 잘못된 것이다"라고 쓰고 있다. 다시 말하면 당시 조선 사람들은 밀가루까지도 '국수'라고 불렀다는 것이다. 사실 면은 밀가루를 재료로 한 것이기 때문에 면을 국수라고 부르는 것은 잘못된 것이라는 점을 바로 잡고 있다.

밀은 피, 기장, 조보다도 조금 뒤늦게 이 땅에 들어왔으며 이것으로 국수를 만들어 먹은 것은 고려 때 부터였다. ≪고려도경≫에 의하면 밀의 수확량이 적어 중국으로부터 수입할 정도였으므로 밀로 만든 국수는 성례 때나 쓰는 귀한 음식이었던 것으로 추측된다.

특히 예를 중시했던 조선시대에는 의례음식이 발달하였는데, 의례음식에서 면의 이용은 매우 다양한 편이었다. 다산의 기록에서 보듯이 조선시대 밀가루는 진말이라 하여 매우 귀한 식품이었기 때문에 밀 대신 메밀을 이용한 국수가 발달하였다. 따라서 조선시대 때 밀로 만든 국수는 여전히 귀한 음식이었고 민속적 의미까지 부여되어 각종 잔칫상에 올려졌다. 첫돌에는 오복을 비는 의미로, 혼례 때는 여러 개의 국수 가락이 잘 어울리고 늘어나는 것처럼 부부의 금슬이 잘 어울리고 늘어나라는 의미로 각각 잔칫상에 올려졌다. 또 회갑상에도 밀로 만든 국수장국을 말아 올리는 것이 상례였는데, 이것은 장수를 비는 뜻에서였다. 이처럼 국수가 통과의례에 빠지지 않고 차려진 이유는 국수모양이 길게 이어진 것이 경사스러운 일 또는 추모의 의미가 길게 이어지기를 바라는 뜻을 담은 것으로 해석된다. 이 밖에도 더위를 쫒기 위해 유두일에 먹기도 하였는데, 이 때가 밀의 수확기였기 때문인 것으로 여겨진다.

밀로 국수를 만들 때는 우선 맷돌에 밀을 곱게 갈아 체에 쳐서 밀가루를 만든 다음 이것을 물로 반죽하여 국수틀에 눌러서 국수발을 만든다. 맷돌에 간 밀가루는 색이 깨끗하지 못하고 양이 적다는 단점이 있기는 하나 그 맛은 제분소에서 기계로 만든 것보다 훨씬 구수하다. 그러나 요즘은 시골에도 제분소가 있어 맷돌로 가루를 만드는 경우는 거의 없다.

국수틀에서 나온 국수발은 물에 삶아 찬물에 여러 번 헹구어 사리를 지어 물기를 뺀다. 상에 낼 때 국수사리를 그릇에 담고 장국이나 육수를 부은 뒤 채소, 닭고기, 편육 등을 고명으로 얹는다. 또 닭고기를 넣은 미역국에다 국수를 넣고 물을 약간 부어 익혀 먹기도 한다.

〈그림 79〉 국수를 누르는 모습《기산풍속도》

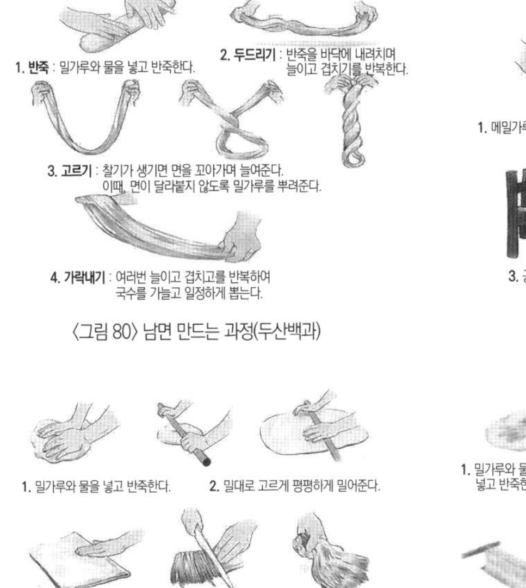

〈그림 80〉 남면 만드는 과정(두산백과)

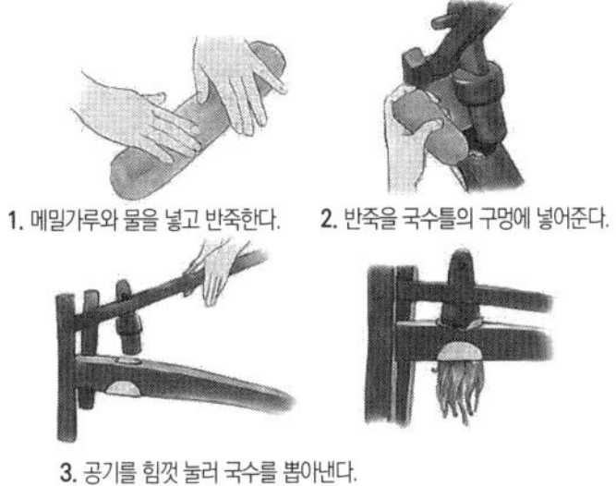

〈그림 81〉 압면 만드는 과정(두산백과)

〈그림 82〉 절면 만드는 과정(두산백과)

〈그림 83〉 소면 만드는 과정(두산백과)

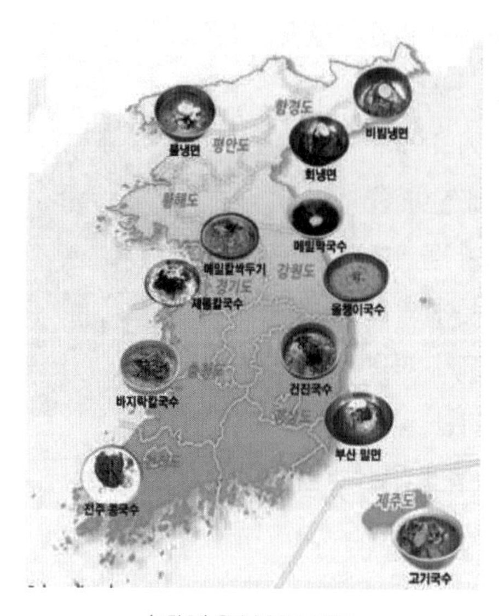

〈그림 84〉 우리나라 국수 분포도

국수는 제조방법에 따라 납면(拉麵), 압면(押麵), 절면(切麵), 소면(素麪)으로 나눌 수 있다. 납면은 국수 반죽을 양쪽에서 당기고 늘려 여러 가닥으로 만든 국수다. 흔히 수타면이라고도 한다. 압면은 국수 반죽을 구멍이 뚫린 틀에 넣고 밀어 끓는 물에 삶아 만든 국수로 끈기가 적은 메밀이나 쌀, 옥수수 등을 이용한 국수를 많이 사용한다. 그래서 압면은 흔히 메밀국수로 인식한다. 절면은 손으로 반죽하여 밀대로 얇게 밀어 만든 반죽을 칼로 썰어 만든 국수로 우리나라의 칼국수와 일본의 우동과 소바가 대표적이다. 소면은 밀가루 반죽을 길게 늘려서 막대기에 면을 감아 당긴 후 가늘게 만드는 국수로 한국과 일본의 소면, 중국의 선면이 대표적이다.

지역에 따라 대표적인 국수들이 몇 가지가 있다. 서울에서는 왕족과 양반계급들이 많이 살던 지역이라 모양을 예쁘게 만들어 오색의 고명을 얹어 멋을 낸 국수장국과 비빔국수를 즐겨 먹었다. 밀국수가 일반적이고 때로는 가늘게 만든 메밀국수를 먹기도 하였다. 경기도 지방에서는 제물에 끓인 칼국수나 메밀칼국수와 같이 국물이 걸쭉하고 구수한 국수를 즐겨 먹었다. 서해안이 가까운 충청도 지역에서는 주로 굴이나 조갯살로 국물을 내어 칼국수를 끓여 먹었다. 산악지방이 많은 강원도는 산악이나 고원지대에서 생산되는 도토리, 메밀, 감자, 옥수수 등을 이용하여 메밀 막국수나 올챙이 국수를 먹었다.

쌀이 주요 산지인 전라도나 경상도는 밀가루나 메밀가루를 이용한 면 요리보다는 밥을 즐겨 먹었다. 경상도는 밀가루에 날 콩가루를 섞어 반죽한 것을 밀대로 얇게 밀어 칼로 만든 칼국수를 조개나 멸치 국물에 먹는 제물국수를 즐겨 먹었다. 경상북도 안동의 양반가를 중심으로 여름철에 손님 접대에 많이 올리는 향토음식인 안동 건진국수가 유명하다. 황해도는 밀국수를 즐겨 먹었는데, 겨울에 동치미 국물을 부어 만든 냉면도 즐겨 먹었다.

평안도와 함경도는 메밀을 이용한 냉면이 발달하였다. 평안북도는 메밀의 주요 산지로서 메밀을 주원료로 만든 평양냉면을 즐겨 먹었다. 반면에 함경도는 메밀에 녹말을 섞어 반죽하여 만든 비빔냉면과 비빔국수를 즐겨 먹었다. 특히 함경도 지방은 고추와 마늘과 같은 양념을 강하게 하여 만든 비빔면을 주로 먹었다. 홍어나 가자미와 같은 생선을 맵게 무친 회를 냉면 국수에 얹어 비벼 먹는 회냉면도 유명하다. 제주도는 해산물이 풍부하여 이를 이용한 생선국수가 대표적이다. 또한 특산물인 흑돼지를 고명으로 올린 고기국수도 즐겨 먹었다. 또 메밀국수에 돼지고기 삼겹살을 삶아 수육으로 썰어 고명으로 얹어 먹는 돔베 국수도 별미다.

SBS 예능 프로그램 '백종원의 3대 천왕'에는 백종원이 맛본 세 종류의 국수가 소개되었다. 즉, 담양의 멸치국수, 옥천의 어탕국수와 함께 제주의 돔베고기국수였다.

다산의 글 속에서도 국수에 대한 여러 기록을 볼 수 있다. 이 시는 부친의 회갑이었는데, 여러 어른들을 모시고 연회를 베푼 장면을 묘사하고 있다. 오이를 고명으로 얹은 자장냉면(紫漿冷麪)이 기록되어 있다.

『긴 눈썹은 장수를 점칠 만한데, 활 달던 먼 옛날[121]을 그려본다네.
슬하에는 준수한 자손이 많고, 연회석엔 늙으신 벗들 모였네.

국수 뽑아 붉은 가닥 차갑고요, 오이 담가 푸른 조각 신선하여라.
문서처리 섭생에 해로운 건데, 어찌하면 귀전의 부[122]를 지을꼬.』[123]

"국수 뽑아 붉은 가닥 차갑고요(麪壓紅絲冷)"라는 표현은 장유(張維)의 〈자줏빛 육수에 냉면을 말아 먹고(紫漿冷麪)〉라는 시의 "노을 빛 영롱한 자줏빛 육수, 옥가루 눈꽃이 골고루 내려 배었어라(紫漿霞色映, 玉粉雪花勻)"라는 내용과 일치되는 것이다. 이는 동일한 냉면을 칭하는 것이니, 자주빛 '육수냉면(紫漿冷麪)'은 우리나라에서 오랜 음식전통을 가진 것으로 보인다. 자장냉면도 나오는데, 자줏빛 육수에 냉면을 말아 먹고[紫漿冷麪]라고 기록되어 있다.[124]

다산의 시에 여름에 먹는 국수로 무더운 여름에 한기를 느낄 정도로 차가운 소면을 먹는 것을 묘사하고 있다.

『차가운 음식 국수가 탐이 난다면, 이슬에 누워 비단을 물리친다네.
멱 감는 까마귀 쫓아도 다시 또 오고, 조는 아이종 깨워도 아랑곳 않아.』[125]

다산의 아래 시에서는 길게 늘어뜨린 냉면 위에 무채와 푸른 무우을 같이 먹는 것이 묘사되어 있다.

『시월 들어 서관에 한 자 되게 눈 쌓이면, 이중 휘장 폭신한 담요로 손님을 잡아두고는 갓 모양의 남비에 노루고기 전골하고, 무김치 냉면에다 송채무침 곁들인다네.』[126]

정조 19년(을묘년, 1795년) 늦은 봄에 다산이 감인소(監印所)에서 직숙(直宿)하며 글을 쓰고 있었던 때의 일이다. 하루는 정조임금께서 춘당대(春塘臺)에 납시어 경회루 안에 있는 정자 부용정에서 상화조어(賞花釣魚)의 잔치를 여셨다. 다산은 정조에게 남다른 사랑을 받고 있던 터라 그 성대한 잔치에 참여하였던 기억을 더듬어 쓴 시이다. 이 시를 쓸 당시 정조 임금은 영면한지 이미 오래이고, 다산 역시 막다른 황원에 떠돌이 신세가 되었다. 계절은 마침 늦은 봄이라서 보이는 것마다 슬픔을 자아내기에 삼가 이 시를 써서 오희불망(於戲不忘)의 감정을 쏟아 보낸다고 적고 있다. 이 시에서 보는 것처럼 임금이 베푸는 잔치상에는 계수나무 술(桂酒)과 메밀면(菮麪), 대추를 섞은 떡(棗糕), 귤을 넣어 만든 떡(橘餠), 노란 고명을 묻힌 떡 등이 올랐음을 알 수 있다.

>『장기성 동쪽 약천[127] 북쪽에 방초는 연기 같고 난만한 꽃 짜놓은 듯
> 문 닫고 있는 내가 주인 생각에 안됐던지 봄 구경 한 번 다녀오자고 넌지시 권하기에 채소도 뜯어 오고 생선도 익히고 흔연한 얼굴로 술까지 한 병 찼기에 못 이긴 체 짚신에다 죽장을 챙겨 짚고,[128] 그를 따라 애써서 사립문 밖 나섰다.(중략)
> 석거문[129] 아래서 일제히 안장 푸니 모직물 비단자리에 술자리 차려 놓고 계주에다 자면에다 옥액이 흘렀으며 조고에 귤병에 금환까지 쌓여 있었네.』[130]

다산은 친구가 찾아오자 채마밭의 오이를 안주로 준비하고, 점심으로 국수를 만들어 나누는 장면을 묘사하고 있다.[131]

>『술 마시며 시 읊는 것 옛일을 이으노니
> 어찌 꼭 풍류를 우군에게만 양보하랴?
> 채마밭 친구는 오이 깎아 주발에 담아 오고,
> 부엌 종은 국수 만들어 푸른 치마로 달려오네.』[132]

다산은 친구와 나누는 국수로 절면(切麪)을 묘사하고 있는데, 육식에 비견할 만한 귀한 음식으로 설명하고 있다.[133] 또한 차를 마시는 데에 꼭 호

포천과 같은 맑은 샘물이 필요하지 않은 것처럼 음식이 꼭 고기일 필요가 없으며 절면(切麪)도 고기음식에 버금감을 피력하고 있는 것이다.

> 『연 구멍같이 좁은 세상길 누가 능히 뚫을고?
> 버림받은 선비들 모두 어깨를 나란히 했네.
> 칼로 자른 국수음식(切麵)도 양답채[134]에 비길 만하거니와
> 차를 마심에 어찌 꼭 호포천[135]을 필요로 하랴』

≪오주연문장전산고≫의 문장에 "'박탁'은 '불탁'이니, 즉 칼로 자른 면이다(餺飥。卽不托。卽刀切麪也)"[136] 라고 설명하고 있는데, 이는 아마도 현재의 칼국수를 지칭하는 것일 가능성이 크다. 또 한편으로는 국어사전에 '박탁(餺飥)'은 "밀가루를 반죽하여 장국에 적당한 크기로 떼어 넣어 익힌 음식"이라 하였으니, 현재의 수제비에 가까운 것으로 보인다. 칼로 썰었는지, 손으로 떼어 넣었는지에 따라 그 모양이 달라질 것이다. 다산의 저서 ≪아언각비(雅言覺非)≫에는 국수에 대하여 다음과 같이 기록하고 있다.

> 『국수란 밀가루이다. 속철의 면부는 "촘촘한 체로 거른 면가루는 가루가 날리면 하얗다(重羅之麪。塵飛雪白)"라 하였으니, 보리가루를 지칭하는 것이다. 우리나라는 보리가루를 '진말'이라고 하고, 사투리로 '진가루'라고 하였으니, '면(麵)'을 식물의 이름으로 알았던 것이다. 사투리로는 국수라고 하였으니, 잘못된 것이다. 그러나 중국도 역시 그러하였다. 국수를 칼로 자른 것은 절면(切麪)이라고 칭하고 눌러서 뽑은 국수를 습조면(摺條麪) 즉 가락국수라 지칭하며, 그 말린 것을 괘면(掛麪)이라 칭하였다.』[137]

다산은 그의 저술 ≪목민심서≫에서 "공물(貢物)이나 토산물(土產物)은 상사(上司)에서 배정하는 것이다. 전에 있던 것은 성심껏 이행하고 새로 요구하는 것을 막아야 폐단이 없게 될 것이다"라고 적고 있지만, 인정으로는 그럴 수 없다는 사례를 적고 있다.[138] 이 사례에서 말하는 '밀면'은 국수가

아니라 약과의 속명으로 사용되고 있다.

조계원(趙啓遠:1592-1670)이 수원 부사(水原府使)가 되었는데, 그 고을의 밀면(蜜麪:속명으로는 약과[藥果]다.)이 중국에서 유명하였다. 인조(仁祖)가 병중에 있을 때 궁중 주방에는 입에 맞는 것이 없었다. 환관이 사람을 시켜 그 약과(밀면)를 구하니, 조계원은 다음과 같이 대답하였다.

> 『주부(州府)에서 사사로이 헌납하는 것은 신하로서 임금을 섬기는 체모가 아니니, 조정의 명령이 아니면 안 되겠다.』

인조가 이 말을 듣고 웃으면서, "비록 군신의 사이라 하더라도 인척으로 얽힌 인정마저 없을 것인가."라고 하였다. 이 구절 아래 주석이 "방언으로 약(藥)이란 꿀[蜜]이다. 그러므로 밀밥[蜜飯]을 약밥[藥飯]이라 하고, 밀주(蜜酒)를 약주(藥酒)라 하며, 밀과[蜜果]를 약과(藥果)라 한다"라고 기록되어 있다. 또한 목민심서에서 감사가 염문(廉問)[139]할 경우 〈감영(監營)의 이서(吏胥)[140]를 시켜서는 안 된다〉 라는 조항이 있다. 이 조항의 폐단 사례로 부산 쪽으로 들어 온 일본의 국수 왜면(倭麪)이 등장한다.[141] ≪다산필담(茶山筆談)≫에 이렇게 적고 있다.

> 『감사가 염문할 경우에는 친한 빈객이나 죽음을 두려워하지 않고 헌신할 수 있는 사람을 써서 남몰래 촌락을 순행하게 해야 백성들의 숨은 고통을 알 수 있고 수령의 잘못도 알 수가 있다. 그런데 요즈음은 감영의 이서들을 심복으로 보아 염문할 적에는 모두 이 무리들을 보내는데 이 무리들이 본래 각 고을의 아전들과 서로 내통 결탁하여 안팎으로 얽혀 있는 줄을 모른다. 매양 겨울과 여름에 있는 포폄(褒貶) 때나 봄과 가을에 있는 순행 때가 되면 이른바 염객(廉客)이 기일에 앞서 기별을 보내고 그 고을의 일을 담당한 아전도 기일에 앞서 화사하게 꾸민 방에 꽃자리를 깔고 대야며 안석이며 책상을 산뜻하게 정돈해 놓고 왜면(倭麵)과 연탕(燕餳), 그리고 울산(蔚山)의 전

복과 탐라(耽羅)의 조개, 살찐 쇠고기와 연한 돼지의 등살, 구운 자라 고기와 잉어회 등 갖가지 귀한 음식들을 차리고 휘황하게 촛불을 켜 놓고 염객을 기다린다.』

또한 목민심서 빈객(賓客)에서 칙사(勅使) 접대를 지칙(支勅)이라 하는데, 지칙은 '서로(西路)의 대정(大政)이다.' 라고 규정한 조항의 폐단을 적었다. 그 사례에는 쌀국수 미면(米麪)이 등장한다.[142] ≪경세유표≫ '호서대동절목(湖西大同節目)'에서 28개의 관청에 공물로 보내는 목록 중에서 "종묘(宗廟)에 천신(薦新)하는 대 · 소맥(大小麥)과 생면(生麵)"기록이 보인다.[143]

다산의 기록 외에도 국수에 대한 기록은 여러 한시에서 찾아 볼 수 있다. ≪계원필경집≫[144]에 한식의 절료를 사례한 장문〔謝寒食節料狀〕에는 쌀국수(米麪)[145]가 언급되어 있다. 서긍(徐兢)의 향음(鄕飮)[146]에는 나라 안에 밀이 부족하여 송대의 변경으로부터 상인들이 밀을 사들이는 정황[147]을 묘사하고 있다.

또한 ≪동문선≫ 정명국사 시집 서(靜明國師詩集序)·임계일(林桂一)[148]에는 고려 말 조선 초에 국수 만드는 장소 미면사(米麵社)[149]가 있었음을 알 수 있다. 신종호(申從濩)의 ≪속동문선≫에서는 제사에 국수가 올랐음[150]을 알 수 있으며,[151] 임수간(任守幹:1665-1721)의 ≪동사일기(東槎日記)·건(乾)·신묘년(1711) 8월 6일≫조에는 손으로 뽑은 국수와 대비하여 중국의 칼로 자른 국수(삭면:索麪)가 묘사되어 있다.

≪매천집≫[152]에 실린 〈박석초(朴石樵)가 손자를 얻은 것을 하례하다(賀朴石樵生孫)〉에서는 아이를 낳은 지 3일이 지나 백일이나 돌잔치에 귀한 음식으로 탕병(湯餠:국수)[153]이 올랐음을 알 수 있다. 물론 탕병을 떡국이라고 해석하는 의견도 있어서 추가적인 연구가 필요하다. 박석초는 〈호남기록문화유산〉에 의하면 호가 석초(石樵) 자가 사중(士重)이고 1836년생이며,

출생지와 거주지는 구례군 광의면 지천리이다.

> 『초옹은 손자를 얻은 지 겨우 사흘째 되던 날, 탕병으로 손님 초청하여 영물을 선보이네.
> 은연중에 소 잡아먹을 기운 갖추었어라. 젖 빨아 삼키는 소리가 꿀꺽 꿀꺽 대누나.』[154)]

이색의 ≪목은시고≫[155)]에는 양고기와 메밀국수(白麪)를 먹은 것을 묘사[156)]하고 있으며, 또한 오이채와 데친 부추잎을 고명으로 올린 메밀국수를 점심으로 먹었다는 기록이 나온다.

> 『흰 국수는 향기론 육수에 미끄럽고, 쇠한 창자엔 찬 기운이 서리어라.
> 찬 오이채는 조금씩 먹기 알맞고, 연한 부추 잎은 또 살짝 데쳐졌네.』[157)]

이색의 한시를 통해 유두일에 국수를 먹었음을 알 수 있다. '눈같이 흰 것이 표면의 성질이다(雪爲膚理)'는 말이 이러한 국수를 지칭하는 표현으로 보았으니, 이는 메밀국수가 일반적으로 흰색인 백면(白麪)이기 때문이다.

> 『상당군 댁 부침개 맛은 참으로 일품이라, 하얀 유두면158)에 달고 매운 맛이 섞이었네.
> 동그란 떡이 치아에 붙을까 염려는 되나, 살 살 씹으니 절로 온몸이 서늘해지누나.』[159)]

이 시는 목은 이색이 치통으로 이빨이 많이 빠져서 질기거나 딱딱한 음식을 먹을 수 없게 되었음을 보여준다.[160)] 그렇기 때문에 제5구의 "양념 넣은 국엔 면발이 보드랍고(麵滑羹初絮)", "단단한 것 씹을 희망 없어졌으니(攻堅已無望)"라는 표현은 1차적으로 목은 이색이 씹지 않고도 먹을 수 있는 음식 종류 중에 국수를 즐겨 먹었음을 보여준다. 윤휴(尹鑴:1617-1680)의

≪백호전서(白湖全書)≫에서 진찬(進饌)항목 중 제례에 관한 기록이 있는데, 쌀과 국수를 제례의 공물로 사용하였음을 알 수 있다.

> 『주인이 올라가고 주부가 뒤따른다. 집사 한 사람은 소반에다 어육(魚肉)을 받들고, 한 사람은 소반에다 쌀과 면식(麵食)을 받들고, 또 한 사람은 소반에 다 국과 밥을 받들고 따라 올라가 고조(高祖)의 신위(神位) 앞에 이른다.』[161]

2-2. 만두

사전적 의미의 만두는 밀가루나 메밀가루 등을 반죽하여 소를 넣고 빚어서 만든 음식[162]으로 표현하고 있다. 중국에서 전래된 음식으로 그 시기는 정확히 알 수 없다. 하지만 우리나라에서 만두 종류가 성행된 시기는 고려시대의 승속과 인연이 있었던 것으로 미루어 고려시대 이전일 것으로 추정하고 있다.[163]

중국에서는 밀가루를 발효시켜 고기나 채소로 만든 소를 넣고 찐 것은 만두 또는 포자(包子)라 하고, 밀가루로 만든 얇은 껍질에 소를 싸서 끓이거나 기름에 지지거나 찌는 것은 교자(餃子)라 한다. ≪고려사≫에 기록된 만두는 어느 것을 가리키는 것인지 알 수 없다. 고려가요인 〈쌍화점〉에 나오는 '쌍화(雙花)'는 밀가루를 발효시켜 소를 넣고 찐 음식이다. 조리법이 중국의 만두와 같다. 이것으로 미루어 만두가 그 명칭이 바뀌어 '쌍화'라는 이름으로 수입된 것이 아닌가 한다.

조선시대의 기록에 보이는 만두는 주로 밀가루나 메밀가루를 반죽하여 소를 싸서 삶아낸 것으로 교자에 해당하는 것이다. 조선시대 중엽까지도 만두는 상화(霜花, 床花)로, 교자는 만두로 명칭이 바뀌어 전해져 오다가 지금은 상화라는 음식은 사라지고 교자만이 만두라는 명칭으로 이어져 오고 있다.

우리나라에서 만두는 상용식은 아니고, 잔칫상이나 제사 음식으로 쓰이거나 겨울철의 시식(時食)[164]으로 애용되었다. 밀만두는 추석과 유두에 주로 먹었으며, 어만두는 4월의 시식으로 또 제사음식으로 보편화되었다. 그 밖에도 메밀만두는 10월의 시식으로 사랑을 받아 왔으나 오늘날에는 외식산업이 발달하면서 때를 가리지 않고 일상에서 즐겨 먹는 음식으로 자리 잡게 되었다.

만두는 껍질과 소의 재료, 조리법 및 빚는 모양에 따라 다양한 종류가 있다. 만두껍질의 재료에 따라서는 밀만두, 어만두, 메밀만두가 있고, 소의 재료에 따라서는 호박만두, 고기만두, 버섯만두, 김치만두 등이 있다. 만두를 빚어서 더운 장국에 넣고 끓인 것은 만둣국, 쪄서 국물 없이 먹는 것은 찐만두, 차게 식힌 장국에 넣은 것은 편수라 한다.

만두에 관한 문헌적 연구 가운데 '만두 고(考)'[165]는 중앙아시아와 몽골 및 한국의 만두에 대하여 고찰하였으며, '만두 문화의 역사적 고찰'[166]은 세계인들이 즐기는 만두 문화의 이동루트를 추측하는 연구를 하였다. '만두의 조리방법에 대한 문헌적 고찰-조선시대 만두의 종류와 조리방법에 대한 문헌적 고찰(1400년대-1900년대까지)'[167]은 조선시대 만두에 대한 조리방법과 시대별로 사용된 식품재료, 조리도구 등을 분석하였다. 또한 '고조리서에 수록된 만두의 종류와 조리법에 관한 고찰-1600년대부터 1950년대까지 발간된 조리서'에는 만두에 대한 특징을 살펴보고, 만두에 사용된 재료, 조리방법, 크기와 모양, 양념과 고명 등이 시대의 흐름에 따라 어떻게 변천되었는지를 고찰하였다. '문헌에 기록된 만두의 고찰'[168]은 문헌에 수록된 만두에 대해 그 종류, 재료, 조리법들을 고찰하였다, '조선왕조 궁중음식 중 만두류의 문헌적 고찰'[169]은 조선왕조 궁중의궤에 기록된 만두 종류를 분석 고찰하였다. 이 연구에서 조선왕조 궁중음식 중 만두의 종류는 밀가루와 메밀가루로 피를 만드는 만두가 가장 많고, 다음은 어만두,

육만두, 병시, 양만두, 생치만두, 골만두 순이었다. 그 밖에 동과만두, 채만두, 침채만두, 생합만두 등 총 11종의 만두가 있었다.

다산의 시문집에도 만두가 나오는데, '고기만두 꿩구이(魚饅雉炙)'가 언급되고 있다.[170] 여기서 고기만두는 어만두(魚饅頭)인 것이다.

『검은 보 붉은 쟁반에 진수성찬 바쳐도, 고기만두 꿩구이는 맛보기도 싫어하네.』[171]

서유구(徐有榘:1764-1845)의 ≪임원경제지(林園經濟志)≫에는 치만두(雉饅頭: 꿩만두)를 만드는 방법이 소개되고 있음도 주목된다. 다산의 시 중〈연을 심는 사연(種蓮詞)〉(제5권)에는 시집가는 신부가 곱추이면서 못난 얼굴로 추정되는 배우자를 만나 부르는 노래에도 비유적으로 만두가 언급되고 있다.[172]

『내 평생 아름다운 짝을 바랐더니, 곱추가 하서에 오다니
만두가 비록 동글동글하다지만, 떡국이 있는 데야 누가 후회하리.』[173]

다산의 시문에는 만두를 땅모양에 비유한 시도 있다.[174] 음식 이야기를 잘 기록한 목은 이색은 관악산 신방사(新房寺) 사찰에서 만두 먹은 내용을 적고 있다.

『신도가 스님을 먹이는 것이 원래 정상인데, 산승이 속인을 먹이다니 놀라서 넘어질 만 흰 눈처럼 쌓인 만두 푹 쪄낸 그 빛깔 하며, 기름이 엉긴 두부 지져서 익힌 그 향기라니.』[175]

만두는 부드러운 음식으로 치아가 좋지 않은 노인들이 자주 먹은 음식으로 일종의 보양식이었음을 알 수 있다. 특히 "보드라움은 병든 입에 딱 알맞고 달착지근함은 쇠한 창자를 보하네"라는 시구는 서거정(徐居正)이

치통이 심하여 만두를 즐겨먹었음을 보여준다.

> 『붉은 통을 처음 열어보니 만두가 서릿빛 처럼 희어라
> 보드라움은 병든 입에 딱 알맞고 달착지근함은 쇠한 창자를 보하네.
> 항아리엔 '매실간장'을 담았고 쟁반엔 계피 생강도 찧어 넣었네.
> 어느덧 다 먹고 나니 후한 뜻을 참으로 못 잊겠구려.』[176)]

"항아리엔 매실간장(梅醬)을 담았고 쟁반엔 계피, 생강도 찧어 넣었네(甕裏桃梅醬。盤中擣桂薑)"라는 표현에서 보듯이 만두를 먹을 때에 매실간장을 찍어 먹었고, '계피', '생강' 다진 것을 함께 먹었던 것으로 보여 진다.

허균의 ≪성소부부고(惺所覆瓿藁)≫에서는 정월 보름날이 아닌 7월 보름, 즉 백중절에 만두를 만드는 모습을 읊은 내용이 있다. 우리나라의 백중시기는 농한기로 농사일에 고생한 머슴들을 위하여 '백중장'이 서고 머슴들에게 돈을 주어 시장 구경을 가게 한다. 또한 '머슴날'이라고도 하여 머슴들을 쉬게 하거나 옷을 해 입히고 상머슴 장가 보내기를 한다.

> 『맑은 물결 굽어 쏟아 홍루를 안고 도니, 보름날 틈을 타서 잔치 놀이를 벌였어라. 얼음에다 채운 단병 한속이 일어난 듯, 유두건만 머리 감을 생각마저 포기 되네. 갈잎 빻고 고기 다져 만두를 만들어라, 참외와 과일들을 걸교루[177)]에 벌여 놓았네. 밤이 들자 나인들이 다투어 손가락질하며, 은하수 서쪽 가라 견우에게 절 드리네.』[178)]

장유(張維)의 시에는 "점심을 잘 먹었더니 저녁은 생각 없어, 만두 하나로 때우니 속이 마냥 편안하네."[179)]라고 읊고 있어 만두로 끼니를 때우기로 했음을 알 수 있다.

3. 탕과 장류

3-1. 탕

탕(湯)은 주로 고깃국에 생선이나 채소를 넣어 조리한다. 서양의 조리용어로는 Soup이다. 탕은 국이라고도 하는데, 명확한 구분은 없다. 다만 한국 고유의 말로는 '국', 한자를 받아들인 말로는 '탕'이라 하여 '국'의 높인 말로 사용한다.≪두산백과≫ 우리의 식생활에서는 오랜 옛날부터 밥을 주식으로 하고 국을 부식으로 상에 놓는 습성으로 볼 때, 국이나 탕은 주요한 부식이다.

탕이라는 명칭이 처음 등장한 것은 율곡 이이가 쓴 ≪제의초(祭儀鈔)≫이다. 율곡은 탕을 제찬으로 제시하면서 고기나 생선, 채소를 넣어서 만들고 그 수는 형편에 따른다고 하였다. 또 한편으로는 한약재를 물에 넣어 끓인 것을 의미하기도 하고, 한약재를 가루 내어 끓이거나 오랫동안 졸여서 고를 만들어 저장해 두고 마시는 음료에 사용되기도 한다.

조선시대 주로 궁중에서 먹었던 탕 중에 조리서에 가장 많이 언급된 음식으로 열구자탕(悅口子湯)이 있다. 열구자탕은 어떤 음식일까? 열구자(悅口子)는 '입을 즐겁게 한다'라는 뜻이다. 이는 맹자의 말 중에 "오히려 추환이 나의 입을 즐겁게 한다."에서 따온 말로 '추환(芻豢)'은 소, 말, 양, 돼지 등으로 잘 차린 음식을 가리키고, 열구(悅口)는 '음식이 입에 맞는다'라는 뜻이다.[180] 정리하면 화통이 붙은 냄비(구자)에 여러 가지 어육과 채소를 색을 맞추어 넣고 각종 마른 과일들을 장식하며 육수를 붓고 끓이면서 먹는 탕이나 전골요리를 말한다. 1700년대 한문요리서로 역관 이표(李杓)가 지은 ≪수문사설(謏聞事說)≫은 '열구자탕(熱口子湯)'이라 하였으며,

≪원행을묘정리의궤(園幸乙卯整理儀軌)≫에서는 '열구자탕(悅口子湯)'이라 하여 한자 표기를 달리 하였다.

농촌진흥청은 열구자탕이 1800년대에 들어서면서 '신설로(新設爐)'라고도 표기하였는데, 이것은 후에 반가로 전해지면서 '신선로(神仙爐)'가 되었다라고 쓰고 있다. 또한 찬자는 "신설로 틀이 시장에서 판매되고 있다고 기술하고 있으므로 이미 대중화되어 있었다고 볼 수 있다."[181] 라고 쓰고 있는데, 이와 같은 농촌진흥청 전통한식과의 해설은 옳지 않은 것으로 보인다. 나식(羅湜:1498-1546)의 ≪장음정유고(長吟亭遺稿)·시(詩)≫에 〈친구와 함께 마시면서 이야기를 나누다(與友飮話)〉라는 시에 이미 '신선로(神仙爐)' 라는 기록이 나타나기 때문이다. '신선로(神仙爐)' 기록은 이미 16세기 중반에 나타나고 있었던 것이다.

『귀한 손님이 한밤중에 찾아오니, 보름달이 창가를 비추고 있다네.
신선로가 있어 이에 기대어 밤이 새도록 매우 즐겁도다.』[182]

또한 나식은 자신의 시에 스스로 주해하기를 "새로운 스타일의 술을 데우는 기구가 중국에서 들어왔다.(新樣煖酒器, 來自中朝)"고 기록하고 있으니, 이 시를 지을 시기에 이미 신선로가 중국에서 수입된 것으로 볼 수 있다. ≪성소부부고≫에서 "항아리에 넘실대는 천 날 묵은 술, 소반에 오른 찬은 오후정일레."이라 기록[183]되어 있다. 이에 고전문헌DB에서는 '오후정(五侯鯖)'을다음과 같이 주해하였다. "오후는 한 성제(漢成帝) 때 후(侯)로 봉해진 외척(外戚) 왕씨(王氏)를 말하고, 정은 어(魚)와 육(肉)이 합쳐진 열구자(悅口子)를 말하는데, 당시에 오후의 환심을 사기 위하여 제각기 멋진 요리를 바쳤던 바, 이 다섯 가지의 요리를 한데 합쳐 놓아야 진정 열구자가 된데서 온 말(≪西京雜記≫)"이라고 하였다. 이는 한 군데에 넣어 데워 먹는 방식의 유래가 매우 오래 되었음을 의미하며, 다만 지금의 신선로 방식으로 가운데에 구멍이 있는 식기로 등장하여 한국에 수입된 시점은 16세기 중반으로 보아야 할 것이다.

열구자탕의 명칭은 1800년대에는 열구자탕, 열구자탕방, 열구자로 기록되었고, 1900년대에는 신선로, 선로, 열구자탕, 탕구자, 구자 등이 함께 기록되었다. 1900년대 중반 이후부터는 '신선로'로 기록되었다. 요즘엔 '신선로'라고 부른다. 열구자탕의 유래는 정희량(鄭希良:1469-1502)이 무오사화[184]를 겪고 나서 속세를 버리고 산속에서 지낼 때 화로를 만들어 채소를 넣고 익혀 먹으며 지내다 별세하였다. 정희량 사후 사람들이 그 그릇을 신선이 되어간 분의 화로라는 뜻에서 신선로라고 부른데서 유래되었다고 전해지기도 한다. 신선로 틀의 모양은 굽이 달려 있고 뚜껑이 있으며, 원형냄비 가운데에는 숯을 넣는 원통이 있다. 여기에 숯불을 피워 넣어서 음식이 익도록 된 구조이다.

재질은 놋쇠에서 유기, 스텐레스 스틸, 은기로 변화하였다. 요즘은 원통에 숯을 넣는 대신 전기를 사용하므로 편리하게 사용할 수 있는 전기 신선로도 나왔다.[185] 이처럼 과거 신선로 틀은 대개 유기나 은기 또는 돌로 만들어졌다. 5,6세기 경 가야시대 유물 중에 이형토기로 복판에 관통공(貫

〈그림 85〉 신라의 사슴모양 구멍토기

〈그림 86〉 나주박물관의 구멍토기

通孔)이 뚫려 있는 고배(高杯)가 있었다. 이 모양이 신선로와 유사한 모양으로 신선로처럼 이용될 수도 있을 것 같다고 주장[186]하기도 하지만, 실제로 사용했는지는 알 수 없는 사실이다. 이러한 고대 토기가 국물을 끓인 후 효과적으로 따르기 위해 고안된 특수 토기일 가능성이 있다. 신선로가 처음 기록된 문헌은 ≪수문사설(搜問事說)≫[187]이다.

열구자탕은 재료도 많고 그릇도 흔하지 않아 궁중에서는 연회 때, 서민들은 잔치 때만 만들어 먹었다. 열구자탕은 산해진미를 모두 차곡차곡 담은 후 육수를 부어 익히므로 한 그릇으로 여러 가지 맛과 영양을 함께 섭취할 수 있다. 열구자탕의 재료는 주재료와 부재료, 양념, 고명 등으로 분류할 수 있다. 궁중 문헌에 나오는 열구자탕의 재료를 보면 1795년부터 1902년까지 10건의 진찬에서 열구자탕이 차려졌다. 여기에 쓰인 재료는 육류 23종, 어류 7종, 계란, 채소류 10종, 종과류 5종, 양념 및 기타재료 8종으로 모두 54종의 식재료가 사용되었다. 궁중의 열구자탕의 재료 중 육류로는 소의 안심·곤자손이·양·요골과 저태(돼지 새끼집), 꿩과 묵은 닭의 7가지가 주로 많이 쓰였으며, 그 밖에 우숙육, 우둔과 천엽·허파·소혀·간·콩팥·등골·두골과 숙저육, 돼지다리도 쓰였다. 어패류는 숭어, 전복, 해삼 3가지가 많이 쓰였으며, 전복의 가공품인 숙전복, 추복과 홍합, 게알도 쓰였고, 난류는 계란 한 가지만 쓰였다. 채소류는 미나리, 무, 도라지, 외, 표고, 파 6가지가 많이 쓰였으며, 박고지, 움파, 생강, 고사리 등도 쓰였다. 종실류로는 은행, 호도, 잣 3가지가 쓰이고, 황률, 대추도 쓰였으며 양념으로는 간장, 후추가루, 메밀가루, 녹말, 참기름의 5가지가 주로 많이 쓰였다.

열구자탕을 만드는 법은 시대에 따라 조금씩 변화하였는데, 3단계로 구분할 수 있다. 1단계는 1815년부터 1916년까지로 재료를 기름에 지져서 사용하였다. 나물과 소의 부산물이 사용되었고, 국수, 밥, 조악[188], 전병 등을 함께 넣어서 먹었다. 2단계는 1917년부터 1956년까지로 재료를 가루에 무치고 달걀에 무친 전을 부쳐서 사용하였다. 가루는 주로 메밀가루를 사용하였는데, 쇠고기 부산물, 생치, 닭, 대하의 사용은 없어졌고 국수, 전병, 밥, 조악도 기호에 따라서만 사용하였다. 3단계는 1957년부터 현재까지로 2단계보다 쇠고기 육회, 완자 양념의 가짓수가 많아지고 고명도 많아졌다. 이때부터 국수를 넣은 것은 면신선로라 불렀다.

신선로를 꾸밀 때 틀의 가장 밑에는 곰탕거리와 무 양념한 것을 깔고, 그 위에 날고기 양념한 것을 고르게 펴서 깐다. 그 다음은 골패모양으로 썬 지단, 전, 채소를 놓고, 전복과 해삼을 삶아 저며서 색을 맞추어 돌려 담는다. 그리고 가장 위에는 손질한 견과류와 고기완자를 보기 좋게 고명으로 얹는다. 재료들을 모두 담은 후에 사태나 양지, 양을 덩어리째 삶아 우려낸 장국을 펄펄 끓여서 신선로 틀에 붓고 뚜껑을 덮고 가운데 화통에 불이 잘 핀 숯을 넣어 한소끔 끓인 후에 상에 낸다.

조선시대 궁중연회음식이었던 열구자탕을 다산 정약용은 어떻게 접했을까? 규장각에서 밤늦게까지 조서하면서 임금이 하사하는 음식으로 접했다. ≪다산시문집≫에서 이렇게 적고 있다.

> 『규장각서 밤이 깊도록 교서를 하노라니 학사와 등불만 적막 속에 서로 마주했는데 성상께서 내리신 열구자탕이 이르렀네. 이것을 가져온 이는 바로 유명표였네.』[189]

서유문(徐有聞:1762-1822)이 쓴 ≪무오연행록(戊午燕行錄)≫(1799년 1월 6일) 기록에 열구자탕을 먹은 기록이 있다.

> 『어제는 처음 곡반(哭班)[190]에 들어온 날이라. 세 사신이 상의하여 이르되, "오늘 궐내에서 밥과 고기를 먹음이 가당치 아니하다."하여, 주방에 분부하

여 밥을 끓이고 소찬(素饌)을 차려 나오라 하여, 장막 안에서 함께 있더니, 하인들이 저들의 밥 먹는 것을 보고 와 이르되, "혹 열구자탕(悅口子湯)[191]을 놓고 화로에 둘러앉아 어지러이 먹으며 술 장사와 열구자탕 장사가 무수하였더라."하니, 조금도 평일과 다름이 없더라. 몹시 이상스럽더라. 열구자탕은 곧 탕제자라 일컬으니, 돼지고기와 닭고기를 넣어 만들었으되 그중 좋은 것과 나쁜 것이 있어 두 냥어치와 한 냥 반어치와 한 냥어치 양념과 나물이 다르다 하더라.』[192]

역시 ≪무오연행록≫ 1799년 1월 21일 기록에도 열구자탕이 언급되어 있다.

『관에 머물다. 날이 밝자 궐하에 나아가 삼시 곡반에 참예 하니라. (중간 생략) 맞은편 장막에 저희 밥 먹는 것을 보니, 밥은 작은 보시기에 고르게 담았고 무슨 고기 한 접시 나물 한 접시요, 열구자탕(悅口子湯)을 그릇에 놓았으되』[193]

조엄(趙曮[194]:1719-1777)의 ≪해사일기(海槎日記)≫에는 계미년 11월 29일(임오)조에도 일본의 승기악탕(勝妓樂湯)을 우리나라의 열구자탕과 비교하는 장면이 서술되어 있다. 아마도 조선의 열구자탕과 같은 음식을 일본에서는 승기악탕이라고 부른 것으로 생각된다.

『아침에는 비가 뿌리다가 낮에는 개고 동풍이 불었다. 일기도에 머물렀다. 도주가 승기악(勝妓樂)을 바쳤으니, 이른바 '승기악'이란 일명 삼자(杉煮)인데 생선과 나물을 뒤섞어서 끓인 것으로, 저들의 일미라 하여 승기악이라고 이름한 것이나 그 맛이 어찌 감히 우리나라의 열구자탕(悅口子湯)을 당하겠는가?』[195]

윤기(尹愭:1741-1826)의 〈성안의 저녁 풍경〉이라는 시에는 윤기가 52세인 1793년에 성균관 근처의 술집에서 열구자탕을 먹은 것으로 보인다.

> 『맑은 달 떠오르고 별들 많아지니, 곳곳 누대마다 노랫소리 들리누나.
> 구름 너머 들려오는 또 다른 곡조, 낙산[196] 모퉁이서 부는 태평소 가락.
> 거리에 행인 줄고 점포도 닫았는데, 안개는 짙게 끼어 여염에 자욱하네.
> 멀리서도 술집만은 분별할 수 있으니, 문 앞에 홍등 걸린 곳이 다 주막이라네.
> 기방에서 술 데울 기약 그 몇 군데이며, 백마를 달려서 청루 가는 자는 누구인가? 가장 좋은 이 맛을 그 뉘 알리오? 단정히 등촉 켜고 글 읽는 재미.』[197]

〈성안의 저녁 풍경〉이란 시는 18세기 서울의 저녁 풍경을 5수의 칠언절구에 담았다. 땅거미가 지기 시작하고 봉화대에 불이 들어오는 시점부터 인경 종이 쳐서 통금이 시작되는 시점까지 시간 순서대로 읊었다. 첫째 시는 평성 종(鍾) 운을 쓴 측기식 칠언절구이다. 서울 도성에서 바라보는 길마재 봉화대의 저녁 풍경이 매우 아름다워 시로 남긴 것이다. 길마재 봉화대를 이어받아 남산 봉화대에 불이 오르는 것을 보고 성세의 태평 소식에 안도하고 있다. 둘째 시는 평성 동(東) 운을 쓴 평기식 칠언절구이다. 땅거미가 내리는 도성에 사람들이 저마다 돌아갈 길을 재촉하는 모습을 그렸다. 까마귀는 어둠을 틈타 못된 짓을 하는 무리들을 암암리에 가리킨다. 좀도둑이나 무뢰배는 물론이고 세도가에 뒷거래를 청탁하러 가는 무리들까지 모두 포함하는 말이다. 셋째 시는 평성 가(歌) 운을 쓴 측기식 칠언절구이다. 달이 뜨고 별이 점점 많아지며 유흥가에서 노랫소리가 들리기 시작하는 풍경을 읊었다. 넷째 시는 평성 염(鹽) 운을 쓴 평기식 칠언절구이다. 어둠이 짙어져 인적이 거의 끊기고 술집에 홍등이 걸리기 시작하는 풍경을 그렸다. 다섯째 시는 평성 지(支) 운을 쓴 평기식 칠언절구이다. 많은 술집의 불빛을 멀리하고 서재에 단정히 앉아 책을 읽는 자신의 모습을 그렸다.

또한 윤기가 53세에 지은 작품인 〈시월 초하루 고사(十月朔記故事)〉 시에는 '난로회'의 풍경을 묘사하고 있다.

『시월 초하루는 길한 날이니, 옛 풍속이 또한 볼만했지.
예법 있는 가문에선 묘사에 정성을 쏟고[198], 부유한 집안에선 난로회[199] 단란하네. 만두를 찌는 것은 산가의 풍속이고[200], 쌀강정 볶은 것이 소반에 그득하네.[201] 이때가 가장 좋은 시절이니 가을 뒤 겨울 추위 오기 전이라네.』[202]

〈그림 87〉 성협의 고기굽기, ≪풍속화첩≫
〔국립중앙박물관〕

〈그림 88〉 성협의 야연(저녁잔치), ≪풍속화첩≫
〔국립중앙박물관〕

박지원(朴趾源)의 ≪연암집·공작관문고(孔雀館文稿)·만휴당기(晩休堂記)≫(제3권)에는 열구자탕을 '난회(煖會)'로 서술하고 있다. 또한 당시에 철립위(鐵笠圍)라고 불렀던 사실도 알려준다. 철립위는 고기를 굽는 구이판(燔鐵)이 벙거지처럼 생겨서 전립투(氈笠套), 전립골로도 불렀는데, '전립'은 짐승털을 틀에 넣고 압착시켜서 만든 모자다. 사극에서 포졸들이 쓰고 나오는 모자가 그것이다. 실학자 유득공(1749-1807)은 ≪경동잡지≫에 "냄비 중에 전립투라는 것이 있다. 벙거지처럼 생겼기 때문이다. 채소는 가운데 데치고 가장자리에서는 고기를 굽는다. 안주나 밥, 반찬에 모두 좋다"고 썼다.

『내가 예전에 작고한 대부(大夫) 김공 술부(金公述夫)[203] 씨와 함께 눈 내리던 날 화로를 마주하고 고기를 구우며 난회(煖會)[204]를 했는데, 속칭 철립위(鐵笠圍)라 부른다. 온 방안이 연기로 후끈하고, 파 · 마늘 냄새와 고기 누린내가 몸에 배었다. 공이 먼저 일어나 나를 이끌고 물러 나와, 북쪽 창문 가로 나아가서는 부채를 부치며, "그래도 맑고 시원한 곳[205]이 있으니, '신선이 사는 곳과 그다지 멀지 않다' 할 만하구먼." 하에, 나 역시 젊은이들이 국물을 쏟은 일을 들어 공에게 넌지시 충고하고, 그 김에 옛날과 지금 사람들의 진퇴(進退)와 영욕(榮辱)[206]에 대해서 역설하였다.』

다산도 1795년 병조참지로 입직하면서 난로회에 참여하기도 했다. 밤늦게까지 공무를 수행하는 관료들에게 음식을 내리고 술잔을 돌리면서 임금과 신하가 시를 주고받는 모습이 정조의 시문집에 잘 나타나 있다. 이와 관련하여 소서와 정약용이 쓴 시문을 소개하면 다음과 같다.

『궁궐의 눈빛이 활짝 핀 꽃처럼 빛나는 가운데 어좌(御座)의 금련촉(金蓮燭)을 나누어 주는 이때를 당해서, 난로회(煖爐會)의 고사[207]를 모방하여 중사(中使)를 시켜 탁자 가득 좋은 술과 안주를 받들어 전하면서 연운(聯韻)의 시구(詩句)를 곁들여 보내는 바이다.(중략)금화전의 경서 해설은 규장에 빛이 나고, 분서의 글 읽는 소리는 옥당에 미치도다. (이상은 어제(御題)이다)서책을 간행하는 데에는 기나긴 해와 함께 하고 야간의 독서는 매양 종이 울릴 때에 이르네. 이상은 신 정약용이 지은 것이다.』[208]

다음 시는 추운 겨울날 방안에서 가난한 선비들이 모여 고기를 구워 먹는 모습을 그린 ≪한방소육도(寒房燒肉圖)≫에 정약용이 제(題)한 것이다. 정약용이 쇠고기구이에 관해 남긴 글은 여러 편 있는데 특히 이 시는 난로회(煖爐會)를 열고 그때 모습을 그린 계회도(契會圖)에 쓴 글으로 보인다. 가난한 선비들이 꾸르륵 소리를 내며 눈에 불을 켜고 고기를 먹는 모습을 묘사하였다. 시에서 난로(爐)라고 한 것은 삿갓 모양의 전립투라는 구이용 철기구를 말하는 것이다. 전립투 요리는 쇠로 만든 둥글고 오목한 화로에 고기와 채소를 곁들여 구워 먹는 18~19세기 중국, 일본, 한국에서 널리 유행하던 음식이다. 난로에 구운 쇠고기 전골이 크게 유행하자 아예 모임을 만들어 먹는 것이 풍속으로 굳어지면서 ≪경도잡지≫, ≪동국세시기≫ 등 세시기에도 소개될 정도였다. 동국세시기에 의하면 10월 풍습인 '난로회'라는 명칭은 ≪동경몽화록≫의 중국 풍습에서 유래된 이름이고, 서유구는 이 난로회에서 먹는 전립투 요리가 일본에서 시작된 것으로 조선에 퍼진 것이라 하였다.

> 『해진 갖옷 소매 걷고 난로에 다가앉아
> 빈한한 선비가 가장 마음 기쁜 때로세
> 꾸르륵하고 삼키니 누가 욕하지 않으랴만
> 성낸 물고기처럼 눈알 튀어나온들 걱정할 건 없다오
> 이자(李子)가 노루고기(包鹿) 사양했다는 건 일찍이 믿기 어려우나
> 한명회가(韓公) 압구정 잔치한 건 부럽지 않다네
> 무게 있는 자리에서는 아무래도 부끄러운 일이니
> 이 풍습은 원래 살마주(薩摩州)에서 건너왔다지.』[209)]

≪임원십육지(1827)≫ 〈섬용지〉에서도 전골용 조리기구에 대해 "철로 만든 것으로 투구를 뒤집어 위로 향한 모양이다. 예전에 풍로라 불렀던 것에 숯불을 피우고 그 위에 노구솥을 올려둔 것이다. 채소는 그 가운데에 데치고 고기는 가장자리에 지진다. 일본에서 만들기 시작해 지금은 나라에 두루 퍼졌는데 일본에서 만든 것과 같지 않고 더 좋다."고 기록하고 있다.

정약용은 시의 맨 마지막 구절에 이 풍습이 원래 일본 사츠마주(薩摩州)에서 건너온 것이라고 하여 다른 곳에서 찾아보기 어려운 구체적인 유래지를 적어 두었다. 사츠마주는 일본 규슈(九州) 가고시마현(鹿兒島縣) 서쪽 일대의 옛 지명으로, 해외 교역이 활발한 지역이었다. 왜 이 전골문화가 중국과 일본, 한국까지 두루 유행하게 되었는지 의구심을 풀어주는 중요

한 근거이다.[210]

우리 한국음식의 진수는 흔히 궁중음식이라 말한다. 그 중에서도 대표적인 궁중음식을 꼽으라면 대체로 신선로를 첫째로 꼽고 있으며, 모두가 선망하는 최고의 음식이다. 조선후기 한 가정에서 필사하여 혼인하는 손녀에게 내려준 조리서 ≪음식법≫에서도 손님 상차림 음식은 열구자탕을 중심으로 하라고 적고 있다. 심지어 조선요리는 냄새가 심하고 불결하다고 폄훼하던 일제강점기의 일본인들마저도 신선로를 조선요리 중 첫 번째 명물로 꼽는다. 그러면서 조선요리를 먹는 일은 우선 신선로에서 시작해야 한다고 적고 있다. 그럼에도 불구하고 우수한 우리 식품의 계승 발전을 위해 국가가 인증하는 '대한민국 식품명인'에 신선로를 만드는 명인이 없다는 것은 유감스러운 일이다.

열구자탕 외에도 주로 사대부나 왕실에서 만들어 먹던 음식으로 두부를 들 수 있다. 부드러운 식감 때문에 두부는 무골육(無骨肉, 뼈없는 고기) 혹은 숙유(菽乳, 콩에서 나온 우유)로도 불렸다. 두부는 콩으로 만들고 콩을 갈아 콩물을 달이면 두장이 되고, 이를 또 달이면 콩죽(타락죽)이 된다고 하였다.[211] 또한 우리나라 사람들은 예전에 두부를 포(泡)라 불렀다고 적고 있다. 따라서 연포는 부드러운 두부라는 뜻으로서 연포탕은 원래 두부장국을 가리키는 말이다. 맑은 장국에 두부와 무 등을 넣고 끓인 두부국이 연포탕이다. 보통 두부장국인 연포탕에는 닭고기를 곁들여 끓이는데, 바닷가 해안 마을에서는 닭고기 대신 손쉽게 잡을 수 있는 낙지를 넣고 끓여서 낙지연포탕이 되었다.

두부는 국이나 탕을 만들어 먹기도 하였지만, 참기름에 지져 먹기도 했다.[212] 두부라는 것은 숙유이다. 두부의 이름은 원래 '백아순(白雅馴)'인데, 우리나라에서는 이를 방언으로 여겨 달리 포(泡)라고 불렀다. 여러 능과 원에는 이름난 승원이 있어 두부를 공급하는데 이름하여 '조포사(造泡寺)'

라 한다. 두부를 꼬치에 꿰어 닭고기를 삶은 물에 끓여서 친한 벗들과 모여 먹는 모임이 있는데, 이를 '연포회'라 한다.

〈그림 89〉 두부 만드는 모습, ≪기산풍속도≫

선비들은 사찰에서 두부를 맛보기도 했다. 다산도 마찬가지다. ≪다산시문집·시(詩)·경의 뜻을 읊은 시≫(제7권)에는 절에서 밤에 두부국을 끓이는 장면이 세세하게 기록되어 있다.

이런 귀한 탕류 말고도 다산의 시문집에는 몇 종류의 국이 나온다. 고추냉이국[213]이다. 이러한 고추냉이를 국거리로 먹었다는 것은 조선시대에 독특한 맛을 즐기는 미감으로써 보편적으로 존재하였다는 증거로 매우 주목된다. 고추냉이(山葵)를 국에 넣어서 먹던 조선시대의 음식습관이 확인된다. 고추냉이(일본어 와사비)는 십자화과의 식물로 일본 요리에서는 뿌리를 갈아서 양념으로 쓰는데, 뿌리를 간 매운 맛은 겨자와 비슷하지만 고추에 들어 있는 캡사이신과는 또 다르다. 혀를 자극하기보다는 증기가 코로 올라오면서 자극하기 때문이다. 살균효과가 있어 초밥에 쓰이기도 하며, 주로 간장에 섞어서 쓴다.

『외로운 집에 꽉 들어 앉았어도 매사가 다 마음에 맞지
시내에는 덩굴 뻗어 가교를 이루고 고추냉이 자라 국거리 된다.』

또한 다산의 시에는 삿갓 모양의 냄비에 사슴고기 전골 요리가 기록[214]되어 있다. 사슴고기에 대한 기록은 ≪목민심서≫[215]에서도 볼 수 있다. 칙사를 대접하는 20가지 물품이 나오는데 열 번째로 사슴고기, 그 외에

소고기, 물고기가 등장한다. 또한 신숙주의 ≪해동제국기(海東諸國記)≫에 '카우루시시'라고 일컬어지는 사슴고기가 등장하는 것으로 보아 우리나라에서 사슴고기를 즐겨 먹던 것은 오랜 궁중의 전통으로 보인다. 조선왕조실록 ≪명종실록≫에는 명종임금이 사슴고기를 좋아하였으며, 특히 사슴꼬리고기를 좋아하였다고 기록하고 있다.

병오년 9월 3일의 시정기에 쓰기를, "상께서 사슴고기(鹿肉)를 좋아하였고 사슴 꼬리를 더욱 좋아 하셨다. 외방에서 진상할 때에 산 사슴을 구하지 못하여 혹 산노루를 대신 진상하는 자가 있었는데 상이 근시(近侍)에게 이르기를 '산 노루 열 마리가 어찌 산 사슴 한 마리를 당할 수 있겠는가' 하였다.

장기에 유배해 있는 동안 꽃게가 유명한 장기에서 꽃게는 못 먹고 아침마다 가자미국만 먹게 되는 상황을 묘사하고 있다.

> 『꽃게의 엄지발이 참으로 유명한데 아침마다 대하는 것 가자미국뿐이라네. 개구리알도 밀즉도 먹으라고 서로 권하면서 남쪽 요리와 북쪽 요리가 다르다고 말을 말게.』[216)]

다산은 메추리와 참새를 잡아다가 삶고, 굽고, 국을 끓여서 먹는 3가지 형태로 요리해 먹었던 모습을 시에서 보여준다. 다산은 이처럼 세심한 관찰로 그 당시의 생활상을 꼼꼼하게 기록하였다.

> 『사냥 그물 한 번 빌려 말뚝 박아 손수 쳐서
> 메추리며 참새를 무수히 잡아다가
> 푸성귀를 뒤섞어 삶고 굽고 국을 끓여
> 왁자지껄 떠들면서 마음껏 즐겨본다네.』[217)]

다산의 제자 황상이 다산을 초대해 아침밥에 아욱국을 내놓은 일화가 전해지고 있으며, 사의재에서도 다산이 즐겨 드셨던 음식이다. 관리들은 기생들을 끼고 먹은 술을 복어국으로 풀 때, 백성들은 관리들의 부패를 탓하며 먹은 술을 아욱국으로 풀었던 셈이다. 아욱은 규채(葵菜)라고도 불리는 한해살이풀로 나물과 국으로 끓여 먹는 전통 웰빙 채소다. 아욱은 예로부터 기력이 떨어져 식욕을 잃었을 때 먹으면 입맛이 나고 기운을 차리게 하는 영양가가 뛰어난 음식이다. 특히 비타민과 무기질이 풍부한 아욱은 시금치보다 단백질과 칼슘 양이 훨씬 많아 면역력을 높이고, 술 해독과 피로회복에 좋다. 성장기 어린이는 골격형성에 도움을 주는 대표적인 알칼리 식품이다.

어려운 백성들은 여름에 무성하게 자란 콩잎을 따서 밥을 짓던 콩잎밥과 콩잎죽, 콩잎국으로도 만들어 먹었다. 그러나 다산은 거친 음식을 별로 좋아하지 않았던 속내를 시로 표현하고 있다.

> 『의외로 싫은 게 콩잎국이지만, 많은 사람들 양고기처럼 즐기는데
> 누가 만약 채마밭만 빌려 주면은, 그 은혜 참으로 잊기 어려우련만』[218)]

3-2. 장류

장은 음식 맛을 내기 위해 꼭 필요한 중요한 조미료로서 우리의 음식문화에서 큰 비중을 차지하고 있다. 장류는 음식의 간을 맞추고 조화로운 맛을 내는 조미료일 뿐만 아니라 전쟁이나 가뭄, 장마로 흉년이 들었을 때는 구황식으로 쓰였다. 의료수준이 발달하지 못했던 시절에는 민간요법으로 활용되기도 하였다. 뱀에 물리거나 벌에 쏘였을 때, 상처가 났을 때 간장이나 된장을 발랐다. 가벼운 화상에는 고추장을 발라 뜨거운 열기를 뽑아

내기도 하였다. 또 생인손을 앓을 때는 간장에 손을 담갔다가 빼는 것을 반복하여 치료하였고, 체증과 소화불량에는 된장을 먹었다. 실제로 ≪동의보감≫을 비롯한 몇몇 한의서에도 장류가 치료제가 되었다는 기록들이 있다. 오늘날에는 된장, 간장 등 장류의 생리적 기능이 과학적으로 증명되면서 건강 기능식으로 새롭게 조명 받고 있다. 특히 전통장류에 존재하는 미생물을 이용해 간 기능 개선, 고지혈증 억제 효능을 가진 기능성식품이 개발되기도 하였다.

장류는 미생물이 관여하여 얻어지는 발효식품이다. 우리 민족은 아주 오랜 옛날부터 미생물을 이용하여 자연발효에 의한 발효식품을 얻어내는 방법을 터득하였다. 발효식품은 주위의 자연환경에 의해 품질이 좌우되어 어떤 때는 품질이 좋은 제품을 얻을 수 있지만 그렇지 못한 때도 있다. 옛날에는 미생물의 작용에 대한 지식이 없이 발효가 진행되는 과정을 경험을 통해 터득하였다. 따라서 좋은 맛의 장을 얻기 위해 많은 정성과 노력을 기울였다. 그러나 현대에는 미생물에 대한 연구가 활발해져 유익한 미생물이나 효소를 작용시켜 과학적으로 발효식품을 제조하기도 한다.

간장과 된장은 콩을 주원료로 발효시켜 만든다. 또한 간장과 된장은 동시에 생성되는 것이다. 간장은 짠 장을 뜻하고, 된장은 되직한 장을 말한다. 이러한 장을 얻기 위해서는 늦가을 장의 원료가 되는 콩을 고르는 일에서 시작하여 메주 쑤기, 메주 띄우기, 장 담그기, 일정 기간의 숙성, 장 가르기 등 다음해 초여름에 이르기까지 오랜 시간과 정성이 필요하다. 이처럼 우리 선조들은 감칠 맛 나는 장맛을 내기 위해 오랜 시간과 정성을 쏟아 부었다.

≪삼국사기≫를 보면 683년(신문왕 3년)에 왕비를 맞을 때 폐백 품목으로 간장과 된장이 기록되어 있는 것을 보면 삼국시대에 이미 장류가 사용되었음을 알 수 있다. ≪고려사·식화지≫에는 1018년(현종9년)에 거란의 침입으로 굶주림과 추위에 떠는 백성들에게 소금과 장 및 쌀, 조, 된장을

내렸다는 기록이 있다. 굶주린 백성을 구휼하는 식품에 장과 된장이 들어 있는 것은 고려시대 이미 장류가 필수 기본식품으로 정착되었음을 추정할 수 있다. 조선시대 조리서에는 대부분 간장 제조법을 적고 있다.

다산의 장자 정학유의 ≪농가월령가≫에는 우리 선조들이 절기에 맞춰 장을 담그는 풍속을 잘 그리고 있다. 3월에는 민간의 가장 요긴한 일로 장 담그는 일을 꼽았다. 6월에는 장을 담아 둔 장독을 잘 관리하여 제 맛을 잃지 않도록 하고, 장이 익은 족족 떠내서 장을 가르기를 했다. 11월에는 메주 쑤는 일을 부녀자들이 할 중요한 일로 꼽았다.

3-2-1. 된장

된장은 메주를 소금물에 담가 숙성시킨 후 간장을 빼고 난 부산물인 막된장과 일반적으로 간장을 뜨지 않는 된장인 토속된장, 즉 토장(土醬)이 있다. 별미장으로 메주를 부셔서 가루로 만들어 장을 담근 지 15일 정도 지나면 먹을 수 있는 속성 장으로 막장이 있다.

장류는 여러 음식에 간을 쳐서 맛을 내는 것이므로 음식 중에 제일이었다. ≪경상감영계록(慶尙監營啓錄)·고종(高宗) 5년(1868)·청하(淸河) 죄수(罪囚) 원 조이(元召史)≫에 보면 된장, 고추장 항아리를 이웃 간에 서로 훔쳐갔다고 싸움이 되어 소송까지 가는 기록이 보인다. 이 사건 기록에 따르면 백성들이 이미 된장과 고추장을 담가 먹었으며, 된장, 고추장을 작은 항아리에 담아서 부엌에 두고 먹었음을 알 수 있다.

> 『고추장 항아리를 잃어버려 처음에는 이웃을 의심하더니 끝에 가서는 저의 집에 와서 부엌에 있는 작은 항아리를 보고 자기가 잃어버린 장 항아리라며 그대로 찾아 갔습니다. 또 저의 집장에 넣은 청지(菁旨)를 가리키며 '이것도 우리 청지'라 하였습니다. 그러므로 제가 대답하기를 '너의 청지(장항아리)는 고추장을 넣은 것이고, 우리 청지는 토장을 넣은 것이니, 토장과 고추장

> 은 색깔이 본래 다르다. 또 너의 항아리는 옛날 물건이고, 우리 항아리는 새로 산 것이니, 새것과 옛것이 저절로 구별되거늘 어찌 모두 너의 물건이라고 하여 이처럼 빼앗아 가는가?』

또한 이 사건 기록에 의하면 "장을 달이다가 치마에 불이 붙어 볼기를 데어 근근이 출입한다고 했으며" 라는 표현이 나오는 것으로 보아 간장과 된장을 가른 후 간장을 달여서 두고 먹었음을 알 수 있다. ≪전라좌수영계록(全羅左水營啓錄)≫에는 다음과 같은 기록이 보인다. 1860년(철종 11년) 3월 초 배가 표류하여 일본국 도량포(渡良浦)[219]에 다다랐는데, 문자를 통해 표류되었음을 알리자 쌀과 소량의 토장을 가져다주어 머물러 휴식하게 되었다는 것이다. 일본인들이 표류한 조선인을 토장을 주어 대접하였음을 보여 주는 대목이다. 토장에 관한 기록은 전라좌수영계록, ≪경상감영계록≫, ≪충청병영계록(忠淸兵營啓錄)≫, ≪호남계록(湖南啓錄)≫ 등에 5회 정도 기록되어 있고, ≪승정원일기≫에는 총 3회, ≪일성록≫에도 3회가 기록되어 있다. 이러한 기록들로 보아 왕실에서는 물론 백성들도 모두 토장을 먹었음을 알 수 있다.

조면호(趙冕鎬:1803-1887)의 시에는 "산나물의 맛은 토장으로 돕는 것이니 원컨대 한잔 드시오."라는 대목이 나온다. 이 시에서 알 수 있듯이 토장은 음식의 간을 맞추는 조미료뿐만 아니라 산나물을 무쳐서 반찬이나 술안주로 먹었음을 알 수 있다. 현재까지 한시에서는 토장이 많이 출현하지 않아 아쉬움은 있지만, 조선 말기까지 토장을 나물이나 쌈밥에 발라서 먹는 전통이 있었음을 보여준다.

1713년 숙종 39년 ≪연행일기≫제4권(계사년 1월 3일)에는 죽통에 넣어 가지고 다녔던 볶은 된장에 대한 기록이 나온다.

『오늘 죽통에 넣어 두었던 볶은 장[炒醬]을 꺼내어 먹었다. 올 때에 역관배들 이 볶은장은 맛이 쉽게 변해서 먹을 수 없다 하였으나, 내가 올 때 큰 대통 한 마디를 둘로 잘라 각각 볶은장을 넣은 뒤 모두 입을 막고 도로 전과 같이 붙이고 종이로 바깥을 발라 바람이 들어가지 않게 했었는데, 꺼내어 보니, 맛이 조금도 변치 않았다.』[220)]

≪연행일기≫ 제9권(계사년 3월 3일)에는 대통 속에 담아간 볶은 된장의 맛을 보고 장이 아니라 청심원이라 칭할 만큼 맛이 좋았다는 평을 받았다는 기록도 있다.

『맑음. 온종일 심한 바람으로 모래 먼지가 하늘에 자욱하게 덮여 눈을 뜰 수가 없었다. 소흑산에서 출발하여 이도정(二道井)에 이르러 아침에 먹었고 백기보(白旗堡)에 도착하여 잤다. 닭이 울 무렵에 출발하였으니, 월참(越站)을 하려는 것이다. 날은 어둡고 길은 여러 갈래로 나 있어 종종 앞서 가는 사람을 놓치곤 하였다. 토자정(土子亭)에 이르니 비로소 날이 밝았는데, 이미 15리나 걸었던 것이다. 구가포(舊家鋪)를 지나 축로(築路)에 나서니, 이곳부터 비로소 산이 없었다. 이도정에 이르러 민가로 들어가 아침을 먹었다. 물맛이 나쁘고 음식도 맛이 모두 상하였기 때문에 밥을 먹기가 올 때보다도 배나 더 곤란했다. 내가 통 속에 담아 온 초장(炒醬)을 나누어 유봉산(柳鳳山)에게 보냈더니, 먹어 보고 맛이 있다며 사례하기를, "이것은 장(醬)이 아니라 청심원(淸心元)입니다."하였다. 그 뒤로 초장을 말할 때마다 청심원이라 부르곤 하였으니, 그때 지냈던 상황을 상상할 수가 있다.』[221)]

위의 글에서 보듯이 과거길이나 사신으로 먼 길을 갈 때는 된장을 볶아서 대나무 통에 넣어 가지고 다니면서 반찬이 여의치 않을 때 밥반찬으로 혹은 국을 끓여서 먹기도 하였다.

된장과 관련하여 다산의 기록에는 누런 된장(黃豉), 자색된장(紫豉), 겨자장(芥醬)이 출현한다. ≪다산시문집≫ 2권 〈남고[222)]에게 편지를 부치고 된장을 보내주다.〉에는 작약으로 누런 된장 맛을 낸다는 기록도 보인다.

작약(Paeonia lactiflora Pall)은 1200여년 동안 중요한 생약으로 사용되어 왔다. 한방에서는 염증, 진통 및 진정의 목적으로 쓰였다. 또한 주로 무월경의 조절, 외상치료, 비출혈, 염증, 종기 및 상처 치료, 가슴과 늑골부위의 통증완화 등의 치료 목적으로 처방되어 왔다.

> 『주등[223]이 준 게장엔 부끄럽지만, 증자 먹던 거위는 전혀 아니네.
> 간맞춤도 가난해 쉽지 않으니, 곤궁한 생활 형편 과연 어떤지.
> 작약으로 된장의 맛을 내고요[224], 바가지에 흰소금 걸러낸다네.
> 행원의 주변에서 장검을 치며 슬피 노래하는 자 지금도 있구나.』[225]

≪다산시문집≫ 중 족부 이조참판에게 올리는 글에도 된장(豉醬)이 출현하는데, 누런 된장과 같은 장류를 지칭하는 것으로 보인다.

> 『깨끗한 물로 된장을 풀고 운자[226]에 제호[227]를 곁들이기도
> 시는 써 두루마리에 가득하고 아울러 술까지 병에 가득하여.』(중략)
> 안주로는 붉은 게를 차리고 특이한 국자에 푸른 가마우지 새겼구나.[228]
> 임치 젓[229]은 비록 없지마는, 낙랑 우어[230]는 그래도 많다네.
> 상추밭 두둑에서 술잔 자주 씻고 부평초 항구에 그물을 또 펼친다네.
> 소박한 산중 음식에 익숙해졌으며, 올 굵은 농부복 그대로 입는다네.』[231]

상추밭 두둑, 산중음식, 올 굵은 농부복 같은 표현으로 보아 다산이 강진 유배생활 중에 집안 어른께 보내는 안부 편지인 듯하다. 이 시절 선비들은 가는 모시옷을 입거나 올 가는 삼배 옷을 입었을 것이다. 그러나 다산은 일반 백성들이 농사지으며 입는 거적 같은 올 굵은 농부복을 그대로 입고 있다는 표현이 가슴 저리게 한다.

서거정(徐居正:1420-1488)의 순채가(蓴菜歌)에는 '염시(鹽豉)'라는 표현이 나오는데, 이는 된장을 말하는 것으로 생선회를 먹거나 국을 끓이는데 많이

사용되고 있음을 보여준다.

> 『이 나물이 내 식성에 맞아 내가 몹시 이것을 사랑 하네.
> 혹은 날로 먹고 혹은 국을 끓여서 간을 잘 맞추니 초계가 향기롭네.』[232)]

이 나물이란 부드러운 식감이 일품인 순채를 말하는 것이다. 요즘은 멸종위기의 식물로 보기 어려워졌지만 이 순채를 국을 끓여서 된장으로 간을 맞추면서 초계를 넣은 것으로 보인다. 즉 이 시는 이규보 당시에 순채를 날로도 먹고 순채 된장국을 만들어 먹었음을 보여주는 것이다. 순채는 아침 9시경에 물에서 올라와 꽃이 피고 12시 경이 되면 꽃이 물속으로 숨어버린다. 순채는 첫날은 암술이 피어 암꽃이 되고, 다음날에는 수술이 피어 숫꽃이 되는 단 이틀만 꽃이 피는 신기한 식물이다.

또한 초계는 산초의 향이 어우러진 된장을 뜻한다. 산초는 중국 사천지방에서 나는 것이 유명하다. 요즘은 주요 경관작목으로 재배하기도 하고 수익 작목으로도 재배하기도 한다. ≪음식디미방≫을 보면 산초(山椒)를 천초(川椒)라 소개하고 있다. 처음에는 초라 불리다가 후추가 들어오면서 천초로 쓰였고, 고추가 보급된 후부터 산초로 불렸다. 동고비 이외에도 딱새, 직박구리, 동고비, 노랑딱새 등이 모두 산초를 즐겨 먹는다니, 산초가 건강에 좋은 열매임을 본능으로 아는가 싶다.

세종은 초정 약수를 처음 맛보고 '시원하고 톡 쏘는 맛이 마치 산초와 같다'며 좋아 했다는 기록이 전해지는데, 산초가 우리 조상들이 즐겨 먹던 향신료임을 짐작케 한다. 요즘은 주로 추어탕에 많이 넣어 먹는데 미꾸라지의 비린내와 찬 성질을 중화시키는 역할을 하기 때문이다. 특히 항균작용과 호흡기에 좋은 산초는 고된 수행 중 피로에 지친 스님들의 원기회복 음식으로도 많이 활용되었다. 고창군은 산초를 활용한 여러 가지 향토음식으로 유명하다.

산초는 잎과 열매를 주로 사용하는데, 잎을 따서 생으로 사용하거나 열매 껍질을 벗겨 말린 후 달이거나 농축하거나 기름을 짜서 사용한다. 열매는 완전히 익기 전인 여름에 수확해 말려서 사용한다. 덜 익은 산초열매를 따서 장아찌를 만들거나 산초된장, 산초간장을 만들기도 한다. 산초를 넣은 장류로 된장국을 끓여 먹거나 산초튀김을 하여 별미로 맛과 향을 동시에 즐기기도 한다. 반면 잘 익은 산초열매으로는 비빔밥이나 부침개, 두부부침, 소염통구이 등을 해 먹기도 하고, 약으로 쓰기 위해 술을 담기도 한다. 산초 잎은 어린잎이었을 때는 나물이나 생잎 쌈으로 먹거나 기호에 따라 초무침을 해 먹기도 하고, 잎이 커지면 향이 짙어져 산초장떡, 산초된장찌개, 된장장아찌 등을 만들기도 한다. 요즘은 잘 말려서 가루를 내어 음식에 첨가하는 향신료로 사용하기도 한다.

허균의 ≪성소부부고≫에도 산초된장이 출현한다. "초시(椒豉)는 황주에서 만든 것이 매우 좋다" 초시란 산초된장이며, 황주는 황해도이니 황해도 지역에 산초된장 제조법이 잘 알려져 있음을 보여주는 대목이다. 홍만선(洪萬選)은 그의 저서 ≪산림경제(山林經濟)≫에서 ≪증류본초(證類本草)≫를 인용하여 메주 만드는 법을 언급하였다.

〈그림 90〉 산초열매를 좋아하는 동고비

특히 이 자료에는 천초를 같이 넣는 기록을 보여준다. 우리나라 장을 만들 때 산초를 넣는 것은 매우 역사가 오래되었음을 보여준다.

『메주 띄우는 법[造豉]은 콩을 누렇게 삶는다. 즉 말장(末醬)이다. 콩 1말에 소금 4되, 천초(川椒) 4냥을 한데 절이면 봄가을에는 3일, 여름엔 2일, 겨울에는 5일 동안이면 뜨니, 반쯤 익었을 때 생강 5냥을 곱게 썰어 고루 섞어 그릇에 넣고 주둥이를 봉하여 쑥대나 두엄에 묻어 두껍게 덮고, 혹은 말똥 속에 한 이레나 두 이레 묵힌 후 꺼내 쓴다.』[233)]

성호 이익의 글 〈한거잡영〉에 자주빛 된장이 등장한다. 성호가 상추쌈밥을 먹은 내용을 기록한 것인데, 이 때 상추쌈을 된장과 함께 먹은 것이다(萵苣葉圓鹽豉紫). 그 된장 빛이 자주색, 소위 '자주빛 된장(豉紫=紫豉)' 이었다.

『고려 풍속 질박하다 내 일찍 들었거니, 바로 생채 가지고서 밥을 싸서 먹었다네. 상추는 잎 둥글고 된장은 자줏빛이라, 반찬거리가 시골 주방에서 쉽게 나오누나.』[234)]

≪산림경제·구급(救急)·해독(蟹毒)≫(제3권)에는 "흑두즙·시즙(豉汁)이 모두 독을 풀어 준다(又黑豆汁豉汁。並解之)"고 하여 '시즙'이 출현한다. 흑두즙과 시즙은 같은 것이 아니다. 흑두즙은 소금물에 검정콩을 담근 것을 말하며, 시즙은 소금물에 메주를 담근 것을 말한다.

≪산림경제·구급(救急)·고독(蠱毒)≫ (제3권)에서는 "고를 내는 법은 이렇다. 패시피(敗豉皮)를 태워 가루를 만들어서 1전을 물에 타 병든 사람에게 먹인다."라고 기록 되었다. 여기서 '패시피(敗豉皮)'란 된장 뜰 때 된장 항아리 표면에 굳어 있는 웃거더기 또는 된장 찌꺼기를 말한다. 요즘은 대부분 버리지만 옛날에는 장아찌를 담기도 하고 짐승의 사료를 만드는데 사용하기도 하였다.

또한 ≪윤방(尹方)≫이라는 저서에는 태아가 복중에서 죽어서 그 산모가 기(氣)가 끊어지게 될 때에 "녹각설(鹿角屑:사슴뿔가루) 방촌시(方寸匙)[235)]로 2~3순갈을 총시(葱豉, 총백과 메주)를 달인 탕에 타서 먹이면 즉시 출산(出

産)을 한다"고 적고 있다. ≪산림경제·벽온(辟瘟)≫에서는 급성전염병에 "갈근 4냥, 메주 1되를 달여서 먹는다."라고 기록[236)]되어 있다. 즉 급성전염병에 칡뿌리와 된장을 달여서 먹으면 치료된다는 것이니, 이는 '갈근된장' 또는 '갈근된장국'이다. 이처럼 된장은 산고를 줄이거나 전염병을 낳게 하는 약으로 쓰이기도 했다.

3-2-2. 간장

간장은 메주에서 추출하는 용액으로서 여러 해 묵힐수록 빛깔이 짙어지고 감칠맛이 더해지는 것이 특징이다. 과거 궁중에서는 간장을 담가 몇 해씩 묵혀 두고 먹었다. 그러면 메주가 푸석할 정도로 진이 다 빠진다. 이 정도 되면 건더기(敗豉皮)는 건져 내고 검고 단맛이 도는 간장만 빼낸 것을 '진장'이라고 한다, '겹장'은 햇메주에 지난해의 간장을 부어서 숙성시킨 것으로 진장보다 맛이 한결 진하고 감칠맛도 진하게 난다. 간장의 '간'은 소금기의 짠맛을 뜻하며 이러한 간장의 맛은 조선시대부터 뿌리를 내렸다. 조선시대 때 구체적인 장 담그기의 방법은 ≪증보산림경제≫에 잘 표현되어 있다.

고려시대 장에 대한 명칭은 개장(芥醬:겨자장), 만장(漫醬:묽은장, 막장), 번장(飜醬:뒤집은장), 빙장(氷醬:묽은장), 해장(醢醬:젓갈장) 정도이다. 그러나 조선시대에 이르러서는 주원료인 콩을 구하지 못하면 팥[소두장(小豆醬:팥장)]이나 현미[추장(麤醬:현미장)], 보리[맥장(麥醬:보리장)], 밀[소맥장(小麥醬:밀장)], 밀가루[면장(麪醬:밀가루장)]로 장을 담기도 하고, 심지어는 밀기울에 보리를 섞어 [부맥장(麩麥醬:밀기울보리장)]장을 담기도 하였다. 뿐만 아니라 고구마[감저장(甘藷醬)]와 감자[자장(蔗醬)]나 채소[채장(菜醬)], 무[청근장(青根醬)]로 장을 담기도 하고, 구기자[구기장(枸杞醬)]나 느릅나무 열매[유인장(楡仁醬)], 붕어마름풀[온장(薀醬)], 계피[계장(桂醬)] 등 약초를 이용하여 장을 담근 기록들도 있다.

특히 장이 급할 때는 10일 만에 벼락치기로 담그는 장을 순일장[(旬日醬: 10일벼락장)]이라 하는데, 빨리 만드는 장이라 해서 급장(急醬) 혹은 급조장(急造醬)이라는 명칭도 보인다. 이렇게 급하게 담는 장은 대부분 구황장으로 콩깍지나 콩잎을 이용하기도 하고, 도토리나 더덕, 도라지 등을 이용하여 장을 담기도 하였다. 심지어는 밥을 이용해서 장을 만드는 밥장[(반장(飯醬)]도 있었다. 통상적으로는 겨울에 메주를 만들고 정월에 주로 장을 담궜다가 늦은 봄에 장을 가르는게 통상적이지만, 장이 바닥나면 여름에 급조하여 장을 담그는 여름장[하일장저(夏日醬菹)]도 있었다.

조선시대에는 육류장도 대단히 발달하였다, 새우, 게, 말린 대하, 달걀, 꿩, 육포, 굴, 쇠고기, 오리알, 생선 등이 장의 재료가 되기도 하였다. 또한 각종 젓갈과 짐승고기, 구운 고기 등을 이용하여 장을 담기도 할 정도로 간장의 소재가 풍부하였다. 다음 표[237]는 조선시대 장류 문화가 얼마나 풍성하고 다양하였는지를 명칭을 통해 알 수 있다.

〈표 5〉 시대별 간장의 종류

구분	명칭
고려시대	개장(芥醬:겨자장) 만장(漫醬:묽은장, 막장), 번장(飜醬: 뒤집은장), 빙장(氷醬 : 묽은장), 장국물, 시(豉 : 청국장, 메주) 시갱(豉羹 : 청국장), 염시(鹽豉 : 청국장), 염장(鹽醬 :된장) 장(醬 :장), 된장, 장과(醬瓜 : 오이지), 장즙(醬汁:장국물), 장탕(醬湯:장국), 해장(醢醬 : 젓갈장)
조선시대	(간장) 감저장(甘藷醬 : 고구마장), 개장(芥醬 : 겨자장), 건장(乾醬 : 마른장), 경장(瓊醬 : 구슬장), 계(桂醬 : 계피장), 고장(膏醬 : 기름장), 곡장(穀醬 : 곡식장), 구기장(枸杞醬: 구기자장), 국장(麴醬 : 누룩장), 급조장(急造醬 : 빨리만드는장), 나장(難醬 : 우거진장), 니장(泥醬 : 된장) 감건장(甘乾醬 : 단건장), 감장(甘醬 : 단된장), 담수장(淡水醬 : 싱거운장), 동국장(東國醬 : 조선장), 동인장(東人醬 : 조선장), 두부장(豆腐醬:두부장), 두장(荳

醬 : 콩장), 두장(豆醬 : 콩장), 락장(酪醬 : 초장), 량장(粮醬 : 양식장), 마재장(麻滓醬 : 삼찌꺼기장), 말장(末醬 : 메주), 맥장(麥醬 : 보리장), 면장(麵醬 : 밀가루장), 면장(麪醬 : 밀가루장), 무이장(蕪荑醬 : 느릅나무열매장), 미장(穈醬 : 싸라기장), 박장(博醬 : 넓은장), 반장(飯醬 : 밥장), 반장(盤醬 : 쟁반장), 백장(白醬 : 흰장), 부맥장(麩麥醬 : 밀기울보리장), 북관명부침장(北關明府沈藏 : 함경도장), 북인침장(北人沈藏 : 경기북부장), 빙장(氷醬 : 얼음장), 산소장(山蔬醬 :산나물장), 생황장(生黃醬 : 생황장), 서장(黍醬 : 기장장), 선용장(旋用醬 : 속성장), 소두장(小豆醬 : 팥장), 소맥면장(小麥麪醬 : 밀가루장), 소맥부장(小麥麩醬 : 밀기울비지장), 소맥장(小麥醬 : 밀장), 효장(燒醬 : 볶은장), 소장(蔬醬 : 채소장), 숙장(宿醬 : 묵은장), 숙황장(熟黃醬 또는 黃熟醬누런메주장), 순일장(旬日醬 : 10일벼락장), 숭장(菘醬 : 배추장), 신장(神醬 : 신장), 신장(薪醬 : 잡초장), 엄장(淹醬 : 묵은장), 역숙장(易熟湯 : 급히쓰는장), 염장(鹽醬 : 소금장), 염장(塩醬 : 소금장), 온장(薀醬 : 붕어마름풀장), 완두장(豌豆醬 : 완두장), 유인장(楡仁醬 : 느릅나무열매장), 자장(蔗醬 : 감자장), 장낙(醬酪 ; 초장), 장말(醬末 : 장가루), 장병(醬餠 : 장떡), 전장(煎醬 : 볶은장), 중국장(中國醬 : 중국장) 증장(蒸醬 : 찐장), 지마장(芝麻醬:참깨장), 채장(菜醬 : 채소장), 청근장(靑根醬 : 무장), 청두장(靑豆醬 : 청대콩장), 청태장(靑太醬 : 청대콩장), 초장(炒醬 : 볶은장), 초장(酢醬 : 신장), 초장(醋醬:신장), 추장(麤醬 : 현미장), 칠일장(七日醬 : 속성장), 침장법(沉醬法 : 장담그기), 토장(土醬 : 토장), 변장(汴醬 : 변고을장), 하일장저(夏日醬菹 : 여름장), 함장(鹹醬: 짠장), 일장(壺醬 : 단지장), 효장(殽醬 : 안주장), 자장(煑醬 : 익힌장), 담장(甔醬:항아리장), 염장(壏醬 : 소금장)

(육류장) 건대소하장(乾大小蝦醬 : 말린대하장), 계란장(鷄卵醬 : 달걀장), 대하장(大蝦醬 : 대하새우장), 란장(卵醬 : 곤장 : 알장), 생치장(生雉醬 : 꿩장), 석장(腊醬 : 육포장), 석화해장(石花醢醬 : 굴젓장), 석화해청장(石花醢淸醬 : 굴젓간장), 쇠고기장. 수육장(獸肉醬 : 짐승고기장), 압란장(鴨卵醬 : 오리알장), 어육장(魚肉醬 : 생선장), 어장(魚醬 : 생선장), 우육장(牛肉醬 : 쇠고기장), 육장(肉醬 : 쇠고기장), 장해(醬醢 : 젓갈장), 장혜(醬醯 : 육장), 장니(醬臡 : 뼈있는 육장), 저장(菹醬 : 젓갈장), 적장(炙醬 : 구운고기장), 청육장(淸肉醬 : 고기간장), 청탕장(淸湯醬 : 볶은콩고기청국장), 초장(炒醬 : 쇠고기장조림), 치장(雉醬 : 꿩고기장), 포장(脯醬 : 육포장), 하장(蝦醬 : 새우장), 하장(霞醬 : 새우장), 해장(蟹醬 : 게장), 해장(醢醬 : 젓갈장), 회장(膾醬: 회장) 효장(肴醬 : 고기안주장), 해장(蠏醬 : 게장)

	(집장) 기화장(其火醬 : 콩밀기울집장) 담장(淡醬 : 싱건장), 말장즙장(末醬汁醬 : 메주간장동아오이집장), 여장(茹醬 : 연한장), 완장(涴醬 : 왜장), 장즙(醬汁 : 장즙), 전주즙장(全州汁醬 : 콩보리집장), 즙디히, 즙장곡(汁醬麯 : 집장), 즙장(汁醬 : 집장), 즙저(汁菹 : 집장), 집장(執醬 : 집장), 칠원망후즙장(七月望後汁醬 : 칠월집장), 포장(泡醬 : 포장), 하일가즙저(夏日假汁菹 : 오이속성장담금), 하일즙저(夏日汁菹 : 오이장담금), 하절즙장(夏節汁醬 : 간장밀기울오이집장), 읍장(湆醬 : 장국)
	(구황장)급장(急醬 : 속성장), 급조장(急造醬 : 속성장), 급조청장(急造淸醬 : 속성간장), 다취청장(多取淸醬 : 많이얻는 간장), 대두각장(大豆殼醬 : 콩깍지장), 대두국장(大豆麴醬 : 콩누룩장), 대두엽장(大豆葉醬 : 콩잎장), 도실장(桗實醬 : 쥐엄나무열매장), 상실장(橡實醬 : 도토리장), 말장청장(末醬淸醬 : 막간장), 사삼길경장(沙參桔梗醬 : 더덕도라지장), 여용장(旋用醬 : 속성장), 진맥장(眞麥醬 : 참밀장), 청장(淸醬 : 간장), 칠일장(七日醬 : 7일에 만드는 장), 태각장(太殼醬 : 콩깍지장), 태국장(太麴醬 : 콩누룩장), 태맥장(太麥醬 : 콩밀장), 태엽장(太葉醬 : 콩잎간장), 포장(泡醬 : 더덕도라지장)

궁녀들이 장을 이용하여 다이어트를 한 재미있는 기록도 보인다. 조선시대 궁녀들은 허리라인을 살리고 하체에 살이 찌는 것을 방지하기 위하여 간장을 몸에 발랐다. 간장 다이어트인 셈이다. 간장의 주 원료인 콩에는 여성 호르몬인 에스트로겐과 유사한 물질인 이소플라본이 있다. 간장을 몸에 바르면 이 성분이 체지방을 분해하여 복부와 하체를 날씬하게 하는 것으로 알려지고 있다. 우리는 흔히 장류는 물이 매우 중요하다고 인식하고 있다. 다산의 시문에도 같은 내용이 나온다.

> 『정한 물로 된장 간장 담그고, 운자에 제호를 곁들이기도
> 시를 써서 두루마리에 가득하고, 아울러 술까지 병에 가득하여』[238)]

또한 용어의 쓰임새를 바로 잡는 글에서 장 담그는 부분이 언급되고 있다. ≪다산시문집· 묘지명(墓誌銘)·정헌(貞軒)의 묘지명≫(제15권)에서

≪어정규장전운(御定奎章全韻)≫을 인용하여 '시(豉)'자를 '소금물에 메주를 담그는 것(配鹽幽菽)'이라고 훈고하였다. 다산의 ≪목민심서≫에는 소박한 선비의 식사로 "밥 한 그릇, 국 한 그릇, 김치 한 접시, 간장 한 접시"를 추천하였다.

『의복과 음식은 검소함을 법식으로 삼아야 하니 조금이라도 법식을 넘어서면 지출에 절제가 없게 되는 것이다. 의복은 수수하고 검소하게 입도록 힘써야 한다. 아침저녁의 밥상은 밥 한 그릇, 국 한 그릇, 김치 한 접시, 장 한 접시(一飯一羹一齏一醬), 이 네 접시로 한해야 한다. 네 접시란 옛날의 이른바 이두 이변이다. 곧 구운고기 한 접시, 어포 고기 한 접시, 절인 나물 한 접시, 육장 한 접시이니 여기에 더해서는 안된다.』[239]

다산의 같은 책 애민6조 제2조 자유(紫楡)에는 기근이 들어 버려진 아이는 젖이 있는 사람이 두 아이에게 젖을 나누도록 하고, 젖을 나누는 유모에게는 쌀을 지급하되 간장과 미역을 함께 지급하도록 하라고 적고 있다. 위의 두 기록에서 보듯이 조선시대 장은 매우 중요한 식재료였다. 다산의 ≪경세유표·균역사목추의(均役事目追議) 제1·염세(鹽稅)·경기(京畿)≫에는 소금에 세금을 부여할 때 지역에 따라 부적합함을 지적하고 이를 바로 잡아야 한다고 주장하였다.

『살피건데 남양과 광주 바다는 그 지역이 서로 잇닿았고, 간수를 담아서 소금을 달이는 것도 다름이 없는데, 저쪽은 4등으로 분간하고 이쪽은 일률(一率)을 쓰니, 왕자가 어찌 보고만 있을 것인가? 왕자가 법을 마련할 때는 왕자의 체모를 생각함이 마땅하다. 한결같이 아전들의 예전 예에 맡기고 오직 변동하다가 일이라도 생길까 두려워만 하니 어찌 의혹되지 않겠는가.』

소금은 조선시대 만주지역의 여진족이 국경을 넘어 조선의 장수와 군사들을 납치하여 인질의 교환조건으로 소금을 요구하기도 했다. 이처럼 소금은 인간의 생존과 깊은 관련이 있는 물품이었다. 조선후기 삼수갑산 지역에서 군복무를 하던 군인들은 곡식 대신 소금을 가지고 가서 이를 바꾸어 군대생활의 비용으로 쓰기도 하였다. 또한 3도(都 : 강화, 광주, 개성) 및 영종보에는 사변에 대비하여 장을 담기 위한 소금을 넉넉히 하지 않을 수 없으니, 상납하는 염세전 중에 각각 계산해서 제급하도록 국가에서 허가하기도 했다. 또한 흉년으로 큰 기근이 들면 물 대신 솔잎과 송키를 먹을 때 소금을 함께 섭취해야만 부황이 들지 않아, 기근 때 황염으로 이용되기도 했다.

장과 관련하여 다산은 이덕무가 지은 책 ≪어정규장전운(御定奎章全韻)≫을 시정하는 과정에서 고훈(苦訓)에 의해 시(豉)자를 '소금물에 메주를 담그는 것'이라고 바로 잡았다.[240] ≪성호전집≫[241]에는 청장(淸醬)이 기록되어 있으니 간장을 뜻한다. 정상기(鄭尙驥:1678-1752)는 조선 후기의 지리학자로 자가 여일, 호는 농포(農圃)이며, 실학파 지리학자의 대표적 인물이다. 다음은 정상기가 성호 이익에게 물어 본 부분이다.

『보낸 온 편지에서 "청장(淸醬)을 빠뜨려서는 안 되고, 꿀 또한 빠뜨려서는 안 된다"하고 하였습니다. 그렇다면 청장은 소채의 줄에 진설하고 꿀은 떡 곁에 놓는 것입니까? ~만약 회를 사용한다면 겨자장을 진설해야 합니까?"』

이 물음에 대하여 성호 이익은 다음과 같이 답하였다.

『청장과 꿀은 보내온 편지와 같이 진설하는 것이 옳은 듯 합니다. 산 사람도 콩죽을 마실 때 반드시 꿀을 타니 어찌 제향에만 빠뜨리겠습니까?』

정상기의 질문 내용에 출현하는 겨자장은 윤휴의 저술[242]에도 그 명칭이 보인다. 즉 반찬의 여러 품목들을 언급하면서 해(醢:젓갈)와 시자(돼지고기구이), 개장(겨자장)과 어회(생선회)를 적고 있다. 이 외에도 이행(1478-1534) 등이 편찬한 ≪신증동국여지승람(新增東國輿地勝覽)·경도하(京都下)≫(제2권)에는 사도시(司䆃寺)에서 겨자장 물품의 공급과 유통을 관리했던 것으로 기록하고 있다. 이유원(李裕元:1814-1888)의 ≪임하필기·문헌지장편(文獻指掌編)≫(제24권)에서는 태조(太祖) 원년에 설치된 요물고(料物庫)라는 관청이 뒤에 사도시(司䆃寺)로 바뀌었고, 이곳에서 궁궐 안에 공급하는 미곡(米穀)과 겨자장(芥醬) 등의 물품을 관장하였다고 쓰고 있다. 따라서 겨자장의 제조와 관리는 이미 조선 태조 때부터 있었던 것으로 보인다.

겨자장의 제조와 먹는 법에 대한 예절을 기록한 글도 보인다. 이덕무(李德懋)의 글에는 "남과 함께 회를 먹을 때는 겨자장을 많이 먹음으로써 재채기를 해서는 안 된다. 또한 무를 많이 먹고 남을 향해 트림하지 말라"[243]는 경구가 있다. 이는 이미 조선시대에 회를 먹을 때 겨자장을 찍어 먹는 문화가 보편적이었음을 알 수 있다. 이 때문에 겨자장을 많이 찍어 먹고 재채기를 함으로써 무례를 범하지 않도록 해야 한다는 예절까지도 기록으로 전하고 있다. 같은 책 30권에는 "겨자장을 만들 때 가까이 대서 재채기가 나지 않게 해야 한다"[244]라는 기록도 보인다.

더 재미있는 것은 정조(正祖)는 벼슬에 대한 관리들의 심리를 '겨자장'에 빗대어서 표현하고 있다.

> 『사람들은 모두 "청렴한 관직과 중요한 임무는 원하지 않고 감당하지도 못한다"고 말하다가, 그것을 얻고 나서는 오직 잃을까 두려워한다. 비유컨대, 겨자장이 입에 쓴데도 눈썹을 찌푸리며 즐겨 젓가락을 놓으려 하지 않는 것과 같으니 매우 가소롭다.』[245]

3-2-3. 고추장

고추장은 우리나라 고유의 특수한 장인 간장이나 된장보다 늦게 보급되었다. 고추장은 메줏가루에 질게 지은 밥이나 떡가루, 또는 되게 쑨 죽을 버무리고 고춧가루와 소금을 섞어서 만든 장이다. 이처럼 고추장은 된장이나 간장과는 달리 주원료가 쌀, 찹쌀, 보리쌀, 밀가루 등 전분질 식품이다.

고추장은 고추가 우리나라에서 전래된 조선 중기 이후 만들어지기 시작했다. 고추는 선조 임진년(1592) 후에 들어와 고초(苦草·苦椒)·번초(番草)·만초(蠻草)·남만초(南蠻草)·남초(南椒)·당초(唐草)·왜초(倭草)·왜개자(倭芥子)·랄가(辣茄)·당신(唐辛)·진초(秦椒) 등 여러가지 이름으로 불리워졌다. 고추의 전래 시기 및 경로에 관한 최초의 기록은 ≪지봉유설(芝峯類說)≫에 실려 있다. 여기에 "만초는 일본을 거쳐 온 것으로 왜개자라고도 한다"는 내용이 있다. 이후 ≪성호사설≫, ≪오주연문장전산고≫ 등에도 번초가 일본에서 도입되었고, 그 시기가 선조 임진년 이후라고 기록되어 있다. 이러한 고추의 전래는 일찍부터 발달한 장발효 기술과 자연스럽게 결합되어 고추장 문화를 이루게 된 것이다.[246]

〈그림 91〉 피터(남근)고추

〈그림 92〉 카이엔고추

〈그림 93〉 할라피뇨

고추는 오늘날 '매운 맛'을 만들어 내는 물질로 통한다. 아울러 고추는 남자아이의 성기를 상징하는 내용물로도 쓰인다. 집에서 출산하는 문화가 바뀌어서 요즘에는 좀처럼 보기 어려운 광경이지만, 예전에 남자아이를 낳은 집에서는 대문에 금줄을 치고 마른 고추를 금줄 중간에 매달아 이웃에게 남자 아이가 태어났음을 알리는 증표로 삼았다. 지금도 남자아이의 성기를 '고추'라고 부르는 관행은 예전이나 다름이 없다. 또 고추는 그것이 지닌 붉은색으로 인해 요사스런 귀신을 물리친다고 믿는 벽사(辟邪)의 의미를 지니고 각종 의례에서 의미 있는 소비가 이루어지기도 한다. 동제를 지낼 때 표징하는 대상물에 금줄을 치는 경우 금줄에는 숯이나 통으로 된 북어 또는 붉은 색 마른고추를 끼우기도 한다. 또 조상 제사를 지낼 때 고춧가루가 들어간 김치를 제물로 올리지 않는 집들이 있는데, 모두 이런 연유에서이다.

고추장에 대한 최초의 기록으로는 ≪증보산림경제≫(1767)가 있는데, '만초장(蠻椒醬)'이라는 이름으로 소개되어 있다. 여기에서는 콩의 구수한 맛과 찹쌀의 단맛, 고추의 매운맛, 청장에서 오는 짠맛의 조화를 갖춘 고추장이 선보이고 있다.

≪수문사설(謏聞事說)≫(1740) 식치방(食治方)에는 순창고추장 만드는 법이 다음과 같이 기록되어 있다.

> 『콩 2말을 메주를 쑤고 백설기떡 5되를 합하여 잘 찧어서 곱게 가루로 만들어 가마니 속에 넣고 띄우는데 음력 1~2월에는 7일 간 띄워 햇볕에 말린다. 좋은 고춧가루 6되와 메줏가루를 섞는다. 또 엿기름 1되와 찹쌀 1되를 합하여 가루로 만들어 죽을 쑤어 빨리 식힌다. 이것에 감장(甘醬)을 동량으로 몇 번 나누어 넣는다. 또 여기에 전복 좋은 것으로 5개를 어슷어슷하게 썰고, 대하와 홍합 몇 개를 적당히 나누어 넣고, 생강도 썰어서 넣어 15일 정도 삭힌 후에 꺼내어 찬 곳에 두고 먹는다. 나머지는 꿀을 섞지 않아야 한다고 하는데 맛이 달지 않도록 하기 위해서이다.』

여기 고추장과는 별도로 전복과 대하를 고추장에 넣었다가 먹는 것으로, 굴비장아찌와 같은 반찬인 듯하다. 이 책의 고추장을 현재 고추장과 비교해 보면 고춧가루 분량이 적고, 메주 분량은 많고, 단맛이 거의 없는 점이 특징이다.

이후 고추장 제조는 빠르게 확산되어 일반화되었음을 여러 문헌을 통해 짐작할 수 있다. 앞에서 살펴 본 ≪농가월령가≫ 3월령에는 고추장을 담그는 내용이 실려 있다. 1874년 파리에서 출간된 ≪한국천주교회사≫에도 고추장이 언급되어 있다.

≪규합총서(閨閤叢書)≫(1809)의 고추장은 ≪수문사설≫보다 약 70년 후로, 만드는 법에 많은 차이가 있다. 메주는 백설기를 만들어 섞어서 띄우는 점은 같고, 고춧가루 분량은 식성대로 한다고 했다. 그러나 ≪규합총서≫는 약 2배 더 넣었다. 또 간을 맞출 때 수문사설은 감장으로 맞추었지만 규합총서는 소금물을 넣었다. 규합총서는 꿀을 넣고, 대추와 포육가루를 넣기도 하였다. 오늘날의 고추장처럼 붉은색으로 맵고 단맛이 나는 것은 1924년경 전기식 분쇄기가 보급되어 고춧가루 만들기가 수월해지고, 설탕이 대량 수입된 이후로 여겨진다.

또한 ≪해동죽지(海東竹枝)≫(1925)에는 고추장을 순창의 명물이라 칭하고, 고추장의 빛깔은 연홍색이고, 맛은 달고 향기가 청렬하며, 반찬 중의 뛰어난 식품으로 표현하였다. 순창 사람이 서울에 와서 손수 순창 고추장을 만들었는데, 맛과 빛깔이 모두 본 지역의 고추장에 미치지 못하였다고 하였다.

『조선 사람들은 음식을 준비하는데 조금도 까다롭지 않으며, 시내와 강가에 있는 수많은 낚시꾼들 옆에는 고추장을 담은 조그만 단지가 있는데, 고기가 잡히면 곧 두 손가락으로 집어서 고추장에 찍어 서슴치 않고 삼켜 버린다.』

이미 조선시대에 고추장에 회를 찍어먹는 전통은 보편적이었던 것이다. 고추장은 재료와 만드는 방법이 지방에 따라 다양하게 발달되어 있다. 고추장은 찌개, 매운탕, 생채, 조림의 양념이나 회나 강회의 양념으로 쓰인다. 특히 생선의 비린내를 없애주므로 생선조림이나 찌개요리에는 필수적인 양념이다. 매운맛은 1990년대 중반 이후 세계적으로 유행했다. 이러한 유행은 한국음식의 매운맛에도 영향을 미쳤다. 한국 음식 본래의 매운맛과는 달리 멕시코 음식의 살사(salsa)가 지닌 칠리소스와 같은 매운 맛이 유입되기 시작한 것이다. 한국음식의 매운맛은 '달짝지근한 매운맛' 인데 비해, 칠리소스의 매운맛은 '혀에 불이 난 듯한 매운 맛' 이다. 2천년대 '불닭'을 비롯해 젊은이들 사이에서 이러한 핫소스의 매운맛이 새로운 매운맛으로 전개되고 있다. 입에서 불이 날 정도로 맵다는 불닭의 인기는 여전히 뜨겁고, 길거리 포장마차에서 파는 떡볶이나 닭꼬치 등도 요즘은 눈물, 콧물 쏙 빼놓을 정도로 매운맛이 인기다. 매운맛의 유행은 요즘처럼 어렵고 스트레스가 많은 상황에서 이를 해소하기 위해 자극적인 음식을 찾는 것으로 해석되고 있다.

고추가 아메리카 대륙에서 서유럽으로 전래된 초기에 서유럽 사람들은 고추를 약으로 이해했다. "고추를 먹으면 몸에 원기가 생기고 마음이 가라앉고 가슴의 병을 고치는데 효과가 있다. 고추는 몸의 중요한 기관을 따뜻하게 해주어 병의 증상을 가라앉히는데 좋다." 라는 내용이 16세기 스페인 의사 니콜라스 모나르데스(Nicolas Monardes:1493-1588)가 쓴 책에 나온다.[247] 중국과 일본의 경우에도 매운맛은 습윤한 지역에서 몸의 열기를 불어넣는데 효과적인 약리기능 때문에 소비한다.

반면에 우리 민족의 매운맛에 대한 인식은 '이열치열(以熱治熱)'에 있다. 겨울에 몸을 따뜻하게 해주고 감기를 이기게 하는 것은 온돌과 뜨거운 국물과 찌개에 있었다. 그러나 이러한 우리의 주택문화가 아파트로, 식사구조가 집밥이 아닌 편의점과 외식문화로 바뀌면서 겨울에 매운맛을 즐겨먹는 양상도 달라지게 된다. 칠리소스를 이용한 불닭의 매운맛은 각종 간식에 이용되고 있다. 칠리소스가 젊은이들의 입맛을 칼칼한 매운맛에서 눈물 나도록 얼얼한 매운맛으로 그 취향을 바꾸고 있는 중이다. 이는 우리 음식에 존재하는 매운맛과 달리 글로벌한 핫소스의 매운맛이다. 이제 전 세계가 하나의 경제체제에 편입되면서 음식 맛의 유행도 지구화의 경향을 보이고 있다. 오랜 관습의 영향이 주류를 이루던 전근대와는 달리 오랜 음식습관마저도 소비산업에 의해 장악되고 있는 것이다. 청양고추, 꽈리고추, 풋고추, 오이고추, 파프리카, 피망(남아메리카), 나가 졸로키아(귀신고추, 인도산), 버드아이(인도산), 초콜릿 브라운 아바네로(멕시코산), 레드 사비나 아바네로(멕시코산), 아바네로(멕시코산), 할라피뇨고추(멕시코산), 뉴멕시코고추(멕시코산), 쥐똥고추(월남고추, 태국산), 몸바사(미국산), 타바스코고추(미국산), 애너하임고추(미국산) 등 수많은 고추의 품종과 종류가 있다. 다시 말하면 고추장의 한류화 및 전지구적 확산을 위해 또한 고추장과 핫 칠리소스 개발을 위해 해외 고추 품종도 다양하게 연구할 필요성이 있다는 것이다.

뿐만 아니라 흰목이버섯고추장, 팽이버섯고추장, 송이버섯고추장, 표고버섯고추장, 맛타리버섯고추장, 새송이버섯고추장 등 다양한 버섯을 재료로 사용한 새로운 버섯고추장도 다양하게 출시되고 있는 점 역시 주목된다. 최근 전남 장흥의 대천마을이 표고버섯을 활용한 표고버섯고추장으로 새로운 소득창출에 성공하였음은 매우 시사하는 바가 크다. 이 표고버섯고추장은 장흥군 마을만들기 지원센터에서 공모한 공동체 사업에 공모하여 성공을 거둔 사례이다. 버섯은 이처럼 우선 종류가 많아 골라 먹을 수 있는 장점이 있다. 버섯은 영양이 풍부하여 상시 먹는 고추장과 접목할 경우 천연 종합 비타민을 섭취하는 효과를 거둘 수 있다. 특히 칼륨과 황산화력이 뛰어난 버섯의 장류와의 결합은 파킨슨병과 알츠하이머병으로 고통을 받는 현대인들의 건강과 치료를 위해서 발효식품업계에서 보다 적극적으로 고려할 필요가 있을 것이다. 이러한 융복합이 향후 도·농간 협력은 물론 농촌 살리기 일환으로 각종 새로운 방향의 장류산업의 미래를 보여주게 될 것으로 기대된다.

다산은 유배지 장기에서 늦은 봄날, 상추쌈에 보리밥을 둘둘 싸서 삼키고는 고추장에 파 뿌리를 곁들여 먹으며 입맛이 없어 기운이 떨어지고 나른한 봄날을 견뎌냈다고 썼다.[248]

> 『상추쌈에 보리밥을 둘둘 싸서 삼키고는
> 고추장에 파뿌리를 곁들여서 먹는다.』

또한 다산은 사월 십오일에 백씨를 모시고 고기잡이 하는 집의 조그마한 배를 타고 충주를 향해 가면서 고추장 상자를 가지고 간 것으로 기록하였다. 시문의 중간에 다산이 고추장 상자를 여행 중에 들고 다닌 것을 보여 주는데, 조선 문헌 기록에 의하면 대나무 마디를 잘라서 고추장통으로 사용한 기록이 있다. 고추장은 다산이 여행길에 가지고 나섰던 것처럼 거의 많은 조선시대 선비들의 여행이나 원거리 필수품이었다.

> 『작은 상자에는 고추장이 있고
> 여행길 주방엔 장작불 연기로세
> 인간에 가장 좋은 고량진미가
> 모두 이 강에 뜬 배에 있구려』[249]

조선 후기의 문신 김종수(金鍾秀:1728~99)의 시문집인 ≪몽오집(夢梧集) 제4권≫의 〈친임관예도병풍발(親臨觀刈圖屛風跋)〉에는 북어를 쪄서 고추장을 찍어먹는 모습이 기록되어 있다. 이는 고추장이 조선시대에 음식이 없을 때에 반찬 대신 발라먹거나 찍어먹는 등 음식생활의 필수품이었음을 알 수 있다.

> 『반찬은 채소국, 채소김치와 고추장 이외에 염장한 조기 뿐입니다. 물로 찐 북어를 갈라서 고추장을 바르며, 어린 닭다리 한 개일 뿐입니다.』[250]

조선 선비 중 이건승(李建昇:1858년~1924년)[251]의 ≪해경당수초(海耕堂收草)≫에 『와거반[252] 춘제에게 보이다〔萵苣飯 示春弟〕』에는 고추장에 상추로 밥을 싸서 먹는 상추쌈밥이 기록되어 있다.

다산의 시[253]에도 우리나라 사람들은 쌈을 특히 좋아한다고 쓰고 있다. 상추쌈은 다른 나라에서는 찾아보기 힘든 우리나라 고유의 음식이다. 예전부터 농부의 밥상은 물론이고 궁궐 대왕대비의 수라상에도 올랐으니 신분의 귀천을 가리지 않고 모두 상추쌈을 즐겼다. 상추를 비롯해 호박잎, 깻잎, 배추, 열무잎과 취는 물론이고 미나리, 쑥갓과 콩잎으로도 쌈을 싸 먹었다. 더욱이 김과 미역, 다시마와 같은 해초로도 쌈을 싸서 먹을 정도로 우리 민족은 유별나게 쌈을 좋아한다. "눈칫밥 먹는 주제에 상추쌈까지 먹는다"는 말이 있다. 얻어먹는 처지에서도 눈치를 보며 상추쌈을 싸 먹는다는 뜻이다. 상추쌈문화 또는 밥과 기타, 고기나 회를 채소에 싸서 먹는 독특한 문화는 이제 글로벌 K-Culture로 자리매김을 하고 있는 중이다. 중국의 고서인 ≪천록식여(天祿識餘)≫에 따르면 고려의 상추는 질이 매우 좋아서 고려 사신이 가져온 상추씨앗은 천금을 주어야만 얻을 수 있다고 하여 '천금채(千金菜)'라 하였다고 기록되어 있다.[254]

상추의 줄기에서 나오는 락투세린(lactucin)이라는 흰액체에는 최면효과가 있는 것으로 알려져 있다.[255] 여름철 상추쌈을 먹으면 식곤증에 시달리는 이유이다. 다산은 가꾸던 채마밭에 어김없이 상추를 심었다. 간소한 밥상을 마주했던 다산의 밥상에 상추쌈은 단골메뉴였다. 맛으로 즐겼다기 보다는 절이지 않고 바로 먹을 수 있었기 때문이리라. 다산은 정말 먹기 싫은데, 사람들은 껄끄러운 콩잎을 잘도 먹는다고 기록한 것으로 보아 상추의 부드러운 식감 때문에도 좋아했던 것 같다.

조선 최장수 임금 영조(1694-1776)는 고추장을 사랑해 많은 기록을 남겼다. 고추장을 기운 돋우는 약으로 먹거나 입맛 돌게 하는 최고의 음식으로 여겼다. 영조44년 조선왕조실록에 따르면 영조는 "송이(松栮), 생복(生鰒, 전복), 아치(兒雉, 꿩고기), 고초장(苦椒醬) 이 네 가지 맛이 있으면 밥을 잘 먹으니, 이로써 보면 입맛이 영구히 늙은 것은 아니다."라고 했다.

조선시대 사대부 양반의 자제가 장을 담근 기록이 있다. 조선 시대 최고의 문장가, 연암 박지원이 자녀들에게 쓴 편지이다. 요즘 가정 주부들도 잘 하지 않는 고추장과 장복기를 손수 만들어서 자녀들에게 보내고 왜 맛이 있는지 없는지 말이 없냐고 채근하고 있다.

> 『전후에 소고기 장복기는 잘 받아서 조석간에 반찬으로 하니? 왜 한번도 좋은지 어떤지 말이 없니? 무람없다. 무람없어. 난 그게 포첩이나 장조림 따위의 반찬보다 더 나은 것 같더라. 고추장은 내 손으로 담근 것이다. 맛은 좋은지 어떤지 자세히 말해 주면 앞으로도 계속 두 물건은 인편에 보낼지 말지 결정하겠다.』[256]

추사 김정희(金正喜:1786-1856)는 제주도 유배시절 조밥과 생된장을 매끼니로 먹기 어려워 부인에게 먹고 싶은 음식을 보내 달라는 편지를 자주 보냈다. 이런 저런 좋은 반찬을 보내 보아야 대부분 썩거나 골아서 먹을 수 없었는지라 추사는 '장복기'만이 온전하다고 적었다. 추사가 언급한 장복기는 바로 볶음고추장이다.

〈그림 94〉 추사 김정희가 부인에게 보낸 언문 편지(1841.7.12.) 〔국립중앙박물관〕

조선시대 왕실과 양반가에서 만들어 먹던 대부분의 장복기는 고기를 넣어 볶은 것이었다. 왕실의 기록으로는 1795년 을묘년 정조의 화성행차 8일간의 상차림을 기록한 ≪원행을묘정리의궤≫ 에 화성행차 둘째날 자궁(혜경궁 홍씨)과 대전에 올린 석수라에 다양한 전복음식과 함께 장복기가 차려졌다. 주로 전복포나 전복쌈 등을 찍어 먹는 용도였다.

그러나 필자의 집안에는 고추장을 좋아하는 다산 선생에게 고기 대신 전복을 넣어 볶은 별미장을 만들어 드렸던 전복장복기가 전해진다. 강진군지에 의하면 15세기부터 강진현에서 왕실과 중앙관부에 전복을 진상하였다는 기록이 있다. 이로 보아 고기보다는 전복이 귀할 뿐 아니라 구하기 쉬웠던 연유에서 다산께 전복장복기를 만들어 드렸던 것으로 생각된다.

≪연행일기≫에는 조선 선비들이 여행길에 장복기를 어떻게 가지고 다녔는지가 자세히 기록되어 있다.

『오늘 죽통에 넣어 두었던 볶은 장[炒醬]을 꺼내어 먹었다. 올 때에 역관배들이 볶은장은 맛이 쉽게 변해서 먹을 수 없다 하였으나, 내가 올 때 큰 대통 한 마디를 둘로 잘라 각각 볶은장을 넣은 뒤 모두 입을 막고 도로 전과 같이 붙이고 종이로 바깥을 발라 바람이 들어가지 않게 했었는데, 꺼내어 보니 맛이 조금도 변치 않았다.』[257)]

4. 김치와 나물

4-1. 김치

밥과 함께 한국인의 밥상에서 없어서는 안 될 음식이 김치다. 우리나라 상차림의 전형이라 할 수 있는 반상차림은 뚜껑이 있는 그릇에 담겨 나오는 반찬 가짓수에 따라 3첩, 5첩, 7첩 등으로 부른다. 첩 수가 올라갈수록 음식의 가짓수가 많아지고 풍부해진다. 반면에 밥, 국, 김치는 어디에나 빠지지 않지만 첩 수에는 계산되지 않는다. 그만큼 김치는 우리의 고유한 민족음식이면서 가장 기본적인 부식이었다.

김치는 넓은 의미로는 소금, 초, 장 등에 절인 채소를 의미한다. 조선시대 한자 교습서 ≪훈몽자회(訓蒙字會)≫에 절인 채소 음식을 뜻하는 중국 한자 저(菹)를 '딤채'로 기록한 것이 최초다. 1670년경의 ≪음식디미방≫에는 동아를 절여서 담그는 소금절이 김치나 산갓을 작은 단지에 넣고 따뜻한 물을 붓고 뜨거운 구들에 놓아 익혀 먹는 김치가 보인다.

이러한 우리나라의 김치는 중국에도 전해졌다. 1712년(숙종38년) 김창업의 ≪연행일기≫에 의하면 "우리나라에서 귀화한 노파가 그곳에서 김치를 만들어 생계를 유지하고 있는데, 그녀가 만든 동치미의 맛은 서울의 것과 같다"는 것이다. 또한 1803년(순조 3년)의 ≪계산기정≫에 의하면 "통관 집의 김치는 우리나라의 김치 만드는 법을 모방하여 맛이 꽤 좋다"고 하였다.

김치와 가장 관련이 깊은 향신료의 대명사로 쓰이는 고추는 조선 숙종 때 실학자 홍만선이 엮은 ≪산림경제≫에서 최초로 언급되고 있다. 고추는 16세기 말 조선에 전래되어 17세기 말부터는 가루로 만들어 김치에 쓰게 되면서 우리나라 김치에는 일대 혁명이 일어난 것이다. 조선시대 기록에 전해지는 김치의 종류만도 30여종에 달한다. 그렇다면 소금절이나 장절임 음식이었던 김치의 양념으로 고추가 이렇게 많이 쓰이게 된 배경은 무엇일까?

소금은 기원전부터 왕실에서 직접 관리했다. 소금은 인간의 생명을 유지하는데 필수적인 식품이지만, 그 생산은 한정적이었기 때문이다. 조선사회에서도 소금을 국가에서 직접 생산, 유통, 관리했다. 지금의 경기도 서해안에 조선왕실의 재산으로 염전을 운영하게 되었고, 염전을 운영하는 염한들은 비록 관리가 아니었음에도 왕실의 통제를 받았다. 그런데 17세기에 들어와서 소금의 수요가 급증한다. 소금 사용이 급증하게 된 원인을 다음과 같이 추론할 수 있다.[258] 첫째, 관혼상제가 피지배층에까지 퍼지고, 향교와 서원의 증가로 제사가 급속히 확대되자 제수용품으로서 어물의 수요가 증가했다. 어물은 쉽게 부패하기 때문에 어물량의 20%이상에 해당하는 소금으로 절여야 유통과 보존이 가능하다. 따라서 일반의 관혼상제뿐만 아니라 7백 곳이 넘는 향교와 서원의 제사에 쓰이는 어물을 저장하기 위한 소금의 수요가 급격히 증가했을 것이다. 특히 서해안에서 젓갈 제조가 발달하면서 소금수요가 더욱 급증했을 가능성이 크다.

둘째, 이앙법과 대동법의 실시는 쌀 생산을 증가시켰다. 이로 인해 이전에 비해 곡물을 섭취하는 양이 증가하고 밥 중심의 식사구조가 진행되면서 반찬들이 짠맛 중심으로 변해갔을 가능성이 많다. 이에 짠맛을 상쇄하면서 동시에 밥맛을 좋게 하는 방법 중의 하나로 모든 음식에 고추나 고춧가루가 사용되었을 가능성이 크다. ≪규합총서≫에서 생선요리를 할 때에 고추장과 고춧가루가 향신료로 들어가면 맛이 좋다는 내용이 있는데, 이것이 바로 고추가 지닌 기능성을 설명하고 있다.

소금에 대한 갑작스런 수요의 증가는 고추양념이 소금 대신 사용되면서 장이나 소금을 이용한 짠 김치 대신 양념김치로 변화했을 가능성이 크다. 따라서 고추양념김치가 밥상의 주요 반찬으로 절대적 지위를 차지하고, 고추나 고춧가루, 그리고 젓갈을 부재료로 한 형태로 바뀌게 하는 중요한 요인이 되었다고 볼 수 있다. 서유구(徐有榘:1764-1845)는 ≪임원경제지≫에서 고추의 사용을 적극적으로 권장했다. 우리 조상들은 양념김치의 고추 사용이 김치의 보존성을 높인다는 사실을 경험측으로 알게 된 사실이다. 하지만 간장을 담글 때 마지막에 마른 고추를 넣는 이유는 고추가 지닌 물리적 특징 중의 하나인 방부제 효과 때문이라는 사실이 밝혀졌다. 따라서 소금이 지닌 방부제의 기능을 고추가 대신했을 가능성이 크다고 할 수 있다. 이를 뒷받침할 만한 근거로 일본의 식품학자 기무라 슈이치(木村修一)는 고추를 사용할 경우 소금의 사용량을 줄일 수 있다는 연구를 내놓은 바 있다.

우리나라의 김치는 지방에 따라 그리고 각 가정에 따라 특유한 것이 있어서 실로 다양하다 특히 지방에 따른 특색은 고춧가루의 사용량과 젓갈의 종류들에 따라 나타나는 것이다. 북쪽의 추운 지방에서는 고춧가루를 적게 쓰는 백김치, 보쌈김치, 동치미 등이 유명하며, 호남지방은 매운 김치, 영남지방은 짠 김치가 특색이다. 젓갈로는 새우젓, 조기젓, 멸치젓 등이 쓰이는데, 중·북부 지방에서는 새우젓·조기젓을 쓰고 남부지방에서는 멸치젓·갈치젓을 많이 쓴다. 다산의 시문에 정약선의 회갑을 축하하는 시가 있다. 이 시에서 보는 것처럼 잔치에서 떡과 김치를 동시에 제공하는 음식 습관은 아마도 역사가 매우 오랠 것으로 보인다.

『육십일 년의 나이가 어느새 돌아와,
떡과 김치로 손님에게 술잔을 권하누나.』[259]

고대 문헌에 출현하는 각종 한문어휘의 김치 종류는 매우 다양하고 아직 밝혀지지 않은 것들도 많으니, 대충 열거하면 다음과 같다.

『가고한저(茄苽寒菹), 가저(歠菹), 강발저(薑髮菹), 강저(薑葅), 강침저(薑沈菹), 개침채(芥沈菜), 과자침채(苽子沈菜), 과저(瓜菹), 교침저(交沈菹), 교침제(交沈虀), 구저(韭菹:부추김치), 구제(韭虀:부추김치), 규저(葵菹), 근개침저(根芥沈菹), 근저(芹菹:미나리김치), 나박침저(蘿薄沈菜), 나복저(蘿葍菹), 나복침채(蘿葍沈菜), 남과잡저(南苽雜菹), 냉저(冷菹), 담저(淡菹), 당귀경저(當歸莖菹:당귀줄기김치), 당귀저(當歸菹:당귀김치), 도저(桃菹:복숭아김치), 동저(冬菹:동치미), 동저(凍菹:동치미), 동저(東菹:동치미), 동침저(冬沈菹:동치미), 만청저(蔓菁菹), 만초침담저(蠻椒沈淡菹), 망우저(忘憂菹), 매저(梅菹:매실김치), 백채저(白菜菹), 백체침채(白菜沈菜), 산개저(山芥菹), 산개침채(山芥沈菜), 산저(蒜菹), 산저(酸菹),(醎菹)』

아정(雅亭) 이덕무(李德懋:1741-1793)의 ≪청장관전서(靑莊館全書)≫에는 다음과 같은 '신 김치(酸菹)', '짠 김치(醎菹)'에 대한 일화가 기록되어 있다.

『내가 사근역(沙斤驛)에 부임했을 때 우공(郵供)이 충분치 못했을 뿐 아니라 내 자신의 식생활도 매우 박하게 하였다. 하루는 손님이 나의 식사하는 것을 보고는, "왜 음식이 그리도 담박하오?"하기에 내가 장난삼아, "이것은 상산찬(商山饌)이오."하였다. 손님이 말하기를 "채소만 있고 영지(靈芝)가 없는데 어찌 상산찬이라 하오."하기에 내가, "신김치 짠김치에 익힌 나물과 국이 모두 무이니, 이 어찌 사호(四皓)가 아니오?"하였다. 하루는 또 손님이 나의 식사하는 것을 보고는, "오늘 음식은 무슨 찬(饌)이오?" 하기에 내가 "이 음식은 풍년찬(豐年饌)이오." 하였다. 손님이 말하기를, "금년은 흉년이 들었는데 어째서 풍년이라 하오?"하기에 내가 말하기를, "이 음식은 신김치 · 짠김치 · 생채(生菜)가 모두 무이니, 이는 삼백(三白)이오. 옛말에 이르기를 '납일(臘日) 전의 삼백은 풍년의 징조이다.' 했소." 하였더니, 손님이 마침내 껄껄 웃으며, "동파(東坡)의 효반(皛飯)에 비하면 그래도 뜻이 심오하오." 하였다.』[260]

여러 가지 종류의 김치가 발달하게 된 것은 아마도 밥상에서 김치는 빠질 수 없는 음식이었기 때문일 것이다. "빼어난 경치 속에서 신 김치를 마늘과 함께 곁들이네(絶勝酸葅與老葱)"[261]라는 송명흠의 기록 역시 조선시대에 김치를 즐겨 먹던 여러 가지 모습을 보여주는 것이다. 다산의 시문에는 미나리를 안주 삼아 술을 마시는 장면이 생생히 묘사되어 있다. 앞의 한문 어휘의 김치 종류에서 본 것처럼 미나리는 김치로도 먹었다.

『미나리 푸성귀로 안주거리 삼았는데, 새로 거른 맑은 술 술잔에 넘치누나.
뾰족한 송편 고기로 떡소를 만드느라, 한낮이 될 때마다 산가 아내 바쁘다네.』[262]

다산의 채소목록에 빠지지 않았던 미나리는 김치로 만들어 상식하였음을 보여주는 기록이 ≪경모궁의궤·도설·설찬도설≫에도 나온다. 이는 미나리가 백성들뿐만 아니라 궁중에 이르기까지 다양한 용도의 음식재료로 사용되었음을 보여주는 증거이다.

미나리는 피를 맑게 해주는 대표적인 식품으로 궁중에 진상하던 식품이다. 정유 성분으로 인하여 독특한 향과 맛을 지니고 있어 여러 요리에 첨가해 주는 재료로 사용되기도 하지만, 비타민 A와 비타민 C, 칼슘, 철분 등 무기질이 풍부한 알칼리성 식품이다. 속담에 "처갓집 세배는 미나리강회 먹을 때나 간다"는 말처럼 날씨가 풀리기 전 얼음구멍을 뚫고 캐낸 미나리야말로 진짜 별미다. 봄 미나리는 계절을 앞서 알리는 전령사이며, 다른 채소에서는 맛보기 쉽지 않은 독특한 향기와 풍미가 있다. 특히 비타민 B군이 풍부하기 때문에 춘곤증을 없애는 데도 좋아서 미나리는 봄철이 제격이다. 요즘은 봄철에 미나리 김치를 별미로 담가 먹지만 조선시대 초기만 해도 조상들은 배추김치 대신 미나리 김치를 주로 먹었다. 조선 초기는 아직 배추가 널리 보급되기 이전으로 배추 대신 무를 비롯한 각종 야채로 김치를 담갔다. 그중에서도 미나리 김치가 대세였던 것 같다. 세종실록에는 제사 때 미나리 김치를 두 번째로 진열해야 한다는 대목이 자주 보인다. 그만큼 미나리 김치를 많이 담갔다는 뜻일 것이다.

성종 19년(1488년) 명나라 사신으로 조선을 다녀간 동월(董越)이 쓴 조선부(朝鮮賦)라는 글에는 "한양과 개성에서는 집집마다 모두 작은 연못에 미나리를 심는다"는 기록이 있다. 도교 경전인 열자(列子)에 미나리를 키우는 농부가 세상에서 미나리가 가장 맛있는 줄 알고 임금님께 바쳤다는 고사로 인해 미나리는 충성을 표상하게 됐다. 또 공자는 시경(詩經)을 인용해 인재를 발굴하는 것을 미나리를 뜯는 것에 비유했다. 이러한 연유로 우리 선조들은 자식이 열심히 공부해서 훌륭한 인재로 커주기를 바라는 마음을 담아 미나리를 심었던 것이다.[263)]

다산도 강진유배 중에 초당에 미나리 방죽을 만들어 직접 미나리를 키워 먹고, 남은 것은 내다 팔아 문방사우를 구매해 썼다는 이야기도 전해진다.

미나리김치는 아작아작 씹히는 맛과 향이 오래도록 남는 별미 김치이다. 6월 초순이 넘으면 미나리는 질겨지고 특유의 냄새 때문에 김치로 먹기 적당하지 않다. 잎을 잘라 낸 미나리를 살짝 데치거나 소금물에 간을 하였다가 물기를 뺀 다음, 통고추, 마늘, 멸치젓, 새우젓, 양파, 생강, 약간의 밥을 갈거나 찹쌀죽으로 만든 양념으로 버무린다. 간을 할 때 세게 하면 줄기에서 수분이 빠져 질겨지기 때문에 연한 소금물로 간을 하여야 한다. 미나리는 끓는 소금물에 살짝 데쳐 섭취하는 것이 플라보노이드 색소의 이용 측면에서 유용한 것으로 보고[264)]되고 있다. 사찰에서는 젓갈을 넣지 않고 무와 섞어 국물김치로 만들어 먹기도 한다.

미나리는 김치와 나물로도 먹었지만, 탕의 재료로도 썼다. 미나리는 찬 성질로 술의 열독을 풀어주고 소변과 대변을 잘 나오게 하는 효능이 있으므로 술을 즐겨 마시는 사람의 속을 시원하게 풀어준다. 그래서 쏘가리탕이나 복어탕, 대구탕 등에 미나리를 듬뿍 넣어 먹는 것이다. 특히 남도에서는 오리탕에 미나리를 넣어 먹는다. 들깨를 갈아 넣고 끓인 고소한 오리탕 국물은 향긋한 미나리 향과 어우러져 광주에서는 맛집으로 검색되는 오리탕 거리를 형성하고 있다.

4-2. 나물

산이나 들에서 채취한 식물 또는 채소로 만든 반찬을 통틀어 나물이라고 한다. 나물은 사람이 먹을 수 있는 야생식물의 재료를 총칭해서 부르는 말이다. 익히지 않고 먹으면 채소이고, 익혀 먹는 것은 나물이었다. 나물은 삶고 말리는 과정을 거친다. 우리조상들은 사시사철 산뜻한 맛과 싱그러운 향기, 아름다운 색깔이 가득한 나물을 즐겨 먹었다. '아흔아홉 나물 노래를 부를 줄 알면 삼년 가뭄도 살아낸다.'라는 속담처럼 산과 들에 나는 다양한 나물의 종류를 아는 것이 곧 생존능력이었다. 새해 첫 보름달이 뜨는 음력 1월 15일을 뜻하는 정월 대보름에는 오곡밥과 함께 아홉 가지 나물을 해 먹는 것이 우리나라의 오랜 전통이다. 이 때 먹는 나물은 모두 가을에 미리 말려서 보관해 두었던 것으로 겨우내 부족했던 비타민이나 무기질을 보충하고 잃어버린 입맛을 되찾는 데 도움을 준다.

또한 조선후기는 특히 기근이 심각하여 왕들은 백성을 먹여 살리기 위한 구황작물로 채소에 주목하였다. 그래서 이를 백성들에게 소개하기 위한 구황서도 많이 편찬했다. 전쟁을 잇따라 겪은 조선후기에는 이런 구황식품 개발이 정책적으로 한층 중요시되었다.[265]

구황대책과 구황식품에 관한 연구는 18세기 말엽에 이르러서도 실학자들을 중심으로 활발히 진행되어 ≪산림경제≫와 ≪목민심서≫ 등에 구체적으로 정리되어 있다. ≪목민심서·진황6조≫ 에는 "흉년에 굶주린 백성들이 나물로 양식을 대신하므로 염정(鹽丁)에게 미리 값을 치러서 장을 담가 넉넉히 준비하게 하는 것이 좋다."라고 되어 있다. 이는 나물을 양식으로 삼을 때 소금을 치지 않으면 먹기 힘들기 때문에 소금 값이 배로 치솟는데 대비하려는 방책이었다. 또 다시마는 반드시 초가을에 새롭고 좋은 것을 구하여 저장하고, 마른 새우는 값이 싸기 때문에 많이 준비해 두었다가 죽을 쑤어 먹는 것이 좋다고 했다. 이어 콩, 바닷말, 도토리, 칡뿌리, 쑥 등을 구황식품으로 소개하고 있다.[266)]

나물은 전 세계적으로도 드문 한식만의 독특한 음식 조리법이다. 나물을 만드는 방법에는 재료를 날로 무쳐서 먹는 생채와 데치거나 삶은 다음 양념을 넣고 무치거나 기름에 볶는 숙채로 나뉜다. 나물이 없이 한국의 비빔밥이 전 세계적인 글로벌식품이 될 수 있었을까? 양념으로는 간장, 깨소금, 다진 파, 다진 마늘 등을 넣는데 초는 넣지 않는 것이 정석이다. 빛깔을 깨끗이 하기 위해서는 간장 대신 소금을 쓰기도 하며, 옛날에는 깨소금 대신에 실백가루를 많이 썼다. 고사리, 취나물, 고구마줄기, 토란대, 죽순, 머위, 도라지 등은 삶거나 데쳐서 말렸다가 먹는 대표적인 숙채이다.

나물마다 그 특성이 달라서 조리법도 다르다. 고사리의 경우 독이 있어 반드시 삶아서 말려야 하고, 삶으면 찬 성질을 완화해 열을 내리고 정신을 맑게 하는 효과가 있다. 도라지는 쌉쌀한 사포닌 성분이 빠져 나가지 않도록 다시마 국물에 재었다가 바로 조리하는 것이 좋다. 머위는 독특한 향이 일품인 토종 허브다. 섬유질과 칼슘이 많아 변비나 골다공증 예방에 좋고, 잃었던 입맛을 살려 낸다. 죽순은 봄철 최고의 보양식으로 손꼽힌다. 땅을 뚫고 순식간에 자라나는 죽순은 엄청난 생명의 기운을 가지고 있기 때문이다. 그런 탓에 ≪동의보감≫에서는 "죽순은 강한 기운을 북돋아 주는 음식"으로 평가하고 있다.

채소밭 가꾸기를 좋아하였던 다산의 시에 주로 등장하는 나물은 순채이다. 순채는 연꽃잎과 비슷한 모양을 하고 자생하는 곳 또한 연못이라 연과 비슷하다. 임금님 상에도 올랐다는 순채 나물은 순나물이라고도 불린다. 주로 나물로 무쳐서 먹지만, 전골이나 탕, 고기요리에도 응용하여 먹는다. 진나라 때 장한이 고향의 순채국이 그리워 벼슬을 그만 두고 고향으로 돌아간 사례를 차운하고 있다.

『장한은 진정으로 순채 생각 이뤘거니, 전군 어찌 반드시 마의를 저버리랴.
세속에서 물러남은 실로 좋은 일이건만, 절반은 남에 의해 절반은 자신이 어겼다네.』[267)]

≪다산시문집≫에 언급된 순갱노회는 순채국과 농어회를 말한다. 고향의 맛있는 음식을 뜻하는 말로 이 역시 장한이 벼슬을 그만두며 한 말이다.

『가을 되면 순갱노회 고향 찾아 돌아가서
너와 함께 분을 풀고 수치도 씻어보리.』[268)]

≪다산시문집≫[269)]에는 형제들과 함께 천진암에서 노닐며 냉이, 고사리, 두릅 등 56종이나 되는 산나물을 먹었다고 적고 있다. 다산시문집에 따르면 나물을 야생에서 채취하여 먹기도 하였지만, 또 다른 한편에서는 아이종이 나물밭의 풀을 메는 광경을 그리고 있는 것으로 보아 나물을 직접 가꾸어 먹었음을 알 수 있다.

『문 위의 연한 먹물 현판이 걸린 조촐할 사 한 채의 초당이로세.
아이종은 나물밭을 매어 가꾸고, 어린애는 책상에 장난을 치네.』[270)]

다산의 아들 정학유(丁學游:1786-1855)도 아버지의 뜻을 이어 농업을 중시했다. 그가 지은 ≪농가월령가≫의 정월, 이월, 삼월령에는 나물에 관한 이야기가 특히 많이 나온다. 이 글을 통해 볼 때 봄에 채소를 심고 가꾸고 산과 들에서 나물을 캐는 것이 얼마나 중요한 농사일이었는지를 알 수 있다.

> 『움파와 미나리를 무 싹에 곁들이면
> 보기에 신선하여 오신채를 부러워 하랴
> 묵은 산채 삶아 내니 육미를 바꿀소냐(정월령)
> 산채는 일렀으니 들나물 캐어 먹세
> 고들빼기 씀바귀며 소로쟁이 물쑥이라
> 달래김치 냉이국은 비위를 깨치나니(이월령)
> 울 밑에 호박이요 처맛가에 박 심고
> 담 근처에 동아 심어 가자하여 올려보세
> 무, 배추, 아욱, 상추, 고추, 가지, 파, 마늘을 색색이 분별하여
> 빈 땅 없이 심어놓고
> 갯버들 베어다가 개바자 둘러 막아
> 계견을 방비하면 자연히 무성하리
> 외밭은 따로 하여 거름을 많이 하소
> 농가의 여름반찬 이 밖에 또 없는가(삼월령)』

다산의 외증조부 공재 윤두서(尹斗緖:1668-1715)는 채소를 소재로 한 봄 풍경을 그렸다. 이른 봄 산골에서 두 아낙네가 나물을 캐는 모습을 그린 풍속화 채애도(採艾圖)가 그것이다. 윤두서 뿐만 아니라 손자 윤용(尹榕:1708-1740)도 나물 캐는 아낙네의 모습을 그린 협롱채춘도(挾籠採春圖)가 있다. 봄기운이 가득한 들녘에 나물 캐러 나온 여인이 망태기를 끼고 호미를 든 채 먼 들판을 바라보고 있는 모습이다. 할아버지에 이어 손자까지 나물 캐는 여인의 모습을 담은 그림을 남겼다. 이는 나물 캐기가 조선시대의 중요한 삶의 일부였음을 깨닫게 한다. 이처럼 채소와 나물은 우리 민족의

생명줄이었다. 그래서 봄이 되면 긴 겨울 동안 모자랐던 영양을 채우기 위해 봄나물을 캐는 것이 중요한 일상이었던 것이다.

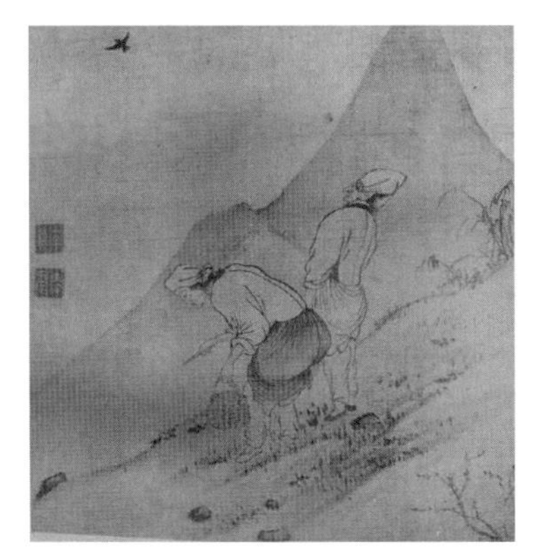

〈그림 95〉 윤두서, 채애도 〔윤씨가보〕

〈그림 96〉 윤용, 협롱채춘도(나물 캐는 여인) 〔간송미술관〕

5. 낚시생활

다산은 낚시생활을 동경했다. 자신의 힘으로 어쩔 수 없는 혼탁한 사회 속에서 무력감을 느낄 때마다 관직생활 중에 모함을 당하고 탄핵을 당할 때마다 강호에 눕고 싶어 했고, 고깃배를 타고 낚시생활을 즐기고 싶어 했다. ≪다산시문집≫에는 다산이 낚시를 좋아하여 고깃배를 샀다는 증거가 되는 시도 있다.

> 『재상 자리 탐내던 소진 장의 내 다 싫고,
> 초계 삽계[271] 찾아가서 고깃배 사기로 하였다오.
> 푸른 개구리밥 붉은 여뀌 시원한 물가에서
> 오리 갈매기 그들이야 날 모략하지 않겠지.』[272]

〈그림 97〉 낚시하는 모습, 정선 작 ≪양평을 거닐다≫ 25쪽 [국립중앙박물관]

다산은 탄핵되어 파직이 된 자신의 처지에도 오히려 흘가분해 하며 물에서 마음껏 유형하는 물고기가 되고 싶다고 썼다.

『파직 당하고 나니 집안은 썰렁해도, 마음이 편해 병이 싹 가시네.
비내리면 준벽 그림[273]을 보고, 날 들면 경황[274]에 글씨를 쓰지.
조천의 말은 팔아 없애고, 마음껏 물에 노는 물고기가 되려네.
무너진 죽란도 보수를 못했으니, 이제 농삿집에도 마음 써야지.』[275]

파직되어 고향에 머물러 있는데도 간신들의 모함이 계속되는 것을 괴로워하는 안쓰러운 다산의 모습도 보인다.

『잠시 먼지 속을 떠나렸더니, 강바람이 다시 위세를 부리네,
뒤집히는 흰 물결 산에는 잎이 날리고, 체이는 붉은 것 들에 꽃이 떨어져.,
씨 뿌리고 거두는 일 아마 하늘 뜻이려니, 고기 잡고 나무하며 날을 아껴야지.
세상 요리하는 자 조정에 따로 있으니, 사립문 닫고서 들어 앉아야겠네.』[276]

다산은 거룻배를 타고 낚시를 하는 것 외에도 그물 치고 고기를 잡는 것도 좋아하게 되었다고 쓰고 있다.

『그물 치고 고기 잡는 취미가 이미 생겨
거룻배로 오호에 뜨는 것 부럽지 않다오』[277]

다산은 남양주 부근 푸른 풀들이 자란 모래톱에서 고기를 잡은 정경을 그리고 있다.

『매양 보리누름에 이르러 고기를 잡으려고
세찬 물결에 큰 그물 일자로 연했는데,
표지를 세우매 오소리 달아날까 걱정이더니
고기를 담으매 그제야 거위 싸간 걸[278] 알겠네.』[279]

온종일 바람만 불고 고기가 잡히지 않아 배 위에서 낮잠을 자던 여유로운 모습도 보인다.

『흔들리는 낚싯배에 비뚤어진 낚싯대가
물에 누운 수양버들 가지 사이에 있어
온종일 바람만 불고 고기는 안 오르니
봄 물결에 배 띄우고 거나한 채 잠이나 잔다네.』[280)]

다산은 강가에 배를 메고 벼슬살이에 지친 몸과 마음을 쉬다가 관청으로 들어가 공문서를 검토하였다고 쓰고 있다.

『물에 비친 저 꽃가지 그림처럼 아름다워, 단풍나무 뿌리에다 닻줄 매고 서성댔지. 숲이 짙어 꾀꼴새가 더 이르게 나와 있고, 못에 물은 얕아도 은어가 살고 있네. 전원을 잠시 빌려 병든 몸이 누웠다가, 마지못해 다시 돌아가 공문서를 검토한다. 수목을 잘 가꾸어 유휴 장소 마련했으니, 맑은 고을은 국가 대계에 등한하다고 말을 말게.』[281)]

다산은 어부처럼 서민생활을 즐기려는 생각을 갖고 있었으며, 시문에는 낚싯배를 타고서 낚시를 즐기는 모습들이 많이 기록되어 있다. 고기를 잡는 법을 아는 것이 곧, 백성을 살리는 방법이라고 생각했다. "백성 살리는 법 알고 싶으면, 나무하고 고기 잡는 법 배우는 길뿐이야"[282)] 다산의 시문에는 고기 잡는 법이 사실적으로 그려지고 있다. 낚시배를 타고 잡는 방법, 통발을 이용해서 잡는 방법, 대울을 쳐서 잡는 방법, 그물로 잡는 방법이 그것이다.

『섬 가를 따라 도노라면 그 흥도 만만찮아
물풀 위에 바람 잘 때 그물을 또 친다네.』[283)]

또한 그물을 치는 나이든 영감이 뱃사공보다 고기를 더 많이 잡는 모습도 그려져 있다.

『서 있는 백의인이 곧바로 보이더니
다시 보니 그물을 든 고기잡이 영감이로세
뱃사공이 돛 내리고 풀이 죽어 고개 떨구네.』[284]

두미에서 어부들이 그물을 쳐서 새로 담근 술의 안주를 할 수 있을까 하고 기대하였으나 한 마리도 잡지 못한 아쉬움을 시로 표현하고 있다.

『흑수의 깊기가 운몽의 늪과 같아서 교룡의 굴택도 그 물 속에 다 있다오. 쏘가리 올라오고 농어도 살쪘는지라 그물 친단 말만 들어도 입맛이 다셔진다네. 앞배의 어부는 떠들지 않아 조용한데 뒷 배사람은 이야기 하며 멀리서 손 흔드는데, 한 자쯤 되는 고기 한 마리만 잡았어도 회쳐서 새로 담근 술 떠 마시기에 좋았고』[285]

바다가 아닌 화순에서 민물고기를 잡았다는 내용도 있다. 강가에 흰 은어 떼가 무리지어 유형하는 것을 보고 아전들이 당장이라도 물속에 들어가서 삼태그물(罾穌)이나 종다래끼(笭)[286]로 은어를 잡았으면 좋겠다는 마음을 표현했다.

『소대라는 골짝 어귀 작은 시내 뻗었는데, 희디 흰 은어 떼들 두 세치가 조금 넘어. 삼태그물 통발이며 종다래끼 가져와서, 아전이 어부 되어 잡아봄도 좋겠구나.』[287]

노량진에 돌아와 잉어를 낚아내는 장면도 묘사하고 있다. 강가 마을에 사는 늙은 군사가 고기 잡는 솜씨가 노련하여 넉자 잉어를 낚아내는 모습을 그렸다. 다산의 마음 한켠에는 부러움이 자리하고 있다.

『말단 장수 세밑에 공사 없이 한가로워 술 거르고 소 잡아 한번 취해 보고 지고, 강변 마을 늙은 군사 고기잡이 노련하여 넉자 길이 붉은 잉어 낚싯대로 낚아내네.』[288]

고기구덕이 없던 그 시절에 고기를 잡아서 버들가지에 꿰어 가지고 돌아오는 모습도 그리고 있다.

『관솔불로 앞서가는 사공 뒤를 따라가니 버들가지 꺾어서 물고기 꿰어 들었구나.』[289]

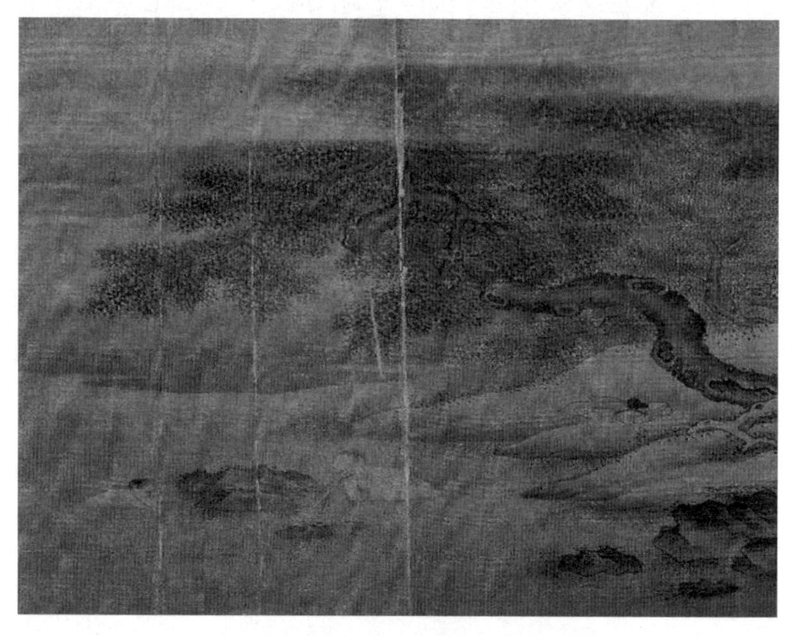

〈그림 98〉 윤두서의 〈수탐포어도(手探捕魚圖)〉 〔국립중앙박물관〕

위 그림은 정선, 심사정과 함께 조선 후기의 삼재로 불리는 문인화가 공재 윤두서가 손으로 물고기를 잡는 부자를 그린 그림, 즉 〈수탐포어도(手探捕魚圖) 손으로 탐색하여 고기를 잡는 그림〉이다. 아버지로 짐작되는 어른과 아이가 함께 물에 몸을 담고 있고 어른은 물고기를 꿴 갈대를 입에 물고 있다. 갈대는 잡은 물고기를 아가미에 꿰어서 보관하기 위한 것이다. 아이는 물 속 바위 아래를 손으로 더듬어 물고기를 찾고 있다. 당쟁의 심화로 벼슬을 포기하고 학문과 시·서·화로 생애를 보낸 윤두서가 마치 자신의 아들과 물고기를 잡는 평화로운 정경처럼 느껴진다. 낚시생활을 좋아했던 다산은 낚시로 잡은 물고기를 즐겨 먹었을 것으로 보인다. 강진유배 중에 대숲에서 놀면서 천렵하여 얻은 생선으로 승려들과 찜을 하여 먹던 풍경도 그려져 있다.

『대밭놀이 음식일랑 중에게 맡겼는데 가여울 손 그의 모발 날마다 더부룩해
지금은 중의 계율 모두 다 내버리고 생선찜 도맡아서 제 손으로 만든다네.』[290)]

6. 원포경영

다산은 원포경영에 대하여 다음과 같이 충고한다. 조정에서 벼슬하는 사람을 '사(士)'라 하고, 들에서 밭을 가는 사람을 '농(農)'이라 한다. 귀족의 후예로 먼 지방으로 유락하여 몇 대가 지나면 벼슬길이 마침내 끊어지고 만다. 오직 농사로 노인을 봉양하고 어린 것들을 기를 수 있다. 하지만 농사란 것은 천하에 이문이 박한 것이다. 게다가 근세에는 토지세가 날로 무거워져 농사를 많이 지으면 오히려 더 낭패를 보게 된다. 모름지기 원포(園圃)로 이를 보충해야 유지할 수가 있다.

진기한 과일을 심는 것을 '원(園)'이라 하고, 좋은 채소를 기르는 것을 '포(圃)'라고 한다. 집에서 먹기 위한 것이기도 하지만 이를 팔아 돈을 만들기도 한다. 큰 고을이나 도회지 곁에 진기한 과일나무 열 그루를 심으면 한 해에 엽전 50꿰미를 얻을 수 있다. 좋은 채소를 몇 이랑 기르면 한 해에 20꿰미를 거둘 수 있다. 여기에 더하여 뽕나무 40~50그루를 심고 누에 5, 6칸을 기른다면 또한 30꿰미의 물건이 된다. 매년 100꿰미를 얻는다면 춥고 굶주리는 것을 구하기에 충분하다. 이것은 가난한 선비가 마땅히 알아두어야 할 일이다.[291)]

이런 신념 때문에 다산은 농사 대신 원포경영에 유독 집착했다. 젊어서부터 정원 가꾸기에 각별한 관심을 보였다. 도시에서 뿐만 아니라 고향집과 유배지의 처소에서까지 정원과 원림조성을 통한 이상적인 주거의 실현에 강한 욕망을 가지고 있었다. 집 안에는 사계절 변화를 고루 즐길 수 있는 갖가지 화초를 선별하여 심고 관리하였다. 또한 집안 살림은 자립자족이 가능한 농사경영이 가능해져서야 비로소 완성되는 것이기 때문에 채마밭과 원포(과수원)를 운영하고자 했다. 조선 후기 실학자이자 시인인 유득공(柳得恭:1749-1807)은 콩과 무를 심은 작은 채마밭에서 시상을 다듬고 휴식하는 안빈낙도의 공간으로 삼았다. 하지만, 다산에게 채마밭은 정신을 수양하는 마음의 밭이 아니라 생계를 위한 생활공간이었다.

두 아들에게 보낸 편지에도 원포경영을 당부하면서 그 이유를 상세히 쓰고 있다. 원포를 경영해야 하는 이유는 생계에 보탬이 되기 위해서이다. 뽕나무를 길러 누에를 치고, 유실수를 심어 과일을 딴다. 종이 원료와 옻칠할 물감을 마련하기 위해 닥과 옻나무를 기른다. 재목으로 쓸 만송과 노송, 열매를 따 먹으려고 석류와 포도를 기른다. 운치를 북돋우려고 거처 앞에는 파초를, 빈 땅에는 그늘을 두기 위해 버드나무를 심는다. 국화를 심으면 그것을 내다 팔아 경제에 보탬을 얻을 수 있다. 생지황과 반하 등 귀한 약초와 쪽과 꼭두서니 등 붉고 푸른 물감 원료들은 특히나 경제활동에 큰 보탬이 된다. 땅은 쪽 고르게, 흙은 덩이가 가늘게 해서 분가루처럼 고와야 한다. 집에서 먹을 각종 채소와 야채도 구간을 나눠서 기른다. 마늘과 파는 특히 없어서는 안 된다. 미나리도 기를 수 있다.

> 『시골에 살면서 원포를 가꾸지 않으면 천하에 버린 사람이다. 나는 국상(國喪)으로 바쁜 중에도 오히려 만송 열 그루와 노송나무 한 쌍을 심었다. 만약 지금 내가 집에 있었다면 뽕나무가 수백 그루에 접 붙인 배가 몇 그루요, 옮겨 심은 능금도 몇 그루는 되었을 것이다. 닥나무는 이미 밭을 이루었겠지. 옻도 이미 남의 밭두둑까지 뻗어 나갔을 것이다. 석류도 벌써 여러 그루이고, 포도는 몇 시렁은 되었을 게다. 파초도 너댓 뿌리는 되었겠지. 쓸모없는 땅에는 버드나무가 대여섯 그루 쯤 될 테고, 유산의 소나무는 하마 몇 자는 자랐을 게다. 너희는 이 중 한 가지라도 해 보았느냐? 너희가 국화를 심었다고 들었다. 국화 한 두둑이면 가난한 선비의 몇 달치 양식을 지탱할 수가 있다. 꽃을 보는 것 뿐이 아닌 것이다. 생지황, 반하, 도라지, 천궁 등속과 쪽풀과 꼭두서니 따위는 모두 마음을 쏟아야 한다. 채마밭을 정돈할 때는 모름지기 아주 평평하고 반듯반듯하게 해야 한다. 흙손질도 모시 곱고 깊게 하여 가루처럼 부드러워야 한다. 씨를 뿌리는 것은 몹시 고르게 하지 않으면 안 되고, 모종은 아주 널찍하게 심어야 한다. 이렇게 하면 된다. 아욱과 배추, 무를

한 구역씩 기르고, 가지와 고추 등속은 각각 구별하는 것이 마땅하다. 하지만 마늘과 파를 심는데 가장 힘을 기울이는 것이 옳다. 미나리 또한 심을 만하다. 한 여름 석달의 농사로는 외 만한 것이 없다. 비용을 절약하면서 근본에 힘쓰고, 아울러 아름다운 이름마저 얻는 것이 바로 이 일이다.』[292)]

이처럼 다산은 두 아들에게 보내는 편지글에서 과일나무와 채마밭을 가꾸는 정황을 섬세하게 묘사하고 있다. 무, 배추, 상추, 쑥갓, 토란, 파, 마늘, 아욱, 부추, 가치 등 갖은 종류의 채소를 길러야 한다고 주문했다. 길러야 할 작물에 따라 땅의 면적까지 특정해 주었다.

다산이 다산초당으로 옮겨와서 지내던 1810년 7월 28일 아침에 강풍과 폭우를 동반한 태풍이 남해안 일대를 강타했다. 하늘 높이 솟은 파도의 물살을 바람이 휘몰아 강진 일대에 소금비가 되어 뿌려졌다. 산천초목이 온통 소금물에 절여져서 농사는 물론 산과 숲과 들판의 초목이 시들어 죽어 갔다. 이 때의 정경을 그린 소금비(鹽雨賦)라는 시에는 갖가지 나무와 대나무의 종류, 채소류 등이 상세하게 기록되어 있다. 이 시를 통하여 다산이 과일나무와 채소류에 대하여 얼마나 해박한 지식을 가지고 있는가를 짐작할 수 있다. 해당되는 부분만 발췌하여 살핀다.

『~생략~ 천지는 참담하여 빛이라곤 간 데 없고 숲동산은 스산하여 생기를 잃었구나. 능수버들 소나무 단풍나무 향나무 노나무 가죽나무 박달나무 예장나무 귤나무 유자나무 감나무 아가위나무 고욤나무 대추나무 배나무 사당나무 개복숭아나무 참복숭아나무 개암나무 밤나무 앵두나무 매화나무 산뽕나무 들뽕나무 은부나무 산오얏나무 산앵두나무 은행나무 광나무 등의 나무들이 가지 꺾이고 잎 떨어져 산야에 모두 쓰러졌고 갓대 조릿대 해장대 이대 솜대 왕대 등의 대나무도 어지럽게 부러져서 넘어져 쳐졌을 땐 고기 가시 빽빽이 솟고 날려서 굴러갈 땐 표범 털가죽 찢어진 듯 거기에다 또 다시 양하풀 여뀌 메밀 단수수 생강 토란 부추 달랑귀 파 마늘 냉이 올매 차조기 고추 배추 개자 무후나물 등의 식물까지 짓무르고 녹아내려 꼬락서니 추잡구나 ~하략~』[293)]

채소를 분류하는 기준은 여러 가지가 있지만, 식재료로서의 채소는 먹는 부위를 중심으로 나누어 볼 수 있다. 즉, 주로 잎을 먹는 엽채류, 줄기를 먹는 경채류, 뿌리를 먹는 근채류, 열매를 먹는 과채류, 꽃잎이나 꽃봉오리를 먹는 화채류, 균류에 속하는 버섯류 등이다. 채소는 야생 식물을 개량하여 인간의 부식물로 재배된 초목식물을 말한다. 농경의 정착과 함께 야생식물도 재배하게 되었는데, 채소를 먹지 않고 사는 민족은 없다. 거의 육류와 생선에 의지해 살아가는 에스키모인도 약간의 채소를 섭취한다. 목축에 의존해 살아가는 유목민인 몽골이나 티베트 사람들은 부족한 채소 섭취로 인한 비타민C 결핍을 중국 윈난 지역으로부터 차를 수입해 해결해 왔다. 유명한 차마고도가 탄생한 배경이다.[294]

〈표 6〉 채소 분류에 따른 식물명

구 분	종 류
엽채류	배추, 갓, 상추, 깻잎, 시금치, 쑥갓 등
경채류	양파, 마늘, 꽃양배추, 아스파라거스, 죽순 등
근채류	무, 순무, 당근, 우엉, 고구마, 마, 감자, 연근, 생강 등
과채류	오이, 참외, 호박, 가지, 고추, 토마토, 완두, 강낭콩 등
화채류	식용국화, 브로콜리, 아티초크, 콜리플라워 등
버섯류	표고버섯, 송이버섯, 목이버섯, 느타리버섯 등

다산은 원래 채소밭 가꾸기를 좋아 했는데, 강진으로 유배 온 이후 더욱 할 일이 없어 그러한 생각을 더 하게 되었다. 그런데 땅이 좁고 힘이 못 미쳐 할 수 없었지만 마음속으로는 잊지 않았다. 다행히 이웃에 작은 채소밭을 가꾸는 사람이 있어 가끔 가서 그것을 보고, 보고 나면 마음이 또 편안해지는 것은 자신의 성품이 채소밭 가꾸기를 좋아하는 증거라고 밝혔

다.[295] 아울러 원하는 바를 이룰 수 없는 자신의 신세를 서글퍼 하였다.

다산은 소동파가 황주에서 귀양살이 할 때 친구 마몽득(馬夢得)[296]이 옛 병영지를 빌려서 농사를 짓게 하였음을 회상했다. 그러나 자신은 유배된 지 5년이 되었으나 세상이 비루해지고 의리가 퇴색하여 동파의 친구 마몽득과 같은 사람을 만날 수 없었기에 슬퍼했다. 이러한 아쉬움을 다산은 다산초당으로 거처를 옮기기 전인 1805년 강진 읍내에 있을 때 시로 남겼다.

『젊은 시절 채소를 가꾸고 싶었지만 운명이 그래서인지 뜻대로 안 되었고
남으로 와서나 그 소원을 풀어 맛좋은 반찬 삼아볼까 했더니만
알다시피 한 뙈기밭도 없거니 땅에서 나는 것 무슨 수로 얻겠는가
지금은 적막한 그 때 마정경 그 인성 기리며 서글퍼할 뿐이네.』[297]

다산의 유배지 강진은 해산물이 많아 해초며, 물고기, 새우를 구하기가 쉽고 양하와 귀한 고구마가 토산이다. 이를 구하러 사람들이 몰리다보니 힘든 농사일을 중히 여기지 않아 방법도 서툴렀다. 허리만 굽히면 고기를 잡을 수 있었기 때문에 밭을 갈고 물대는 농사일로 고생하려 하지 않았다. 다산이 강진 지역의 낙후된 채소재배 현실을 유난히 안타까워한 데는 그만큼 스스로가 농사에 대한 지식과 경험이 풍부하였기 때문이다. 다산의 시문 곳곳에 각종 채소를 어떻게 재배해야 좋은지가 담겨있을 뿐 아니라 두 아들에게 부쳤던 편지에도 유사한 내용이 적혀 있다.

『바닷가라서 좋은 채소는 적고 좋다는 것으로는 쑥갓 정도라네
허리만 굽히면 잡히는게 물고기와 새우인데 누가 쟁기질과 물 대는 수고를
하겠는가 젊은 시절 채소밭을 가꾸고 싶었지만 운명이 그래선지 뜻대로 안
되었고 남으로 와서나 그 소원을 풀어 맛좋은 반찬 삼아볼까 했더니만,
알다시피 한 뙈기 밭도 없거니 무슨 수로 땅에서 채소를 얻겠는가.
내겐 소식을 따르던 마정경과 같은 이 없어 쓸쓸해라

서글프게 그의 어진 명성을 기릴 뿐. (중략)
미나리도 임금께 바칠 만한 물건이고 등짝에 내리 쬐는 햇볕도 마찬가지
양하[298]로 고질을 치료하면 침이나 쑥뜸 쓰지 않아도 되네
토산으로는 귀한 고구마가 있어 구하는 이들이 이리로 몰려든다네
남쪽은 토질이 물러 비 오지 않아도 흙덩어리가 부서지네.
이웃 사람의 작은 밭 구획이 나의 사립문 밖에 있는데.
밭두둑 가꾸는 법은 틀렸어도 제법 무성하게 자라,
때로 지팡이 끌고 가서 보면 내가 좋아하는 것이 거기 있다네
오랜 소식(素食)에 맛을 들여놓으면 구운 고기와 가는 회를 누가 부러워
하랴.』[299]

다산초당에 기거하던 시절(1805년)에 벼와 보리농사에만 집중하고 채소농사는 뒷전인 강진 사람들의 농사습관을 이 시는 세세히 기록하고 있다. 약재로 쓰이는 구기자를 먹지 않는 모습도 〈소장공 동파 시에 화답하다〉(제5권) 제5수에서 지적하고 있다.

『읍내에 민가가 빽빽이 차 있으니, 한 치의 땅인들 버려질 리가 있나
들판엔 푸른 벼, 누런 보리가 번갈아 눈앞에 펼쳐져 있네
이 고을 풍속은 구기자를 먹지 않아 해묵은 가지가 울창하게 뻗어났네.
씨 퍼지되 좁쌀처럼 촘촘히 불어나서 무가 제대로 크지를 않네.
콩잎으로 끓인 국 생전 싫은데 이 지방 사람들은 음양곽처럼 먹네
나에게 채소밭 빌려줄 이 만난다면 지극히 그 은혜 잊을 수 없으련만.』[300]

동파와 다산은 유배라는 환경은 같았지만 유배지에서의 삶은 현격한 차이가 있었다. 다산이 〈소장공 동파시에 화답하다 8수에 화운(和韻)하다〉를 쓴지 3년 후에 그의 소박한 꿈은 이루어졌다. 유배된 지 8년만인 1808년 봄 강진 도암면 귤동의 윤단 산정으로 거처를 옮기면서이다. 즉 지금의 다산초당으로 옮긴 후 초당 옆에 계단식 밭을 만들어 채소를 가꾸었다. 채소밭을 일굴 당시의 정황을 시서에서 밝혔다.

『어느 날 매화나무 아래를 산책하다가 잡초와 잡목이 우거져 있기에 손에 칼과 삽을 들고 얽혀 있는 것들을 모두 잘라버리고 돌을 쌓아 단을 만들었다. 단을 따라 그 아래위로 차츰 차츰 섬돌을 쌓아 아홉 계단을 만들어 거기에 채마밭을 만들었다. 이어 동쪽 못가로 가 그 주변을 넓히고 화단을 새로 만들어 아름다운 꽃과 나무들을 죽 심었다. 그리고 거기에 있는 바위를 이용하여 가산(假山)을 하나 만들었는데, 구불구불 굽이지게 하여 샘솟는 물이 그 구멍을 통해 흐르게 하였다. 초봄에 일을 시작하여 봄을 다 보내고 나서야 준공을 보았는데 그 일은 사실 제자 윤문거 형제가 맡아서 수고를 해 주었고 나도 더러 도왔다. 그 일이 비록 곤궁한 자의 분에 맞는 일은 아니었으나 보는 사람이면 감탄을 하고 또 모두가 아주 좋다고 하여 시로써 그 기쁨을 나타내기로 하고 이렇게 팔십 운을 읊었던 것이다.』[301)]

다산은 이렇게 손수 일군 채마밭에서 채소를 기르면서 자신이 마치 소운경[302)]과 같은 처지와 심정으로 행복한 감정을 시[303)]로 쓰고 있다. 이 시에는 반찬거리가 되는 채소는 물론 약효가 있는 생강, 북쪽지방 사람들에게까지 인기가 있었던 감자와 토란, 산에서 밭에서 재배하던 채소, 배추, 쑥갓, 겨자 등을 길러 먹는 이야기를 소상히 적고 있다.

『반찬거리 국거리를 이웃에 가서 빌지 않아도 되니까
너무나 이채로웠던 소운경을 천년 내내 은일로 치지 않는가
먹을 것을 밭에서 힘써 가꾸니 꼭 집과 마누라가 있어야 한다던가
오래 전부터 몇 두락 사고 싶어도 게을러서 방법이 없었는데
금년에야 책을 팔아 돈이 왔으니 이 소망 드디어 이루게 되었네.
미나리도 임금께 바칠 만한 물건이고 등짝 쬐는 햇볕도 마찬가지지
생강은 그 성질이 약효까지 또 있어 침과 뜸 안 써도 병 고치네.
감자와 토란은 아주 귀한 것 이를 구하기 위해 이곳까지 떼지어오네.
남쪽의 양젓은 더욱 부드러워 굳이 태평성대를 바라지 않네.(중략)
미역은 비록 그 종류가 많다지만 이곳 짠 땅에선 수량도 부족해
산채는 진실로 아름답고 향기가 좋아 용안육이 좋다는 것 빈말이로다.
나는 오직 밭 채소 즐겨 심으니 산림에 사는 재미 이것이 으뜸이라네.

쑥갓은 연하고 벌레 반점 없고 배추는 살쪄서 실같이 안 늘어져
겨자 밭은 비록 산에 있지만 그 줄기 거세어서 스스로 버틴다네.』[304]

오랫동안 꿈꿔 왔던 채마밭을 다산초당에 만들었던 때는 48세 때이다. 다산은 윤규노 형제와 지역 젊은이들과 함께 다산초당 산등성이에 채마밭을 만들고 아욱 등 갖가지 채소씨앗을 심고 싹이 터서 자라는 모습을 시로 지었다. 비탈을 깎아 돌을 세우고 밭을 만들어 잡초를 뽑고는 밭두둑을 나누어 무, 부추, 파, 배추, 쑥갓, 가지, 아욱(葵, 한국고전번역원 DB에 '해바라기'로 잘못 번역), 상치, 토란 종자를 심었다. 그리고는 밭 옆 자투리 땅에는 심지 않아도 자연이 자라는 명아주, 비름, 구기자, 고사리, 쑥이 날 것을 염두에 두고 노루나 들짐승이 들어와 밟지 않도록 울타리를 쳤다. 늘 소원이었던 채마밭을 만들고는 함께 수고해 준 이들과 자축연을 하는 모습이 그려져 있다.[305] 다음의 글은 채소를 심고 가꾸는 일 등을 그린 부분만 발췌하였다.

『오만가지 씨앗 갖춰 파종을 하고 밭두둑을 제가끔 구분했다네
자줏빛 씨앗은 무청인게고 초록 터럭 모양은 부추로구나
늦파는 용뿔같이 싹이 트고 울승채는 하늘타리 열매 비슷해
쑥갓은 꽃이 마치 국화와 같고 가지는 하늘타리 열매 비슷해
아욱은 폐에 특히 효험이 있고 겨자는 구토를 그치게 하네
상추는 비록 잠을 많게 하지만 먹는 채소로 빼놓을 수는 없어
토란을 특별히 많이 심으니 옥삼죽이 입맛에 맞아서 일세
빈터에도 잡초만 제거해버리면 저절로 나 자라는 나물도 많아
곁채에다는 명아주 비름 기르고 울타리에 구기자나무 세우며
고사리 캐다가 국 끓여 먹고 쑥은 뒀다가 뜸 뜨는 데 쓰지
띠 엮어 노루 못 뜯어먹게 막고 말이 밟을세라 울 쳐놓았으니
채소밭 일은 대강 끝난 셈이기에 정원 못에 때를 닦아내기로 했다네.』[306]

다산 정약용은 유배지 다산초당 근처에 가꾸던 채마밭 외에 미나리밭도 일구어 미나리를 가꾸어 먹기도 하였다.

『집 아래 버려진 밭 새로이 파헤치고, 층층이 잔돌 쌓고 샘물을 채웠노라.
미나리 가꾸는 법 올해 들어 배웠으니, 저자의 푸성귀는 안 사도 되겠구나. 』[307)]

다산은 원포 경영 중 특히 채소를 찬양한 것이 돋보인다. 채소 위주의 소박한 밥상을 원했다. 이 글에서 보듯이 다산은 육류를 섭취할 수 있는 방법을 소상히 알고 있었으면서도, 육류보다는 채식을 좋아했다. 흑산도에 유배가 있던 약전 형님의 건강을 염려하는 지성스런 마음에서 형님에게 개고기 먹기를 권했다. 실학자 초정(楚亭) 박제가(朴齊家:1750-1805)에게 전수받은 요리법인 '초정의 개고기 요리법' 이라는 편지는 요리책의 한 페이지 같다.

『보내 주신 편지에서 짐승의 고기는 도무지 먹지 못하고 있다고 하셨는데, 이것이 어찌 생명을 연장할 수 있는 도(道)라 하겠습니까. 섬에 산개가 천 마리, 백 마리 뿐이 아닐 텐데, 제가 거기에 있다면 5일에 한 마리씩 삶는 것을 결코 빠뜨리지 않겠습니다. 도중에 활이나 화살, 총이나 탄환이 없다고 해도 그물이나 덫을 설치할 수야 없겠습니까. (중략) 삶는 법을 말씀 드리면, 우선 티끌이 묻지 않도록 달아매어 껍질을 벗기고 내장은 씻어도 나머지는 절대로 씻지 말고 곧장 가마솥에 넣어서 바로 맑은 물로 삶습니다. 그리고는 일단 꺼내놓고 식초, 장, 기름, 파로 양념을 해서 더러는 다시 볶기도 하고 더러는 다시 삶는데 이렇게 해야 훌륭한 맛이 나게 됩니다.』[308)]

개고기는 조선시대 궁중과 상류층에서도 먹었다. 정조 19년에 있었던 혜경궁 홍씨의 회갑연에 개고기찜(狗蒸)이 올랐다고 기록되어 있으며, 조선후기 실학의 선구자로 대동법을 만들어 시행했던 김육(金堉:1580-1658)

이 영의정으로 있을 때 생일음식으로 사돈이자 임금의 부마인 동양위 신익성(申翊聖:1588-1644)이 가져온 음식이 바로 삶은 개고기와 막걸리 항아리였다는 일화가 있다. 흔히 개고기를 영양이 많고 몸보신에 좋아서 먹는다는 사람이 적지 않다. 개고기를 우리나라에서는 주로 더위를 이기는 식품으로 여름에 먹지만, 대만에서는 추위를 이기는 스태미너 음식으로 겨울에 많이 먹는다.[309)]

그렇지만 다산은 고향의 자녀들에게도, 제자들에게도 채소밭을 가꾸도록 당부했다. 다산은 "벼와 기장, 밤 등은 겉껍질을 벗겨내야 먹을 수가 있지만, 채소는 하나도 버릴 것 없이 통째로 먹을 수가 있으니 이 얼마나 좋은 물건이냐"고 채소를 예찬했다. 유배 초기 그렇게 갖고 싶어 했던 채소밭을 갖지 못함을 늘 안타까워 했으며, 채소를 먹고 싶은 간절한 뜻을 유언으로 후손에게 남겨야 할까 싶다고 쓰고 있다. 다산은 "유배자로서 앞날을 알 수 없는 신세지만, 가만히 앉아서 앞으로 살아갈 일을 생각하면 가장 좋은 방법은 채소를 가꾸는 일 밖에 없다"[310)]고 적고 있다.

『벼와 기장은 껍질을 벗겨야 하고 밤도 껍질을 깎아내야 먹지만
채소는 통째로 먹을 수 있어 그 얼마나 버릴 것이 없는 물건인가
행여나 좋은 운세를 만나 님의 사랑 받을까 해서였지만
올 가을에 채마밭만 사면 산모서리에 집을 얽어 살리
지금처럼 닫혀진 성부에서야 무슨 농사 얘기를 하겠는가
채소가 먹고 싶은 이 뜻을 후손에게 유언으로나 남겨야 하나?』

다산의 시 중에는 다산 자신이 농사를 지은 듯이 매우 섬세하게 1년 농사 및 농민들의 고충과 기쁨이 녹아져 있다. 이는 다산 자신이 농민의 애환을 실제로 깊이 이해하였으며, 이런 지식을 바탕으로 ≪목민심서≫가 쓰여졌다. 스스로 농사를 지은 경험을 바탕으로 쓰여졌음을 생각할 때 다산이 실

제로 가꾸었던 채마밭, 미나리밭, 오이밭은 실천지성의 산물이다.

> 『일 없는 사람이면 채마밭 일구고, 남은 힘 있으면 미나리밭도 일구지
> (중략)
> 밭에 물주면 오이덩쿨 뻗어 오르고, 자보 불태워 일군 밭은 기장 키가 담을 넘는구나.』[311)]

다산은 늘 농사 짓는 백성들 편이었고, 농촌과 농업을 제대로 이해하던 선비였다. 농민들의 노동 현장을 신성하게 보고 감탄하면서도 한편으로는 당시의 정치적·경제적 모순에 눈을 돌려 그 아픔에 뜨거운 눈물을 흘릴 줄 알던 농부의 한 사람이었다. 우리 역사를 통틀어 농업을 가장 중시했던 학자 정약용은 벼슬아치로서 백성들에게 권농하고 임금에게 올바른 농업정책을 제안하는 등 농업 발전을 위해 온 힘을 다 하였다. 1798년 정조임금은 벼슬아치부터 재야 학자까지 나라의 모든 지식인들에게 농업진흥책을 올려 바치라는 명령을 내렸는데, 이에 다산은 농업을 진흥시킬 수 있는 방법을 조목조목 적은 '응지론농정소(應旨論農政疏)'를 올렸다. 이 상소의 첫 머리에 이렇게 적고 있다.

> 『농업에는 일반 직업과 같지 않은 세 가지가 있다고 생각 합니다. 존경받기로는 선비만 못하고, 이익은 상업보다 못하며, 편안하기로는 공업보다 못하다는 것입니다.』[312)]

농사짓기는 어떤 직업보다 힘들고 이익도 박할 뿐더러, 농사짓는 사람의 지위는 너무나 낮다고 농업과 농촌의 현실을 직시했다. 그 해결책으로 다산이 제시한 것은 편농(便農), 후농(厚農), 상농(上農)의 세 가지 방법이었다. 3가지 대안 중 현대의 농업현장에 적용해도 손색이 없는 이치를 담은

편농에 대하여 살펴보자. 편농에 대한 구체적 방법 중 첫째가 파종이다. 씨를 뿌릴 때 작물과 작물 사이의 간격을 얼마로 하느냐에 따라서 소득에 큰 차이가 난다. 따라서 적은 힘으로 높은 소득을 낼 수 있는 파종 간격을 파악하여 농사에 적용해야 한다는 것이다. 둘째는 종자개량이다. 우수한 종자를 선택하고 개량해서 심어야 양질의 농작물 수확은 물론 소득 향상까지 꾀할 수 있기 때문이다. 셋째는 농기구 개발이다. 농사가 수고로운 것은 농기구가 좋지 않기 때문이다. 끝으로 수리시설의 개선과 확장이다. 수자원이 풍부해야 농사를 편하게 지을 수 있다는 주장이다.

같은 맥락에서 현재 농촌, 농업, 농민에 대한 사회적 무관심 속에서 발생되고 있는 농산어촌의 가치와 위기, 농촌문제는 도시민이 겪고 있는 주거, 교통, 환경, 일자리, 교육문제와 그 근원이 맞닿아 있음을 인식해야 한다.

7. 차생활과 술

7-1. 치료를 위한 차생활

조선 후기 차문화를 말할 때 흔히 다산 정약용, 초의 장의순(張意恂: 1786-1866), 추사 김정희(1786-1856)를 든다. 차인들은 초의를 다성(茶聖)이라고 하지만, 초의는 다산의 제자다. 초의가 다산을 처음 찾아간 것은 1809년으로 다산이 48세, 초의가 24세 때이다. 두 사람의 나이 차이는 24세로 다산이 스승일 수 밖에 없다. 실제로 초의는 다산초당을 드나들면서 다산에게 차를 배웠고, 제다법도 익혔던 것으로 한양대 정민 교수가 소상히 밝히고 있다. 다산은 아래 연배이기는 하나 시를 지어 다도를 설명한 동다송(東茶頌)의 저자 초의선사와 교류하며 차를 즐겼다. 제주 서귀포 대정과 함경도 북청 등으로 유배생활을 오간 추사(秋史) 또한 차와 약술로 억울한 세월을 버티며 몸을 살핀 인물이다. 추사의 시를 정리해 놓은 ≪완당전집≫(9~10권)속에는 추사의 건강법을 살필 수 있는 구절이 나온다.

『웃지 말게나 실낱같은 목숨 지닌 늙은이
차와 생강 약술(紅麯)로 살아간다네.』[313)]

제주에서 유배 중일 때 추사는 몸이 편치 않아 많은 어려움을 겪어야 했다. 잘 먹지도 못했고, 기후와 풍토마저 맞지를 않아 고생을 했다. 물도 입에 맞지 않았을 것이다. 그 고통을 차가 해결해 주었다. 추사는 막역지우인 해남 대흥사 일지암의 초의선사가 보내 준 차를 끓여 마시며 건강을 돌보았다. 초의선사는 추사가 제주 유배생활을 하는 동안 세 차례나 방문했을 정도로 교분이 두터웠다. 다산과 추사, 초의는 각자 당대 예술과 학문,

다도와 참선의 최고 경지에 올랐을 뿐만 아니라 차를 통해 우정을 나누고 건강을 챙겼다. 다산이 75세, 추사가 71세, 초의가 81세로 세상을 떠났으니, 당시 평균 수명[314]과 비교해 보면 분명 장수한 분들이다. 이들의 장수는 차 생활과 맞닿아 있다.

다산의 차에 대한 공부는 한강 일원의 서울·경기 지방에서 유행한 조선 후기 남인들의 차 문화를 몸에 익힌 것이다. 당시 지배세력이었던 유가의 선비들은 차 생산지와는 거리가 멀었지만 고급문화였던 차 문화를 즐기고 전수한 주류세력들이었다. 수많은 선비들은 나름대로 훌륭한 차 생활을 하였으며, 국내의 차 생산량은 적지만 중국의 용봉단차를 비롯하여 여러 고급차를 접하고 즐겼던 것으로 보인다. 다산의 차에 대한 식견은 외가의 영향도 컸을 것으로 보인다. 다산의 외가인 해남의 윤선도 생가 녹우당 뒤편에는 집에서 쓸 차밭이 있었다. 어린 시절 공재 할아버지의 서재에서 책을 보았던 다산은 자연스럽게 차생활을 접했던 것이다.

다산의 남양주 능내리 시절 초기 차 생활은 다음의 시에서 잘 살펴 볼 수 있다. 이 시에서 말하는 백아곡(白鴉谷)은 경기도 광주 검단산 북쪽 계곡이다. 다산의 집이 있던 여유당에서 배로 건너서 닿는 곳이다. 이처럼 다산은 20대 초반에 이미 차 맛을 알고 있었던 것이다.

『백아곡의 새 차가 새 잎을 막 펼치니 마을 사람 내게 주어 한 포 겨우 얻었네.
체천의 물맛은 맑기가 어떠한가 은병에 길어다가 조금 시험해 본다네.』[315]

다산은 차가 약이 된다는 것도 이미 알고 있었다. 과거 시험을 준비하던 시절, 20세 때 남긴 시문에는 차로 고질병을 치유한다는 내용이 나온다.[316] 또한 다산은 차를 마시는데 있어서 물의 중요성도 알고 있었던 것으로 보인다. 시의 제목에서 말하는 미천(尾泉)은 현재 서울 서대문구 미근

동 부근에 있던 것으로 도성 안에서도 물맛이 좋기로 이름난 샘물이다.

『시험 삼아 용단차로 고질병을 다스리니 해맑기 수정이요 달기는 꿀 맛 일세. 육우가 온다 하면 어디서 샘 찾을까 원교의 동쪽이요 학령의 남쪽이리.』[317)]

고려시대 서긍이 쓴 ≪고려도경≫에는 양과 돼지는 왕이나 귀족들이 먹지만 전복, 새우, 굴 등과 함께 다시마와 같은 해산물은 가난한 백성들이 먹는다고 적었다. 양식기술이 발달한 현대에도 국산 해산물이 여전히 서민들의 밥상에 오르는 식재료인가. 일본 북해도, 캄차카반도, 사할린 등 태평양 연안에 분포되어 있는 한해성 해조류 다시마는 전복먹이로 뿐만 아니라 핵심효능인 '후코이단' 때문에 많은 주목을 받고 있다. 다시마는 본래는 동해의 북한 원산만의 차가운 바다에서 서식하는 북해도가 원산지로 알려져 있다. 그러나 양식기술이 발달하면서 여름 수온 상승을 이기는 다시마가 개발되어 전복양식이 활발한 전남 완도일대에서 대량으로 생산하고 있다.

젊은 시절부터 차를 마시던 습관은 강진에서 유배생활을 하면서 외로움과 고독한 시간을 달래고 자신의 질병 치유를 위해서 더 깊어진 것으로 보인다. 다산은 주로 차를 약으로 사용했으며 유배생활에서 현실적인 필요 때문에 차 문화의 중흥을 견인하였던 것이다. 강진은 ≪세종실록지리지≫에 작설차가 나오는 곳으로 등재되어 있다. 이는 강진에서 오래 전부터 차나무를 가꾸었음을 알 수 있다. 해남 윤씨 족보에 의하면 윤취서(尹就緖:1688-1723)가 만덕산(萬德山) 자락에 초당을 짓고 차나무를 심고 가꾸었다는 기록이 있다. 이런 환경에 바탕 하여 다산은 강진 유배지를 차나무가 있는 산이라는 뜻으로 '다산(茶山)'이라고 불렀다.

또한 다산이 몸소 실천하였던 식물기반 식단, 즉 지구를 살리는 저탄소

밥상을 실천해야 한다. 2023년은 지구가 가장 뜨거운 해로 기록되어 있다. 기후변화에 관한 정부간 협의체(IPCC) 제6차 보고서에 따르면 지구온도 상승 속도가 당초 예측보다 10년이나 빨라졌다는 것이다. 인간의 식생활 습관이 식물기반 위주로 변화하면 이러한 기후위기에 어느 정도 대응할 수 있다고 전문가들은 진단한다.

식물기반 위주의 식생활 실천은 땅을 살리는 친환경농산물과 로컬식재료를 구입하고 농산물 포장도 간소화하면 된다. 소비자가 바뀌면 소비단계뿐만 아니라 생산, 유통, 가공 등 먹거리 전과정이 변할 수 있다. 인류의 건강증진에 초석을 다진 「라론드 보고서(Lalond Report)」에 따르면 개인의 건강을 결정짓는 중요 요인은 보건의료체계(8%)나 환경(20%)가 아니라 생활습관(51%)라고 결론지었다. 개인건강의 가장 중요한 결정인자는 식생활과 신체활동 등 생활습관이라는 것이다. 해조류, 나물류, 들풀로 차려지는 밥상을 통해 지구위기를 막고 우리 몸을 살리는 생명의 생활습관을 쌓아가야 한다. 이처럼 식생활이 건강을 좌우한다는 사실에 대해서는 이미 많은 연구들이 이루어졌다. 따라서 이제는 국가의 보건정책이 질병치료에 집중하던 것에서 벗어나 건강증진 및 예방정책으로 관점이 바뀌져야 한다. 올바른 식생활 개선 등 바른생활습관을 실천할 수 있는 정책으로 개선되어야 하겠다.

다산은 침침해진 눈과 마비된 손발, 체증과 소갈증을 치료하기 위해 차를 마셨다. 이를 종합적으로 해결할 수 있는 명약이 바로 차였던 것이다.

다산이 강진으로 유배 와서 4년이 지난 후 백련사의 아암(兒菴) 혜장선사(惠藏禪師:1772~1811)와 교유를 시작하게 되면서 답답한 체증을 치유하기 위해 차를 본격적으로 마시기 시작한 것으로 보인다. 제다법을 처음 언급한 책은 ≪광아(廣雅)≫인데, 이 책에서 "차를 마시면 술이 깨고 졸지 않는다"라고 기록[318]되어 있다. 그래서 다산은 자주 혜장과 초의에게 차를 구하는 편지를 보냈다. 당시 다산은 비위가 약해서 기름진 음식은 소화를 잘 시키지 못하고, 술을 마시면 숙취가 심하고 늘 속이 더부룩하고 불쾌하였다. 아암에게 차를 보내 달라고 하면서 체증을 내려가게 해 달라고 부탁하였다. 다산은 혜장을 만난 지 얼마 되지 않은 1805년에 〈걸명시〉를 보낸다. 혜장에게 차를 보내 줄 것을 사정하는 글(寄贈惠藏上人乞茗)이다.

『전해 듣건데 석름봉 바로 아래서 예전부터 좋은 차가 난다고 하네
지금은 보리 거둘 시기이니 차 잎이 창끝처럼 돋아났겠네
궁한 살림 장재함이 습관이 되어 누리고 비린 것은 비위가 상해
돼지고기와 닭죽 같은 좋은 음식은 먹고 싶은 마음조차 사치스럽소
힘줄이 당기고 체증으로 괴로워 술로 그 아픔을 달래 보네
스님의 숲 속 차 도움을 받아 육우의 차 맛 좀 누렸으면
보시하여 진실로 병만 나으면 뗏목으로 구해 줌과 무엇이 다르리오
찌고 말리는 것을 법대로 해야 색이 곱게 우러날 것이네』

다산은 혜장선사와의 인연으로 백련사에 놀러 갔다가 자생하는 수천그루의 차나무를 보고 백련사의 승려들에게 차 만드는 방법을 알려 주었다. 혜장과 그 제자들은 다산이 일러 준 제다법 대로 차를 만들어서 다산께 보냈다. 다산초당으로 거처를 옮겨와서는 아예 차밭을 일구고 차를 직접 만들었다. 다산이 남긴 차 관련 시와 편지글들은 그런 정황을 세세하게 그리고 있다. 다산초당에는 각종 차도구들이 두루 갖추어져 있었다. 다산은 가진 게 차 밖에 없다고 할 정도로 늘 차를 곁에 두고 살았다.

『지치가 조금씩 흰 꽃을 피울 때면 담 머리의 천남성이 줄기 뻗기 시작하네
산골집 약 재배야 그리 많아 무엇하리 산중에는 차나무가 만 그루나 된다네.』

다음 시는 다산이 사언체 고시를 초서로 6곡 병풍에 적은 글이다. 이 시에 표현된 '아홉 번 익힌 단약을 먹으며'라고 기술한 시 구절은 차를 지

칭하는 표현이다.

> 『아침엔 붉은 노을 먹고 저녁엔 떨어진 이슬 마시네.
> 푸른 학이 훨훨 날아 나의 정원 나무에 내려 앉네.
> 거문고 타지 않아도 풍류는 더없이 맑다오.
> 조용히 바라보고 호흡을 고르니 고요하여 소리가 없네.』[319]

오늘날에는 전통 수제차하면 덖음 녹차를 생각하는 경향이 보편화되어 있으나 육식보다는 채식 위주의 검소한 식생활을 하였던 다산은 지금과 같은 잎차가 아니라 주로 반발효차나 떡차를 즐겨 마셨다. 1830년 다산이 강진의 백운동에 사는 자이당(自怡堂) 이시헌(李時憲:1803-1860)[320]에게 보낸 편지 속에는 발효차인 떡차 제조방법에 대하여 소상히 설명하고 있다.

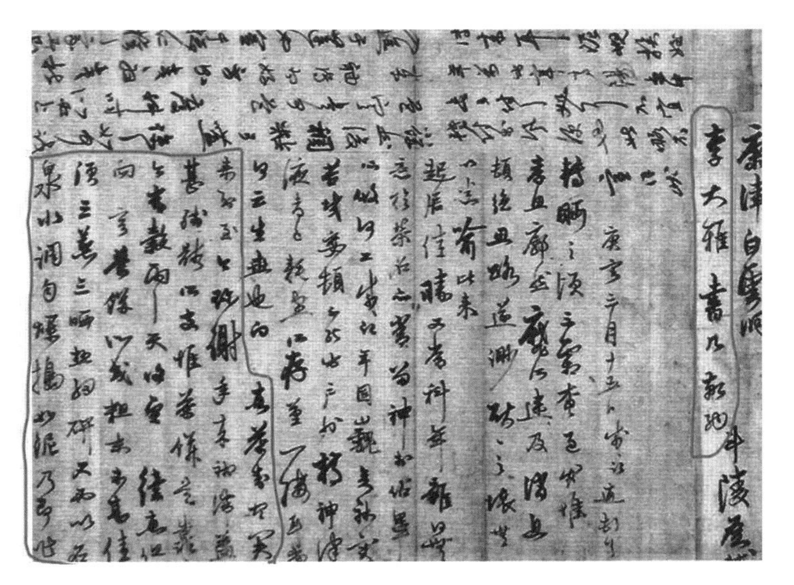

〈그림 99〉 제자 이시헌에게 떡차 만드는 법을 설명한 친필편지. [이효천 소장]

『지난 번 보내 준 차와 편지는 가까스로 도착하였네. 이제야 감사를 드리네. 올 들어 병으로 체증이 더욱 심해져서 쇠잔한 몸뚱이를 지탱하는 것은 오로지 떡차 덕분일세. 이제 곡우 때가 되었으니, 다시금 이어서 보내주기 바라네. 다만 지난번 부친 떡차는 가루가 거칠어서 썩 좋지 않더군. 모름지기 세 번 찌고 세 번 말려서 아주 곱게 빻아야 할 걸세. 또 반드시 돌샘물로 고루 반죽해서 진흙처럼 짓이겨 작은 떡으로 만든 뒤라야 찰져서 먹을 수가 있다네.』

1817년 이시헌의 아버지인 이덕휘(李德輝:1759-1828)에게 보낸 다산의 또 다른 편지에는 "그대와 아드님의 공부가 모두 아주 근실하고 도타워 더 권면할 필요가 없습니다. 다만 먹는 것이 너무 박하여 병에 걸릴까 염려되니, 이것이 걱정입니다." 라고 한 내용이 있고, 보내 준 닭과 죽순, 여러 가지 반찬과 약유(藥油) 등에 대해 감사를 표하고 있다. 이 두 편지로 볼 때 다산은 강진시절에 이덕휘의 집에서 보내온 이런저런 먹을거리를, 해배 후 서울로 올라간 후에는 백운동에서 부쳐 온 차를 받아 마셨음을 알 수 있다.

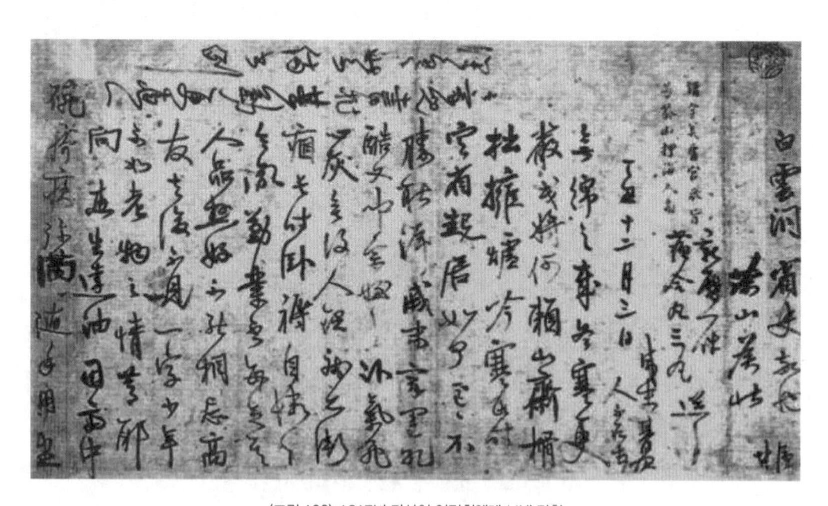

〈그림 100〉 1817년 다산이 이덕휘에게 보낸 간찰

이러한 떡차 제조방법은 기존의 알려진 떡차 제조법과 다를 게 없다. 다만 다산은 삼증삼쇄(三蒸三晒)를 말하고, 가루가 고와야지 거칠면 안 된다는 점을 강조했다. 또 석천수(石泉水), 즉 돌샘물로 진흙처럼 뭉그러지게 짓찧어서 작은 떡으로 만들라고 했다.[321] 떡차에 대한 언급은 1815년 3월 호의(縞衣)에게 보낸 편지에 자신이 만든 떡차 10덩이를 감사의 선물로 보내는 기록(茶餠十錠, 聊表老懷)[322]이 있으며, 1816년 우이도(牛耳島)의 누군가가 전복을 보내 준 데 대한 감사로 떡차 50개를 보낸다(茶餠五十送了)는 편지가 확인되었다.[323] 따라서 다산이 당시 떡차를 만들고 있었음을 알 수 있다.

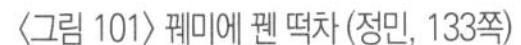

〈그림 101〉 꿰미에 꿴 떡차 (정민, 133쪽)

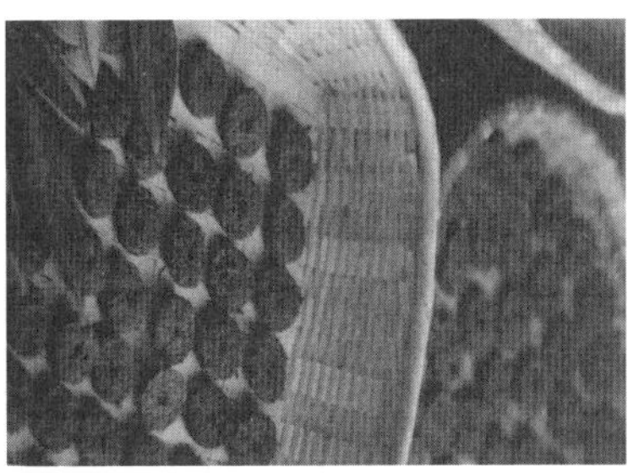

〈그림 102〉 동전모양으로 만든 떡차 (정민, 125쪽)

다산의 떡차에 대한 기록은 이규경(李圭景:1788-1856)의 저서[324]에도 언급되어 있다. 다음 기록에 언급된 만불사는 다산초당이 있던 강진 만덕산 백련사를 가리킨다. 다산은 찌고 말려 덩이로 지어 동전크기의 작은 떡을 만들게 했다. 다산이 만든 떡차는 소단차(小團茶), 즉 작은 크기의 떡차였음을 알 수 있다.

『오늘날 차로 이름난 것은 영남의 대밭에서 나는 것을 죽로차(竹露茶)라 하고, 밀양부 관아 뒷산 기슭에서 나는 차를 밀성차(密城茶)라 한다. 교남 강진현에는 만불사(萬佛寺)에서 나는 차가 있다. 다산 정약용이 귀양 가 있을 때,

쪄서 불에 말려 덩이를 지어 작은 떡으로 만들게 하고, 만불차(萬佛茶)라 이름 지었다. 우리나라 사람들이 차를 마시는 것은 체증을 해소하기 위해서이다.』[325]

풍성한 차나무 군락이 다산초당 옆에 있어 다산은 중풍으로 병든 몸이었지만, 차를 직접 만들면서 마음은 풍요로웠을 것이다. 즉 다른 약초 재배에 연연할 것이 없다는 것이다. 한여름에도 풍로에 차를 달이며 잠깐 낮잠에 빠진 모습을 그리고 있다.

『칡덩굴 우거진 곳 햇빛도 고운데 차 달이는 풍로 연기 가늘게 피어난다.
어디서 꺽꺽 두세 마리 꿩이 울어 창밑에 잠시 든 잠 곧잘 깨우네.』[326]

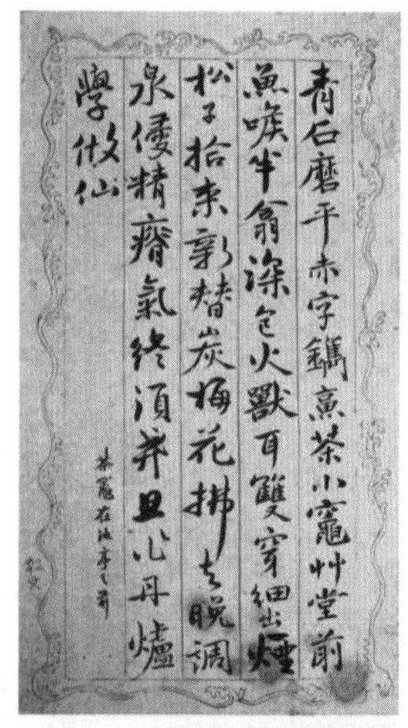
青石磨平赤字鐫烹茶小竈艸堂前
魚喉半翕深含火獸耳雙穿細出煙
松子拾來新替炭梅花拂去晩調
泉侵精瘠氣終須戒且作丹爐
學做仙

〈그림 103〉 다조 친필과 사진

다산사경첩(茶山四景帖)과 다암시첩(茶盦詩帖)을 통해 다산초당에서의 다산의 차생활을 엿볼 수 있다. 다산은 다산초당의 4가지 경치로 다조(茶竈), 약천(藥泉), 연지(蓮池), 정석(丁石)을 꼽았다. 네 가지 경치 중 첫 번째 경치로 꼽은 차 끓이는 부뚜막 다조와 두번째로 꼽은 약천은 다산의 차 생활과 직접 관련이 있다. 초당에 놓여 있던 다조에 관한 시를 보자.

『반반하게 청석 갈아 붉은 글자 새기니, 차 달이는 부뚜막이 초당 앞에 놓였네.
반쯤 닫은 고기 입에 불길 깊이 스미고, 짐승 두 귀 쫑긋 뚫려 가늘게 연기 나네. 솔방울 주워 와서 새로 숯으로 삼아, 매화꽃 걷어 내고 샘물 퍼다 더 붓네. 정기를 삭게 함은 끝내 경계해야 하니, 단약 화로 만들어서 신선됨을 배우리라.』[327]

현재 다산초당 마당에 놓인 평평한 바윗돌과는 사뭇 다른 모양이다. 숯을 넣는 구멍, 연기가 빠져 나가는 구멍, 찻주전자를 올려 놓았던 구멍 등이 나 있는 큰 화덕 모양인 듯하다. 다산은 처음에는 숯을 사용하여 차를 끓였으며, 불기운이 세지면 숯 대신 솔방울을 사용하여 불기운을 조절하였다. 차의 진미는 차와 물과 불과 바람의 적절한 조화로 이루어진다. 차 생활에서 차도 중요하지만 물도 매우 중요하다. 다산은 찻물의 중요성을 알고 있었으며, 신천, 호포천, 신수, 옥추, 미천 등을 좋은 찻물로 여겼다. 물의 종류와 등급, 찻물의 보관방법에 따라 차의 품성이 바르게 용출되는데 영향을 미치며, 차의 색, 향, 미를 좌우하는 중요한 요소가 된다. 육우의 ≪다경≫에서는 물은 산물이 으뜸이요, 강물은 중품이며, 우물물이 하등품이라고 기록되어 있다. 다산은 초당의 서북편 모서리에 작은 옹달샘처럼 돌을 파서 샘을 만들어 〈약천〉이라 이름하고 차를 끓이는데 사용하였다.

『육우물 뻘은 없고 다만 모래 깔려 있어, 한바가지 떠 마시면 찬하인 듯 상쾌하다. 처음에 돌 틈에서 승장혈을 찾았더니, 마침내 산 속의 약 달이는 집 되었네. 여린 버들 길을 덮어 빗긴 잎이 물에 뜨고, 이마 닿는 어린 도화 거꾸로 꽃이 폈다. 담 삭이고 고질 나음 그 공 기록할 만하니, 틈날 때 벽간차를 끓이기에 알맞다오.』[328]

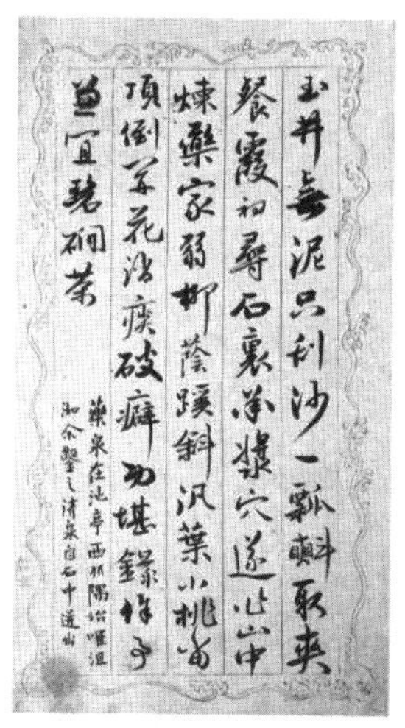

〈그림 104〉 약천 친필과 사진

다산초당에서의 생활 중에 차는 거의 거르지 않고 마시면서 『본초강목경』과 물과 어족에 관한 기록을 보는 내용을 적고 있다.

>『산정에 장만한 책 다른 것은 전혀 없고, 화경책과 수경만을 옆에 두고 보고 있네.
> 귤원에 비가 개니 이 더욱 상쾌하여 석간수 손에 받아 차를 달인다네.』[329)]

다산에게 차는 기호음료가 아니라 병증을 치료하는 약이었다. 1810년 정수칠에게 보낸 편지에 차가 원기를 손상시키므로 절대 많이 마시면 안 된다고 주의를 주었다. 다산은 체증을 내리게 하는 약효 때문에 차를 즐겨 마셨지만, 차의 강한 성질도 잘 알고 있었다. 차가 가래를 삭혀 주고 고질병을 낫게 하는 차의 효능을 말하고 있으며, 다산은 평소 차를 체기를 내리는 약으로 음용한 것이다.

다산은 어떤 종류의 차를 마셨을까? 다산이 떡차만 마셨던 것은 아니다. 유배가 풀려 고향인 남양주로 돌아가면서 제자들과 맺은 차회, '다신계(茶信契)'를 통해서 해마다 차를 공급받았다. 다신계의 계칙인 〈다신계절목(茶信契節目)〉에 의하면 '곡우날 어린 차잎을 따서 볶아 잎차 1근을 만들고, 입하 전에 늦차를 따서 떡차 2근을 만든다. 이 잎차 1근과 떡차 2근을 시 원고와 함께 보낸다.' 이 내용으로 볼 때 차의 맛과 향이 좋은 잎차는 곡우 무렵에 소량만 만들어서 마시고, 곡우 이후 입하 사이에 딴 늦차로는 떡차를 만들었다. 찬바람이 불면 화롯불에 다탕을 끓인다고 기록하였던 것은 떡차를 달여 마셨던 것이다.

1823년 다산이 남양주 마현으로 찾아 온 제자 윤종삼(尹鍾參:1798-1878)과 윤종진(尹鍾軫:1803-1879)에게 써 준 친필 글씨에도 '이른 차는 따서 볕에 말려두었느냐'고 물었다. 다산이 마신 잎차 역시 햇볕에서 자연건조 발효시킨 반발효차였을 것으로 보인다.

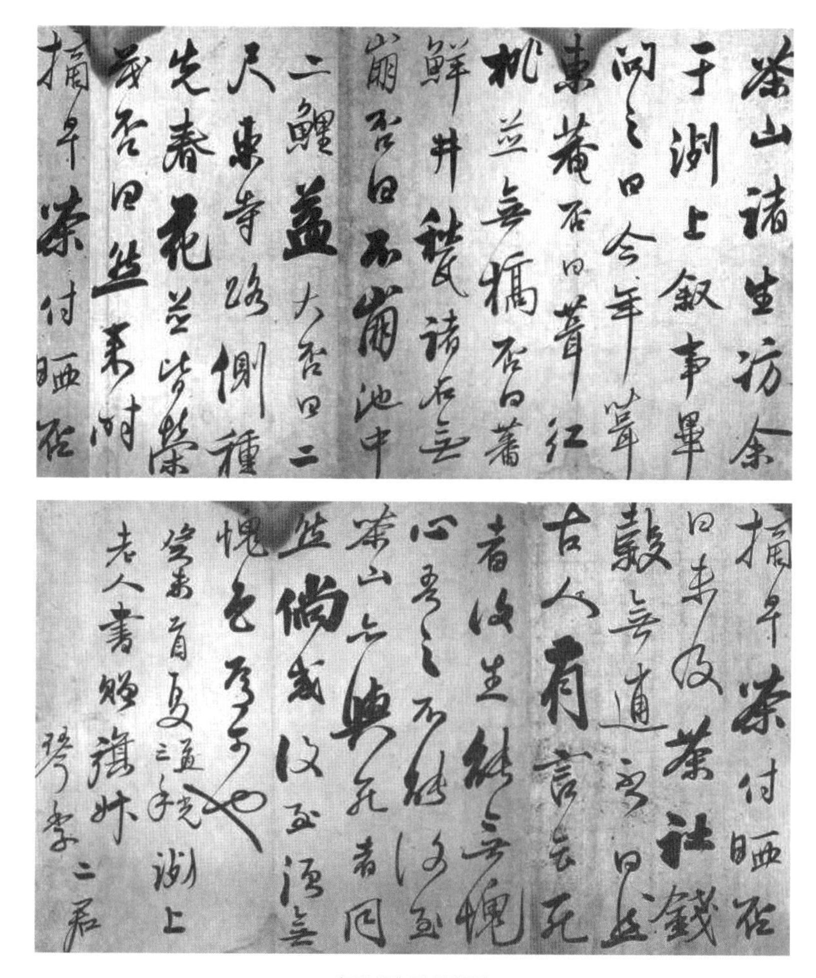

〈그림 105〉 다산제생문답

다만 차의 지나치게 강한 성질을 순하게 하기 위해 구증구포(九蒸九曝)-아홉 번 찌고 아홉 번 말리는 방법을 쓰기도 하는데, 다산이 구증구포 얘기를 처음 언급한 것은 〈범석호의 병오서회 10수를 차운하여 송옹에게 부치다〉라는 시의 둘째 줄에 나온다.

『게을러서 책을 덮고 자주 아이를 부르고, 병으로 의관 벗어 손님맞이 더뎌진다. 지나침을 덜려고 차는 구증구포 거치고, 번다함을 싫어해 닭은 한 쌍만 기른다네.』[330)]

다산의 구증구포(九蒸九曝)에 대한 언급은 이유원(李裕元:1814-1888)의 ≪임하필기(林下筆記)≫ 가운데 〈호남사종(湖南四種)〉에도 나온다. 보림사의 죽전차를 처음 개발한 사람이 정약용이라고 밝혀지는 중요한 기록이다. 다산이 보림사에 갔다가 절 주변의 대숲에 난 차를 보고 구증구포 방식으로 차를 법제하는 방법을 알려 주었다는 것이다. 품질도 중국의 보이차만 못지않다고 했다. 곡우 전에 딴 것을 더욱 귀하게 쳤다는 것은 앞서 다산이 백운동에 보낸 편지에서 곡우 때가 되었으니 서둘러 따서 차를 만들어 보내 달라고 한 기록과 일치한다.

『강진 보림사(당시 보림사는 강진에 속하였음)의 죽전차(竹田茶)는 열수 정약용이 얻었다. 절의 승려들에게 구증구포의 방법을 가르쳐 주었다. 그 품질이 보이차에 밑돌지 않는다. 곡우 전에 딴 것을 더욱 귀하게 치니, 이를 일러 우전차(雨前茶)라고 해도 괜찮다.』[331)]

이유원은 호남사종 외에도 자신의 문집인 ≪가오고략(嘉梧藁略)≫에 죽로차(竹露茶)란 장시를 지어 보림사 차에 대해 아주 구체적인 기록을 남겼다. 여기에도 다산의 구증구포 제다법이 언급된다.

『보림사는 강진고을 자리잡고 있으니 호남 속한 고을이라 싸릿대가 공물일세. 절 옆에는 밭이 있고 밭에는 대가 있어, 대숲 사이 차가 자라 이슬에 젖는다오. 세상사람 안목 없어 심드렁히 보는지라. 해마다 봄이 오면 제 멋대로 우거지네. 어쩌다 온 해박한 정약용 선생께서 절 중에게 가르쳐서 바늘 싹을 골랐다네. 천 가닥 가지마다 머리카락 엇짜인 듯, 한 줌 쥐면 웅큼마다 가는 줄이 엉켰구나. 구증구포 옛 법 따라 안배하여 법제하니, 구리 시루 대소쿠리 번갈아서 방아 찧네(하략)』[332]

죽로차는 앞서 호남사종에서 말한 보림사 죽전차의 다른 이름이다. 보림사 대밭에 차가 많이 자라는데 세상 사람들은 그게 차인 줄도 모르고 잡풀 보듯 한다고 했다. 그것을 다산이 와서 보고 사찰의 승려들에게 차 만드는 방법을 알려 주어 비로소 보림사 죽전차가 탄생하게 된 것이다.[333]

증쇄를 거듭할수록 차의 독성은 눅는다. 차의 찬 성질은 따뜻하게 변한다. 향과 맛이 부드러워진다. 다산은 이러한 약리적 원리를 잘 알았다. 다산의 이러한 제다법은 확실히 약으로 차를 음용하였던 경험에서 나온 것이다. 위 시를 통해 이유원이 호남사종에서 말한 구증구포로 법제한 보림사의 죽전차, 또는 죽로차는 잎차가 아닌 떡차임을 알 수 있다.

다산은 왜 떡차의 제다법을 이시헌에게는 삼증삼쇄하라 하고, 보림사 승려에게는 구증구포하라고 했을까? 오랫동안 제다를 해 본 필자의 경험으로는 농촌 현실을 너무나 잘 아는 다산의 애민정신의 발로라 생각한다. 사실 차잎을 따고 제다를 하는 시기는 농촌에서 농사 준비로 매우 바쁜 시기와 맞물린다. 논밭에 나가 일하기 바쁜 농촌 백성들이 차잎을 따다 그날 바로 구증구포하기는 물리적으로 어려웠을 것이다. 그래서 이시헌에게는 세 번 찌고 세 번 말리라 이르고, 농사를 짓지 않는 승려들에게는 아홉 번 찌고 아홉 번 말리라 하지 않았을까 추측해 본다. 차 따기의 부역과 관련하여 이러한 배려는 〈다신계절목(茶信契節目)〉에도 나온다. '차 따기 부역은 사람마다 수효를 갈라서 스스로 갖추되, 스스로 갖추지 못하는 사람은 돈 5푼을 신동에게 주어 귤동마을 어린이들을 고용하여 차 따기의 수효를 채우게 한다.' 말하자면 농사일 등으로 부득이 차잎 따는 부역에 참여가 어려울 경우 동네 아이들이 대신 할 수 있도록 명시한 것이다. 참으로 다산 정약용다운 인간애다.

7-2. 술

조선시대 술은 특별한 때에 마시는 것이 아니라 일상 음료에 가까워서 평상시 힘겨운 노동에 흥과 힘을 돋우기 위한 활력소로 쓰였다. 이 때 전하는 술의 종류는 200여종을 훨씬 넘었는데, 지금은 거의 다 사라져버렸다. 식민지배를 하던 일본은 1909년 주세법을 만들어 술 제조에 세금을 매기고, 합병 후 1916년에는 주세령을 실시하여 양조허가를 받은 사람 외에는 술을 만들지 못하게 한 뒤 밀주 단속을 벌였다. 이런 정책은 최근까지 이어져서 공장이나 양조장에서 만들어진 획일화된 술만 남게 되었다.

조선시대 많은 술이 있었지만 대개는 탁주, 청주, 그리고 소주로 나뉜다. 우선 서민들이 즐겨 마시는 탁주는 말 그대로 뿌연 술로서 막걸리를 가리킨다. 막걸리란 '마구 걸러낸 술'이라는 뜻이다. 탁주는 꼬두밥에 누룩을 버무려 독에 넣고 따뜻한 물을 부어 일정기간 동안 적당한 온도를 유지시키면서 발효하여 밑술을 만든다. 이 밑술에 물을 조금씩 부으면서 체로 걸러 낸 것이 탁주다.

청주를 만드는 방법은 탁주와 거의 비슷하다. 다만 체로 걸러내지 않고 용수를 술독에 넣어 용수 속에 고인 맑은 술을 떠내는 것을 청주라 한다. 조선시대 청주의 대표격은 삼해주였다. 삼해주는 겨울에 빚어 버들가지가 날아다니는 봄에 먹는 술이라 하여 '춘주(春酒)' 또는 '유서주'라고도 부른다. 소주는 솥에 술밑을 채우고 그 위에 소주고리라는 증류기를 얹어 밀봉한 뒤 불을 때면 술 속의 휘발성이 강한 알코올 성분이 수분보다 먼저 증발하게 된다. 이 증기가 소주고리 윗부분에 담긴 찬물에 닿아 이슬로 맺혀져 내려오는데 이를 받아 낸 것이 소주다. 소주를 이슬 '로'자를 써서 '노주'라고 부른 것도 이 때문이다.

〈그림 106〉 술상(국립중앙박물관)

〈그림 107〉 소주고리

조선시대 일정기간을 정해 술을 만들어 팔거나 마시는 것을 금하는 금주령이 있었다. 대개 봄 가뭄에 금주령으로 단속을 하다가 가을 추수 때 해제되었다. 금주령의 주된 목적은 흉년에 곡식을 아끼려는 것이었다. 술을 빚으면 '열 사람이 먹을 곡식을 한 사람이 마셔 없애기' 때문이었다. 술을 금하는 또 다른 이유는 윤리와 사회기강을 무너뜨린다는 것이다. 술은 신명을 받들고 손님을 접대하고 노인을 봉양하는데 쓰이는 좋은 것이기는 하지만, 과하면 다툼을 일으키고 윗사람을 능멸하게 되고 남녀유별을 무너뜨리는 것이라 금했던 것이다. 그래서 옛날 선비들의 술에 대한 예절은 '상대의 주량에 한계가 있음을 명심해야 한다'라고 엄격히 하면서, 술자리에서 세 잔 이상 돌리면 배려할 줄 모르고 천박한 사람이라고 하였다.

선비의 윤리와 행실을 밝힌 이덕무의 〈사소절(士小節)〉에서 이덕무는 "술은 빨리 마셔도 안 되고, 혀로 입술을 빨아서도 안 된다. 훌륭한 사람은 술에 취하면 착한 마음을 드러내고, 조급한 사람은 술에 취하면 사나운 기운을 나타낸다."라고 말한다. 그래서 술 마신 뒤 주사(酒邪)가 있는 사람은 선비일 수 없다. 사람들은 '술이 사람을 안다'라고도 표현하며 술을 마시는 것도 예법이 있다고 생각했다.

그러나 이러한 예법은 술자리에서 거의 지켜지지는 못했던 것 같다. 청백리로 명성이 자자하고 술꾼으로 이름 난 박수량(朴守良:1491-1554)에게 성종이 은으로 만든 작은 술잔을 내리며 이 잔으로 하루 한잔만 마시라고 했다. 그러나 박수량은 술잔을 망치로 얇게 두드려 펴서 사발로 마음대로 개조하고 거기에 술을 부어 들이켰다는 이야기도 유명하다. 게다가 태종의 둘째 아들 효령대군이 왕세자에 어울리지 않는다고 생각한 이유 중에 하나가 술을 못 해서 외교나 정치를 원활하게 하기 어려울 것이라는 우려 때문이었다고 한다. 술을 마실 줄 아는 것이 접대의 기본이었던 것은 왕실에서도 마찬가지였던 셈이다.

특히 조선시대에는 국가가 수시로 금주령을 발동하여 개인의 음주를 금지했었다. 술의 주재료는 쌀과 보리 등 곡물로 식량을 축내기 때문이었다. 흉년이 들었을 경우 곡물의 낭비는 곧 죽음을 불러왔다. 그러니 곡물이 술로 낭비되는 것은 문제가 아닐 수 없었다.

그럼에도 불구하고 퇴계의 보양음식에는 술이 세 가지나 들어간다. 보양음식으로 술이 들어간 이유는 술이 '백약의 으뜸'이라 불릴 만큼 약효가 뛰어나기 때문이다. 술은 혈맥을 소통시키고 찬 기운을 물리치며 응어리를 풀어주고 소화에 도움을 주기 때문이다. 한약재로 담근 약주는 탕약에 비해 먹기가 수월할 뿐만 아니라 오래 보관할 수 있고 탕약을 달이는 번거로움도 없어 비용이 적게 드는 이점이 있다. 그래서 중년기 이후에 매일 약주를 마시는 것은 성인병 예방과 치료에 큰 도움이 된다고 믿고 있다. 퇴계는 술을 석잔 이상 마시면 오장을 뒤집고 성격을 거칠게 만들어 미친 사람처럼 날뛰게 하므로 조심해야 한다고 경계했다. 퇴계가 제자 김응생(金應生:1594-1647)에게 준 글을 보면 술을 경계하고자 한 퇴계의 생각이 잘 나타나 있다.

『술은 사람의 화를 부르고 내장을 상하게 하며 덕성을 잃게 하여서 자신을 죽이고 나라를 망치는 것이다. 힘써 자제하여 스스로 다복한 것을 구하라.』[334)]

제자 이덕홍의 기록에 따르면 퇴계의 주량은 얼마든지 마실 수 있을 정도로 대단했지만 언제나 거나할 정도만 마셨다고 한다. 술이 약이 된다고는 하지만, 과하면 오히려 독이 되기도 한다. 러시아가 그렇다. 혹독한 추위를 이기기 위해서 마시던 러시아인들의 과음 전통은 세계적으로 유명하다. 1984년 가을 체코와 기동훈련에 참가했던 기갑부대 사병 4명이 보드카 두 상자를 받고 탱크를 팔아버린 어처구니없는 사건이 발생할 정도였다. 레닌조차도 '소련사회를 자본주의로 후퇴시키고 공산주의로 나아가지 못하게 하는 것은 다름 아닌 보드카'라고 개탄했다. 고르바초프는 '알콜 중독 추방과 절주에 관한 법률'을 만들 정도였다. 적당한 술은 삶의 윤활유라는 인식에도 불구하고 예로부터 술 때문에 인생을 망친 사람은 한둘이 아니다. 18세기 영국의 윌리암 피트가 대표적인 경우다. 총리의 아들로 태어나 24살에 대를 이어 총리에 올랐으나 지나치게 술을 좋아 한 나머지 지천명의 나이도 채우지 못하고 삶을 마감했다.

〈그림 102〉의 '김홍도의 지장기마도(知章騎馬圖)'는 국립중앙박물관 소장으로, 술병을 진 사람을 데리고 다니면서 술을 마시는 양반의 모습을 묘사한 것이 특징이다. 단원 김홍도(1745-1806)는 어쩌자고 두보의 음중팔선가 첫 구절의 주인공인 하지장(賀知章)의 추태를 묘사한 〈지장기마도(1804)〉를 그렸을까. 음중팔선은 당나라 때 술과 시를 사랑했던 여덟 시인을 일컫는다. 하지장의 술버릇은 가관이다. 말을 탔는데 배를 타고 있는 듯 흔들거리고, 취중에 길을 가다가 우물에 빠졌는데 그대로 잠들어버리는 대책 없는 주태백(知章騎馬似乘船, 眼花落井水底眠)이라고 화제가 설명한다. 과장이 심하지만 주구장창 술을 입에 달고 사는 사람은 무슨 뜻인지 다 안다. 그림에서 술 냄새가 풀풀 나지만 수준급이다. 서와 화의 조화가

〈그림 108〉 김홍도의 지장기마도(知藏騎馬圖)

일품이다. 화성 단원의 솜씨인데 탓할게 무엇인가. 술 실력으로 견줘도 당나라 음중팔선 못지않다. 단원이란 번듯한 호를 놔두고 취화사(醉畵士)라고 한 속내가 이를 말해준다.

그렇다면 술에 대하여 다산은 어떠했을까. 다산도 주량이 적었던 것은 아니다. 그러나 선비로서 관료로서 술을 대하는 자세에 대하여 그 생각의 일단을 엿볼 수 있는 글을 보자.

> 『좋은 말들 앞 다투어 들어오고, 고관들 와 집에 가득하면
> 의대가 달아오를까 걱정되어, 짐짓 술집 곁으로 간다네
> 마셔도 끄떡없어야 비범한 자이지만, 고결한 자가 방탕해지기도 하지
> 자기만족이 그저 제일이니 우묵한 잔이라도 웃질랑 말게.』[335]

다산의 나이 26세 나던 1787년 3월 성균관 반시(泮試)에서 탁월한 실력을 보여 영조에게 '국조보감' 한 질과 백면지 100장을 하사 받았다. 같은 해 8월 반시에 또 높은 성적을 받은 직후 규장각에서 정조가 독한 계당주

(桂餳酒)[336]를 옥필통에 가득 부어 단숨에 마신 적이 있다. 춘당대에서 과거를 주관하면서 정조가 사발에 따라 준 술을 다 마셨다고 했다. 그 때 다른 여러 학사들이 크게 취하여 인사불성이 되는 불상사가 벌어졌지만, 다산은 할 일을 다 마무리하고 물러날 때에야 약간 취했을 뿐이라고 말했다. 또한 겨울날 왕명에 의하여 규장각에서 입직하여 교서를 하면서 직학 이만수, 승지 이익진과 함께 임금으로부터 내찬을 하사받고 삼가 그 은례(恩例)에 대한 감회를 적은 시가 있다. "산해진미 상에 가득 이 얼마나 즐거운가, 해학 환담을 주고 받으며 새벽까지 되었다네(水錯山珍芬可悅, 諧謔雜錯抵晨雞)."[337]라고 쓰고 있어 새벽까지 술을 마셨음을 알 수 있다. 또 ≪다산시문집≫에서 "오사모 비뚤게 쓰고 별원으로 돌아오니(醉側烏紗歸別院)"라는 싯구가 나온다. 이는 술에 취하여 관모가 비뚤어진 모습을 그린 것으로 만취한 모습[338]을 잘 보여주고 있으며, 몸을 가눌 수 없을 정도로 술을 마신 장면을 기록하고 있다.

> 『대숲 위에 외로운 달 소리 없이 밤 깊을 때, 초당에 홀로 앉아 술독을 앞에 놓고, 한 백 잔 마시다가 질탕하게 취한 후에, 노래 한바탕 불러대어 근심 걱정 씻어 버리면, 그 얼마나 유쾌할까.』[339]

주흥에 겨운 술꾼의 웃는 얼굴과 몸도 못 가누는 모습이 보는 사람을 덩달아 유쾌하게 하는 풍속화다. 익살스런 필치의 생생한 표정과 단숨에 그은 옷자락이 노련하다. 갓은 어딘가에 버려져 흐트러진 상투가 드러난 맨머리 바람이고 바지의 대님도 달아났다. 주인공을 양 옆에서 팔과 어깨를 잡아 부축하고, 또 한 친구는 뒤에서 등을 떠민다. 4명의 인물을 화면의 중심부에서 앞쪽으로 그려 마구 내달리는 운동감이 펄럭이는 도포자락과 어울려 더욱 실감난다. 위쪽의 나무들은 아랫부분만 듬직하게 그린 구도여서 인물과 배경의 동정(動靜)이 균형을 이룬다. 나무들 사이로 도랑이 흐

〈그림 109〉 김후신의 통음대쾌(痛飮大快) 〔간송미술관〕

르는 모습도 무척 여유롭다. '실컷 마셔 통쾌하게 대취하다'라는 제목의 '통음대쾌'는 화원화가 김후신의 작품으로 통한다. 낙관이 없으나 그림 바깥의 테두리에 '이재(彛齋) 김후신 선생 풍속도'라는 서예가이자 수집가인 소전 손재형의 배관기(拜觀記)가 있기 때문이다. 이처럼 다산은 충분히 술을 이기고 감당할 만한 주량을 갖고 있었지만, 늘 절제하며 만취하지는 않았다.

다산은 '술이란 작은 술잔으로 입술만 적시는 정도에 그쳐야 한다'라고 말했다. 아들에게 보내는 편지에서 음주의 도를 다음과 같이 적고 있다.

『참으로 술맛이란 입술을 적시는데 있는 것이다. 소가 물을 마시듯이 마시는 저 사람들은 입술이나 혀는 적시지도 않고 곧바로 목구멍으로 넘기니 무슨 맛이 있겠느냐, 술의 정취는 살짝 취하는데 있는 것이다.』[340)]

두 아들의 술버릇에 대하여 엄하게 훈계하면서 '너희들은 내가 술을 반 잔 이상 마시는 것을 본 적이 있느냐'라고 물을 정도로 자제했고, 평소 음주량이 과하다고 생각했던 둘째 아들에게는 유배지에서 따끔하게 훈계하는 글을 보낸다.

『너처럼 배우지 못하고 식견이 좁은 폐족의 한 사람이 못된 술주정뱅이라는 이름까지 얻게 된다면 앞으로 어떤 등급의 사람이 되겠느냐. 술을 경계하여 절대로 입에 가까이 하지 말고, 제발 천애일각에 있는 이 애처로운 애비의 말을 따르도록 하여라.』[341]

자식을 가르치면서 글방이나 서당에서 자식이 책 한권을 다 읽어 떼었을 때 음식을 장만하여 스승과 동무들에게 한 턱을 내는 일이 있는데, 이를 일러 세서례(洗書禮) 혹은 책거리, 책례라고 한다. 이런 모습은 궁중에서도 엿볼 수 있다. 주상께서≪좌전(左傳)≫을 마치자 혜경궁(惠慶宮)께서 세서례를 준비했는데, 이 자리에는 술도 함께 준비되었다. 방언으로는 이를 책씻이라고 이르는데, 이 때 〈기쁨을 기록하여 성제에 받들어 화답하다[奉和聖製洗書禮 方言謂之冊施時 識喜] 12월 10일〉라는 한시가 전한다.

『성상의 나이 육십에 올랐는데 자전께선 학과에 충실한 것 기뻐하신다오
시골식으로 담근 술 찰랑찰랑한데 어울리는 가락 주악도 잇달았네』[342]

술을 경계했던 다산도 관리 시절 비가 오거나 업무에 지치면 술로 달래기도 하고[343] 혼자서 술을 마시기도 했다.

『이웃 거룻배에 밥짓는 연기 서리고, 낚시터 가까이에 배 매두었다.
벼슬아치 가련케도 너무 피곤하여, 느슨하게 탁주잔을 기울여 보네.』[344]

다산은 유배생활 중 차 외에는 술을 입에 대는 것을 무척 경계했으며 자식들에게도 늘 술을 멀리 할 것을 당부했다. 하지만 젊은 날에는 친구들과 어울려 술을 마시며 놀던 모습도 보인다.

『마주 대한 언덕 사이로 소금장이 늦게 서고, 솟아오르는 물결에 낚싯배가 흔들린다. 조정과 강호와는 그 거리가 얼마인가, 술 마시고 시 읊는 것 후생

들 차지라네.』[345]

죽란사에서 술을 마시며 소내 나룻배에서 고기 잡아 안주로 먹던 일을 추억하며 쓴 시이다.

『숲 짙어 시원하고 석양빛은 빛나는데, 버들잎은 엉성하고 오동잎은 지네그려. 소내의 거룻배들 저녁 낚시 나섰으리, 화양의 외로운 손 가을 옷이 아쉽다네. 미친 듯이 노래하면 곁에서 이상히 봐, 거나한 기분으로 장로 따라 돌아가리. 우이가 단짝이 된 것 내 상관 않는다만, 여기서야 속된 인연 통할 리가 있겠는가.』[346]

또한 죽란사에서 밤에 모여 술을 마시기도 하였다.[347]

『다정한 사람들 밤에 서로 찾았지, 술 딸며 시름까지 보태 딸고,
시가 지어지면 즐거운 걸 어떻게 해. 한생[348]은 꽤나 단아하더니,
요즘 와선 역시 미치광이 짓이야』

친구 이주신(李周臣)[349]의 산정에서 비를 만나 여러 친구들과 함께 흥풀이로 삼십운을 읊은 시 속에는 만취한 눈에 세상이 만만해 보이는 상황을 그리고 있으며, 식객이 술까지 찾는 볼 상 사나움을 꼬집기도 했다.[350] 시의 운은 점운법(玷韻法)을 썼는데, 바둑알 30개에다 각기 운 하나씩을 써서 병 속에 넣어 두고 그것을 하나씩 나오는데로 꺼내 이리저리 서로 이어서 말을 만들었다.

『미친 직성 붓과 먹으로 풀고, 총록과 오두막은 거리가 멀지.
세월 가면 흰머리는 다가오고, 취한 눈에는 하늘 땅도 별거 아니야』[351]

친구들과 헤어지며 술자리를 같이한 장면도 묘사되어 있다.

『탁주도 연유 같아 감칠맛이 별다른데 밤늦도록 은하수가 얘기 자리 비춰준다.
오래 있게 하려고 임천 너무 자랑하며 등촉을 잡고서 눈여겨 보란다네.』[352)]

아래의 한시는 다산이 담양에서 친구인 도호부사 이인섭(李寅燮)과 함께 꿩고기를 구워 술안주 삼아 술을 나누는 장면이다.

『기생에게 분부해 고기를 굽고, 아이 불러 술잔도 권하는구나.
타향의 벼슬살이 오래됐거니, 찾아 온 옛 친구가 응당 기쁘리.』[353)]

다산은 아홉 살 연상의 선배 홍운백(洪雲伯)[354)]과 교제가 밀접하였는데, 지금의 서울 중구 회현동 일대에서 더위를 피하여 취하도록 술을 마셨던 장면도 기록되어 있다.

『도포의 술자리에 함께 모여서, 문필의 숲 도리어 이루었구나.
하삭음[355)]을 우리가 마다할쏘냐, 꽃과 버들 온 성을 그늘졌거늘.』[356)]

어른들을 모시고 술을 마시던 장면도 시 속에 나온다.

『네 노인이 산각에 함께 모여 노는 풍류 계절은, 가을인데 그저 즐거움뿐이로세. 꽃 속에서 놀던 기생 가판을 두고 가더니, 달 아래 벗이 있어 술병을 차고 왔네.(중략)
은거 생활이 적성에 맞으면서도, 대릉 갈 기약은 늘 있지.
지방 술로는 상락주가 있고, 바람 거문고가 죽지사를 울린다오.』[357)]

다산은 부친을 모시고 지인들과 함께 한 술자리 장면도 기록하였다. 이 시에는 여름에 연잎으로 만든 '벽통배(碧筒杯)'라는 술잔이 나온다. 중국 삼국시대 위(魏)나라의 정각이 한창 더운 여름에 역성의 북쪽에 있는 사군림에서 손님들과 어울려 피서하면서 줄기가 달린 커다란 연잎을 원추형으로 말아 술 두 되를 담고 일과 줄기가 서로 통하게 비녀로 구멍을 뚫은 다음, 그 줄기를 코끼리의 코처럼 잡아 올려 여러 사람이 서로 돌려가며 빨아 마셨다고 한다. 참으로 풍류가 넘치는 술자리 경험으로 보인다.

〈그림 110〉 전통 벽통배의 모습

『물이 불어난 들녘에 새싹이 푸르고, 물에 비친 온갖 꽃 붉기도 하다.
회친 생선 새하얀 실처럼 쌓였고, 벽통배 술잔 감싸 돌려 마시네.』[358)]

원래 벽통배는 연잎 위에 술을 붓고 연잎 대의 구멍으로 빨아서 먹는 것으로 벽통음(碧筒飮)이라고도 하며 하엽주(荷葉酒)라고도 칭한다. 이러한 풍습은 현재 산동성 제남지역에 광범위하게 전해 내려오고 있다. 후대에 연잎을 따서 마시는 것이 불편하여 여러 가지 형태 즉, 옥, 나무, 금속 등으로 만든 벽통배로 마시는 것으로 변화되었다.

〈그림 111〉 후대 벽통배의 모습

≪다산시문집·시(詩)·송파수작(松坡酬酢)·더위를 없애는 여덟 가지 일(消暑八事)≫중 제5수인 〈서지상하(西池賞荷)[서쪽 연못에서 연꽃을 감상하다]〉에서도 벽통배를 노래하고 있다.

『술 마시기에 알맞은 코끼리코 술잔도 겸하였다네.
온갖 꽃이 어찌 미인을 시샘할 수 있으랴.
하늘이 이 아름다운 물건을 머물려 두어,
더위로 고통 받는 속인을 조용히 기다리었네.』[359]

여기서 구부러진 코끼리코 모양의 술잔(彎象鼻)이 바로 연잎을 따서 마시는 벽통배를 지칭한 것이다. 이러한 벽통배 고사는 아마도 단성식(段成式:803-863년)의 ≪서양잡조(西陽雜俎)·주식(酒食)≫에 근거한 것이며, 이규보(李奎報:1168-1241)의 시[360]에도 벽통배가 묘사되어 있다. 벽통배로 술을 마시는 관습은 이미 고려시대에서 조선시대에 이르기까지 광범위하게 존재하였던 것으로 보인다.

『은산 드리운 발에 해는 길고, 오사모 젖혀 쓰고 서늘한 바람 쐰다.
벽통배로 술 건네도 오히려 더워, 쟁반의 얼음 깨어 옥장을 씹는다.』[361]

황준량(黃俊良:1517-1563)의 시에도 벽통배가 등장한다.

『차 끓이던 육우처럼 백운 속을 거닐고,
연잎에 연대 이은 벽통배를 기울이리.』[362]

송나라 소동파(蘇東坡:1036-1101년)의 〈성 남쪽에 배를 띄우고 모인 자들 5명이 운을 나누어서 시를 짓다(泛舟城南会者五人分韵赋诗)〉(제3수)에는 "벽통이 굽은 코끼리 코가 되어, 백주에 연꽃의 쓴 맛이 약간 담겼다네(碧筩時作象鼻弯, 白酒微带荷心苦。)"라고 읊었으니, 아마도 우리나라에서 벽통배로 술을 마시는 관습은 소동파의 시에서 비롯된 것으로 보인다.

다산은 또 부패하고 혼탁한 관직생활을 떠나 시골에서 낚시생활을 하며 사는 소박한 삶을 몹시 동경하였다. 어부처럼 나무꾼처럼 낚시배를 타고서 낚시를 즐기면서 술을 마시는 모습들이 다수 기록되어 있다.

> 『방황하는 나그네 꿈 푸른 산을 맴돌다가, 비바람도 못 가리는 집 식구 데리고 왔죠. 재능 없는데 미련 없이 벼슬 일찍 버려야지요, 옹졸한 성품 세상 살기 어려움을 알았답니다.
> 고향에선 잔치 열어도 흘겨보는 사람 없고, 낚시배에서 술을 사 얼굴 늘 불그레하죠. 선인이 남기신 서책이나 점검하며, 여생을 그리 살기로 이미 작정을 했답니다.』[363)]

> 『혼자서 낚싯배를 연파에다 띄웠더니, 수종사 용문산이 멀리서 흥 돋우네. 버드나무 그늘 맑아 술통을 옮겨오고, 개구리밥에 부는 바람 거문고 줄을 울린다. 천상에서 부르심을 처음으로 들었다가, 한 쪽 멀리 도망 나와 있는 몸임을 깨달았지. 초야에 묻힌 몸을 님이 아직 기억하다니, 해질 무렵 배를 돌리니 눈물 줄줄 흐르네.』[364)]

〈그림 112〉 낚시배 ≪한국의 옛그림≫ 47쪽

〈그림 113〉 낚시를 즐기며 술마시는 모습 ≪한국의 옛그림≫ 57쪽

기산의 풍속도에는 이와 같이 강가나 바닷가에서 낚시하며, 풍경을 바라보고 술을 마시는 모습이 잘 묘사되어 있다. 다산이 유배지 강진에서는 제자들과 막걸리를 먹었던 장면들도 그의 시 속에 잘 묘사되어 있다.

『시냇마을 막걸리에 취해서 잤더니만
단풍나무 숲을 찾는 저녁 까마귀 날아드네』[365]

또 보성 복내면에서 유배지 강진 대구면으로 넘어오다 초여름 비를 만나 바닷가에서 제자 정수칠(丁修七:1768-미상)[366]과 막걸리를 마신 정경을 그리고 있다.

『골 깊어 꽃이 길에 널려 있고, 봄 무르익어 풀은 다리를 덮었네.
막걸리가 비록 값 없는 술이로되, 정이 중하니 맛도 먹음직하리.』[367]

족부(族父)라 칭하던 이조참판 해좌 정범조의 산거에서 다산 정약용과 함께 막걸리를 먹는 모습도 그려져 있다.

『나는야 관동지방 백발의 노인, 너는 곧 서울 장안 문장가로세.
가난해도 손님 접대 익숙한 처지라, 막걸리 술상이야 능히 마련해.』[368]

취하도록 술을 마시는 것을 경계했던 다산도 술은 취하게 만들어서 좋다고 술의 정취를 말하고 있다. 이 시에서 말하는 국미(麴米)는 술의 다른 이름으로 누룩으로 만든 술, 즉 막걸리를 말한다.[369]

『국미는 취하게 만들어 좋고
운화[370]는 안기를 비스듬히 하지』

상락주(桑落酒)는 조선 중후기에 중양절에 즐겼던 술로 가을 뽕잎이 떨어질 무렵에 빚는 술을 말한다. 상락주는 중국 하동의 상락 고을에 우물이 있는데, 뽕잎이 지는 시기에 그 물을 길어다 술을 빚으면 그 술맛이 매우 좋아 붙여진 이름이다. 음력 9월 9일을 중양절이라 부르는데, 양수인 홀수가 겹쳤다고 해서 중양(重陽) 혹은 중구(重九)라고 한다. 제비가 강남으로 돌아간 날이기도 하다. 세종 때에는 비중 있는 명절로 여겨 한양에 머무는 사신들에게 잔칫상을 베풀기도 했다. 다산의 시에도 상락주를 언급하는 구절이 나온다.

『가을이 오면 상락주를 잔 씻어 함께 나누겠지요.
술 취한 눈으로 석실서재[371] 지나와서,
미음촌 어귀 당도하니 술배도 많네 그려.』[372]

다산도 외로움이 사무치면 혼자서 술을 마시기도 했다. 이 시대에 유행하는 혼술(혼자 먹는 술)의 정경이 잘 나타나 있다. 다산은 다산초당에 머물면서 병증으로 인한 통증을 이기고자 낮술을 먹기도 하였다.

『국화 아래서 혼자 잔질하며 머나먼 곳 사람 생각 하네
궁벽한 땅 누구와 함께 있을까 해 저물어 국화 너를 가까이 하리
살짝 취해 시름 잠시 잊었더니 밝은 가지 새롭게 눈에 비치네
전해 듣기에 많은 백발들이 쓸쓸히 강가에 가 누웠다네』[373]

『습한 늪지 땅이라 항상 병에 시달려, 낮술로 얼큰히 취하여 보네.
조수가 밀려와 바닷물 불어나고, 독기 띤 구름 아래 나무 그늘 우중충.』[374]

또한 제자들이 바닷가에서 그물 치는 것을 구경하면서 낮술을 먹고 취해서 잠이 들었다가 저녁 무렵에야 까마귀 우는 소리를 듣고 깨어난 낮술

경험을 그리고 있다.

> 『섬가 따라 도노라면 그 흥도 만만찮아, 물풀 위에 바람 잘 때 그물을 또 친다네. 두메산골 태수가 참으로 좋은 직책이지, 모래 위의 어부들은 모두 노숙한 유자라오.
> 뜬세상에 세월 보내는 방법을 내 몰라서, 이내 마음 영원히 강호에 늙고 싶어. 시냇마을 막걸리에 취해서 잤더니만, 단풍나무 숲을 찾는 저녁 까마귀 날아드네』[375]

늘 술을 경계하고 조심하였던 다산이 술에 맞아 다음 날 쉽게 깨어나지 못하는 경우도 있었음을 고백하고 있다. 다산은 건강이 악화되자 혜장선사에게 차를 구하는 걸명소에서 "근육이 땡기는 병 때문에 간혹 술에 맞아 깨지 못한다네"라고 쓰고 있다.

다산의 시에는 술의 종류가 여럿 나오는데, 해배 후 고향에서 이웃 생원과 함께 낮부터 기장술을 먹은 장면이 나온다. 퍽 서민적인 모습이다.

> 『쓸모없는 나무가 오래 산다고 말을 마소.
> 고목에서 다시 꽃이 피게 되는 걸 보게 될 거야.
> 기장술과 두부 안주에 실컷 취하고 나면, 엄자산에 석양이 비낀 것을 믿지 못하네』[376]

〈그림 114〉 술 팔러 가는 모습, 기산풍속도

또 겨울 밤에 친구가 찾아오자 오두막에서 특별한 안주랄 것도 없이 언 부추(凍韮)를 안주 삼아 술을 마시는 정경을 그렸다. 호기롭게 풍류를 즐기는 모습으로 보인다.

『어느새 붓과 먹이 술과 안주와 섞이어라. 이러한 풍류가 오두막에서 일어나다니 볏짚 자리에 앉히어라. 요 깐 것보다 낫고 별맛 없는 언 부추도 사탕수수 먹는 것 같네.』[377)]

〈그림 115〉 낚시질 모습 ≪한국의 옛그림≫ 53쪽

막걸리는 농주(農酒)라 불렀다. 고된 농사일에 피로를 달래는 음식이었다. 송나라 사신 서긍의 ≪고려도경(宣和奉使高麗圖經)≫(1123년)에는 "고려인들은 술을 좋아하지만 좋은 술을 구하기 어렵다. 서민의 집에서 마시는 것은 맛이 텁텁하고 빛깔이 진하다"라고 해서 서민들이 탁주를 즐겼음을 알 수 있다. 이런 풍토는 조선 시대에도 여전했다. 다산은 백성들이 보리타작을 하면서 막걸리를 먹는 광경을 그리고 있다.

『새로 거른 막걸리 빛 우유처럼 뿌옇고, 큰 사발에 보리밥 높이가 한 자로세. 밥 먹고는 도리깨 들고 타작마당 나가서니, 검게 탄 두 어깨가 햇볕 아래 번들번들, 호야호야 소리 내며 발 맞추어 두드리니, 금방사이 보리 이삭 질펀하게 널려 있다.

주고 받는 잡가(雜歌) 소리 갈수록 높아지고, 보이느니 지붕까지 보리겨 날아 튀어오르는데, 기색들을 살펴보니 뭐가 그리 즐거운지, 마음이 육신의 노예가 된게 아니로세. 낙원과 낙교가 멀리 있는 게 아니거늘, 뭐가 괴로워 고향 떠나 풍진의 객이 될 것인가』[378)]

사실 보리수확은 이삭이 나온 후 35일 지난 망종(6월 5일경) 무렵이 최적기이다. 보리를 거두어들인 논에는 바로 모를 심어야 하기 때문에 타작은 모내기를 마친 다음에 한다. 보리타작은 도리깨로 보릿단을 내리쳐 낟알을 떨어뜨리는 작업으로 여러 사람이 노동요를 부르며 함께 작업을 했다. 떨어진 보리 낟알은 '보리드리기'라 하여 쭉정이와 겨를 날려 보내는데 1801년(순조 1) 6월에 정약용이 지은 '보리타작 노래[打麥行]'라는 시에는 이 모습이 구체적으로 묘사되어 있다. 정약용은 농부들이 노동요(雜歌)를 주고받으며 보리타작하는 것을 보면서 농부들이야말로 벼슬살이하는 풍진의 객과 달리, ≪시경≫에서 이상의 땅으로 노래했던 낙원(樂園)과 낙교(樂郊)에 거처하듯 힘든 노동에도 마음이 육체의 노예가 되지 않고 즐거워하고 있음을 부러워하고 있다.

다산이 쓴 시에는 막걸리가 농주로서 뿐만 아니라 일상에서 주로 백성들이 마시는 술이었음을 짐작하게 하는 시들이 많이 있다. 장터 모퉁이에서 막걸리를 파는 주막집 풍경을 그리고 있다.

〈그림 116〉 보리타작 모습 ≪한국의 옛그림≫ 71쪽

『모래밭 위는 생선 시장이요, 다리가엔 막걸리 집일러라. 언제나 목로집 계집들은, 붉은 머리털이 왜놈 종자 같아』[379)]

바닷가의 어부들에게도 막걸리는 노동의 피로를 잊게 할 목적으로 먹는 유용한 음식이었을 뿐만 아니라 뱃머리에 앉아 즐겨 마시는 술이었다.

『저녁 밀물은 얇고, 새벽 밀물은 매끄러운데. 강돈을 잡아 꿰기를 버드나무 가지로 했지. 막걸리 석 잔으로 풀고서는, 한쪽의 부들 돛에 남은 물건 다

맡기고, 날이 밝을 때까지 흐리멍덩 잠만 잤더니, 강물에 달이 잠겼구나』[380)]

막걸리는 거르지 않은 탁하고 걸쭉한 술이란 뜻의 탁료(濁醪), 하얀 술이라고 해서 백주(白酒), 술 도수가 낮다 해서 박주(薄酒), 신맛을 중화시키려 재를 넣은 탓에 회주(灰酒), 찌꺼기가 있는 술이라 하여 재주(滓酒)라 부르는 등 다양한 명칭으로 불렸다. 막걸리가 썩 좋은 술은 아니었음을 짐작케 하는 시도 있다.

『촌 늙은이 수시로 약간씩 취하나니,
못생긴 단지에 맛없는 막걸리로세.』[381)]

1부. 다산 정약용의 음식철학의 근간

1) 당시에는 본관으로 나주와 압해를 겸용해 오다가 압해현이 폐현되자 영조 때부터 나주를 본관으로 사용하고 있다.
2) 최효찬(2005), ≪5백년 명문가의 자녀교육≫(예담, 서울), 189~190쪽.
3) 이진숙(2008), ≪다산 정약용 자녀교육에 관한 연구≫(서울여자대학교 석사논문), 6쪽.
4) 7월 4일. 음력으로는 5월 13일이다.
5) 프랑스 예수회 출신 선교사 그라몽(Jean-Joseph de Grammont)신부에게 한국 천주교회 최초로 세계를 받았다.
6) 거중기란 1792년(정조 16) 다산 정약용이 왕명에 따라 1627년 독일인 선교사 슈레크가 저술한 기기도설에 실린 그림을 보고 고안한 운반도구로 밧줄과 도르레를 이용하여 무거운 물건을 들어 올리는데 사용한 물건입니다
7) 조성을(2016:501), ≪연보로 본 다산 정약용≫(지식산업사, 서울)
8) ≪목민심서≫는 유배 기간에 저술하다가 해배 후 완성하였음.
9) 이성낙(2018): ≪초상화, 그려진 선비정신≫(눌와)
10) ≪여유당전서·오학론(五學論)1≫, 1집 11권.
11) ≪여유당전서·전론(田論)2≫, 1집 11권.
12) ≪여유당전서·기유아(寄游兒)·1집≫(제21권)
13) 김태길(2010): ≪한국문화·조선시대의 선비와 오늘의 한국문화≫(≪학술원 논문집≫ 제39집)
14) ≪맹자(孟子)·리루(離婁)≫: 『可以取, 可以無取, 取傷廉.』
15) ≪목민심서·정법집(政法集)≫ 『廉者, 牧之本務, 萬善之源, 諸德之根, 不廉而能牧者, 未之有也.』
16) 『廉者, 天下之大賈也, 故大貪必廉, 人之所以不廉者, 其智短也.』
17) ≪목민심서·율기육조(律己六條)·청심(淸心)≫『廉者安廉, 知者利廉』
18) 『凡有所捨, 毋聲言, 無德色, 毋以語人.』
19) ≪목민심서·율기육조(律己六條)·청심(淸心)≫: 『廉者寡恩, 人則病之. 躬自厚而薄責於人, 斯可矣. 干囑不行焉, 可謂廉矣.』
20) ≪목민심서·율기육조(律己六條)·청심(淸心)≫: 『淸非難, 不見其淸爲難, 不恃其淸而操切陵轢人爲尤難.』
21) ≪목민심서·율기육조(律己六條)·청심(淸心)≫: 『恩情旣結, 私已行矣.』

22) ≪목민심서·율기육조(律己六條)·청심(淸心)≫: 『所貴乎廉吏者, 其所過, 山林泉石, 悉被淸光.』

23) ≪목민심서·율기육조(律己六條)·청심(淸心)≫: 『淸聲四達, 令聞日彰, 亦人世之至榮也.』

24) ≪목민심서·율기육조(律己六條)·청심(淸心)≫: 『牧之不淸, 民指爲盜, 閭里所過, 醜罵以騰, 亦足羞也.』

25) ≪목민심서·율기육조(律己六條)·낙시(樂施)≫: 『澤上有水, 以渟以滀, 將以洩疏, 以潤物也. 故能節者能施, 不能節者, 不能施也.~節用, 爲樂施之本也.』

26) ≪다산시문집 · 유용계판(踰龍谿阪)≫ (제1권)

27) 『春風處處煖爐靑, 僻居食力懷淳俗. 徑欲携家此中隱, 勝向塵途丐爵祿』

28) 한문문체의 하나로 변체문, 사륙문이라고도 하는데, 문자의 조직방식으로 대구・음률・전고・문사의 아름다움을 추구하는 문장 형식이다. 문학의 특색이 내용보다는 형식의 미를 추구하는 것이어서 유미주의・형식주의 문학이 성행하였던 남북조시대에 발달하였다.

29) 시파와 벽파라는 말은 정조의 정책에 어떤 입장을 취하느냐 따라 붙여진 이름이다. '시파(時派)'란 정조가 펼친 아버지 사도세자에 대한 정책들에 동의하지 않은 무리(주로 노론 주류)가 이에 동의하는 무리를 '시류에 편승한다'고 얕잡아 부른데서 기인한다. '벽파(僻派)'란 정조의 정책에 동의하는 무리(시파)가 그 반대 세력에 대해 '시류에 따르지 못하고 편벽(偏僻)되다'고 하여 붙여준 이름이다. 노론벽파는 정조의 탕평책을 반대한 세력으로 영조의 계비인 정순왕후 김씨의 처가인 외척을 중심으로 한 노론의 일부 세력이 중심을 이루었는데, 사도세자의 죽음을 주도하였다.

30) 『長夏愁城邑 扁舟返水鄕 村稀成遠眺 林茂有餘涼 衣帶從吾懶 詩書閱舊藏 行休苦未定 生理問漁郎』

31) 『生事秋仍拙, 交遊懶漸疎. 欲知康濟術, 唯有學樵漁』

32) ≪다산시문집·송파수작(松坡酬酢)·학산초당(學山草堂)≫(제6권), 『水北漁樵時自到 世間賓友不須招』

33) 제주한 일 : 제주(題柱)는 기둥에 글을 쓴다는 뜻인데 한(漢)나라 사마상여가 처음에 벼슬하기 위해 서쪽의 장안(長安)으로 들어갈 때 승선교(昇仙橋)를 지나가다가 다리 기둥에 "네 필의 말이 끄는 높은 수레를 타지 않고서는 이 다리를 지나지 않으리라."라고 쓴 일을 말한다. 곧 반드시 고관대작이 되어 금의환향하겠다는 각오를 드러낸 것인데, 다산은 그것이 다 부질없는 생각이라는 것이다.≪漢書 卷57 司馬相如傳≫

34) 『鄕里堪携隱, 京城又倦遊. 文章違俗眼, 花柳入羈愁. 屢擧遮塵扇, 長懷上峽舟. 馬卿亦賤子, 題柱俗何求』

35) 이 원문과 번역문은 정민(2017)의 ≪다산증언첩≫(휴매니스트 출판그룹) 537~538쪽에도 번역되어 있으나, 번역이 약간 다르다.

36) 고려 광종 때의 귀화인. 아버지는 쌍철(雙哲)이다. 본래 후주(後周) 사람으로 산동(山東)반도 등주에 있는 무승군(武勝軍)의 절도순관(節度巡官)·장사랑(將仕郞)·대리평

사(大理評事)를 지냈다. 현재 남아 있는 기록으로는 쌍기는 광종대의 혁신적인 과거 제도의 개혁에 역할을 주도하였다.

37) 특히 문장에 뛰어나 거의 20년 간 대제학을 맡아 외교 문서를 작성하였다. 과거 시관으로 지극히 공정을 기해 고려 말의 폐단을 개혁하였다.

38) 『蠻觸紛紛各一偏, 客窓深念淚汪然. 山河擁塞三千里, 風雨交爭二百年. 無限英雄悲失路, 幾時兄弟耻爭田. 若將萬斛銀潢洗, 瑞日舒光照八埏.』

39) 1807년 정약전이 정약용에게 보낸 편지를 보면 이때쯤 경제적 이유로 강진으로 집안을 모두 이주해 살려는 계획까지 했던 것으로 보인다. 정약전에 의하면 그 동안 집안 식구들이 이전의 경제적 습속을 버리지 못하고 특히 학초의 결혼비용으로 과다하게 지출되어 형편이 매우 나빠졌다고 한다. 이 때문에 정약전은 우이도에서 흑산도로 옮겨가 서당을 열어 생계비를 충당해야만 했다. 정해렴 역저, ≪다산서간정선≫(현대실학사, 2002), 128~132쪽.

40) 박미해(2014):〈다산 정약용의 가(家)와 가(家)의식-『거가사본(居家四本)』을 중심으로〉(≪사회와 역사≫제103집) 134쪽.

41) 하피(霞帔)란 원래 궁궐에서 비(妃)나 빈(嬪)이 입던 치마를 지칭하며, 민간에서 여인들이 입던 붉은색 치마는 홍군(紅裙)이라 지칭하였다. 하지만 홍군이란 말에는 기생이라는 뜻도 있어 이를 피하기 위해서 정약용은 '홍군' 대신 '하피'라고 이름 지었다.

42) ≪여유당전서·시문집·가계(家戒)·학연에게 보내는 가계 1810년 2월 다산 동암에서 쓰다≫ (제1집, 제18권)

43) 부인 홍씨의 본명은 홍혜완(洪惠婉:1761~1838)이며, 다산이 강진에 귀양살이 한지 6년이 되던 해(1806년12월)에 사언시(四言詩)와 함께 빛바랜 치마 다섯 폭을 보내온 것으로 보인다. 1776년 2월 22일 시집 올 적에 입었던 예복이다. 붉은 색은 이미 바래고 황색 또한 옅어져서 서첩으로 사용하기에 꼭 맞았다. 정인보(1983): ≪담원 정인보전집(2)≫(연세대학교 출판부, 1983), 95~96쪽.

44) 여기서의 쪽수는 윤동환의 ≪삶따라 자취따라 다산 정약용≫의 쪽수이다.

45) 『病妻寄敝裙, 千里託心素. 歲久紅已褪, 悵然念衰暮. 裁成小書帖, 聊寫戒子句. 庶幾念二親, 終身鐫肺腑.』

46) 『孝弟爲行仁之本. 然愛其父母, 友其昆弟者, 世多有之.』여기서 원문에는 '昆弟'의 '昆'을 '日'아래 '弟'를 아래위로 합친 글자로 썼으나, 이 글자는 '昆弟'가 맞는 것이다.

47) 『從父昆弟相愛如同胞. 使他人來館者, 閱日踰旬, 終不知孰爲孰父, 孰爲孰子. 方纔是拂家氣象.』

48) 『余無宦業可以田園遺汝等, 唯有二字神符, 足以厚生救貧, 今以遺汝等, 汝等勿以爲薄。一字曰勤, 又一字曰儉, 此二字勝如良田美土, 一生需用不盡。何謂勤？今日可爲, 勿遲明日, 朝辰可爲, 勿遲晩間, 晴日之事, 無使荏苒値雨, 雨日之事, 無使遷延到晴。老者坐有所監, 幼者行有所奉, 壯者任力, 病者職守, 婦人未四更不得寢, 要使室中, 上下男女, 都無一個游口, 亦無一息閒晷, 斯之謂勤也。何謂儉？衣取掩體, 細而敝者, 帶得萬古凄涼氣, 褐寬

博, 雖敝無傷也。每裁一領衣衫, 須思此後可繼與否, 如其不能, 將細而敝矣。商量及此, 未有不捨精而取疏者。食取延生, 凡珍脮·美鯖, 入脣卽成穢物, 不待下咽而後, 人唾之也。人生兩間, 所貴在誠, 都無可欺, 欺天最惡, 欺君欺親, 以至農而欺耦賓, 而欺伴, 皆陷罪戾。唯有一物可欺, 卽自己口吻, 須用薄物欺罔, 瞥過霎時, 斯良策也。』≪여유당전서 ·文集·家誡·또 두 아들에게 가훈을 보여줌(又示二子家誡)≫(권18)

49) 『余無宦業, 可以田園遺汝等. 唯有二字神符, 足以厚生救貧. 今以遺汝等, 汝等勿以爲薄. 一字曰勤, 又一字曰儉, 此二字, 勝如良田美土, 一生需用不盡.』

50) 박미해, 앞의 논문 134~135쪽

51) 『歲去春來漫不知, 鳥聲日變此堪疑. 鄕愁値雨如藤蔓, 瘦骨經寒似竹枝. 厭與世看開戶晩, 知無客到捲衾遲. 兒曹也識銷閒法, 鈔取醫書付一鴟. 千里傳書一小奴, 短檠茅店獨長吁. 稚兒學圃能懲父, 病婦緶衣尙愛夫. 憶嗜遠投紅稬飯, 救飢新賣鐵投壺. 施裁答札無他語, 飭種檿桑數百株.』

52) ≪하피첩≫12쪽.

53) 『若其年長汝等, 父事之. 倘與爲敵, 汝等結爲昆弟亦可也.』

54) 『吾望汝等深幸潛心硏究, 通其蘊奧, 吾雖窮無悶也.』

55) 정요일, 〈유가의 자연관〉(≪어문연구(148호)≫(한국어문교육연구회, 2010), 440쪽.

56) 한강의 북한강·남한강 주변경관과 한강과 서울의 인왕산, 북악산 등의 경관을 그린 화첩으로 총 33점으로 이뤄짐.

57) 죽란시사는 채제공의 아들 채홍원과 정약용이 같이 주도하였고, 15명의 회원 중 9명이 초계문신이었다. 7차례의 정기모임 이외에도 득남한 자가 있을 때, 지방수령으로 나가는 자가 있을 때, 품계가 승진된 자가 있을 때 임시모임을 가졌다.

58) 최인애, ≪다산 정약용의 자연관이 원림조영에 미친 영향에 관한 연구≫(상명대학교 대학원, 박사학위 논문, 2014), 19쪽.

59) 심우경, ≪조선후기 지식인들이 선호한 조경식물과 조경문화≫(≪한국실학연구≫12집, 2006), 100~101쪽.

60) 윤인현(2012): 〈다산의 한시에 나타난 선비정신과 자연관〉, 141쪽.

61) 윤인현(2012:142) 참고.

62) 『仰天視征鳥, 頡頏飛與俱. 牛鳴顧其犢, 鷄呴呼其雛』≪다산시문집·시(詩)·사평에서의 이별(沙坪別)≫(제4권) 사평별(沙坪別)은 제목 아래 다산의 해설이 있는 데, "아내와 이별한 것이다. 사평촌은 한강의 남쪽에 있다(別妻子也。沙坪村在漢江之南。)"라고 되어 있다.

63) '오릉증자'는 〈맹자〉에 나오는 진중자로 결벽증에 가까운 청렴한 사람이었다. 벼슬살이 하는 형의 집에 가니 큰 거위가 한 마리 있어 어머니와 함께 맛있게 요리해 먹었다. 조정에서 돌아 온 형이 그 거위는 뇌물로 받은 것이라 하니 진중자가 모두 토해 냈다고 한다. 결국은 세상 사람과 함께 살지 못하고 산속으로 들어간 인물이다.

64) 爾老無生計, 吾歸作庶人(중략)妻病爐無藥, 兒勤案有塵

65) 환국은 조선 숙종 때의 정치적 상황으로, 갑작스럽게 정권이 교체되는 국면이라는 뜻이다. 당시 서인과 남인의 치열한 붕당정치 속에서 왕권 강화를 도모한 숙종이 일방적으로 지배세계를 교체한 상황을 일컫는다. 환국은 총 3번 있었다. 경신환국(1680, 숙종6년, 서인집권), 기사환국(1689, 숙종15년, 남인집권), 갑술환국(1694, 숙종20년, 서인집권)

66) 원림은 집터에 딸린 뜰을 뜻하는 것으로 정원을 말함.

67) 황민선, ≪다산 정약용의 원림시 연구≫(전남대학교 대학원 박사학위논문, 2017), 11쪽

68) 황민선(2017)의 전게서, 11쪽

69) 정민, ≪동아시아 문화연구·다산 정약용의 이상주거론≫(한양대학교 동아시아연구소, 47집, 2010), 128쪽

70) 사암이란 '초가에서 기다리다'라는 의미다. '자신이 꿈꿨던 사회를 이룩한 다음 세대를 기다린다.'는 마음을 것이다. 그 밖에도 삼미(三眉), 자하도인(紫霞道人), 탁옹, 태주, 문암일인, 철마산초 등이 있다. 당호는 여유당, 시호는 문도이다.

71) 백운동(白雲洞)원림은 강진군 성전면 월출산 옥판봉 자락에 위치하고 이담로(李聃老:1627~1701)가 만년에 은거하여 조성한 별서로, 이담로의 6대손 이시헌(李時憲, 1803~1860)은 정약용의 제자임. 백운동 유람 후 12곳의 명승을 노래한 13수의 시를 짓고, 초의를 시켜 백운동도(白雲洞圖)와 다산초당도(茶山草堂圖)를 그리게 하여 『백운첩(白雲帖)』으로 묶었음.

72) 박석무, ≪다산이야기≫에서 재인용, 조헌영, 〈한의학적 측면에서 본 다산의학의 특색〉

73) 신동원, ≪유의의 길 : 정약용의 의학과 의술≫(다산학 10호, 2007), 171쪽

74) 일제강점기에 한의학의 명맥을 잇고자 각종 학술활동을 전개한 한국 한의계를 대표하는 인물 중 한 사람이다.

75) 신동원, 전게서, 173~174쪽

76) 정규영, ≪사암선생연보≫(정문사, 1984), 1쪽

77) 신동원, ≪병과 의약생활로 본 정약용의 일생≫(다산학 22호, 2013), 259-328쪽. 이하 '신동원(2013)'으로 약칭

78) 이성낙, 가천대 피부과 의사와 교수, 총장을 역임함.

79) ≪마과회통≫(여유당전서 제1집 13권), 11쪽

80) ≪鯉煙篇贈張生≫(여유당전서 제1집 1권), 15쪽

81) ≪다산시문집·시·장난삼아 두통가를 지어 의사에게 보이다[戲作巔疾歌示醫師≫ (제2권, 여유당전서 제1집 2권), 3쪽. 『鑿鑿復旋旋 鑿如錐鑽旋如鏇 忽去復來旋復鑿 腦袋一幕迷雲煙 顱圓象天百體戴 汝來鑿鑿天將穿 醫云血海虛 風邪據其巔 非非定是鬼揶揄 陳根腐葉休熬煎 撚取艾炷大如拳 灼破鬼穴令魂遷 火烈鬼去心豁然』

82) '말라리아'를 한방에서 이르는 말

83) 다산학술문화재단(2012): ≪여유당전서 미수록 다산간찰집(이하'다산간찰집'으로 약칭)≫(서울), 37쪽

84) 『吾自嘉慶壬戌之春, 便以著書爲業, 藩牆筆硯, 蚤夜不息, 左臂麻痺, 遂成廢人, 瞳神暴暗, 唯恃靉靆。若是者何也?』≪여유당전서·문집(文集)·가계(家誡)·두 아들에게 보이는 가훈(示二子家誡)≫(卷十八)

85) 신동원, 전게서, 319쪽

86) 벌집을 배게 걸러서 즙을 짜내고, 뱀허물을 재가 안 되게 살짝 볶은 다음 단사를 넣어 만들었는데, ≪동의보감≫에 기술된 내용과 동일함.

87) ≪남고윤참의묘지명≫을 보면 "이 때 주상이 얼굴의 부스럼으로 편치 못하였다. 공이 불러 묻기를, 생달나무(生達樹)의 씨를 가져다가 기름을 짜면 그 기름으로 부스럼을 치료할 수 있는가?" 하였으니, "공이 옛날에 들려 드린 적이 있었던 것 같다" 라는 기사가 쓰여 있다.

88) 사향(麝香), 주사(朱沙) 등을 갈아서 빚어 만든 환약, 위장을 맑게 하고 정신을 상쾌하게 하는데 쓴다. 12월 세시풍속 중 하나로 원래 임금이 신하들에게 당시의 3대 비상약인 청심환, 안신환, 소합환을 내리는 납약이라는 것이 있었다. 소합환(蘇合丸)은 곽란(霍亂:음식이 체하여 갑자기 토하고 설사하는 급성 위장병)을 다스리는데 쓴다고 한다.

89) ≪和寄餾合刷瓶韻≫(여유당전서 제1집, 다산시문집 제5권), 20쪽

90) 황련은 우리나라 중국, 일본 등지에서 재배되는 식물로 노란색의 뿌리줄기를 말려 약재로 사용한다. 항산화, 항염, 항균 효능이 탁월하며, 기관지에 작용해 가래를 녹이는 것으로 알려져 있다.

91) 정약용의 ≪의령≫(잡설 7)

92) ≪詩·松風樓雜詩≫(여유당전서 제1집, 다산시문집 제5권), 34쪽

93) 『時煮橘皮疏病肺, 新醅松葉潤枯腸.(중략)山居無事不婆娑, 薖軸夷然守澗阿』

94) 『老人一快事, 髮鬜良獨喜. ~老人一快事, 齒豁抑其次~老人一快事, 眼昏亦一快~老人一快事, 耳聾又次之~老人一快事, 縱筆寫狂詞~ 老人一快事, 時與賓朋奕.』

95) ≪다산간찰집≫ 249쪽

96) 신동원, 전게서, 177쪽

97) 1798년(정조 22년)에 정약용이 편찬한 의서 1권. 활자본. 정약용의 '여유당전서'의 ≪마과회통≫ 권말에 1권으로 되어 있다.

98) ≪목민심서(牧民心書)·애민(愛民)6조·제5조 관질(寬疾)≫(제7권)

99) 정종영, ≪마과회통, 역병을 막아라 : 정약용이 전염병과 싸우는 생생한 역사의 현장≫(애플북스, 2020), (국립중앙박물관, 테마전, 2020) 25쪽

100) 두진(痘疹), 두역(痘疫), 두질(痘疾), 완두창(豌豆瘡), 반진(斑疹), 창진(瘡疹), 포창(疱瘡), 반창(瘢瘡) 등 다양한 이름으로 불렸다.

101) "이헌길(李獻吉)의 자는 몽수(夢叟)이고, 또 다른 자는 몽수(蒙叟)이다. 왕손(王孫)으로서 공정왕(恭靖王 정종(定宗))의 별자(別子) 덕천군(德泉君) 후생(厚生)이 그의 선조이다. 후생 이후에는 대대로 빛났는데, 총재(冢宰 이조 판서) 준(準)이 더욱 드러났다. 몽수는 어려서부터 총명하고 기억력이 뛰어났으며 장천(長川) 이철환(李嚞煥) 선생을 종유(從游)하여 많은 책을 널리 보았는데, 이윽고 ≪두진방(痘疹方)≫을 보고는 홀로 잠심(潛心)하여 연구하되 남들이 모르게 하였다." 실학자 이길환에게 가르침을 받은 뒤 자신이 익힌 학문으로 백성들을 돕고 싶다는 생각에 서였다. 이헌길은 특히 홍역, 천연두 등 역병 치료법을 찾는 데 몰두했다. 십 수 년에 한 번 발생하는 역병의 원인을 역귀로 여긴 탓에 피해가 막심했기 때문이다. 환자를 격리시키거나 역귀 쫓는 의식으로 병을 이겨 내지 못한 것은 당연한 일일 것이다. 그 결과 현종 때 역병이 번져 한 마을 사람이 모두 사망하는가 하면 영조 때는 한 해에 60만 명이 죽기도 했다. 이헌길은 밤낮으로 수많은 의학 서적을 읽고 마침내 치료법을 찾아 ≪마진기방≫이라는 책을 엮고 전국을 돌며 역병 예방과 치료에 힘썼다. 정약용의 ≪몽수전≫에 적힌 글이다.

102) 송나라의 정치가 범중엄(范仲淹). 문정은 시호. 호는 휘악(輝岳)이고, 요동 심양(沈陽)사람이다.

103) 정민, ≪초정과 다산≫ (문학동네, 2013)

104) 김상현·백유상·정창현·징우창, ≪신찬벽온방의 온역 인식 및 벽역서로서의 의의에 대한 고찰-동의보감·온역문과의 비교를 중심으로-≫ (대한한의학원전학회지, 2013) 26-34

105) 장지연, ≪조선 후기 도성도를 통해 본 단묘 인식≫ (조선시대사학보 45, 2008), 280-283쪽

106) 『麻科會通洪本一帙。汝何不買取之。明與家本校讎。知其爲純用採用。每以傳聞之說。模糊報來耶。若果純用吾本。則必由洪哨官得之也。』

107) ≪다산간찰집≫ 10쪽. 이는 박훈평(2020:144)의 〈조선 후기 '경악전서'의 수용〉에서도 확인됨.

108) 1780년(다산 19세): 미상, 태어나지 못하고 태아상태에서 사망/ 1781년(다산 20세): 장녀, 여덟 달만에 출산되어 나온 지 나흘 만에 사망/ 1791년(다산 30세): 3남, 만 2살이 겨우 지나 두옹(痘癰, 천연두로 생긴 부스럼)으로 사망/ 1794년(다산 33세): 2녀, 태어나 22개월여 만에 천연두로 사망/ 1798년(다산 37세): 4남, 태어난 지 22개월 만에 천연두로 사망/ 1798년(다산 37세): 5남, 태어난 지 열흘이 지나 미처 이름도 짓기 전에 천연두로 사망/ 1802년(다산 41세): 6남, 세 살 때 두진(痘疹)으로 사망

109) ≪여유당전서·시문집·완두가(豌豆歌)≫ (제1집, 1권), 30쪽

110) 최규헌(崔奎憲, 1846~?)이다. 최규헌은 자가 윤장(胤章), 호는 몽암(夢庵)이다. 그는 고종 원년인 1864년에 갑자식년(甲子式年) 의과(醫科)에 급제하여 태의원전의

(太醫院典醫), 삼등군수(三登郡守)를 역임했는데, 특히 소아과로 유명했다. 『소아의방』은 1912년 광학서포(廣學書鋪)에서 처음 출판되고 1936년에 ≪몽암유고(夢菴遺稿) 소아의방≫이라는 이름으로 활문사(活文社)에서 간행되었고, 1943년에는 ≪신역주해 (新譯註解) 소아의방≫이라는 이름으로 행림서원(杏林書院)에서 출간되었다. 나중에 나온 ≪간명주해(簡明註解) 정다산(丁茶山) 선생 소아과비방(小兒科祕方)≫이라는 책도 1943년에 나온 신역주해(新譯註解) 소아의방과 같은 내용의 책이다.

111) ≪다산시문집·서(序)·촌병혹치서(村病或治序)≫(제13권)

112) ≪다산시문집·서(序)·촌병혹치서(村病或治序)≫(제13권)

113) 박상영, ≪조선 후기 실학자의 의학문헌 연구≫(고려대학교 대학원 박사학위논문, 2016), 145쪽

114) 조선시대 도성 내에 거주하는 병자들을 구호하고 치료하는 일을 담당하던 관서, 고려 초부터 있던 동서대비원(東西大悲院)을 계승한 것으로 세조 12년 활인서로 이름을 바꾼 것임.

115) 조선 세종 때 왕명으로 편찬된 동양 최대의 의학사전, 266권 264책. 한독의약박물관 소장

116) 『凡大醫治病, 必當安神定志, 無欲無求. 先發大慈惻隱之心, 誓願普救含靈之苦. 若有疾厄來求救者, 不得問其貴賤貧富, 長幼姸蚩, 怨親善友, 華夷愚智, 普同一等, 皆如至親之想. 亦不得瞻前顧後, 自慮吉凶, 護惜身命. 見彼苦惱, 若己有之, 深心悽愴, 勿避嶮巇·晝夜·寒暑·飢渴·疲勞. 一心赴救, 無作工夫形迹之心. 如此可爲蒼生大醫, 反此則是含靈巨賊.』≪의방유취(권1)·총론(總論)1·비급천금요방(備急千金要方)≫(고전종합DB) 중 〈대의(大醫)의 마음가짐에 대해 논함(論大醫精誠)에서 인용

117) ≪다산시문집·대책(對策), 인재책(人才策)≫(제8권)(고전종합DB)

118) ≪다산시문집·새해에 집에서 온 서신을 받고[新年得家書]≫(제4권)(1802년)

119) ≪다산간찰집≫159쪽

120) 연안(延安)이씨, 생몰연대 미상, '연원부원군 이광정'의 후손이며, 1801년11월 장흥유배 ~1819년 해배. 1801년경 '황사영 백서사건'에 대한 조사를 받고 '정약용, 정약전' 형제를 포함하여 전라도 남쪽으로 찬배된 6인의 유배객중 한명이다.

121) ≪다산간찰집≫199쪽 『季方所敎, 今玆檢方謄去, 本無所知, 謬爲人所困如此, 自笑而已. 此後幸勿相慁.』

122) ≪다산간찰집≫12쪽

123) ≪여유당전서·시문집·서·두 아들에게 붙임(4)≫(제1집, 21권)

124) 정약용, 『아들 학연에게 주는 내려주는 교훈2』, ≪유배지에서 보낸 편지≫, (정약용 지음, 박석무 편역, 2006), 178~179쪽. ≪다산간찰첩≫11~12쪽.

125) 정지천((2011)의 전게서, 18.

126) ≪다산시문집·서·두 아들에게 부침(4)≫(≪여유당전서≫ 제1집, 21권)

127) 김정호, ≪조선의 탐식가들≫(도서출판 따비, 2012), 16~17쪽.

128) 윤성희(2021): ≪다산의 철학≫(포르체), 54쪽.

129) 정약용 지음·김종권 역주, ≪아언각비≫(일지사, 1992)

130) ≪여유당전서(與猶堂全書) 제1집·잡찬집(雜纂集) 제24권≫

131) ≪다산시문집·기(記)·천진암(天眞菴)에서 노닐은 기≫(제14권)

132) 조선시대 초기부터 있던 한성부 남부 11방 중의 하나로서, 방 안에는 동현계의 동현동·사정동·박궁동·조동, 명동계의 명동, 장악원계의 장악원동, 소룡동계의 소룡동, 대룡동계의 대룡동, 남산동계의 남산동, 종현계의 종현동, 저동계의 저동이 있었으며, 현재의 행정구역으로는 남대문로1·2가·을지로2가·명동1·2가·충무로1·2가·회현동2·3가·장교동·저동1가 각 일부와 남산동1·2·3가 각 일원에 해당한다.

133) 초천은 마현 앞의 시내로 현 남양주시 조안면 능내리 지역이다.

134) 진나라 사람. 자는 계응.

135) 『~생략~意苕川打魚其時也。制大夫非謁告。不得出都門。然謁之不可得。遂行至苕川。~하략~』

136) 『園田一二頃，土軟蔬果肥。脏鐐雖不備，亦足充吾饑。』

137) ≪다산시문집·시(詩)·거룻배를 타고 여울을 거슬러 올라가 미음촌에서 유숙하다(乘小艇泝流宿渼陰村)≫(제3권)

138) 『水宿星垂戶，山餐草滿盤。行藏雖未決，卽此已心寬。』

139) 미음(渼陰)은 미수(渼水) 또는 미호(渼湖)라고도 하는데, 그 근처에 김상용과 김상헌(金尙憲)의 무덤과 이들의 위패를 봉안한 석실서원(石室書院)이 있다. 미음촌 역시 이 석실서원과 멀지 않다. 현재 지명으로는 남양주 부근 유역이다.

140) 石室書齋醉眠過，渼陰村口酒船多。白鷗元是何如鳥，黃帽漁郎盡此歌 〈팔월 이일 중씨(仲氏)가 가권을 거느리고 동으로 돌아가실 때 윤무구(尹无咎)와 함께 배를 타고 같이 가면서 주죽타(朱竹垞)의 원앙호도가(鴛鴦湖櫂歌) 등 여러 운(韻)에 차운하였다〉

141) ≪다산시문집·시(詩)·(송파수작·한암자숙도)≫(제6권)

142) 상아(桑鵝)는 뽕나무 위에 생긴 버섯, 상황버섯을 말하고, 숙유는 두부의 별칭이다.

143) 포새(蒲塞)는 불교용어로 오계(五戒)를 받은 남자를 말한다.

144) 감주(紺珠)는 손으로 만지면 기억이 되살아난다는 불가사의한 감색의 보주로 당나라 때 장열(張說)이 다른 사람에게서 선사받은 것이라고 전하는데, 여기서는 서책에 비유한 말이다.

145) 한암자숙도, 다산의 시문, 김지용, 555쪽

146) ≪다산시문집·시(詩)·천진소요집(天眞消搖集)·여름날 전원의 여러 가지 흥취를 가지고 범양 이가의 시체를 모방하여 이십사 수를 짓다(夏日田園雜興效范楊二家體二十四首)신묘년≫(제7권)

147) 『蒜葩生鬚玉瓣成, 瓜藤疊葉隱黃英。筍鷄剩有桑鵝糝, 詩會無憂骨董羹。』

148) 홍만선, ≪산림경제(山林經濟)·치포(治圃)·버섯 양식하는 법(生蕈菌法)≫(제1권)

149) 홍만선, ≪산림경제(山林經濟)·구급(救急)·버섯독(菌蕈毒)≫(제3권)

150) 『楓樹菌食之。令人笑不止而死。飮地漿最妙。』

151) ≪다산시문집·시(詩)·단양산수가를 지어 남고에게 보이다(丹陽山水歌示南皐)≫(제2권)

152) 『弗灸松菌鱠溪鱖 歡然笑謔充客腸』

153) 나리포는 또는 나시포라 불렀던 원 나포(羅浦)는 금강에 돌출해 있는 공주산 아래에 위치하고 있다. 「대동지지」 임피현 조에 "나리포는 진포의 다른 이름이다. 동으로는 함열의 웅포와 접하고 서쪽으로는 옥구의 군산에 접하며 앞에 바다가 있다는 기록이 있다.

154) ≪목민심서(牧民心書)·호전(戶典) 6조·제3조 곡부(穀簿)·하(下)≫

155) ≪다산시문집·시(詩)·경의 뜻을 읊은 시(經義詩)·절에서 밤에 두부국을 끓이다(寺夜鬻菽乳)≫(제7권)

156) 『五家之醵家一鷄, 壓菽爲乳筠籠提。切乳如骰方中矩, 串用茅鍼長指齊。桑鵞松蕈錯相入, 胡椒石耳芬作虀。苾蒭戒殺不肯執, 諸郎希韝親聶刲。折脚鐺底榾柮火, 沫餑沸起紛高低。大碗一飽各滿志』

157) 두부의 이름은 원래 자아순(自雅馴)인데, 우리나라 사람들은 이를 방언이라 생각하여 따로 '포(泡)'라고 이름하여 사용하고 있다(정약용 지음·김종권 역주, ≪아언각비≫(권1), 90쪽).

158) 정약용 지음·김종권 역주, 전게서, 90쪽

159) ≪목민심서≫, 율기6조·제5조 절용

160) 행조(行竈) : 휴대용 취사도구

161) 죽식라(竹食籮) : 대나무로 만든 도시락

162) 유두(乳豆)란 두부를 지칭한다.

163) ≪목은시고·시(詩)·대사(大舍)가 두부를 구해 와서 먹여 주기에≫(제33권)

164) 『菜羹無味久, 豆腐截肪新. 便見宜疏齒, 眞堪養老身.』

165) ≪사가시집·시류(詩類)·강청천(姜菁川)과 함께 일암(一菴) 전상인(專上人)을 방문하기로 약속해 놓고 병 때문에 갈 수가 없으므로, 시로써 사죄하다≫(제10권)

166) ≪사가시집·윤상인(尹上人)이 두부를 보내 준 데 대하여 사례하다≫(제40권)

167) 『豆腐軟堪炙, 茶湯香可煎.』~ 중략.

168) 소순(蔬筍) : 채소와 죽순을 말함.

169) 『餉來豆腐白於霜, 細截爲羹軟更香. 耽佛殘年思斷肉, 飽將蔬筍補衰腸』

170) ≪성소부부고·설부5·도문대작≫(제26권)

171) ≪성소부부고·한정록·치농(治農)·검소함을 익힘≫(제16권)

172) ≪성호사설·만물문·두부≫(제4권)

173) ≪성호사설·만물문·숙(菽)≫(제6권)

2부. 다산 정약용의 음식생활

1) 소문사설의 뜻은 '들은 것을 적지만, 아는 대로 말하다'이다. 1730년 경에 나온 책으로, 편찬자는 의관 이시필(李時弼)이라는 설과 역관 이표(李杓)라는 두가지 설이 있다. 일상에 필요한 것들을 정리하였는데, 식치방(조리편)에서 28종의 당시 솜씨 있는 요리의 비법을 수록하였다.

2) 정지천, ≪명문가의 장수비결≫(토트, 2011), 16쪽.

3) 정지천, 같은 책, p.278.

4) 서거정의 ≪사가시집·시류(詩類)·가을날에 회포를 쓰다(秋日書懷)≫(제5권) (紫蟹已兼香稻味, 黃花還與濁醪謀)

5) 서거정의 ≪사가시집·시류(詩類)·어떤 사람이 술과 게를 보내준 것을 기뻐하다(喜人送酒蟹)≫(제5권) (左手持螯右手杯)

6) 서거정의 ≪사가시집·시류(詩類)·또 앞의 운을 사용하다≫(제9권) (羹芹膾鯽眞堪樂,把酒持螯亦足懽)

7) 『남과 함께 회(膾)를 먹을 때에는 개장(芥醬)을 많이 먹음으로써 재채기해서는 안 되며, 또한 무를 많이 먹고 남을 향해 트림하지 말라(對人喫膾, 不可多食芥醬以嚏涕, 亦勿多食蕪菁向人致噫) ≪청장관전서·사소절1(士小節一)·복식(服食)≫(제27~29권)

8) 『食蕪菁甘瓜, 以其餘與人, 必以刀削其齒痕.』

9) 『老去口饞誰似吾, 頓忘宜忌與精麤。逢場大飽如塡塹, 謀食平生似守株。』

10) 이한, ≪요리하는 조선남자≫(청아출판사, 2015), 237쪽.

11) 계극(棨戟)이란 관리가 밖에 나다닐 때 앞에서 길을 인도하는 의장용의 나무로 만든 창.

12) ≪다산시문집·중흥사에서 하룻밤 자다(宿中興寺)≫(제2권) 『露坐衣裳冷 雲游步履輕. 祇林容客旅 精舍慣逢迎 倦就山蒲席 飢甘海菜羹 老髡陳棨戟 高枕見浮榮』

13) ≪다산시문집·구월 십팔일 중형을 모시고 윤이숙 · 윤무구 · 이휘조와 함께 북한산성을 유람하며(九月十八日陪仲氏與尹彝叔无咎李輝祖游北漢山城)≫(제2권)

14) 『誰斲觚稜巧 超然有此臺 白雲橫海斷 秋色滿天來 六合團無缺 千年漭不回 臨風忽舒嘯

類仰一悠哉』

15) ≪다산시문집≫, 제1권, 〈눈 내리는 밤 내각에 음식을 내리시어 삼가 은례를 기술하다.〉

16) 은풍은 경상도 풍기군의 속현, 준시는 그곳에서 생산되는 감으로 껍질을 벗겨 꼬챙이에 꿰지 않은 채 말린 것이다. 서리가 앉았다는 것은 곶감에 피어난 흰가루를 묘사한 것이다.

17) 감복은 마른 전복을 불려 설탕가루나 기름, 간장 등에 잰 음식이고, 글자를 비춘다는 것은 전복 껍질의 광택이 밤에 글자를 식별할 정도로 빛난다는 뜻이다.

18) 『閣中小吏來報喜, 珍羞天降十人擎. 蹌踉赴筵不敢後, 群公待我纔傳觥. 紅棗糕團蜜作餡, 綠藕切細蔗俱烹. 殷豐蹲柹潑霜厚, 蔚山甘鰒照字明. 山猪割肪熊熱燎, 比目之腊重脣鯖. 種種仙妙難具述, 頓令措大口吻驚.』

19) ≪다산시문집·여름에 읍청루에서 목 정자 조영 등 제공을 모시고 술을 마시며≫(제1권)

20) 몸통이 좁으면서 긴 쌀로 질이 좋은 쌀을 가리킨다.

21) 축항어 : 목이 짧은 고기로 축경편(縮頸鯿)이라 하는데 곧 병어를 가리킨다. 이색(李穡)의 ≪목은시고·시(詩)·남경 영공(南京令公)이 햅쌀을 보내 준 데 대하여 사례하다≫(제24권)에는 '축두편(縮頭鯿)'이라고 쓰여져 있다. 같은 물고기인 것으로 추측되나 문제는 병어라고 볼 때에 한강에서 잡힌 기록이 된다. 한강에서는 병어가 잡힐 수가 없기 때문이다. 목이 짧은 고기로 축경편이라 하는데, 곧 병어를 가리킨다.

22) 『臨水紅樓縱目初,綠波如帶繞王居.湖漕舊貢長腰米,浦市新賒縮項魚. 帥府練兵須宰相,倉曹辟屬賴尙書.憑欄小醉何傷禮,知故城南盡喫蔬.』

23) 담담정은 조선 초기 세종대왕의 아들 안평대군이 지은 정자로 서울의 마포 부근에 위치했다. 현재는 헐리고 터만 남아 있다. 초원 김석신은 진경산수화 시대 말기에 활약한 화가로 진경풍의 그림에 정감이 깃든 회화미를 덧붙여 풍속화를 그려냈다.

24) 『麥嶺崎嶇似太行, 天中過後始登場. 誰將一椀熬青麨, 分與籌司大監嘗.(중략) 新吐南瓜兩葉肥, 夜來抽蔓絡柴扉. 平生不種西瓜子, 剛怕官奴惹是非.(중략) 萵葉團包麥飯呑, 合同椒醬與葱根. 今年比目猶難得, 盡作乾鱐入縣門.(중략)』

25) 春晩河腹羹, 夏初葦魚膾, 桃花作漲來, 網逸杏湖外.

26) 고전종합DB의 다산시문집은 한국고전번역원 양홍렬(역)[1994]으로 되어 있어 당시의 접시에 올라간 것이 '김무침'인지 분명하지 않으니, 번역자의 의도를 존중하여 김무침으로 번역하였다.

27) 『石苔充豆朼牽髮, 山穭烹鎗飯有沙.』

28) ≪낙전당집(樂全堂集)·시(詩)·오언배율(五言排律)≫(제2권)

29) "藿者。海帶也。方言曰麻欲。苔者。海苔也。或稱甘藿, 甘苔。而苔又多種。有紫苔, 俗名曰海衣。方言曰昳。青苔。小異大同者。五六種也。"

30) 이하 '≪승람≫'으로 약칭함.

31) ≪다산시문집 소장공 동파 시에 화답하다(和蘇長公東坡) 8수≫(제5권)

32)『憶在長鬐縣, 被驅抵荒村 村居頗疏豁, 曠然恢籬垣 主人老業圃, 力役分兒孫 培壅解敦本, 糞土不出門. 苞蔥與辣茄, 芳烈四時存 蝤蛑大如罌, 糝滋得甘餐 如今鎖城府, 農事那可論 平生咬菜志, 逝將遺後昆』

33) ≪다산시문집≫ 제3권, 〈여름날에 소회를 적어 족부 이조 참판에게 올리다[夏日述懷 奉簡族父吏曹參判]〉

34)『去歲雙牸賣 今年匹帛洩 水精調豉醬 雲子備餛餬 只爲詩盈卷 兼令酒滿甋 佳肴陳紫蟹 奇杓刻青鸕』

35) ≪다산시문집≫ 제4권, 〈추회(秋懷) 8수. 신유년 가을 장기(長鬐)에 있으면서〉

36) 밀즉 : 쥐새끼를 꿀에 넣어둔 것. 중국 서남지방 벽지 계곡에 사는 만족(蠻族)들이 즐겨 먹는다고 함.≪升庵外集≫

37)『紅擘蝤蛑儘有名 朝朝還對鱃魚羹 掩蛇蜜唧猶相餉, 休說南烹異北烹.』

38) ≪성호새설(星湖僿說)≫ 제4권, 〈만물문(萬物門)·게(蟹)〉

39) 도은거(陶隱居) :남북조(南北朝) 시대 양(梁) 나라 사람 도홍경(陶弘景), 자는 통명(通明), 호는 화양은거(華陽隱居) 또는 화양진인(華陽眞人)이라고도 함.

40)『草泥風味昔曾嘗 十載持杯右手空 誰道關東無好客, 樽前今對內黃公。』송재 이우(李堣)의 ≪松齋集·關東行錄·食蟹(권1)≫

41) 이황의 ≪退溪先生文集別集·蝤蛑詩(大蟹, 謂之蝤蛑)≫(제1권)

42)『山田飯有沙。適口充藜藿。不患太官羊。來作菜園惡。今朝得海餉。家壻禮無卻。闖然入柴荊。紫赤光卓犖。是謂無腸公。八足具郭索。形模甚怪詭。婦嘖兒童愕。』

43) 이규보, ≪동국이상국전집·고율시(古律詩)≫(제7권)

44)『성순 웅장도 입맛을 새롭게 하지만 게 맛이야 술에 더욱 맞음이리라. 강마을 아이들이 크고 살진 게를 보내왔는데 큰 딱지 둥근 배가 모두 암컷이로구나(猩脣熊掌易爽口,只應此味尤宜酒.江童餉我蝤蛑肥,壓大臍團多是雌)』

45) 〈自注〉이 고기는 사람을 만나면 다리로 사람을 휘감아 물 속으로 끌어들임.

46)『休放兒童港口漁, 怕他纏著八梢魚. 年來膃肭逢刁踊, 頻有京城宰相書.』

47) 사의재는 '네 가지를 올바로 하는 사람이 사는 집'이란 뜻인데, 그 4가지란 생각은 맑게, 용모는 단정히, 말은 적게, 행동은 신중하게 한다는 것이다.

48) ≪다산시문집 제5권·시(詩)≫,『北風吹我如飛雪, 南抵康津賣飯家 幸有殘山遮海色, 好將叢竹作年華 衣緣地瘴冬還減, 酒爲愁多夜更加 一事纔能消客慮, 山茶已吐臘前花』

49)『牛頭峯下小禪房,竹樹蕭然出短墻.裨海風潮連斷壑,縣城煙火隔重岡.團團菜榼隨僧粥,草草經函解客裝.何處青山未可住,翰林春夢已微茫』

50) ≪다산시문집 제5권·시(詩)≫,『竹籬茆屋似村家 竹籬茆屋似村家 會補心經金字畫 燕泥無數落袈裟』

51) ≪다산시문집 제5권·시(詩)≫ 客來叩我戶 熟視乃吾兒 須髥鬱蒼古 眉目差可知。憶汝四

五載　夢見每丰姿 壯未猝前拜 窘塞情不怡。未敢問存沒 囁嚅爲稍遲 黃泥滿袍繭 骨骼得天虧。呼奴視馬貌 大抵驤而髻 恐吾有咄罵 好言云可騎。默然中慘惻 頓令心氣衰 黽勉作言笑 漸及園圃思。茅栗歲有增 漆林日已滋 菘芥種幾畦 葫蒜宜不宜。今年蒔葫蒜 葫蒜大如梨 山市粥葫蒜 以玆充行資。悽切復悽切 且置起他辭 (중략) 携手上山岡 吾與汝何之。錯綜見丘阿 浩蕩臨天池 奇嶇到僧院 丐乞顏色卑。幸借房半間　共聽鐘三時 ~하략~

52) 기무잠(綦毋潛: 692~749): 字는 孝通(효통), 또는 季通(계통)이며 형남 사람으로 34세에 진사에 급제하여 우습유와 저작랑을 지냈다. 王維(왕유)와 교분이 있었으며 현존하는 시는 25수인데 불가(佛家)의 맛이 나면서도 청아한 것이 대부분이다.

53) 이찬황(李贊皇, 787-850)은 당의 재상을 지낸 이덕유(李德裕)로서 그는 조군사람인데 자는 문요(文饒) 길보자(吉甫子)라고 하며 찬황(贊皇)이란 호는 당 무종 때도 재상을 하며 지방 세력을 꺾고 황권을 높이는데 힘쓰고 재상을 지낸 데에 이름이 지어진 듯하다. 또한 멀리 혜산의 물을 길어 먹었으며 차에 감식안이 높았으며 차즙을 육식에 부어 시험해 본 일화가 전한다.

54) ≪중종실록·중종 36년 9월 16일≫(제96권)

55) ≪중종실록·중종 36년 12월 16일≫(제97권)

56) ≪영조실록·영조 8년 12월 10일≫(제96권)

57) ≪다산시문집·잡문·탐진대≫(제22권)

58) 정약용의 외손자인 윤정기(尹廷琦)가 지은 동환록(東寰錄)에 따르면 구십포는 구강포 또는 남당포 라고도 하였다.

59) ≪강진군지·역사편≫(제1권), 225쪽.

60) 구중피(口中皮)라고 부르는 것은 구착(口錯)이라고도 부르는데, 상어의 입안 껍질은 주로 물건을 가는 데에 사용한다.

61) ≪다산시문집·시(詩)·탐진어가 10장≫(제4권)

62) ≪다산시문집·시(詩)·탐진어가(耽津漁歌) 10장≫(제4권)중 제1,2장

63) 〈탐진어가(耽津漁家)〉 10장중 제8장

64) 한국고전번역원의 고전종합DB에서 양홍렬은 '푸른조개(綠蟶)'로 번역하였고, 이승소의 ≪삼탄집·여양역에서 긴맛조개를 먹다(黎陽驛食蟶蛤)≫에서 정선용은 '긴맛조개(蟶蛤)'로 번역되었다.

65) 부거(芙蕖)는 연꽃의 별칭으로 사용됨.

66) 〈황상유인첩(黃裳幽人帖)에 제함(題黃裳幽人帖)〉(≪다산시문집≫ 제14권)

67) ≪다산시문집·시(詩)·茶山花史(二十首)≫(제5권)중 제3수

68) '점박이천남성'을 지칭한다. 줄기에 자주색 반점이 흩어져 있는 천남성이라는 뜻에서 점박이천남성이라는 이름이 유래되었다고 한다.

69) 『園丁日日培新笋, 留作朱門竹瀝膏.(중략) 莞洲黃漆瀅琉璃, 天下皆聞此樹奇. 聖旨前年蠲

貢額, 春風髡蘗又生枝.(중략) 自古漸臺嗜鰒魚, 山茶濯腽語非虛.』(중략)

70) 다산은≪여유당전서≫에서 완도의 상황산을 궁복산(弓福山)으로 소개했다. 궁복은 '해삼왕'으로 불리는 장보고의 아명이다.

71) 『君不見弓福山中滿山黃, 金泥瀅潔生蕤光. 割皮取汁如取漆, 拱把椔殘纔濫觴』≪다산시문집·/시(詩)·황칠(黃漆)≫(제4권)

72) 박석무(2003), ≪다산 정약용 유배지에서 만나다≫, 한길사, 469쪽.

73) ≪다산록(茶山錄)≫,『茶山錄云 濟州有鰒 大如鼈 置之灰中 出而曬之 無竹串之孔 名之曰 無穴鰒 數年以來 監司求之 漸爲民弊』

74) ≪경세유표≫, 『島之所貴者 粟也 大島有田 猶皆販糴 小島無田 何以徵粟 若是者 宜以乾鰒海蔘之屬 充其稅額 但如此之物 上納極難 咎生於大小 咎生於鮮醜 非有賂物 吏則退之』

75) 김영복의 FOOD Story, 전복이야기, 2018.

76) ≪다산시문집≫(제5권)·〈용혈행(龍穴行)〉, 羹鱸鱠鰒紛相疊 蔥渫瀹芹俱如法

77) ≪성소부부고·설부(說部) 5·도문대작(屠門大嚼)≫, 『大鰒魚 產濟州者最大 味不及小者 而華人極貴之 花鰒 慶尙右道海上人採鰒 割作花樣而飣之 又以大者 割爲薄片作饅頭 亦好』

78) ≪약천집·시(詩)·유자(柚子)를 읊은 시 이십 수 병서(幷序)≫, 『曾聞叔父竄珍島時 細切柚子皮 合梨實鰒魚爲菹 風味超然 非煙火中人所可食者云 余亦效而爲之 停箸有感』

79) ≪자산어보(玆山漁譜)≫, 其肉味甘厚 宜生宜熟 最良者腊

80) ≪옥담사집·만물편(萬物篇)≫, 『聞道鮫人輩 潛身入海中 長矛衝石角 圓鮑出金縫 始見瓊瑤白 終看琥珀紅 群鮮知萬族 嘉品擅吾東』

81) 방휼(蚌鷸) : 대합조개와 물총새. 전하여 각기 자신의 이해에 집착하여 서로 붙들고 놓아주지 않는 것을 이름. 《戰國策 燕策》

82) ≪다산시문집 제4권·시(詩)·아가노래(兒哥詞)≫, 지방 사람들이 자기 며느리를 가리켜 '아가'라고 불렀다고 주해함. 『兒哥身不着一絲兒, 出沒鹺海如淸池 尻高首下驀入水, 花鴨依然戲漣漪 洄文徐合人不見, 一壺汎汎行水面 忽擧頭出如水鼠, 劃然一嘯身隨轉 矸螺九孔大如掌, 貴人廚下充殽膳 有時蚌鷸粘石齒, 能者於斯亦抵死 嗚呼兒哥之死何足言, 名途熱客皆泅水』

83) 황민선, ≪다산 정약용의 원림시 연구≫(전남대학교 박사학위논문, 2017)

84) ≪정약용 열수에 돌아오다≫(실학박물관, 2018), 85쪽.

85) 차벽, ≪다산의 후반생≫(돌베개, 2010), 361~363쪽.

86) 여기서 淞翁은 尹永僖(1761~?)를 지칭한다.

87) 1814년 3월 4일 문산(文山) 이재의(李載毅:1772-1839)와 다산 정약용이 주고받은 시첩이다.

88) 『撥開擁塞縕塵氣, 睨過瀟閒練帶亭. 慚愧老夫筋力短, 別茄披莚臥山扃.』≪다산시문집·시(詩)·송파수작(松坡酬酢)·해거 도위가 연대정에서 노닐다(海尉游練帶亭)·其三≫(제6권)

89) 자타갱(紫駝羹)이란 밤색 털을 지닌 낙타의 고기로 끓인 국. 이 고기가 대단히 맛이 좋다고 한다.

90) 『老婦饅頭由世好, 不應多羨紫駝羹。』

91) 광산(匡山) 박종유(朴鍾儒)는 문경(文慶) 신진(申縉:1756-1835)의 큰 딸의 둘째 아들임.

92) ≪다산시문집·송파수작(松坡酬酢)·청유 김재곤과 광산 박종유가 조그만 모임을 갖고 만두를 차려 내오다(青歈金在崑·匡山朴鍾儒 小集設饅)≫(제6권).

93) 『隔水招呼歲暮情 數峯紅照轉收明 寒山好踐看梅約 深屋欣生擣肉聲 白髮旣垂眞我友 烏巾雖戴亦書生 層氷快雪知何日 且卜淸宵釀鯉羹』

94) ≪다산시문집·연을 심는 노래(種蓮詞)≫(제6권)

95) 『饅頭雖團圓 湯餅誰嚃臍』

96) ≪계곡선생집·칠언율시(七言律詩)·즉흥시(卽事)≫(제31권)

97) 『午飯飽來晡飯厭, 饅頭一顆覺輕安。人生意足更何待, 老子胃衰須得寬。』

98) ≪다산시문집·기(記)·초상연파조수지가기(苕上煙波釣叟之家記)≫(제14권)

99) ≪다산시문집·송파수작(松坡酬酢)≫(제6권)

100) 『洌水故多鱸魚 鹵莽不知其爲鱸. 今檢本草及古人詩句, 始正其名. 海尉亟欲見之, 堇捕一枚鱠之, 戲爲長句』

101) 병혈(丙穴) : 가어(嘉魚)가 생산되었다는 동혈(洞穴)의 이름. 이 동혈이 섬서성(陝西省) 약양현(略陽縣)에 있다고 하는데, 여기서는 곧 좋은 고기가 생산되는 것을 비유한 말이다.

102) 서인(筮人)이 ~하겠으니 : ≪주역(周易)≫ 구괘(姤卦) 상사(象辭)에 "부엌에 고기 한 마리가 있다는 것은 그것이 손님에게까지 미치지 못한다는 뜻이다.[包有魚義不及賓也]" 한 데서 온 말인데, 여기서는 고기가 전혀 없다는 말로 전용하였다.

103) 사시어(四鰓魚) : 농어의 별칭으로, 아가미뼈가 네 개라 하여 이른 말이다≪本草 鱸魚≫.

104) 쥐를 ~부르듯 : 옛날 정(鄭) 나라 사람이 마른 쥐(乾鼠)를 박옥(璞)이라면서 주(周) 나라 사람에게 팔려고 했다는 고사에서 온 말이다.

105) 정(鯖) : 정은 한(漢) 나라 때 오후(五侯)가 즐겼다는 요리로서, 생선과 육류(肉類) 등을 한데 섞어 끓인 것인데, 맛이 매우 좋았다고 한다.

106) 오회(吳會)가 ~한스럽네 : 농어가 나는 곳에 가까이 살지 못함을 이름. 오군(吳郡)과 회계군(會稽郡)을 연칭(連稱)하여 오회라 하는데, 본디 오군 송강(淞江)의 농어가 유명하기 때문에 한 말이다.

107) 이진(李珍)의 ~변했고 : 이진은 ≪본초강목(本草綱目)≫을 찬한 명(明) 나라 이시진(李時珍)을 이른 말로, 즉 ≪본초강목≫에서 농어를 아주 훌륭한 고기로 소개해 놓았기 때문에, 이전에 하찮게 여겼던 농어를 새삼 귀중히 여기게 되었음을 의미한 말이다.

108) 왕운(王惲)의 ~하였네 : 왕운의 시 때문에 농어의 진면목을 알게 되었음을 뜻한다. 왕운은 원(元) 나라 때 사람인데, 그의 〈농어를 먹다食鱸魚〉라는 시에 "농어를 옛사람이 좋아했기에 내 또한 오강엘 왔노니. 가을바람은 이미 지나갔으나, 순로의 향기가 맘에 만족하구려. 내가 배를 채우기 위함이 아니라, 특이한 고기를 맛보지 않을 수 있으랴. 큰 입에 아가미는 겹으로 나왔는데, 섬세한 비늘은 눈빛과 겨루어라. ~기름진 살은 해조보다 낫고, 좋은 맛은 하방을 능가하구나~[鱸魚昔人貴 我因次吳江 秋風時已過 滿意蓴鱸香 我非爲口腹 物異可闕嘗 口哆頰重出 鱗纖雪爭光~ 肉膩勝海鰷 味佳掩河魴~]" 한 데서 온 말이다.≪秋澗集 卷4≫

109) 석천(石泉) : 순조(純祖) 때의 문인인 신작(申綽)의 호이다.

110) 장계응(長季鷹) : 진(晉) 나라 때 사람으로, 벼슬을 하다가 고향의 농어 생각이 나서 벼슬을 그만두고 당장 고향인 오군(吳郡)으로 내려가 버렸던 장한(張翰)을 이름. 계응은 그의 자이다.

111) 『寂寞之濱遠傾蓋 此行半爲鱸魚膾 漁郎亦知駙馬尊 搜窮丙穴藻荇帶 搜窮丙穴藻荇帶 義不及賓噫將柰 捕一尺許瞎魚來 滿堂動色如壯貝 試與斗水猶撥剌 愛之重之何忍害 四鰓巨口細考驗 黑質白章符圖繪 旣軒旣矗眇些些 一筋而盡情未艾 慙愧江湖枉作主 對坐無顏嗟狼狽 對坐無顏嗟狼狽 不與魨鱖乘湍瀨 不與魨鱖乘湍瀨 善逃叉簃頗狡獪 朝鮮洌水名物殊 喚鼠爲璞多蒙昧 堪嗟水豹混稱犀 不禁高杉叫作檜 海中笨魚竊虛名 沈淪抱屈誰復嘅 五侯嗜鯖皆耳食 僻居恨不連吳會 三韓以來二千年 眞鱸卑賤如土塊 李珍書來鳩化鷹 王惲詩出蟬如蛻 如今雪冤乃正名 石泉博物吾所賴 不須再問張季鷹 漁村近日聲名大』

112) ≪다산시문집·시(詩)·천진소요집(天眞消搖集)·연대정에서 절구 십이 수를 읊다[練帶亭十二絶句]≫(제7권), 『藍子洲邊折脚鐺, 靑泥芹共鱖魚烹』

113) ≪다산시문집·송파수작(松坡酬酢)·문산의 녹음시권에 추후하여 화답하다(追和文山綠陰卷)≫(제6권)

114) ≪다산시문집·송파수작(松坡酬酢)·영명위와 함께 산정에서 몇이 모이다(同永明尉山亭小集)≫(제6권)

115) 『閑看稚子馴蒼鼠 時有漁人餽白魚 自是水鄕風味足 勸君明日莫回車』

116) ≪다산시문집·송파수작(松坡酬酢)·구월 십육일에 현계를 기다리다(九月十六日待玄溪)≫(제6권)

117) 『檜樹思維馬 鱸魚願及賓 龍門棲更穩 何必淚沾巾』

118) ≪다산시문집·송파수작(松坡酬酢)·문산의 녹음시권에 추후하여 화답하다(追和文山綠陰卷)≫(제6권)

119) 이재의는 송환기(宋煥箕), 박윤원(朴胤源)의 문인으로 홍직필(洪直弼:1776-1852), 다산 정약용, 사헌부 장령 능산 황기천(黃基天:1760~1821), 곡성출신 심두영(沈斗永) 등과 교유하였다.

120) 『隣棲未一弓 往來如織緯 歡戚略相似 同歈復同喟 湯餠錯冷淘 酬酢以胥慰 聊用侑談諧 匪敢求珍味』

121) 『荒臺破瓦號龍門, 鴨脚陰開野菜園. 尙記秋山黃葉裏, 烹鷄瀹菽到初昏.』

122) ≪다산시문집·송파수작(松坡酬酢)·칠월 십육일에 삼정에서 달 뜨기를 기다리는데 저물녘에 작은 비가 내리다(七月旣望於蔘亭候月晩有小雨),정해년 가을≫(제6권)

123) 죽계(竹溪)는 지명. 당나라 현종(玄宗:685-762년) 때 죽계의 여섯 일사(逸士)들이 모임을 만들고 날마다 술을 마시며 풍류를 즐겼던 고사인데, 여섯 일사는 공소보(孔巢父) · 이백(李白) · 한준(韓準) · 배정(裵政) · 장숙명(張叔明) · 도면(陶沔)이었다.

124) 『斜陽疎雨過山廬, 正爲今宵月驅除. 已展玻璨平鬱拂, 絶無瑕玷翳空虛. 凌波一葉仙俱泛, 迸圃三秠老可茹. 卽看竹溪多逸士, 當時籚客定何如.』

125) 정학유의 ≪농가월령가≫에서 발췌.

126) 안병직, ≪다산의 농업경영론·다산의 정치경제 사상≫(≪창작과 비평사≫, 1996), 194~195쪽.

127) 전게서, 203~214쪽.

128) 봄철 산에서 나는 나물 중 가장 귀한 산나물 중의 하나로 잎이 고사리와 비슷하지만 크고 넓다.

129) 은린옥척(銀鱗玉尺)은 모양이 좋은 큰 물고기를 뜻하며, '물고기'를 아름답게 이르는 말이다.

130) 오후청(五候鯖)은 매우 맛있는 음식을 이르는 말로 중국 한나라 성제(成帝) 때 누호(樓護)라는 사람이 외삼촌인 오후가 보낸 고기와 생선을 맛있게 먹었다는데서 유래한 말이다.

131) 유둣날 참밀의 누룩으로 구슬모양으로 만들어 오색으로 물들이고, 세 개씩 포개어 색실로 꿰어 맨 것. 악신을 쫓는다 하여 몸에 차거나 문짝에 걸어 둠.

132) 북어 스무 마리를 한 줄에 꿰어 놓은 것

133) 추석에 차례를 지내기 위해 담는 술을 '백주'라 하였는데, 햅쌀로 빚기 때문에 '신도주'라고도 하였다. 황계는 추석 음식 중 하나로 봄에 깬 병아리를 기르면 추석 때에 성숙해져 잡아먹기 알맞으므로 명절에 맞추어 길렀다가 추석에 잡아 쓴다.

134) 찹쌀가루를 반죽하여 삶아 으깬 다음, 팥·밤·깨 등에 꿀을 넣어 만든 소를 넣고 밤톨만큼씩 둥글게 빚어서 그 위에 꿀을 발라 고물을 묻힌 떡.

135) 콩나물의 옛말로 길음 또는 길금은 어떤 씨앗을 싹 틔운 것을 가리키는 말이다.

3부. 다산 정약용의 저술에 나타난 음식

1) 김지용, ≪다산의 시문≫(명문당, 2002), 504쪽

2) ≪다산시문집·시·교지를 받들고 지방을 순찰하던 중 적성의 시골집에서 짓다.≫(제2권)

3) 『晝闕再食夜還炊, 夏每一裘冬必葛.野薺苗沈待地融,村篘糟出須酒醱.』

4) ≪다산시문집·시(詩)·금천에 와 처자를 거느리고 부로 돌아가면서 도중에서 읊다.≫ (제3권)

5) ≪다산시문집·시(詩)·강정의 늦은 모임(江亭晩集)≫(제3권) 『却憶樓山風雪裏, 烹鷄炊黍趁蕭晨』,『鷄黍閒中夕, 鶯花分外春』

6) 김동실·박선희, ≪단군학 연구·한국 고대 전통음식의 형성과 발달≫(제23호), 2010, 39~97쪽.

7) ≪무명자집·문고·협리한화 65조목〔峽裏閒話 六十五〕≫(제13책)

8) 방풍죽(防風粥) : '방풍'은 그 뿌리가 진통이나 가래 제거에 효과가 있다는 약초이다.

9) ≪갑인연행록·1734년(영조10, 갑인)·19일(임진)≫(권1)

10) 들쭉은 한국 및 북반구 한대 지방에 분포하는 낙엽 소관목으로 북한에서는 천연기념물로 지정되어 있으며, 들쭉나무 열매로 만든 들쭉술은 한국의 10대 명산주 가운데 하나이다.

11) ≪다산시문집·시(詩)·죽란사 모임(竹欄小集)≫(제3권) (白屋猶饘粥, 朱門肯囁嚅)

12) 장유(張維)의 ≪계곡집(谿谷集)·칠언 절구(七言絶句)· 2백 91수(首)·아침에 일어나 팥죽을 먹고서 목은의 시체(詩體)를 흉내내어 그냥 한번 읊어본 시(晨起喫豆粥漫吟, 效牧隱體)≫(제33권)

13) ≪다산시문집·시(詩)·오거(熬麩)≫(제5권)

14) 『朝一溢麩, 暮一溢麩。麩將不繼,遑敢求飫。』

15) ≪다산시문집·시(詩)·호박 넋두리(南瓜歎)≫(제1권)

16) 『聞說罌空已數日, 南瓜鬻取充哺歠。早瓜摘盡當奈何, 晩花未落子未結』

17) 중국의 옛풍속에 구월 구일이 되면 높은 곳에 올라 수유를 머리에 꽂고 액막이를 하는 고사가 있음. 왕유의 구일억산동형제시(九日憶山東兄弟詩)에 "遙知兄弟登高處編插茱萸少一人"이라 하였음.

18) 『南瓜餠賽菊花糕, 村味爭教野席高。癡想平生銷不得, 茱萸紅到舊鬢毛』

19) ≪다산시문집·시(詩)·병조에서 임금의 분부를 받고 왕길 석오사 일백 운을 지었다.≫ (제2권)

20) 『公卿座上來相揖 車馬門前去復塡 讌會時陳弧與矢 闔家皆飽粥兼饘』

21) ≪다산시문집·시(詩)·죽란사 모임에서 윤이서・이주신・한혜보와 함께 전가하사 팔십운을 지었다.≫(제3권) 『滯穗供饘粥, 餘糧貯槖囊。社錢休賭博 逋米戒輸倉』

22) 『賑粥和水。民不免於浮黃。』

23) 부월(鈇鉞)은 임금의 권위를 상징하는 작은 도끼와 큰 도끼를 아울러 이르는 말.

24) 『有靦面目, 胡不厚羃 兄弟其來, 保抱攜持 呴呴其恤, 惻惻其悲 灌我以糜, 挾我以絮 鈇鉞其森, 孰此能禦』

25) 여기서 목사공이란 나만갑(羅萬甲)의 아들인 해주 목사(海州牧使) 나성두(羅星斗)이다.

26) 『後君隨牧使公于海西任所。 得疾舁還京。 先妣專以身扶救粥飯。 必親自炊鬻匕筯飲食之。至其不能食。則又輟昌協乳。乳之如嬰兒焉。後先妣每語此事而泣曰。向吾實以吾弟生。及吾弟病。而吾之爲之也亦至矣。竟不救以死。此吾至今痛恨者耳。蓋先妣與君相友愛者如此。』

27) ≪다산시문집·묘지명(墓誌銘)·복암(茯菴) 이기양의 묘지명≫(제15권)

28) ≪다산시문집·시(詩)· 죽란사 모임에서(竹欄小集)≫(제3권)

29) 『晨興理蕪穢 午饁具羹湯 漠漠輕雲蔭 微微遠樹陽 隣比齊薅食 耘伴集溪航 魚浪綃如縠 禽言弄似簧(중략) 滯穗供饘粥 餘糧貯槖囊 社錢休賭博 逋米戒輸倉 白屋猶饘粥 朱門肯囁嚅 高飛隨鷺鷥 貪飮見鵜鶘(중략)』

30) ≪목민심서·예전(禮典) 6조·제2조 빈객(賓客)≫

31) ≪다산시문집·시(詩)·장기농가 10장≫(제4권)

32) ≪다산시문집·시(詩)·장기 농가(長鬐農歌) 10장≫(제4권)

33) 〈다산 자작주〉사월이면 민간에 식량이 달려 시속에서는 그때를 일러 보릿고개(麥嶺)라고 함.

34) 김이재(金履載:1767년[영조 43]~1847년[헌종 13])본관은 안동(安東). 자는 공후(公厚), 호는 강우(江右). 할아버지는 대사간 김시찬(金時粲)이고, 아버지는 김방행(金方行)이다. 1800년 이조판서 이만수(李晩秀)의 사직 상소가 마땅치 않다는 소를 올려 언양현(彦陽縣)에 유배되었다가 다시 고금도(古今島)에 안치되었다. 1805년에 풀려나 대사간·이조참의·경상도관찰사·대사성·이조참판을 역임하였다.

35) 윤일인(尹逸人): 윤선계(尹善戒)이다. 정약용의 집안 아우인 정약건(丁若鍵)과 사돈이다. 용문산 부근 마곡(馬谷)에 거처하다가 소내로 이사했다.

36) ≪다산시문집· 시(詩)·경의 뜻을 읊은 시[經義詩]·윤일인 선계의 우천에 새로 이거한 집을 들르다(過尹逸人 善戒 牛川新居)≫ (제7권) 『舊識巖棲苦, 今憐水次居。側身隨汎梗, 睨世粥園蔬。庨豁三椽屋, 叢殘一束書。老鰥常不寐, 詩嗜近何如。』

37) ≪다산시문집·시(詩)·채호(采蒿)≫(제5권)

38) 『采蒿閔荒也 未秋而饑 野無靑草 婦人采蒿爲鬻以當食焉』

39) 오매(烏昧) : 고사리의 이칭. 오매초(烏昧草). 송(宋)의 범중엄(范仲淹)이 강회(江淮) 지대를 안무시키고 돌아와서 가난한 백성들이 먹고 있는 오매초(烏昧草)를 올리면서, 그것을 육궁(六宮)의 척리(戚里)들에게 보임으로써 사치를 억제하도록 하라고 하였음.≪山堂肆考≫

40) 은대(銀臺)의 그림 : 은대는 신선이 사는 곳. ≪후한서(後漢書)≫장형전(張衡傳)에, "왕모(王母)를 은대에서 보았더니 옥지(玉芝)를 먹으며 굶주린 배를 채우네." 하였음.

41) 〈자주〉 전청(田靑)은 논우렁임

42) 『采蒿采蒿, 匪蒿伊莪。群行如羊, 遵彼山坡。青裙偊僂, 紅髮俄兮。采蒿何爲, 涕滂沱兮。甁無殘粟, 野無萌芽。唯蒿生之, 爲毬爲科。乾之穛之, 瀹之鹺之。我饘我鬻, 庶无他兮。采蒿采蒿, 匪蒿伊鼓。藜莧其萎, 慈姑不孕。芻槱其焦, 水泉其盡。田無田青, 海無蠯蜃。君子不察, 曰饑曰饉。秋之旣殞, 春將賑兮。夫壻旣流, 誰其殣兮。嗚呼蒼天, 曷其不憖。采蒿采蒿, 或得其蕭。或得其蘪, 或得其蒿。方潰由胡, 馬新之苗。曾是不擇, 曾是不饒。搴之捋之, 于筥于筲。歸焉鬻之, 爲饔爲饗。兄弟相攫, 滿室其囂。胥怨胥詈, 如鴟如梟。』 ≪다산시문집·시·채호 3장 16구(采蒿三章十六句)≫(제1권)

43) ≪다산시문집·시(詩)·소장공 동파 시에 화답하다(和蘇長公東坡) 8수≫(제5권)중 제1수

44) ≪다산시문집·시(詩)·소장공 동파 시에 화답하다(和蘇長公東坡) 8수≫(제5권)중 제3수

45) 『充蓳疏韭韰 備萩採蒿蔞 留種收黃芥 交樊護綠葙』

46) 이곡(李穀:1298~1351)의 ≪가정집 ·율시(律詩)·차운하여 순암(順菴)에게 답하다≫(제16권)

47) 『朝旭上團團, 照見先生盤. 盤中何所有, 苜蓿長欄干.』≪唐摭言 卷15≫

48) 史記 卷213 ·대완열전(大宛列傳)

49) 『朝日上團圓, 照見先生盤. 盤中何所有, 苜蓿長欄干.』

50) 『春初 亦中生噉 爲羹甚香美』

51) 『詩人冷淡食無魚, 爛蒸瓠壺客盧胡. 瓠壺食盡又何續, 更見青盤堆苜蓿.』

52) 『家徒四壁食則再, 世有三蠹吾居一。生涯敢說飮河腹, 天幸收回瘴江骨。幼年已慣喫藜莧, 終歲無愁臥蓬蓽。何須待罥設蛛罟, 不必求伸甘蠖屈』

53) 윤경은 종억(鍾億)의 자(字). 윤종억(1788-1817)의 본관은 해남(海南)으로 다산이 유배 살던 다산초당(茶山草堂)의 주인(主人)인 귤림처사(橘林處士) 윤박(尹博)의 손자. 다신계(茶信契) 18제자 중의 한 사람. ≪다산시문집·증언(贈言)·윤윤경(尹輪卿)에게 주는 말≫(제18권)

54) ≪사가시집·시류(詩類)·수종사(水鍾寺)의 윤상인(允上人)이 앵두와 여러 색깔의 떡을 보내 준 데 대하여 사례하다≫(제41권) 『平生藜莧足撐腸, 暮粥朝饘飫不嘗。今日飽霑香積味, 十分膏餠白於霜。』

55) 향적(香積)은 불가의 용어로 향적여래(香積如來)가 먹는다는 식물 즉 향적반(香積飯)을 말한다. ≪유마경(維摩經)≫에 향적여래가 뭇 바리때에 향반(香飯)을 가득 담아서 보살들에게 주어 교화시켰다고 하는데, 전하여 향적은 곧 승사(僧舍)의 주방의 뜻으로 쓰이고, 향적의 맛이란 역시 승려들의 재반(齋飯)의 뜻으로 쓰인 말이다.

56) 『朱夏歲將半, 蔬萩俱已剛。朝晡對空案, 無以充圓方。莧也菜之奴, 亦備飣餖行。物賤生易繁, 繞圃雜青蒼。清晨摘露莖, 鹽豉調柔芳。居然間諸品, 照筯碧鮮光。體弱資老饕, 性滑宜病嘗。美惡均一飽, 徐步視茫茫。口腹固爲累, 君子戒其荒。況我遭放逐, 五年糜稻粱。所覬免溝壑, 肉食愧中腸。嗟爾混藜藿, 採掇理何妨。豪門盛盤饌, 割胾兼宰羊。腥膻腐下廚, 此物棄路傍。用舍各隨時, 胡乃久歎傷。』

57) 빙얼(冰蘖) : 청고(淸苦)한 지절(志節)을 말한다. 청빈한 생활로 얼음을 마시고 나무의 움을 먹는다는 '음빙식얼(飮氷食蘖)'이라는 말에서 유래한다.

58) 『窮巷貧爲寶, 淸同氷蘖聲。愁聞塵口笑, 飢覺莧腸鳴。』≪송암집·별집·시(詩) 또 앞의 운을 쓰다(又用前韻)≫(제1권)

59) 『白露下百草, 鶗鴂先早鳴。今年大旱蝗, 百谷□不成。饘粥尙不繼, 藜藿粗充腸。老母但飮漿, 三日闕奉將。小兒日啼飢, 顔色已痿黃。八月尙如此, 又何以卒歲。』

60) 『侑麥寧思肉,蒸藜好配鹽.映黃梅子筥,交綠柳絲簾.』

61) 『竹間經唄晩來多 迷海津梁亦障魔 松絡帽兒松葉粥 餘齡要學老頭陀』≪다산시문집·시(詩)·산거잡흥 20수≫(제5권)

62) 산거 잡흥(山居雜興) 20수 중 제20수

63) 『磨刀霍霍上山墟 劃取松皮滿口茹 劃取松皮滿口茹 千株白立馬陵書』≪다산시문집·시(詩)·천진소요집(天眞消搖集)·흉년 든 수촌의 춘사 십 수를 읊다(荒年水村春詞十首) 계사년 봄이다. 2,3수≫(제7권)

64) 하얗게 ~쓰겠네 : 전국 시대 제(齊) 나라 손빈(孫臏)이 위(魏) 나라 방연(龐涓)과 싸울 적에 손빈이 방연을 마릉(馬陵)의 좁은 길로 유도한 다음 그곳에 복병(伏兵)을 설치하고서 큰 나무의 껍질을 하얗게 깎아 내고 거기에 쓰기를, "방연이 이 나무 밑에서 죽을 것이다.[龐涓死于此樹之下]" 하였는데, 과연 그렇게 되었던 고사에서 온 말이다. 여기서는 곧 사람들이 먹을 게 없어 소나무 껍질을 마구 벗겨 먹음으로써 소나무들이 하얗게 된 것을 비유한 말이다.≪史記 卷65≫

65) ≪다산시문집·시(詩)·지리산승가를 지어 유일에게 보이다(智異山僧歌示有一)≫(제1권) 『智異高高三萬丈 上頭碧巘平如掌 有一草菴雙竹扉 有僧白毫垂緇幌 松葉稀糜或沾喉 葛絲煖帽常覆額 喃喃念經千百遍 忽爾寂然無聲響』

66) 백비탕(白沸湯) : 아무것도 넣지 않고 맹탕으로 끓인 물을 이른다.

67) ≪다산시문집·시(詩)·송파수작(松坡酬酢)·삼척 도호부사 이광도에게 부치다(寄三陟都護李廣度)≫(제6권) 『眉叟碑存鮭戶晏 鰕夷船斷酒杯頻 粥材遠寄松腴至 思共山氓頌壽民』

68) 『石臼團如盎, 能容八九鍾. 新謀茯笭粥, 閒遣老僧舂.』

69) 『山家淸一臼, 塵世冷千鍾. 老兔投靈藥, 依然月裏舂.』

70) 장유(張維)의 ≪계곡집(谿谷集)·칠언 율시(七言律詩)·밤에 앉아 있기가 무료하다네(夜坐無憀)≫(제31권)

71) 『烹煎苓朮方差驗, 雕繪風煙興未疎』≪계곡선생집·칠언 율시(七言律詩) 2백 33수(首)·밤에 앉아 있기가 무료하기에 기옹의 운을 써서 네 수의 시를 지음(夜坐無憀 用畸翁韻成四首)≫(제31권)

72) 기대승의 ≪고봉집·시(詩)·외집(外集)·천성의 〈천왕봉에 오르다〉에 차운하다(次天成登天王峯韻)≫(제1권) 『長鑱託餘命 採斲可終年』

73) 이숭인(李崇仁)의 ≪도은집·시(詩)·비슬산의 사찰에 제하다(題毘瑟山僧舍)≫(제2권) 『殷勤汲澗水 一匊煮蔘苓』

74) ≪다산시문집·시(詩)· 천진소요집(天眞消搖集)–흉년 든 수촌의 춘사 십 수를 읊다(荒

年水村春詞十首) 제2수 계사년 봄이다≫(제7권) 鶉衣鵠脚滿船來 南漢城中領賑回 須擣葛根無作粥 剩教一龠得三杯

75) ≪증보산림경제Ⅱ(增補山林經濟)≫ 제2권, 농촌진흥청, ≪고농서국역총서≫(제5권)

76) MBN '엄지의 제왕' 129회(2016년)

77) 『秋涼杖履步松間, 手摘嘗新氣味閒. 粱肉官家香已損, 望雲投筯愧青山.』

78) 김창협의 동유기는 이십여 일에 걸친 본격적인 금강산 유람기의 표본으로 알려져 있다.

79) 『朝夕盤飧 皆峽中佳味 且供一餅 用黃粱石茸松子爲之者 味又佳絶』

80) 『五家之醵家一鷄 壓菽爲乳筠籠提 切乳如骰方中矩 串用茅鍼長指齊 桑鵞松簟錯相入 胡椒石耳芬作虀 苾芻戒殺不肯執 諸郎希耩親聶刲 折脚鐺底榾柮火 沫餑沸起紛高低 大碗一飽各滿志 韞腹易充非壑谿』

81) ≪다산시문집·시(詩) 혜장선사에게 차를 빌다.(寄贈惠藏上人乞茗)≫(제5권) 『窮居習長齋, 羶臊志已冷 花猪與粥鷄 豪侈邈難竝 秖因痃癖苦 時中酒未醒』

82) 장재(長齋) : 불가(佛家)에서 한낮이 넘도록 굶는 것을 재(齋)라 하고, 그것을 반복하는 것을 장재(長齋)라고 함.≪般舟三昧經≫

83) ≪다산시문집·시(詩) 숙부의 재실살이 하는 곳을 찾아가다(過叔父齋居)≫(제1권) 『叔父齋居好 涼蟬碧樹中 官卑疑處士 門寂似禪宮 鷄臛支長日 蚊幮禦晩風 乳臺有小徑 來往一僧同』

84) 『鷄粥。陳肥雌鷄爛烹。解散篩下去脂。下粳米心適鹹淡。候熟下雞卵數箇。調和煮一沸出。≪俗方≫』

85) ≪우복집·시(詩)·회암(晦庵) 선생의 시를 읽다가 십이진체(十二辰體)가 있기에 삼가 그를 본떠 두 수를 짓다≫(제2권)

86) 『冬至鄕風豆粥濃, 盈盈翠鉢色浮空。調來崖蜜流喉吻, 洗盡陰邪潤腹中。』

87) 여상(厲爽) : 여(厲)는 병기(病氣), 상(爽)은 입맛을 잃는 것을 가리킨다. ≪장자(莊子)·천지(天地)≫

88) ≪계곡선생집·칠언 절구(七言絶句) 2백 91수(首)·아침에 일어나 팥죽을 먹고서 목은의 시체(詩體)를 흉내내어 그냥 한번 읊어본 시(晨起喫豆粥漫吟 效牧隱體)≫ (제33권) 『小豆爛烹汁若丹 香秔同煮粒仍完 霜朝一盌調崖蜜 煖胃和中體自安 珍窮陸海飫羶腴 醉飽居然厲爽俱 爭似淸晨盥漱罷 一甌豆粥軟如酥』

89) 칠귀수(七貴綬) : 칠족은 외척을 포함한 귀족으로 한(漢) 나라에서 여(呂) · 곽(霍) · 상관(上官) · 왕(王) · 조(趙) · 정(丁) · 부(傅)를 쳤다. 수는 인수, 즉 고위의 벼슬자리를 가리킨다.

90) 오후청(五侯鯖) : 오후는 공(公) · 후(侯) · 백(伯) · 자(子) · 남(男). 곧 오후가 먹는 진귀한 음식을 말한다.

91) 당시 이자겸(李資謙)이 독병(毒餠)을 임금에게 먹여 시해하려 하였는데, 임금이 그

떡을 까마귀에게 시험하여 그 까마귀가 죽었던 사실이 있다≪高麗史≫.

92) 『解七貴綬穿麻衣, 吐五侯鯖茹香菽. 已聞宮裏烏啄餅, 何如山中焦作粥? 豆粥盈杅俄飽喫, 荷衣襲未煖, 豆粥食猶寒. 豆粥勝膏粱, 箕城豆粥已三嘗, 綿衾豆粥一窩深, 豆粥滿釜喧風雷. 恣傾白蜜啜且均, 土榻微溫煙火足, 瓦釜瀜瀜泣豆粥. 牛鳴蚝萁鷄在棲, 人物凶年生理拙.』

93) 음사(陰邪)를 다 씻고 : 옛날 풍속에 동짓날이면 팥죽을 쑤어 먼저 사당(祠堂)에 올리고, 또 여러 그릇에 담아서 각 방과 장독간, 헛간 등 집안의 여러 곳에 놓았다가 식은 다음에 식구들이 모여서 먹었는데, 팥은 빛이 붉어 양색(陽色)이므로 특히 팥죽에는 음귀(陰鬼)를 몰아내는 효험이 있다고 여겨 집안 곳곳에 팥죽을 담아 놓았다가 먹었던 데서 온 말이다.

94) 『冬至鄉風豆粥濃, 盈盈翠鉢色浮空。調來崖蜜流喉吻, 洗盡陰邪潤腹中。』

95) 불죽(佛粥) : 석팔죽(腊八粥)이라고도 한다. 절에서 12월 8일에 석가모니의 성불(成佛)을 기념하기 위해 공양하는 죽을 말한다.

96) 육식(肉食)은 고기를 먹는 것으로 높은 벼슬을 하여 호의호식(好衣好食)하는 것을 가리킨다. 즉 호의호식하는 사람들도 권세를 잃으면 불행해지기 때문에 육식은 믿을 수 없는 무상한 것이라는 뜻이다.

97) 『復月霜雪至, 田家寒事畢. 瓦釜鳴豆粥, 食之甘如蜜. 一椀輕汗出, 二椀溫氣發. 相顧語妻孥,此味深且長. 妻孥笑相顧, 盤膳無膏粱. 膏粱安可說, 肉食知無常.』

98) ≪다산시문집·시(詩)·귀전시초(歸田詩草)·겨울날에 백씨를 모시고 일감정에 들렀다가 저녁에 배를 타고 돌아오다(冬日陪伯氏過一鑑亭, 夕乘舟還)≫(제7권), 『眇眇樵蘇逕, 回回皁櫪林. 瓦溝新客眼, 粉壁映江心. 藭粥流匙滑, 綿裘隱几深. 過庭有孫子, 應受魯詩音.』

99) ≪다산시문집·시(詩)·용봉사에 들러(過龍鳳寺)≫(제2권) 『旣不愛禪逃 詎必隨僧粥 却憶南皐子 與觀華山瀑』

100) 『菊於諸花之中, 其殊絶有四, 晩榮其一也, 耐久其一也, 芳其一也, 豔而不冶, 潔而不凉其一也。』(≪여유당전서·文集(卷十三)·序·文集(卷十三)·序·菊影詩序≫)

101) ≪다산시문집·시(詩)·절 밤(寺夕)≫(제3권) 『鍾動隨僧粥 香銷伴客眠 潛嗟古賢達 多少愛逃禪』

102) 『鍾動隨僧粥, 香銷伴客眠. 潛嗟古賢達, 多少愛逃禪』≪다산시문집·시(詩)·절 밤(寺夕)≫(제3권)

103) ≪다산시문집·시(詩)·집을 그리는 칠십운. 혜장에게 부치다(懷檜七十韻 奇惠藏)≫(제5권) 『嗟哉粥飯徒, 捆屨出擔膡。命微若螻蟻, 不足相侵凌』

104) 『團團菜榼隨僧粥, 草草經函解客裝. 何處青山未可住, 翰林春夢已微茫』≪다산시문집·시(詩)·보은 산방에 제하다[題寶恩山房]≫(제5권)

105) 결하(結夏) : 불교(佛教)에서 인도(印度)의 우기(雨期)에 해당하는 음력 4월 15일부터 90일 동안 중미한 곳에 조용히 있으면서 불도(佛道)를 닦는 일을 말함.

106) 죽반승(粥飯僧) : 죽만 먹고 지내는 중. 전하여 무능한 사람을 조소하는 말로 쓰기도 한다.

107) ≪다산시문집·시(詩)·송파수작(松坡酬酢)/병중에 지은 시 십이 수를 또 차운하다[又次韻病中十二首] 송옹≫(제6권), 『荒村臨水曲 新雨蝕沙稜 漁火深深葦 村春遠遠燈 百年依泛梗 一笑悟枯藤 結夏蒲團好 行隨粥飯僧』

108) 목어(木魚) : 불가(佛家) 에서 쓰는 법기(法器). 나무를 조각하여 둥그런 물고기 모양으로 만들고 속은 파서 비게 한 다음 독경(讀經) · 예불(禮佛) · 죽반(粥飯) 기타 무슨 일이 있어 승려를 모이게 할 때 이것을 두들겨 소리를 냄. 주희(朱熹)의 시에, "죽과 밥 어느 때나 목어를 함께 할까.[粥飯何時共木魚]" 하였다.

109) ≪다산시문집·시(詩)·일찍 일어나다(早起), (단옷날 읊은 것임)≫(제3권) 『木魚纔動起經僧 雲巘蒼蒼曉氣澄 日照石林生異色 煙橫山阪有餘層 漸看游鹿穿脩杪 復放啼禽集古藤 遠憶西京諸學士 翩翩歸騎自園陵』

110) ≪다산시문집·시(詩)·보은 산방에 제하다[題寶恩山房]≫(제5권) 『牛頭峯下小禪房 竹樹蕭然出短墻 裨海風潮連斷壑 縣城煙火隔重岡 團團菜榼隨僧粥 草草經函解客裝 何處青山未可住 翰林春夢已微茫』

111) 한산(韓山)의 ~없으니 : 뛰어난 문사(文士)가 떠나게 됨을 비유한 말. 한산은 곧 한릉산(韓陵山)을 말함. 양(梁) 나라 때 유신(庾信)이 남조(南朝)로부터 맨 처음 북방(北方)에 갔을 적에 당시 북방의 문사인 온자승(溫子昇)이 한릉산사비(韓陵山寺碑)를 지었으므로, 유신이 이 글을 읽고 베끼었는데, 남방의 문사가 유신에게 묻기를, "북방의 문사들이 어떠하던가?"하니, 유신이 대답하기를, "오직 한릉산에 한 조각 돌이 있어 함께 말을 할 만하더라."고 했던 데서 온 말이다.[≪조야첨재(朝野僉載)≫(卷6)]

112) 서릉(徐陵) : 남조(南朝) 양(梁) · 진(陳) 때의 사람으로, 어려서 매우 총명하여 석보지(釋寶誌)로부터 천상(天上)의 석기린(石麒麟)이란 칭찬을 받기도 했었는데, 그는 특히 당시에 시문(詩文)으로 유신(庾信)과 병칭(竝稱)되었었다.

113) ≪다산시문집·시(詩)·우세화시집(又細和詩集)≫(제7권)『名傳藝苑笙鏞手 身愧明時粥飯僧 片石韓山無與語 後生誰復重徐陵』

114) 〈自注〉이자겸이 독(毒)을 넣은 떡을 올려 임금을 시해하려고 했는데, 임금이 이를 까마귀에게 먹이자 까마귀가 죽었다.

115) 〈自注〉육유(陸游)의 시(詩)의 자주(自註)에 "중이 채소류를 섞어서 끓이는 죽을 부죽(缹粥)이라고 한다." 하였다.

116) 〈自注〉자현이 처음 임진강(臨津江)을 건널 적에 물을 가리켜 다시 건너오지 않겠다고 맹세하였기 때문에, 왕이 남경(南京)에 행행했을 때 행재소(行在所)로 그를 불러 삼각산에 머물도록 명하였던 것이다. 대수는 곧 임진강이다.

117) 〈自注〉거사(居士)가 손수 소나무를 심었었다.

118) ≪다산시문집·시(詩) - 두보의 시 십이 수를 화답하다[和杜詩十二首], 밤에 청평사에서 묵으면서 동파의 반룡사시에 화답하다[夜宿清平寺和東坡蟠龍寺]≫(제7권), 『已聞宮裏烏啄餅 何如山中缹作粥 三角當時帶水白 九松至今繁陰綠』

119) ≪다산시문집·잡평(雜評)·산행일기(汕行日記)≫(제22권) 『解七貴綬穿麻衣, 吐五侯鯖茹

香萩. 已聞宮裏烏啄餅, 何如山中焦作粥.』

120) 『漠漠水田, 堀堁其飄. 言拔其稺, 言播其蕎. 蕎不家儲, 亦罔市貿. 珠玉可得, 蕎不可遘. 縣官有帖, 蕎勿汝憂. 我從察司, 將爲汝求. 我信其言, 旣耕旣耰. 蕎不我予, 而督我尤.』

121) 활 달던 먼 옛날 : 상고 때의 풍속에 아들을 낳으면 대문 왼쪽에 활 한 개를 걸어두었다는 데서 태어난 날을 가리킨다.

122) 어찌하면 ~지을꼬 : 귀전부는 본디 한(漢) 나라 장형(張衡)이 당시에 환관(宦官)이 권력을 행사하여 벼슬살이에 회의를 느낀 나머지 고향으로 돌아가고픈 생각에서 지은 글이다. 곧 다산이 자기의 부친이 벼슬을 그만두고 아예 고향으로 돌아오기를 고대하는 뜻에서 하는 말이다.

123) ≪다산시문집·시(詩)·부친의 생신에 제공을 모시고 연회를 베풀며(家君晬辰陪諸公宴集)≫(제1권) 『眉擢徵遐壽, 弧懸憶舊年。兒孫多俊采, 耆故集芳筵。麪壓紅絲冷, 瓜沈綠瓣鮮。簿書妨攝養, 那得賦歸田』

124) ≪계곡선생집·오언 율시(五言律詩) 150수≫(제27권)

125) ≪다산시문집·시(詩)·무더위 삼십 운(苦熱三十韻)≫(제2권) 冷餐貪素麪 露臥却青綾 浴烏驅還至 眠僮喝不懲

126) ≪다산시문집·시(詩)·장난삼아 서흥 도호부사 임군 성운에게 주다. 그 때 수안군수와 함께 해주(海州)에 와서 고시관(考試官)을 하고 돌아갔음.(戲贈瑞興都護林君性運)≫(제3권) 西關十月雪盈尺 複帳軟氈留欵客 笠樣溫銚鹿臠紅 拉條冷麪菘菹碧

127) 약천(藥泉)은 유림(楡林) 남쪽에 있음. ≪다산시문집≫고전종합DB 자체 주석임.

128) 국상[國恤]이 아직 소상(小祥) 전이었음. ≪다산시문집≫고전종합DB 자체 주석임.

129) 석거각(石渠閣)이 영화당(映花堂) 동편에 있음.

130) ≪다산시문집·시(詩)·부용정 노래(芙蓉亭歌)≫(제4권) 長髥城東藥泉北 芳草如煙花似織 主人憐我長閉戶 勸我一出看春色 (중략) 石渠門下齊卸鞍 氍褪綉席陳杯盤 桂酒芘麪流玉液 棗糕橘餅疊金丸

131) ≪다산시문집·시(詩)·송파수작(松坡酬酢)·박대경이 돌아옴을 기뻐하며 산정아 집의 시에 차운하다[喜朴大卿回次山亭雅集韻]≫(제6권) 『世如藕孔孰能穿, 濩落儒冠摠比肩。切麪可方羊踏菜, 試茶何必虎跑泉』

132) 『一觴一詠述前聞, 何必風流讓右軍. 圃友削瓜供碧盌, 膳奚設麪走青裙.』

133) ≪다산시문집·시(詩)·송파수작(松坡酬酢)·산정아집의 운에 또 차운하다(山亭雅集又次韻)≫(제6권)

134) 양답채(羊踏菜) : 염소가 채소밭을 밟아 망쳤다는 뜻으로, 평소 채식가가 어쩌다 육식을 한 것을 익살적으로 비유한 말인데, 여기서는 육식의 뜻으로 한 말이다.

135) 호포천(虎跑泉) : 샘 이름인데, 동진(東晉) 때 혜원법사(慧遠法師)가 여산(廬山)에서 제현(諸賢)들과 노닐 적에 물이 먼 곳에 있음을 걱정하자, 호랑이가 발로 돌을 허비적거려서 물이 솟아 나왔다 하여 이렇게 부른 것이다.

136) ≪오주연문장전산고·인사편·복식류·제선(諸膳)·음선변증설(飮膳辨證說)≫

137) 『麪者。麥末也。東晳麪賦云重羅之麪。塵飛雪白。麥屑之謂也。東人麥屑曰眞末。方言眞加婁。而麪則認之爲食物之名。方言曰匊水。誤矣。然中國亦然。其刀切者名曰切麪。其榨壓者名曰摺條麪。其乾者名曰掛麪。』

138) ≪목민심서·봉공(奉公) 6조·제5조 공납(貢納) 편≫

139) 염문(廉問)이란 '남의 사정이나 비밀 따위를 은밀히 알아보는' 일이며,≪목민심서≫에서 '찰물(察物)'이 물정을 살피는 것을 말하는데, 곧 아전들의 부정이나 민간의 실정 등을 살피는 것이니, 목민심서에서는 비슷한 의미로 사용된다.

140) 관아의 말단 벼슬아치를 지칭함

141) ≪목민심서·이전(吏典) 6조·제5조 찰물(察物)≫

142) ≪목민심서·예전(禮典) 6조·제2조 빈객(賓客)≫

143) ≪경세유표·지관 수제(地官修制)·부공제(賦貢制)≫(제11권)

144) ≪계원필경집·서(書) · 장(狀) · 계(啓)≫(제18권)

145) 삼가 인자(仁慈)께서 전건(前件)의 절료(節料)와 미면(米麪), 양주(羊酒) 등을 특별히 내려 주시는 은혜를 입었습니다.

146) 서긍(徐兢)의 ≪선화봉사고려도경·잡속(雜俗)1·향음(鄕飮)≫(제22권)

147) 나라 안에는 밀이 적어 다 상인들이 경동도(京東道)로부터 사오므로 면(麵)값이 대단히 비싸서 큰 잔치가 아니면 쓰지 않는다.

148) ≪동문선·서(序)·만덕산 백련사 정명국사 시집 서(萬德山白蓮社靜明國師詩集序)·임계일(林桂一)≫(제83권)

149) 원묘국사가 이미 늙게 되자 자기 자리를 물려주려고 하니, 스님은 곧 몸을 빼서 상락(上洛) 공덕산(功德山)으로 피하였다. 그 즈음에 현 상국(相國) 최자(崔滋) 공이 상락의 태수로 있으면서 미면사(米麵社)를 창건하고 맞아들이므로 스님은 거기서 늙을 작정이었는데~~

150) "면(麵)으로써 희생(犧牲)을 대신다."[以麵代犧]는 구절을 지적하여 문책하며~~~

151) 속동문선 제19권 / 행장(行狀) / 충정공 행장(忠貞公行狀) / 신종호(申從濩)

152) ≪매천집·시(詩)·경인고(庚寅稿)≫(제1권)

153) 탕병은 온면(溫麵) 즉 국수를 말한 것으로, 옛날에 어린애를 낳은 지 3일이나 만 1개월이 되는 날, 만 1년이 되는 날에 탕병으로 축하연(祝賀宴)을 베풀었던 데서 온 말인데, 이로 인하여 이 축하연을 탕병회(湯餠會)라 일컫기도 한다. 영물(英物)은 아주 걸출한 인물을 말한 것으로, 진(晉)나라 때 환온(桓溫)이 태어난 지 아직 한 돌도 되기 전에 온교(溫嶠)가 그를 보고 말하기를 "이 아이에게 기골이 있으니, 시험 삼아 울려 보라.〔此兒有奇骨 可試使啼〕" 하여 우는 소리를 들어 보고는 또 말하기를 "참으로 영물이다.〔眞英物也〕" 했던 데서 온 말이다. ≪晉書 卷98 桓溫列傳≫ 樵翁擧孫纔三日 湯餠招客試英物 隱然已具食牛氣 張口呑乳聲汨汨

154) 『樵翁擧孫纔三日,湯餠招客試英物.隱然已具食牛氣,張口呑乳聲汩汩.』

155) ≪목은시고·시(詩)·산역(山驛)에서 읊다.≫(제3권)

156) "객사에 곤히 누워 우뢰처럼 코를 골아라. 양고기와 메밀국수는 창자 가득 담았는데(郵亭困臥鼻如雷, 羊肉白麵腸中堆)"

157) ≪목은시고·시(詩)·점심을 먹다.≫(제17권) 『白麪香湯滑 衰腸冷氣纏 苽涼宜少嚼 韮軟且微煎』

158) 유두일(流頭日) : 명절(名節)의 하나인 음력 6월 15일을 가리키는데, 옛날 풍속에 이날은 일가나 친지들끼리 서로 어울려 물 맑은 계곡에 가서 머리를 감고 몸을 씻어서 액(厄)을 떨어버리고, 유두면(流頭麪), 밀전병 등의 음식을 만들어 먹고 노닐었다고 한다.

159) ≪목은시고·시(詩)·유두일(流頭日)에 세 수를 읊다≫(제18권)중 제1수. 『上黨烹煎味更眞, 雪爲膚理雜甘辛. 團團祗恐粘牙齒, 細嚼淸寒自遍身』

160) ≪목은시고·시(詩)·치통(齒痛)≫(제27권)

161) 윤휴(尹鑴), ≪백호전서·잡저(雜著)·제례(祭禮)·시제(時祭)≫(제31권)

162) 사전연구실, ≪조선말사전≫(학우서방, 1968), 동경.

163) 장지현, ≪전통식품·그 유구한 역사와 찬란한 미래≫(인제식품과학 포럼, 경남, 1993), 49-81쪽.

164) 시식은 특산 고장에서 형성되고 발달된 고유성이 깊은 식생활 풍속인 반면, 절식은 민속적 의미와 사회성이 깊다.

165) 김광언, ≪만두 고≫(한국대학박물관협회, 고문화, 서울, 1992), 117-132쪽.

166) 정혜경, ≪만두문화의 역사적 고찰≫(동아시아식생활학회 학술발표대회 논문집, 서울, 2008),. 3-10쪽.

167) Bok HJ, 2008, The A Literary Investigation on Mandu(Dumpling)-Types and Cooking Methods of Mandu(Dumpling) During the Joseon Era (1400s-1900s) Korean J.Dietary Culture, 23(2), 273-292쪽.

168) 이혜정, 조우균, ≪문헌에 기록된 만두의 분석적 고찰≫(경기전문대학논문집 제25호, 경기도, 1997), 129-135쪽.

169) 오순덕, ≪조선왕조 궁중음식 중 만두류의 문헌적 고찰≫(한국식생활문화학회지, 29(2), 2014), 129-139쪽

170) ≪다산시문집·시·대장장이 노래를 지어 도감 제공에게 보여드리다(鍛人行奉示都監諸公)≫(제2권)

171) 『鴉帕朱槃競致餽,魚饅雉炙慵不嘗』

172) ≪다산시문집·시·연을 심는 사연(種蓮詞)≫(제5권)

173) 『平生燕婉求,戚施到河西.饅頭雖團圓,湯餠誰噬臍.』

174) ≪다산시문집·대책·지리책≫(제8권)

175) ≪목은시고·금주음·관악산 신방사(新房寺)의 주지(住持)[冠嶽新房菴主]≫(제35권), 『饅頭雪積蒸添色, 豆腐脂凝煮更香』

176) ≪사가시집·시류·김자고가 만두를 보내준데 사례하다≫ (제12권) 『朱榼初開見。饅頭白似霜。軟溫宜病口。甜滑補衰腸。甕裏桃梅醬。盤中擣桂薑。居然能啖盡。厚意儘難忘。』

177) 걸교루(乞巧樓) : 칠석일(七夕日)에 뜰에다 세워서 채색으로 꾸민 누각이다. '걸교'는 칠석날 밤에 부녀자들이 견우 · 직녀 두 별에게 길쌈과 바느질 솜씨가 늘기를 비는 제사이다.

178) ≪성소부부고·시부2·궁사≫(제2권) 『晴瀾曲瀉抱紅樓, 望日偸閒作宴遊。團餠侵氷寒起粟, 却抛雲髻洗流頭。糝蘆泥肉製饅頭, 瓜果爭陳乞巧樓。入夜內人爭指點, 絳河西畔拜牽牛。』

179) ≪계곡선생집·칠언 율시(七言律詩) 2백 33수(首)·즉흥시[卽事]≫(제31권) 『午飯飽來晡飯厭, 饅頭一顆覺輕安』

180) 김정호, ≪조선의 탐식가들≫(도서출판 따비, 2012), 85쪽.

181) 농촌진흥청, ≪전통한식과·현대식으로 풀어보는 수문사설≫(모던플러스, 2012)

182) 嘉賓半夜來 浩月當窓白

183) ≪성소부부고·시부(詩部)1·정유조천록(丁酉朝天錄)·해주위(海州衛)에서 본 것을 기록하다≫(제1권) 『樽開千日醞, 盤薦五侯鯖』

184) 무오사화 때에 사초 문제(史草問題)로 윤필상 등에 의해 정희량은 신용개·김전 등과 함께 탄핵을 받았는데, '난언(亂言)을 알고도 고하지 않았다'는 죄목으로 장(杖) 100, 유(流) 3,000리의 처벌을 받고 의주에 유배되었다가, 1500년 5월 김해로 이배되었다. 1501년 유배에서 풀려나 직첩을 돌려 받았으나 대간 및 홍문관직에는 나갈 수 없게 되었다. 그 해 어머니가 죽자 고양에서 시묘(侍墓) 살이를 하다가 산책을 나간 뒤 다시 돌아오지 않았다.

185) 이효지·정혜림, 〈열구자탕의 문헌적 고찰〉(≪Korean Food Culture≫, Vol.18, No.6, 2003), 504쪽.

186) 이성우, ≪한국식생활사연구≫(향문사, 1978), 253쪽.

187) 이성2준하, ≪소문사설 한역≫(한국생활과학연구, 한양대학교, 1984), pp.29-30.

188) 웃기떡의 하나. 찹쌀가루에 대추를 이겨 섞고 꿀에 반죽하여 깨소나 팥소를 넣어 송편처럼 만든 다음 기름에 지진다. 통상은 '주악'으로 표기한다.

189) ≪다산시문집·시(詩)·송파수작(松坡酬酢) 선조 기사(先朝紀事)편≫(제6권)

190) 예전에, 국상 때 궁중에 모여서 곡을 하던 벼슬아치의 반열을 이르던 말

191) 열구자탕(悅口子湯) : 여러 가지 어육(魚肉)과 채소를 넣고 그 위에 각종 과실을 넣어서 신선로(神仙爐)에 끓인 음식이다.

192) ≪무오연행록(戊午燕行錄)≫(제3권), 기미년(1799, 정조23) 1월 6일

193) ≪무오연행록≫(제4권), 기미년(1799, 정조23) 1월 21일

194) 조엄은 조선 영조 때의 문신으로 자는 명서(明瑞). 호는 영호(永湖)이다. 대사간, 이조 판서를 지냈으며 1763년에 통신사로 일본에 갔을 때 고구마 종자를 처음으로 들여와 재배 · 저장법을 소개하였다

195) 조엄(趙曮:1719-1777), ≪해사일기(海槎日記)≫ 제2권, 계미년 11월 29일『島主供以勝妓樂。所謂勝妓樂。一名杉煮。雜以魚菜而煎湯者。彼人謂之一味。名以勝妓樂。而其味何敢當我國悅口子湯也。』

196) 낙산(駱山) : 성균관 남쪽에 있는 산이다. 낙타와 닮았다고 하여 본래는 타락산(駝駱山)이었는데, 낙산으로 줄여 불렀다. 풍수지리학적으로는 우백호의 인왕산과 마주하여 좌청룡 역할을 하였다.

197) 윤기(尹愭:1741-1826), ≪무명자집·시고· 시(詩), 성안의 저녁 풍경5수(城中暮景五首)≫ 제3책 淡月初升星漸多, 樓臺處處起笙歌。別有搖搖雲外響, 太平簫弄駱山阿。人稀街路市垂簾, 煙霧深籠撲地閻。惟有酒家遙可辨, 紅燈揭戶是青帘。華堂幾處煖鑪期, 繡戶何人白馬馳。最是整襟明燭地, 咿唔滋味有誰知。

198) 예법 ~쏟고 : 10월 초하루에는 한식날과 똑같이 도성의 사대부와 백성들이 모두 성을 나가 선영에 제물을 차리고 묘사를 지낸다. ≪古今事文類聚 前集 卷12 拜墳≫ 우리나라에서도 음력 10월에 조상의 묘소에서 시제(時祭)를 올리고, 성주신에게 비는 풍속이 있다.

199) 난로회(煖爐會) : ≪세시잡기(歲時雜記)≫에 "연경 사람들은 10월 초하룻날에 술을 준비해 놓고 저민 고깃점을 화로 안에 구우면서 둘러앉아 마시며 먹는데 이것을 난로(煖爐)라고 한다."라고 하였다. 또 ≪동경몽화록(東京夢華錄)≫에 "10월 초하루에 유사(有司)들이 난로에 피울 숯을 대궐에 올리고 민간에서는 모두 술을 가져다 놓고 난로회를 갖는다."라고 하였다. ≪古今事文類聚 前集 卷12 進爐炭≫ 18세기 서울 · 경기 지역에도 난로회의 풍속이 유행하여 10월 1일이 되면 화로에 숯불을 피우고 석쇠〔燔鐵〕를 올려놓은 다음 쇠고기를 기름 · 간장 · 계란 · 파 · 마늘 · 후춧가루 등으로 양념하여 화롯가에 둘러앉아 구워 먹었다. 또 쇠고기나 돼지고기에 무 · 오이 · 채소 · 나물 등의 야채와 계란을 섞어 전골을 만들어 먹는데 이것을 열구자탕(悅口子湯), 또는 신선로(神仙爐)라고 부른다고 하였다.≪東國歲時記≫

200) 만두를 ~풍속이고 : 산협에 사는 사람들은 10월 1일에 세시 음식으로 만두를 쪄 먹는 경우가 많다고 한다. ≪古今事文類聚 前集 卷12 食燋糟≫ 우리나라에서는 이날 메밀가루로 만두를 만들어 먹는데, 야채 · 파 · 닭고기 · 돼지고기 · 쇠고기 · 두부 등을 저며 소를 넣고 전골처럼 만들어 익혀먹는다. 이것을 변씨만두(卞氏饅頭)라고 부른다고 하였다. 만두는 소쿠리에 넣어 찌므로 증병(蒸餠) 또는 농병(籠餠)이라고도 한다. 만두에는 멥쌀 만두, 꿩고기만두, 김치만두 등이 있다. ≪東國歲時記≫ 참고로, ≪열양세시기≫에는 이날부터 관원들이 관복 위에 방한용 모자인 난모(煖帽)를 덧씌워 쓴다는 기록도 전한다.

201) 형초 지방 사람들은 쌀강정〔燋糟〕을 볶아 먹는 사람들이 많다고 한다. 두보의 시 〈시월 초하루〔十月一日〕〉에 "만두 찌는 것은 집집마다 똑같고, 쌀강정은 다행히 한 소반이라.〔蒸裹如千室 焦糖幸一柈〕" 하였다. ≪古今事文類聚 前集 卷12 食燋糟≫

우리나라에서는 10월에 쑥의 연한 싹을 찧어 찹쌀가루에 섞어 동그란 떡을 만든 다음 삶은 콩가루와 꿀을 발라 먹는데 이것을 쑥단자[艾團子]라고 한다. 찹쌀가루로 동그란 떡을 만들어서 삶은 콩과 꿀을 이용하여 붉은 빛이 나게 한 것을 밀단고(蜜團餻라고 한다. 찹쌀가루를 술에 반죽하여 크고 작게 썰어 햇볕에 말렸다가 기름에 튀기면 고치같이 부풀어 오르면서 속은 빈다. 여기에 물엿을 먹이고 흰깨 · 검정 깨 · 누런 콩가루 · 파란 콩가루 등을 붙인 것을 강정[乾飣]이라고 한다. 오색을 넣은 강정도 있고, 잣을 박거나 잣가루를 묻힌 잣강정[松子乾飣]이 있으며, 찰벼를 볶아 꽃모양으로 튀겨서 엿을 묻힌 매화강정이라는 것도 있다. ≪東國歲時記≫

202) ≪무명자집 시고· 시(詩)·시월 초하루 고사(十月朔記故事)≫ (제3책) 『十月丁初吉, 舊風亦可觀。禮家拜墳謹, 富戶煖爐團。蒸裹成山俗, 燋糟萃楚枠。佳辰應最是, 秋後未冬寒。』평성 한(寒) 운을 압운한 측기식 오언율시이다. 시의 전반적 분위기는 다른 '기고사' 시와는 달리 서정적이고 우리나라에서 당시 행해지는 풍속을 중심으로 읊었다. 음력 10월 초하루는 진나라 역법으로 정월 초하루가 되기 때문에, 진나라의 설날이란 의미에서 일명 진세수(秦歲首)라고도 한다. 이 때문에 중국에서는 10월 초하루가 되면 설과 흡사한 세시풍속이 적지 않게 행해졌다. 조선 후기의 진세수를 서유구는 풍성한 수확에 대한 감사의 의미로도 보았는데, 이와 관련하여 ≪임원경제지≫ 〈금화경독기〉에 실린 10월 1일 풍속을 아래에 소개한다.≪형초세시기≫에 "10월 초하루는 '서확(黍臛 좁쌀을 넣고 끓인 일종의 고깃국)'을 먹으니, 풍속에서 '진나라 설날[秦歲首]'이라고 한다." 하였고, 여기에 대한 주석에 "지금 북방 사람들이 이날에 마로 끓인 국과 콩을 넣어 지은 밥을 차려놓는다. 햇곡식으로 지은 음식을 처음 맛보기 위해서이다."라고 하였다. 내가 생각하기에는 이 무렵이 되면 온갖 곡식이 모두 여무니, 굳이 서확뿐 아니라 메벼, 찰벼, 기장, 서숙들을 가지고 모두 떡을 만들어 노부모를 봉양하고 농사를 쉴 수 있다. ≪시경≫에 "두 동이의 술로 잔치를 여네.[朋酒斯饗]"라고 한 것과 ≪예기≫에 "백일의 사(蜡)는 하루의 은택이다.[百日之蜡 一日之澤]"라고 한 것이 모두 이달의 행사이다.

203) 대부(大夫) 김공 술부(金公述夫) : 술부는 김선행(金善行 : 1716~1768)의 자이다. 본관은 안동(安東)이다. 김선행은 1739년(영조 15) 문과 급제 후 옥당(玉堂), 황해감사, 대사헌, 한성부 좌윤, 도승지 등을 거쳐 1765 년부터 1766년까지 동지사(冬至使)의 부사(副使)로 연행을 다녀왔다. 당시 연행에는 서장관 홍억(洪檍)의 조카인 홍대용도 참여하였다. 귀국 직후인 1766년 음력 5월 개성 유수로 임명되어 1768년 2월까지 재임하였다. 그 후 대사헌, 좌윤을 지내다가 곧 사망했다. 주(周)나라의 제도에 국군(國君) 아래 경(卿) · 대부(大夫) · 사(士)의 세 등급이 있었으므로, 후대에 관직에 임명된 자를 대부라 하였다. 조선 시대의 품계에서도 4품 이상의 문관에게는 '~대부'라 하였다.

204) 난회(煖會) : 난로회(煖爐會)를 말한다. ≪동국세시기(東國歲時記)≫에 의하면, 서울 풍속에 숯불을 화로에 피워 번철(燔鐵)을 올려 놓고 쇠고기에 갖은 양념을 하여 구우면서 둘러앉아 먹는 것을 '난로회'라 한다고 하였다. 번철은 전을 부치거나 고기를 볶는 데 쓰는 무쇠 그릇으로 전철(煎鐵)이라고도 한다. 삿갓을 엎어놓은 듯한 모양의 번철 주위에 둘러앉는다고 하여, 난로회를 '철립위(鐵笠圍)'라고 한

듯하다.

205) 더운 곳 : 원문은 '열처(熱處)'인데, 이는 권세 있는 벼슬자리라는 뜻도 있다.

206) 진퇴(進退)와 영욕(榮辱) : 진퇴는 벼슬길에 나서는 것과 은퇴하는 것을 가리킨다. 벼슬할 때와 은퇴할 때를 잘 분별해야 영예를 누리고 치욕을 면할 수 있다.

207) 난로회(煖爐會)의 고사 : 옛날 중국의 풍속에 음력 10월 초하룻날이면 난롯가에 둘러앉아 주연(酒宴)의 모임을 가졌던 것을 말한다.

208) ≪홍재전서·시(詩)3·규장각(奎章閣), 은대(銀臺), 옥서(玉署)에 음식을 내리고 연구(聯句)를 짓다. 소서(小序)를 아울러 쓰다≫ (제7권) 金華經說耀奎章 粉署書聲及玉堂

209) 『獎貂揎袖進爐頭 寒士沾沾得意秋 慢作蚓鳴誰不罵 怒如魚眼卽無愁 嘗疑李子辭包鹿 未羨韓公宴狎鷗 禮法場中終有媿 此風元自薩摩州』

210) 박채린, ≪조선시대 김치의 탄생≫(민속원, 2013)

211) ≪아언각비≫(제1권)

212) ≪다산시문집·시(詩)·송파수작≫(제6권)

213) ≪다산시문집·시(詩)·이주신 산정에서 비를 만나 여러 벗들과 함께 흥풀이로 삼십운을 읊었는데 점운법(玷韻法)을 썼다.≫

214) ≪다산시문집·시·장난삼아 서흥 도호부사 임군 성운에게 주다.≫(제3권)

215) ≪목민시서 예전 6조 제2조 빈객≫

216) ≪다산시문집·시·추회 8수, 신유년 가을 장기에 있으면서≫(제4권) 『紅擘蝤蛑儘有名, 朝朝還對鰈魚羹』

217) ≪다산시문집·시(詩)·노량진에 돌아와 교지를 기다리면서 별장과 함께 술을 마시고 설경을 구경하며 지었다.≫(제2권) 『却借虞羅手自椓, 滿取鵪鶉與瓦雀. 烹燎胵臛雜芬芳, 讙譃叫呶恣行樂.』

218) ≪다산시문집·시(詩)·소장공 동파 시에 화답하다.≫(제5권) 『生憎豆葉羹, 衆嗜如淫羊. 如逢借圃人, 至惠誠難忘』

219) 渡良浦는 일기도(壱岐島)근처의 渡良浦(わたらうら:와타라우라)로 보여진다.

220) ≪연행일기≫ 제4권, 『是日 出竹筒中炒醬啖之 來時譯輩言炒醬味易濇 不可食 而余用大竹筒一節 中截爲二 各裝入炒醬後 皆閉口還合如故 用紙塗外面 令風不入 及出 味不少變』

221) ≪연행일기≫ 제9권, 『余分筒中炒醬 送于柳鳳山 則食而甘之 謝曰 非醬也 乃淸心元也 其後每言此醬事 嘗稱淸心元 此時經過之狀 可想』

222) 남고(南皐)는 참의벼슬을 지낸 윤지범을 지칭한다. 윤규범(尹奎範:1752-1821)은 본관은 해남, 초명은 윤지범, 자는 이서, 호는 남고, 윤선도의 7세손으로 윤두서의 증손이다. 아버지는 윤위이다. 1777년 증광문과에 병과로 급제하였으나 윤선도의 후손이라는 이유로 벼슬에 오르지 못하다가 왕의 특명으로 서용되어 성균관

전적, 병조좌랑, 지평, 정언을 지낸 뒤 1797년 임천군수가 되었다. 1800년 정조가 죽자 사직한 뒤 12년 동안 은거하면서 지냈다. 1812년 용양위부호군이 되고 7년 후 첨지중추부사로 전임되었다. 1819년 병조참의, 1821년 오위장을 지냈다. ≪다산시문집·남고에게 편지를 부치고 된장을 보내주다≫(2권) 『頗愧朱登蟹, 殊非仲子鵝。和齊貧未易, 呴沫意如何。芍藥調黃豉, 葫蘆透白鹺。遙和杏園側, 長鋏有悲歌』

223) 주등은 한 선제(漢宣帝) 때 동해상(東海相)을 지낸 인물인데, 그가 동해상이 되자 그 지방의 특산물인 게장을 장창(張敞)에게 선물한 일이 있었고, 중자는 전국시대 제(齊) 나라의 청렴하기로 이름난 진중자(陳仲子)인데 그의 형님 집에서 거위 고기를 먹다가 그것이 어떤 사람으로부터 예물로 받은 것이라는 말을 듣고 나가 토해 버렸다 한다. 곧 남고 윤규범(尹奎範)에게 보내주는 된장이 별미는 아니지만 떳떳한 것이니 받아달라는 것이다.

224) 된장과 소금을 이용하는 법을 말한 듯 하나 자세하지 않다.

225) 행원은 학문을 가르치고 연마하는 곳으로, 성균관의 별칭으로 쓴 듯 하나 자세하지 않다. 장검을 치며 슬프게 노래 부른다는 것은 전국시대 제(齊) 나라 맹상군(孟嘗君)의 식객 가운데 한 사람인 풍환(馮驩)이, 처음 맹상군을 찾아갔을 때 대접이 변변치 않자 장검을 치며 밥상에 고기가 없고 밖에 나다닐 때 수레가 없다는 뜻으로 노래를 불렀다는 데서 나온 것이다. 곧 윤규범이 문과에도 급제하고 남다른 지모를 지녔으나 윤선도(尹善道)의 손자라는 이유로 벼슬길에 나가지 못해 비탄에 잠겨 있다는 뜻인 듯하다.≪史記 卷82 孟嘗君傳≫

226) 운자(雲子) : 쌀알처럼 생긴 하얀 돌. 운자석(雲子石). 후세에는 전하여 '밥'이라는 말로 쓰임.≪甕牖閒評≫

227) 제호(醍醐) : 연유 위에 기름 모양으로 엉긴 맛좋은 액체. ≪本草·醍醐≫에서 제호(餟餬)는 피일휴(皮日休) 시에, "고미밥이 다 익고 제호 맛이 연하구나. 고인이 아니고는 먹을 음식 아니로세.[彫胡飯熟餟餬軟 不是高人不合嘗]"하였음.

228) 술그릇 이름으로 노자작(鸕鶿杓)이라는 것이 있음.

229) 고전종합DB는 임치(臨淄)에 주를 달아서 "산동성(山東省)에 있는 고을 이름. 옛 제(齊) 나라의 도읍지. ≪戰國策 齊策≫"라고 해설하였으나, 이는 번역 오류이다. 임치는 임자도 앞에 무안쪽에 설치되었던 임치진(臨淄鎭)의 이름이다.

230) 낙랑 우어 : 우어[鰅]는 표피에 무늬가 있는 고기로 낙랑(樂浪)의 동이(東暆)에서 난다고 함. ≪說文≫

231) ≪다산시문집·여름날에 소회를 적어 족부 이조참판께 올리다(夏日述懷 奉簡族父吏曹參判)≫(3권) 水精調豉醬, 雲子備餟餬。只爲詩盈卷, 兼令酒滿瓻。佳肴陳紫蟹, 奇杓刻青鸕。縱少臨淄鮓. 猶饒樂浪鰅。萵畦頻洗椀, 蘋港更施罛。已慣山餐薄, 仍從野服麤。

232) 서거정, ≪속동문선·순채가(蓴菜歌)≫(4권) 『物性與我合, 所以愛之酷。或以爲膾或爲羹, 鹽豉始和椒桂馨。』

233) 허균, ≪성소부부고·설부(說部) 5·도문대작(屠門大嚼)≫(제26권)

234) 성호 이익, ≪성호전집·한거잡영(閑居雜詠)≫(제3수) 『曾聞麗俗近陶匏, 生菜旋將熟飯包。

萵苣葉圓鹽豉紫，盤需容易出邮庵。』

235) 정방(正方) 1촌의 시(匕)를 만들어 약말(藥末)을 헤아리는데 사용하는 것이다.

236) ≪산림경제·벽온(辟瘟)≫(제3권) ≪오방(吳方)≫『又葛根四兩。豉一升。同煎服。』

237) 각종 조리서의 장류 부분을 종합 정리함.

238) ≪다산시문집·시(詩)·여름날에 소회를 적어 족부 이조참판에게 올리다≫(제3권) 『水精調豉醬，雲子備饅餬，只爲詩盈卷，兼令酒滿甑』

239) ≪목민심서·제6조 율기(律己) 제5조 절용(節用)≫

240) ≪다산시문집·정헌의 묘지명(墓誌銘)≫(제15권)

241) ≪성호전집·서(書)·정여일의 ≪가례≫ 문목에 다시 답하는 편지≫

242) 윤휴, ≪백호전서·잡저·독서기 내칙≫(제46권)

243) ≪청장관전서·사소절1(士小節一)·복식(服食)≫(제27권~29권), 『對人喫膾，不可多食芥醬以嚏涕. 亦勿多食蕪菁 向人致噫.』

244) ≪청장관전서·사소절6(士小節六)·복식(服食)≫(제30권), 『調芥醬，勿逼而噓氣.』

245) ≪홍재전서·일득록(日得錄)16·훈어(訓語)3≫(제176권), 『人皆言淸官要任。不願做不堪居。而及其得之也。惟恐失之。譬如芥醬苦口有攢眉。而不肯捨箸者。甚可笑也。』

246) 이춘자 외, ≪장≫(대원사, 2012), 92쪽.

247) 주영하, ≪음식인문학≫(휴머니스트, 2011), 104쪽.

248) ≪다산시문집 제4권 / 시(詩)·장기농가 10장≫, 萵葉團包麥飯呑 合同椒醬與葱根

249) ≪다산시문집 제7권 / 시(詩)·귀전시초(歸田詩草)≫, 小盒茄椒醬 行廚榾柮煙 人間粱肉味 都只在江船

250) ≪몽오집(夢梧集) 제4권≫, 饌自蔬羹菜葅辣醬以外 只鹽石首魚 水蒸乾北魚擘而塗醬雛鷄脚一而已

251) 이건승은 1906년(고종 10)에는 강화도 사기리(沙磯里)에 계명의숙(啓明義塾)을 설립하여 교육으로서 나라를 살리려는 운동을 전개했다. 또한 대한자강회(大韓自强會)를 지지하기도 했다.

252) '와거반(萵苣飯)'은 직역하면 상추밥이고, 상추로 밥을 싸서 먹는 상추쌈밥이다. 조선 중후기 일반 서민들이 얼마나 상추쌈밥을 즐겨 먹었는지를 보여주는 생생한 기록인 것이다. 이 때문에 이건승의 이 시는 일반적으로 '와거시(萵苣詩)'라고 지칭되는데, 실은 상추시가 아니라 상추쌈밥시인 것이다.

253) ≪다산시문집·시(詩)·장기농가 10장≫(제4권)

254) 송홍선〈쌈 이용에다 정력, 최면 효능이 있는 '상추'〉(≪서울타임즈≫2011.04.18)

255) 상추의 잎줄기에는 우윳빛 즙액이 들어 있는데 고온기에 많이 생성되며 쓴맛을 낸다. 중세기에 영국의 단칸(Duncan)이라는 의사는 이것을 락투카리움(lactucarium)

이라고 이름을 붙여 발표했다. 이 성분은 알카로이드 계통으로 주성분은 락투세린(lactucerin)·락투신(lactucin)·락투신산(Lactucicacid) 등으로 구성돼 있다. 이는 아편과 같이 최면과 진통효과가 있어 상추를 많이 먹으면 졸리게 된다.

256) 박지원 저, 박병희 역, ≪고추장 작은 단지를 보내니≫, 35쪽, 본문 57쪽.

257) 연행일기 제4권 / 계사년(1713, 숙종 39) 1월 3일(신사), 是日 出竹筒中炒醬啖之來時譯輩言炒醬味易滀 不可食 而余用大竹筒一節 中截爲二 各裝入炒醬後 皆閉口還合如故 用紙塗外面 令風不入 及出 味不少變

258) 주영하, 앞의 책, 121-122쪽.

259) ≪다산시문집·송파수작(松坡酬酢)·족제 공예의 회갑을 축하하다(族弟公睿回甲之作)≫(제6권) 『飛騰六十一秋回 溲餠酸葅勸客杯』

260) ≪청장관전서(青莊館全書)≫(제69권), 〈한죽당섭필(寒竹堂涉筆)·下·상산찬(商山饌)〉

261) 송명흠(宋明欽:1705-1768), ≪역천집(櫟泉集)· 사행에게 감사하며 작은 붕어를 보내노라(謝士行, 寄小鯽)≫(권3)

262) ≪다산시문집·시·봄날 담재에서 지은 잡시≫(제1권)

263) 윤덕노, ≪음식이야기〈1〉≫, 미나리

264) 미나리를 끓는 소금물에 데친 후 카로티노이드 및 플라보노이드 색소 함량의 변화를 조사한 실험 결과에 의하면 퀘르세틴과 캠프페롤이 60% 증가한 것으로 나타났다.

265) 정혜경, ≪채소의 인문학(나물민족이 이어온 삶 속의 채소, 역사속의 채소)≫(따비, 2017), 43쪽 재인용.

266) 정혜경, 앞의 책, 45쪽.

267) ≪다산시문집·시(詩)·가을 바람을 주제로 두보의 운을 차한 여덟 수≫(제2권) 『張翰眞成憶蓴菜, 錢君豈必負麻衣. 世間休退誠能事, 半被人牽半自違』

268) ≪다산시문집·시·평구역에서 자다≫(제3권)『秋風會借蓴鱸興, 雪耻酬憤與汝并』

269) ≪다산시문집·기(記)·천진암에서 노닐은 기(游天眞菴記)≫(제14권) 『喫山菜若薺芑薇蕨木頭之屬。共五六種。』

270) ≪다산시문집·시(詩)·전원을 그리워하는 다섯 수를 지어 남고의 운을 화답하다≫(제2권)『澹墨題楣畫, 蕭然一草堂. 小僮調菜隴, 穉子戲書牀』

271) 두 시내의 이름, 〈당서〉 장지화전에 "물 위에 둥실 뜬 집을 지어 초계 삽계 사이 오가는 게 원이라네" 하였음.

272) ≪다산시문집·시(詩)·대각의 탄핵을 당하여 소를 올려 해직을 빌면서 감회를 적다≫(제3권) 『久恨蘇張貪相印, 已從苕霅買漁舟. 綠蘋紅蓼滄凉地, 深信鳧鷗不我謀.』

273) 준법으로 그린 그림, 화법(畵法)의 일종으로 산악, 암벽 등의 굴곡 중첩 또는 옷의 주름 등을 나타내는 화법

274) 종이 이름, 법첩을 모사하는데 쓰는 종이

275) ≪다산시문집·시(詩)·죽란사에서의 흥풀이≫(제3권) 『罷職門仍冷, 心安病得除. 雨看皴碧畫, 晴試硬黃書』

276) ≪다산시문집·시(詩)·괴로운 바람(苦風)≫(제3권) 『暫欲辭塵雜, 江風復盛威. 白翻山葉亂, 紅蹴野花飛. 稼穡疑天意, 漁樵惜日暉. 巖廊有燮理, 且可掩柴扉』

277) ≪다산시문집·시(詩)·이계수 집에서 대릉 제로들을 모시고 마시다.≫(제3권) 『罾欙已趣觀魚具, 不羨扁舟汎五湖』

278) 진나라 때 왕희지가 거위를 매우 좋아하여 산음의 도사에게 〈도덕경〉을 써 주고 그 대가로 거위를 싸 간 고사에서 온 말인데, 여기서는 물고기를 잡아 그릇에 담아가는 것을 비유하는 말이다.

279) ≪다산시문집·시(詩)·송파수작·남자주에서 물고기를 잡다.≫(제6권) 『打魚每趁麥黃天, 巨網橫流一字連. 立表始愁驅貉遠, 括囊方識籠鵝全.』

280) ≪다산시문집·시(詩)·산골 나들이 절구 제2수≫(제3권) 『釣船搖蕩釣竿欹 藏在垂楊臥水枝 盡日風吹魚不上 一篙春浪醉眠遲』

281) ≪다산시문집·시(詩)·저물게 월현령 아래다 배를 대다(晩泊月峴嶺下)≫(제3권) 『照水芳枝畫不如 楓根繫纜故虛徐 林深早有黃鸝鳥 潭淺猶藏白小魚 好借野園移病枕 懶廻官閣檢文書 勤培樹木供游衍 休道清城廟略疏』

282) ≪다산시문집·시(詩)·계각(溪閣)≫(제3권) 『欲知康濟術, 唯有學樵漁』

283) ≪다산시문집·시(詩)·제생들 그물 치는 것을 구경하다.(觀諸生施罛)≫(제3권) 『洲渚沿回興不孤, 白蘋風靜更施罛』

284) ≪다산시문집·시(詩)·몽동주를 지나는 배 안에서 장난삼아 절구 세수를 읊다≫(제3권) 『驀有白衣人起立, 却看持網是漁翁, 篙師落帆氣低垂』

285) ≪다산시문집·시(詩)·두미에서 그물질을 하였으나 고기를 얻지 못하여 지은 시에 차운하다.(泂椎≫(제7권) 『黑水深如雲夢藪, 蛟龍窟宅其下有. 鱖魚欲上鱸魚肥, 聞說張網先饞口.』

286) 영성: '종다래끼'란 입구가 좁고 바닥이 넓은 작은 바구니를 말한다.

287) ≪다산시문집·시(詩)·봄날 오성에서 지은 잡시≫(제1권) 『蘇台谷口小溪長, 白白銀魚數寸强. 雜取罾罺與笭箵, 好教椽吏作漁郎』

288) ≪다산시문집·시(詩)·노량진에 돌아와 교지를 기다리면서 별장과 함께 술을 마시고 설경을 구경하며 지었다.≫(제2권) 『小將歲暮無公事, 榨酒椎牛謀一醉. 沙村老校老善漁, 釣出赤鯉長尺四』

289) ≪다산시문집·시(詩)·팔월 이일 중씨가 가권을 거느리고 동으로 돌아가실 때 윤무구와 함께 배를 타고 같이 가면서 주죽타의 원앙호 도가 등 여러 운에 차운하였다.≫(제3권) 『松明引路信篙師, 串得江魚在柳絲』

290) 김지용, ≪다산의 시문≫, 명문당, 470쪽. ≪다산시문집·시(詩)·다산화사(茶山花史)

20수≫(제5권)중 제3수『竹裏行廚仗一僧, 憐渠鬚髮日鬅鬅. 如今盡破頭陀律, 管取鮮魚首自蒸』

291) 정민(2007), ≪다산어록청상≫, 푸르메

292) 〈두 아들에게 부침〉, 9-23쪽.

293) ≪다산시문집 제1권, 부(賦), 염우부(鹽雨賦)≫, 염우부(鹽雨賦) : 다산 49세 때인 순조 10년(1810) 7월에 강진(康津)의 유배지에서 폭풍우로 산야의 초목과 곡물이 혹독한 피해를 당한 것을 목격하고 지은 작품이다.『天地黯慘而無光 林園蕭索而失彩 樫松楓枏 櫨櫪檀樟 橙橘柹梣 榑棗梨棠 榹桃櫸栗 櫻梅檿桑 隱夫薁棣 平仲女貞 無不摧柯隕葉 顚踣陵岡 篠簳菰篚鐘籠筆篾篔簹之竹 交加毁折 倒垂則魚鯁森起 飄轉則豹皮墭裂 復有蘘荷蔘䕸蔗薑芋薤播葱蒜栫莫茈蘇番椒菘芥武侯之蔬 槃爛銷鑠 顔色穢黷』

294) 정혜경, 전게서, 153쪽.

295) 〈소장공 동파 시에 화답하다(和蘇長公東坡)〉『余雅好治圃 流落以來 益以無事 久有想願 顧地窄力詘 迄今未就 然心勿忘也 隣人有治小圃者 時往而觀 亦復怡然 其性好可知已』

296) 마몽득(馬夢得)은 소동파의 친구이며 마정경(馬正卿)이라고 칭하는 데, 정경(馬正卿)은 그의 자인 듯하다. 소식이 일찍이 황주(黃州)에 폄적되었을 적에 생활이 몹시 곤궁하였는데, 마정경이 그의 어려움을 측은하게 여겨, 옛 영지(營地) 수십 묘(數十畝)를 군중(郡中)에 청하여 얻어서 소식에게 농사를 짓고 살도록 하였다. 그리하여 소식이 황주 서호(西湖)의 동파(東坡)에 설당(雪堂)을 짓고 수년을 이곳에서 지냈다.≪〈蘇東坡詩集≫(卷21)

297) 〈소장공 동파 시에 화답하다(和蘇長公東坡) 8수 차운〉(제5권)『少小謀園圃, 計違命難逃. 南來欲還願, 庶以易雉膏. 顧乏一棱田, 何由取地毛? 蕭條馬正卿, 悵望仁聲高.』

298) 양하(蘘荷) : 식물이름, 고독(蠱毒)을 치료하는 약재로 쓰임.

299) 〈소장공 동파 시에 화답하다 8수 차운〉(제5권)『海壖少嘉蔬 美者稱茼蒿 魚鰕俯可拾 誰任犁灌勞 少小謀園圃 計違命難逃 南來欲還願 庶以易雉膏 顧乏一棱田 何由取地毛 蕭條馬正卿 悵望仁聲高 (중략) 美芹可以獻 由來齊炙背 蘘荷復治癖 不勞施鍼艾 土產貴藷芋 求者此湊會 南地故酥軟 不待雨破塊 隣人小區畫 在我柴門外 畦畛縱違法 頗能向蕃薈 時復曳杖臨 性好嗟有在 淸齋苟得味 誰人羨肛膾』

300) 〈소장공 동파 시에 화답하다〉(제5권)『邑里人煙稠 寸土何曾荒 漫漫稻與麥 靑黃遞入望 鄕俗不餐杞 長條至老蒼 投種密如粟 菁菔且不昌 生憎豆葉羹 衆嗜如淫羊 如逢借圃人 至惠誠難忘』

301) ≪다산시문집·시(詩)·어느 날 매화나무 아래를 산책하다(一日散步梅下~凡八十韻)≫(제5권) 이 시의 제목이 너무 길고 시서를 겸하고 있어 생략하여 표기하였다.

302) 송나라 때 사람, 초막을 치고 독신으로 살면서 갈포 옷에 짚신을 일년 내내 착용하고 채소 심고 짚신 삼아 그것으로 생계를 유지하였으며, 소년시절 친구 장준이 재상이 되어 금폐와 서신을 보냈으나 받지 않고 종적을 감추었다고 전해짐.≪宋史≫(卷459)

303) ≪다산시문집·시(詩)·소장공 동파 시에 화답하다. 8수 차운시(和蘇長公東坡)≫(제5권)

304) 『(생략)蘘荷復治癖, 不勞施鍼艾. 土産貴藷芋, 求者此湊會.(중략) 山蔬信香美, 龍肉竟虛語. 吾唯愛畦種, 山林此豪擧.(하략)』

305) "세월 걸려서야 공사 마치고는 조촐한 자축연을 가졌었다네(荏苒得竣事, 草草行勞酒)" 〈어느 날 매화나무 아래를 산책하다〉시에서

306) ≪다산시문집·시(詩)·어느 날 매화나무 아래를 산책하다(一日散步梅下~凡八十韻)≫(제5권)『播種具瑣細 畦畛各牉剖 紫粒武候菁 綠髮周顒韭 晩蔥龍角茁 早菘牛肚厚 茼蒿花似鞠 落蘇蓏如蕢 魯葵工潤肺 蜀芥能止嘔 萵苣雖多眠 食譜斯有取 蹲鴟特連畦 玉糝頗可口 堧地剔榛荒 旅生多野蔌 廊廡畜藜莧 藩屛列杞枸 拵薇充羹滑 留艾備焫灸 綰茨防鹿齕 圃務旣粗辦 園沼思滌垢』

307) ≪다산시문집·시(詩)·다산화사(茶山花史) 20수≫(제5권)중 제18수. 『今年始學蒔芹法, 不費城中買菜錢』

308) ≪다산시문집·서(書)·중씨께 올림[신미(1811, 순조 11년, 선생 50세)]≫(제20권)

309) 정지천, 전게서, 63-65쪽.

310) ≪다산시문집·시(詩)·소장공 동파 시에 화답하다(和蘇長公東波八首)≫(제5권)중

311) ≪다산시문집·시(詩)·죽란사 모임에서 윤이서·이주신·한혜보와 함께 전가하사 팔십운을 지었다.≫(제3권)『漫工調菜隴, 餘力拓芹坊. (중략) 灌圃瓜延架, 燒畬黍過墻.』

312) ≪여유당전서·文集·疏≫(권9) 『伏以臣竊以農有不如者三, 尊不如士, 利不如商, 安佚不如百工』

313) ≪완당전집·시(詩)·촌에 있어 병을 몹시 앓았는데 다만 유생이 문병 차 와서 방문을 주어 효험을 보았다. 그 뜻이 가상하여 이와 같이 써 주고 아울러 그 동군에게 부치다(村居病甚 惟柳生問疾而來 授方而効 其意可嘉 書贈如此 竝屬基桐君) 4수≫(제10권) 『生笑老夫如縷命, 茶薑紅麯與相依』

314) 조선시대 일반 백성의 평균수명은 40세, 왕의 평균수명은 47세였다. 김윤세, ≪인산의학≫(인산가, 2021.6), 92~93쪽.

315) 〈봄날 체천에서 지은 잡시(春日棣泉雜詩)〉(≪다산시문집·시(詩)≫[제1권]) 『鴉谷新茶始展旗,一包纔得里人貽. 棣泉水品淸何似, 閒就銀甁小試之』

316) ≪다산시문집·시(詩)·미천가(尾泉歌)≫(제1권) 『맑은 약수 떠 마시니 목구멍이 상쾌하고, 용단차에 시험하여 고질병을 다스리니(瓊漿挹兮爽咽喉, 爲試龍團治癖疾.』

317) ≪다산시문집·시(詩)·미천가(尾泉歌)≫(제1권) 『爲試龍團治癖疾, 瑩如水精甘如蜜. 陸羽若來何處尋, 員嶠之東鶴嶺南.』

318) 육우, 윤상병 역(2007), ≪다경≫, 연세대학교, 220쪽.

319) 예술의 전당, ≪정약용 250 : 천명 다산의 하늘≫, 비에이디자인, 서울, 2012, 186쪽.

320) 편지의 겉봉에 쓰여진 '강진 백운동 이대아서궤경납(李大雅書匭敬納)'의 수신인 이대아는 다산이 강진유배시절에 직접 가르쳤던 막내 제자 이시헌을 가리킨다. 정민의 ≪새로 쓰는 조선의 차문화≫(김영사, 2011), 120~121쪽.

321) 정민, 전게서, 123쪽.

322) 정민(2009:555):〈한국교회사연구소 소장 다산 친필 서간첩 ≪매옥서궤(梅屋書匭)≫에 대하여〉(≪교회사연구, 2009≫제33집)

323) 2006년 10월에 간행된 제2회 〈다산정약용선생유물특별전〉 10쪽 참고.

324) 이규경, ≪오주연문장전산고(五洲衍文長箋散稿)·도차변증설≫(동국문화사 영인본, 1955), 정민(2011:675) 재인용.

325) 『丁茶山鏞謫居時, 教以蒸焙爲團, 作小餅子, 名萬佛茶而已, 他無所聞, 東人之飲茶, 欲消滯也.』

326) ≪다산시문집·시(詩)·다산팔경 노래≫(제5권)중 제3수 〈따뜻한 날에 들리는 꿩소리(暖日聞雉)〉『山葛萋萋日色姸, 小爐纖斷煮茶煙. 何來角角三聲雉, 徑破雲牕數刻眠.』

327) 『青石磨平赤字鐫, 烹茶小竈草堂前. 魚喉半翕深包火, 獸耳雙穿細出煙. 松子拾來新替炭, 梅花拂去晩調泉. 侵精瘠氣終須戒, 思作丹爐學做仙.』

328) 『玉井無泥只刮沙, 一瓢斞取爽餐霞. 初尋石裏承漿穴, 遂作山中煉藥家. 弱柳蔭蹊斜汎葉, 小桃當頂倒幷花. 消痰破癖而堪錄, 作事前宜碧磵茶.』

329) ≪다산시문집·시(詩)·다산화사(茶山花史) 20수≫(제5권)중 제19수 『都無書籍貯山亭, 唯是花經與水經. 頗愛橘林新雨後, 巖泉手取洗茶瓶.』

330) 〈범석호의 병오서회 10수를 차운하여 송옹에게 부치다(次韻范石湖丙午書懷十首簡寄淞翁)〉(제6권) 『懶拋書冊呼兒數,病却巾衫引客遲. 洩過茶經九蒸曝, 厭煩鷄畜一雄雌.』

331) 이유원(李裕元)의 ≪가오고략(嘉梧藁略)·옥경고승기(玉磬觚賸記)≫(14책) 『康津普林寺竹田茶 丁冽水若鏞得之 教寺僧以九蒸九曝之法 其品不下普洱茶 而穀雨前所採尤貴 謂之以雨前茶可也』

332) ≪가오고략(嘉梧藁略)·시(詩)·죽로차(竹露茶)≫(4책)

333) 정민, 앞의 책, 127~133쪽.

334) 丁淳睦, ≪退溪評傳≫(지식산업사, 1987), 157쪽, 『禍人之酷, 腐腸生病, 迷性失德, 在身戕身, 在國覆國, 剛以制之, 自求多福.』

335) ≪다산시문집·시·음주 2수≫(제3권) 『細馬爭門入, 豊貂滿院來. 直愁衣帶熱, 故傍酒家廻. 牢落聊全性, 嶔崎任散才. 所欣惟自適, 莫笑坳堂杯.』

336) 계수나무의 꽃과 누룩으로 빚은 술로 맛좋은 술을 말한다.

337) ≪다산시문집·시(詩)·겨울날 왕명에 의하여 규장각에 입직하여 교서(校書)를 하면서 직학(直學) 이만수(李晩秀), 승지(承旨) 이익진(李翼晉)과 함께 내찬(內饌)을 하사받고 삼가 그 은례(恩例)에 대한 감회를 적다[冬日奉旨直奎瀛府校書。同李晩秀直學, 李翼晉承旨。蒙賜內饌。恭述恩例]≫(제3권)

338) ≪다산시문집·시(詩)·봄날 소유사에서 모시고 잔치하다(春日小酉舍侍宴)≫(제3권)

339) ≪다산시문집·시(詩)·그 얼마나 유쾌할까라는 노래, 제14수≫ (제3권), 『篁林孤月夜

無痕, 獨坐幽軒對酒樽. 飮到百杯泥醉後, 一聲豪唱洗憂煩, 不亦快哉?』

340) ≪다산시문집·書·유아에게 부침≫(제21권)

341) ≪다산시문집·書·유아(游兒)에게 부침≫(제21권), 『以汝之不學寡識廢族之人而添之以酒妄之名 將成何品人耶 戒之絶勿近口 以遵此天涯惻怛之言也』

342) ≪다산시문집·시(詩)·세서례≫(제3권), 『聖壽躋知命, 慈心悅課書. 盈盈村樣酒, 奎什奏純如.』

343) ≪다산시문집·시(詩)·비에 갇혀 이애(梨厓)에서 자다≫(제3권)

344) ≪다산시문집·시(詩)·꽃 아래서 홀로 잔질하다(花下獨酌)≫(제3권) 『煙火依隣艓, 維纜近釣臺. 朝袍憐最困, 潦倒濁醪盃』

345) ≪다산시문집·시(詩)·여러 벗들과 함께 용산 정자에서 놀다. 윤이서·이주신·한혜보·채이숙·심화오·이휘조 등 몇 사람이었고 때는 7월 16일이었음≫(제3권) 『野岸對開鹽市晩, 柳浪穿出釣船輕. 巖廊自與江湖遠, 文酒風流付後生』

346) ≪다산시문집·시(詩)·남고와 죽란사에서 마시다(同南皐竹欄小飮)≫(제3권), 『高林涼日晩輝輝, 柳葉贏疎桐葉飛. 苕上扁舟應夕釣, 華陽孤客憶秋衣. 狂歌苦被傍人怪, 薄醉聊隨長老歸. 牛李交傾渾不管, 俗緣能到此中稀.』

347) ≪다산시문집·시(詩)·죽란사에 국화가 활짝 피어 몇몇 사람과 함께 밤에 마시다.≫(제3권) 『親識夜相過. 酒瀉兼愁盡, 詩成奈樂何. 韓生頗雅重, 近日亦狂歌.』

348) 혜보(徯甫)의 다른 이름. 원명은 한치응(韓致應:1760~1824)이며, 호는 병산(甹山)이고, 시문(詩文)에 뛰어나 이유수(李儒修)·홍시제(洪時濟)·윤지눌(尹持訥)·정약용·정약전(丁若銓)·채홍원(蔡弘遠) 등과 죽란시사(竹欄詩社)라는 모임을 조직해 시로써 교유하였다. 저서로는 『병산집』이 있다.

349) 이주신은 휘(諱)는 유수(儒修), 자는 주신(周臣), 호를 금리(錦里)라 하였으며, 벼슬은 사헌부 장령에 그쳤다. 1758년 2월 18일에 면천(沔川)에서 태어났다.

350) "게으른 자는 담배나 즐긴다고 떠들고 식객은 술이나 찾는다고 흉본다네. 온 집안이 몸을 굽신거리며 한발자국도 느리게 걷지 않아(怠嘖貪煙葉, 饕譏索酒漿. 闔家行傴僂, 跬步視蒼茫)" ≪다산시문집·시(詩)·죽란사 모임(竹欄小集)≫(제3권)

351) ≪다산시문집·시(詩)·이주신(李周臣) 산정(山亭)≫(제3권) 『淸狂歸翰墨, 寵祿遠柴荊. 日月華顚近, 乾坤醉眼橫.』

352) ≪다산시문집·시(詩)·금교 이 찰방(한교)을 지정에서 유별하다(金郊李察訪 漢喬 池亭留別)≫(제3권) 『濁酒如酥蘊異味, 夜闌星河照譚讌. 謬誇林泉欲淹留, 爲秉燈燭要睇眄』

353) ≪다산시문집·시(詩)·담양에 당도하여 이 도호 인섭 장을 모시고 술을 마시며(次潭陽陪李都護 寅燮 丈飮)≫ (제1권) 여기서 굽는 고기가 꿩고기임은 "꿩이 길든 교화를 이미 이루고(已成馴雉化)"라는 말에 근거한 것임. 『命妓前燒肉, 呼兒對勸杯. 異方遊宦久, 應喜故人來』

354) 진사(進士) 홍영한(洪英漢)으로 자는 운백인데 뒤에 인호(仁浩)라고 이름을 고쳤다. 본관은 풍산(豊山)이고 홍수보(洪秀輔)의 아들이다. 다산보다 9세 연상의 선배로

다산과의 교제가 밀접하였다.

355) 술. 삼복더위를 피하는 방법으로 피서의 술자리를 '하삭음(河朔飮)'이라 하는데 이는 후한 말에 유송(劉松)이 원소(袁紹)의 아들들과 하삭(河朔)에서 삼복더위를 피하기 위하여 술을 마신 고사에서 유래한 것이다. 여기서 '하삭'이란 하북(河北) 즉 황하(黃河)이북 지방을 지칭한다.

356) ≪다산시문집·시(詩)·회현방에서 홍운백과 함께 술을 마시며≫(제1권) 『共聚陶匏席, 翻成翰墨林. 不辭河朔飮, 花柳滿城陰.』

357) ≪다산시문집·시(詩)·이계수 집에서 대릉 제로들을 모시고 마시다. 윤참판 필병, 채판서 홍리, 이참판 정운 형제이다.(李季受宅陪大陵諸老飮)≫(제3권) 이전에 이계수(李季受)를 이석인(李錫仁)으로 오인하여 왔으나, 계수(季受)는 이익운(李益運:1748~ 1817)의 자(字)이다. 심경호교수 설을 따름. 『山閣風流四老俱, 淸秋無事不歡娛. 花間妓散遺歌板, 月下朋來帶酒壺.(중략) 屏居良適性, 猶赴大陵期. 地飜開桑落, 風琴動竹枝.』

358) ≪다산시문집·시(詩)·부친을 모시고 조씨의 시냇가 정자를 함께 찾아가다(陪家君同尋曹氏溪亭)≫ (제1권) 『漲郊新稏綠, 照水雜花紅. 斫鱠堆銀縷, 傳桮護碧筩』

359) ≪다산시문집·시(詩)·송파수작(松坡酬酢)·더위를 없애는 여덟 가지 일[消暑八事](갑신년 여름)≫ (제6권)〉 『一榼兼宜彎象鼻 百花那得妬蛾眉 天心留此娉婷物 靜俟塵脾苦熱時』

360) ≪동국이상국전집·고율시(古律詩)·남을 대신하여 침병(寢屛)에 사시사(四時詞)를 쓰다·하일(夏日)≫ (제3권) 『銀蒜垂簾白日長 烏紗半岸洒風涼 碧筩傳酒猶嫌熱 敲破盤氷嚼玉漿』

361) 『銀蒜垂簾白日長, 烏紗半岸洒風涼. 碧筩傳酒猶嫌熱, 敲破盤氷嚼玉漿.』

362) ≪금계집(錦溪集)·외집·시(詩)·두류산을 유람한 기행시(遊頭流山紀行篇)≫(제1권) 『茶烹陸羽破白雲, 荷折象鼻傾碧筩』

363) ≪다산시문집·시(詩)·삼가 계부의 운에 차운하다.≫(제3권)

364) ≪다산시문집·시(詩)·거룻배를 타고 고기잡이를 하다가 집 애가 보내온 서신을 보고서 소명이 있음을 알고 다음 날 골짝을 내려와 삼가 작은 정성을 표하다.≫(제3권)

365) ≪다산시문집·시(詩)·제생들 그물 치는 것을 구경하다(觀諸生施罛)≫(제3권) 『溪村濁酒聊成醉, 睡到楓林聚夕烏』

366) 자는 내칙(內則), 호는 반산(盤疝)으로 장흥(長興)에 살았으며 다산초당 18제자 가운데 한 사람이다. 학문이 높았다.

367) ≪다산시문집·시(詩)·비를 대하여 규전에게 보이다[對雨示逵典] 정수칠(丁修七)이다≫ (제5권) 『巷僻花鋪徑, 春深草沒橋. 濁醪雖薄惡, 情重味應饒.』

368) ≪다산시문집·시·족부 해좌옹의 산중 집에 유숙하면서 짓다(留題族父海左翁山居)≫ (제2권) 『鬢髮關東老, 文章鄴下才. 家貧猶慣客, 能辦濁醪杯』

369) ≪다산시문집·시(詩)·음주(飮酒) 2수≫(제3권) 『麯米醺皆好, 雲和抱更斜』

370) 원래 산 이름인데 그 산에서 거문고 만드는 재료가 난다고 전하여지며 거문고의 다른 이름으로 쓰임.

371) 석실서재 : 양주목(楊州牧)에 있는 서원(書院). 효종 7년(1656)에 건립한 것으로, 김상용(金尙容) · 김상헌(金尙憲) · 김수항(金壽恒) · 민정중(閔鼎重) · 이단상(李端相) 등이 배향되었음.≪新增東國輿地勝覽≫

372) ≪다산시문집·시(詩)·차운하여 백씨께 올리다[次韻奉簡伯氏]≫(제3권) 『秋來桑落酒, 應共洗壺觴. 石室書齋醉眠過, 渼陰村口酒船多』

373) ≪다산시문집·시(詩)·아래서 혼자 마시며 정언 김상우를 생각하며 시를 써 부치다(花下獨酌憶金正言 商雨 簡寄)≫(제3권) 『獨酌黃花下, 迢迢憶遠人. 地偏誰共住, 歲暮汝爲親. 薄醉排愁暫, 明枝照眼新. 傳聞多白髮, 寥落臥江濱.』

374) ≪다산시문집·시·낮술(午酌)≫(제4권) 『(湫卑常苦病, 午酌取微醺. 小漲添潮水, 重陰帶瘴雲.』

375) ≪다산시문집·시(詩)·제생들 그물 치는 것을 구경하다[觀諸生施罛]≫(제3권) 『洲渚沿回興不孤, 白蘋風靜更施罛. 峽中太守眞華職, 沙上漁人盡老儒. 浮世未諳銷日月, 此心長欲臥江湖. 溪村濁酒聊成醉, 睡到楓林聚夕烏.』

376) ≪다산시문집·시(詩)·천진소요집·서쪽 이웃의 한 생원에게 주다(贈西隣韓生員)≫(제7권) 『休道散材爲壽樹, 會看槁木復生花. 黍醪菽乳須需醉, 未信崦嵫暮景斜』

377) ≪다산시문집·시(詩)·귀전시초(歸田詩草)·석림 이예경(노화)이 달밤에 찾아 왔으므로, 소동파의 '정혜원에서 달밤에 걸어 나가다'의 시운에 차하다≫(제7권) 『湫卑常苦病, 午酌取微醺. 小漲添潮水, 重陰帶瘴雲.』

378) ≪다산시문집·시(詩)·보리타작≫(제4권) 『新篘濁酒如湩白, 大碗麥飯高一尺. 飯罷取耞登場立, 雙肩漆澤翻日赤. 呼邪作聲擧趾齊, 須臾麥穗都狼藉.』

379) ≪다산시문집·시(詩)·산행잡구 20수≫(제5권) 『沙上鮮魚市, 橋邊濁酒家. 由來壚上女, 紅髮似夷鰕』

380) ≪다산시문집·시(詩)·만강홍·어부≫(제5권) 『暮潮薄, 晨潮滑. 取江豚穿過, 綠楊枝末. 濁酒三杯酬至願, 蒲帆一幅留長物. 只瞢騰熟睡到天明, 江沈月』

381) ≪다산시문집·시(詩)·송파수작, 열수가 단오일에 부친 시에 차운하다(次韻洌水端午日見寄)≫(제6권) 『田翁時作小沈冥, 薄薄茅柴缺缺瓶』

참고문헌

강순남(2014): ≪밥상이 썩었다 당신의 몸이 썩고 있다≫(I LOVE 장독대)

김광언(1992): ≪만두고≫(한국대학박물관협회, ≪고문화≫, 서울)

김동실·박선희(2010): 〈한국 고대 전통음식의 형성과 발달〉(≪단군학연구≫ 제23호)

김민재(2014): 〈다산 정약용의 '청렴관'에 대한 일고찰-『목민심서』「율기」 편을 중심으로〉(≪철학논집≫제36집)

김상홍(2004): 〈19세기初 康津의 風俗 攷-다산 정약용의 『與猶堂全書』를 중심으로〉(≪비교민속학≫26집)

김지용(2002): ≪다산의 시문≫(명문당, 서울)

김윤세(2021): ≪인산의학≫(인산가, 서울)

김상현·백유상·정창현·정우창(2013): ≪신찬벽온방의 온역 인식 및 벽역서로서의 의의에 대한 고찰-동의보감·온역문과의 비교를 중심으로≫(대한한의학원전학회지)

김정호(2012): ≪조선의 탐식가들≫(도서출판 따비, 서울)

김태길(2006): ≪한국문화·조선시대의 선비와 오늘의 한국문화≫

농촌진흥청 전통한식과(2012): ≪현대식으로 다시 보는 수문사설≫(모던플러스)

윤동환(2024) ≪삶따라 자취따라 다산정약용≫(다산문화원)

다산학술문화재단(2012): ≪여유당전서 미수록 다산간찰집≫(사암)

댄 바버(2020): ≪제3의 식탁≫(파주, 글항아리)

민족문화추진회(2008): ≪다산 정약용 시문집 세트[전9권]≫(한국학술정보) [고전종합DB]

박미해(2014): 〈다산 정약용의 가(家)와 가(家)의식-『거가사본(居家四本)』을

중심으로〉(≪사회와 역사≫제103집)
박석무(2005): ≪풀어쓰는 다산이야기≫(문학수첩)
박석무 편역(2019): ≪유배지에서 보낸 편지≫(창작과 비평, 2019)
박상영(2016): ≪조선 후기 실학자의 의학문헌 연구≫(고려대학교 대학원 박사학위논문)
박지원 저, 박병희 역(2005): ≪고추장 작은 단지를 보내니≫(돌베개, 파주) 사전연구실, ≪조선말사전≫(학우서방, 1968)
서거정(徐居正): ≪사가시집≫(고전종합DB)
신동원(2007): ≪유의(儒醫)의 길 : 정약용의 의학과 의술≫(≪다산학≫, 10호)
신동원(2013): ≪병과 의약생활로 본 정약용의 일생≫(≪다산학≫, 22호)
실학박물관(2014): ≪정약용 열수에 돌아오다≫(다산 정약용 해배 200주년 기념 특별기획전 도록)
심우경(2006): ≪조선후기 지식인들이 선호한 조경식물과 조경문화≫(≪한국실학연구≫12집)
안병직(1996): ≪다산의 농업경영론·다산의 정치경제 사상≫(≪창작과 비평사≫)
오순덕(2014), ≪조선왕조 궁중음식 중 만두류의 문헌적 고찰≫(한국식생활문화학회지, 29(2))
윤덕노(2015): ≪음식이 상식이다≫(더난출판사)
윤동환(2024): ≪삶따라 자취따라 다산정약용≫(도서출판 다산문화원)
윤동환(2007): ≪전환기에 다시 보는 해설목민심서≫(다산기념사업회)
윤성희(2021): ≪다산의 철학≫(포르체)
윤인현(2012): 〈다산의 한시에 나타난 선비정신과 자연관〉(≪다산학≫ 제19호, 다산학술문화재단)
이규경, ≪오주연문장전산고(五洲衍文長箋散稿)≫(동국문화사 영인본, 1955)
이규보: ≪동국이상국전집≫(고전종합DB) 및 『국역동국이상국집』(민족문화추진회, 1980)

이길우(2021): [이길우 人사이트] 〈60평생 방랑…내 요리에 삶이 들어있다〉(〈뉴스1〉2021년1월24일)

이덕무(李德懋): ≪청장관전서(靑莊館全書)≫(고전종합DB)

이성낙(2018): ≪초상화, 그려진 선비정신≫(눌와, 서울)

이성우: ≪한국식생활사연구≫(향문사, 1978)

이성우·조준하: ≪소문사설 한역≫(한국생활과학연구, 한양대학교, 1984)

이 한(2015): ≪요리하는 조선남자≫(청아출판사, 2015)

이익(李瀷): ≪성호새설(星湖僿說)≫(고전종합DB)

이춘자 외(2012): ≪장≫(대원사)

이현정(2017): 〈4차 산업혁명과 농업의 미래-스마트팜과 공유경제〉(≪세계농업≫제200호)

이혜정, 조우균: ≪문헌에 기록된 만두의 분석적 고찰≫(경기전문대학논문집 제25호, 경기도, 1997)

이효지·정혜림: 〈열구자탕의 문헌적 고찰〉(≪Korean Food Culture≫, Vol. 18, No.6, 2003)

임재완(2017): 〈『二山唱和集』과 다산 정약용의 집안 간찰에 대하여〉(≪다산과 현대≫10집)

임지호(2020): ≪임지호의 밥-땅으로부터≫(궁편책, 서울)

장준우(2021): 〈푸드 오딧세이〉(≪서울신문≫, 2021년6월2일)

장지연(2008): ≪조선 후기 도성도를 통해 본 단묘 인식≫(≪조선시대사학보≫ 45집)

장지현(1993): ≪전통식품 그 유구한 역사와 찬란한 미래≫(인제식품과학 포럼, 경남)

정규영(1984): ≪사암선생연보≫(정문사)

정 민(2007): ≪다산어록청상≫(푸르메, 서울)

정 민(2009): 〈한국교회사연구소 소장 다산 친필 서간첩 ≪매옥서궤(梅屋書匭)≫에 대하여〉(≪교회사연구≫제33집)

정 민(2010): ≪동아시아 문화연구-다산 정약용의 이상주거론≫(한양대학교 동아

시아연구소, 47집)
정 민(2011a): ≪다산의 재발견≫(Humanist, 서울)
정 민(2011b): ≪새로 쓰는 조선의 차문화≫(김영사)
정 민(2013): ≪초정과 다산≫(문학동네)
정 민(2017): ≪다산증언첩≫(휴머니스트 출판그룹, 서울)
정 민(2021): ≪삶을 바꾼 만남-스승 정약용과 제자 황상≫(문학동네)
정수진: 다산의 정원상, 2018. 한국조경학회
丁淳睦, ≪退溪評傳≫(지식산업사, 1987)
정약용 지음·김종권 역주, ≪아언각비≫(일지사, 1992)
정약용: ≪마과회통≫(≪여유당전서≫ 제1집 13권)
정약용: ≪다산시문집≫(고전종합DB)
정약용: ≪목민심서(牧民心書)≫, ≪여유당전서(與猶堂全書)≫ DB 및 기타 간행 도서
정요일(2010): 〈유가의 자연관〉≫[한국어문교육연구회, ≪어문연구(148호)]
정인보(1983): ≪담원 정인보전집[전6권]≫(연세대학교 출판부, 서울)
정종영(2020): ≪마과회통, 역병을 막아라 : 정약용이 전염병과 싸우는 생생한 역사의 현장≫(애플북스)
정지천(2011): ≪명문가의 장수비결≫(토트,서울)
정해렴 역저(2002): ≪다산서간정선≫(현대실학사, 서울)
정혜경(2008): ≪만두문화의 역사적 고찰≫(동아시아식생활학회 학술발표대회 논문집, 서울)
정혜경(2017): ≪채소의 인문학(나물민족이 이어온 삶 속의 채소, 역사속의 채소)≫(따비), 제레미 레프킨 지음, 신현승 옮김(1993), ≪육식의 종말≫(시공사)
주영하(2011): ≪음식인문학≫(휴머니스트)
차 벽(2010): ≪다산의 후반생-다산 정약용 유배와 노년의 자취를 찾아서≫

(돌베개, 파주)
최인애(2014), ≪다산 정약용의 자연관이 원림조영에 미친 영향에 관한 연구≫ (상명대학교 대학원, 박사학위 논문)
한경란(2014): 〈음식을 통해 본 작가의식-허균과 정약용을 중심으로〉(≪한국어와 문화≫제16집)
허 균(許筠:1569~1618): ≪성소부부고(惺所覆瓿藁)≫(고전종합DB)
홍만선, ≪국역 산림경제(山林經濟)세트 전2권≫(한국학술정보편집부 지음, 한국학술정보, 2008)
황민선(2017): ≪다산 정약용의 원림시 연구≫(전남대학교 대학원 박사학위 논문) 〈味의 신세계 '미래 음식'〉(≪매경이코노미≫, 2020.1.20.)
≪세계농업≫(한국농촌경제연구원, 2021. 7월호)
Bok HJ(2008), The A Literary Investigation on Mandu(Dumpling)-Types and Cooking Methods of Mandu(Dumpling) During the Joseon Era (1400s – 1900s) Korean J.Dietary Culture, 23(2)
ARENA Report(2018), 가장 미래적인 음식, (www.smlounge.co.kr/arena /article/38165)